近地小天体防御与利用

李东旭 王兆魁 蒋 超 王 杰 著

科学出版社

北京

内 容 简 介

近地小天体灾害预警防御与资源勘探利用是保障地球安全、人类可持续发展等必须直面的重大问题。本书主要总结了本研究团队近十年的研究工作，包含了对国内外相关研究进展的分析讨论以及部分阶段性研究成果，并以作者的视角和研究方式构造了本书的体系构架。本书首先介绍了近地小天体防御与利用的相关基本概念，作为理解本书其他内容的基础；然后分别介绍了近地小天体观测系统与探测方法、小天体轨道干预技术、近地小天体附着探测技术、近地小天体资源利用技术、星际转移轨道设计技术、深空探测电推进技术、行星际飞行自主导航技术、行星际测控通信技术、多功能薄膜航天器结构技术、用于近地小天体防御的小卫星集群技术等；最后，对未来可能的各种任务、可能发展的新概念航天器、可能的近地空间协同观测系统、人工智能技术应用等，提出了一些发展建议和展望，也提出了未来的小目标。本书的一些成果为近地小天体防御与利用提供了一些新的思路和解决方案。

本书可为航天领域研究生，以及相关领域科研人员和工程技术人员提供参考，也可为对此感兴趣的读者提供一个阅读选择。

图书在版编目(CIP)数据

近地小天体防御与利用/李东旭等著. —北京：科学出版社，2023.6
ISBN 978-7-03-074709-9

I.①近… II.①李… III.①天体–轨道–干预–研究 IV.①P136

中国国家版本馆 CIP 数据核字（2023）第 021908 号

责任编辑：刘凤娟　田轶静／责任校对：严　娜
责任印制：吴兆东／封面设计：无极书装

科 学 出 版 社 出版
北京东黄城根北街 16 号
邮政编码：100717
http://www.sciencep.com

北京中科印刷有限公司 印刷
科学出版社发行　各地新华书店经销
*
2023 年 6 月第 一 版　开本：720×1000　1/16
2023 年 6 月第一次印刷　印张：30 1/4
字数：590 000
定价：269.00 元
(如有印装质量问题，我社负责调换)

前　言

浩瀚宇宙，怎禁心驰神往，那深远，那奇妙；……
稚童老叟，无不仰望星空，且追问，且思考；……
古往今来，总在孜孜以求，越明了，越未了；……
近地天体，最是诱人所向，是担忧，是寻宝；……

　　迄今，关乎宇宙的各种书籍和资料浩如烟海，目不暇接；各种理论、观点、猜想、论证、试验、探测以及结果、结论等，相当丰富，不胜枚举。本书，无论说什么、怎么说，那肯定都是挂一漏万的。

　　较长一段时间以来，我们研究团队在仰望璀璨星空追问无穷命题的人生旅途中，也试图攀援巨人的肩膀、靠近先辈的视角、借鉴前人的透镜，去学习、研究、理解、明了那些高深莫测的伟大成就、宏大精细的复杂规律，以及神奇美妙的生命起源等；也竭力思考他人的各种猜想和无果之争；尝试破解那些未解之谜和未了之问。站在我们的视角，基于我们有限的知识和模型，通过一些必要的逻辑推论和正反思辨，认同了许多当前科技界比较主流的观点和理论，接受了若干被世界公认的空间探测的结果和结论；然后，以我们有限的生命，尝试着走出了探索之踏步。

　　作为本书前言，我将首先就一些关于宇宙的基本观点、重要知识、标志性结果、有价值的推论、有启发性的联想等，做一些选择性的概述，既希望引发读者的兴趣和共同参与的愿望，也提示了撰写本书的初衷和相关研究的支撑性基础；然后简要介绍了本书的体系结构和各章的主要内容。

一、宇宙的来处

1. 变星的发现

　　抬头仰望，夜空中繁星点点。我们已经知道它们是宇宙中数不清的恒星中能被我们地球人看到的一些。肉眼看上去，似乎它们从未改变。但是，不！它们中有千千万万颗恒星的亮度在发生着变化，它们就是"变星"。银河系中已知的变星有数万颗，而且还有数以千万计的变星有待发现。这些变星按照不同的变化规律分为不同的种类。大约公元 1600 年前后，人们开始注意到某些恒星的光度会发生变化。1596 年，德国天文学家大卫·法布里修斯 (David Fabricius) 首先发现了蒭藁增二变星，这是被证认出的第一颗长周期变星。

有一类变星,其变化周期与亮度之间具有强相关性,这类变星称为"造父变星",其光变曲线在一个脉动周期内呈周期变化。1921 年,哈佛大学的女天文学家亨丽爱塔·勒维特 (Henriettas. Leavitt) 发现了这类变星的周光定律。(这位伟大的美国女天文学家,是一个聋哑人,终生被疾病缠绕,后因癌症逝世。) 她的这一定律,至今仍是了解宇宙大小的重要基础。

2. 从膨胀的宇宙回望宇宙的最初

我们实际看到的恒星的亮度应该是离我们越远看起来就越暗。这样,根据实际测量的不同造父变星的光变周期和亮度 (星等),就得出了这些造父变星的距离,进而可测得遥远天体的距离,这就是"测距原理"。1923 年,美国天文学家埃德温·哈勃 (Edwin Hubble) 利用造父变星证明了仙女座星系远在银河系以外,并给出了遥远星系到地球距离的直接关系。哈勃利用造父变星的周光关系和测距原理,通过比较遥远星系的距离和退行速度,在世界上第一个证明了宇宙是在不断膨胀的,且遥远星系的退行速率随距离而增加。这就是"哈勃定律",宇宙膨胀的速度就称作"哈勃常数"。哈勃定律和哈勃常数是现代宇宙学正式开启的标志。

从我们现在正在膨胀的宇宙倒推,那么现在我们所看到的所有星系就会逐渐靠近、聚拢,直到汇集成一个体积为零的"极小空间",这就是宇宙的起点,或者说,这便是宇宙的最初。

受膨胀速率变化的影响,采用不同的测算方法或测算模型,宇宙的年龄估计在 120 亿年到 150 亿年之间变化。参考美国科学家尼尔·泰森对宇宙年龄的界定,本书取"140 亿年"作为对宇宙起点或年龄的描述,并不影响关于宇宙的主要结论。

3. "宇宙大爆炸"

大约 140 亿年前,最初那个体积为零的"极小"空间却集聚了"极大"能量并达到"极高"温度的宇宙,别无选择,只能膨胀,急速膨胀,于是,宇宙大爆炸发生了。之后,宇宙不断膨胀,温度不断降低,一直膨胀成我们现在看到的样子。其间,宇宙膨胀的速度是不同的,膨胀的各个阶段发生的事情也是不一样的。现在的宇宙仍在膨胀。从今往后,宇宙还将继续膨胀下去,一定还会发生些什么,我们拭目以待。

4. "普朗克时期"

普朗克时间:$t = 10^{-43}$s,即千亿亿亿亿亿分之一秒;普朗克长度:10^{-35}m,即千亿亿亿亿亿分之一米;普朗克时期:时间在大爆炸 ($t = 0$) 之后到普朗克时间这段时间区间,宇宙尺度在普朗克长度之前的宇宙状态,称为宇宙的普朗克时期,并认为普朗克时期便是宇宙的开始。宇宙大爆炸学说只关心在此之后的事情。

5. "光子视界"与我们的宇宙

我们的宇宙通常指我们能看到的宇宙，包括我们肉眼能看到的以及通过仪器/设备/装置等能观测到的，是一个以地球为中心的一个球形区域。在这个区域中，光线能够在宇宙诞生后的有限时间内到达我们，这个区域同宇宙其他部分的分界称为"光子视界"。

如果我们向太空深处眺望，实际上是在从时间上往回看。来自视界附近天体的光线到达地球时花费了与宇宙年龄一样的时间。更远的天体发出的光来不及到达地球，所以我们的宇宙就是我们所能看到的宇宙。彭齐亚斯 (Arno Penzias) 和威尔逊 (Robert Wilson) 观测到了大约 140 亿光年距离处，宇宙大爆炸残留的微波背景辐射。这个结果既支撑了"宇宙大爆炸"学说，也让我们知道了我们的宇宙就是一个半径为 140 亿光年的球形区域。

尽管宇宙有边界 (视界)，但宇宙是没有中心的。地球不是、太阳不是、银河系不是、什么都不是，就是没有。因为所有的天体都在相互远离，在哪都是这样，所以宇宙没有中心。

二、宇宙的基本"内涵"

虽然本书并不会宽泛地去介绍宇宙的方方面面 (事实上，这既不是本书的主旨，也不可能仅一本书就能完成如此宏大的叙事)，但有一些关于宇宙的基本概念和内容是不能略去的。否则，在我们理解宇宙发生或存在的一些现象时会出现逻辑链上的"断扣"。当然，了解这些也有助于我们大致理解目前许多宇宙探索者正在进行的方方面面的研究工作的目的和意义，也包括理解本书的目的和意义。

1. 四种基础作用力

即①决定放射性衰变的弱核力；②把原子核束缚起来的强核力；③使得分子结合在一起的电磁力；④把物质聚集在一起的引力。

这四种力被认为是自然力，且在普朗克时期是统一的。普朗克时期结束时，认为其中的引力首先分离出来，并成为我们目前能够理解且现在的理论可以很好描述的独立的作用力；而其他三种自然力仍然是统一的。随着宇宙的继续膨胀，稀释了所有曾经集中的能量。在 t 大约为 10^{-35}s，统一的自然力分裂成"弱电力"和"强核力"。后来，宇宙继续膨胀，弱电力分裂成"电磁力"和"弱核力"。在 t 大约为 10^{-12}s，这四种基础作用力便独立出来。

2. 基本粒子

即夸克、轻子、玻色子。它们被认为是无法再分割成更小或更基本的粒子了，是构成物质的最基本元素。所谓"粒子"其实是"粒子家族"，因每一类都有好几个变种。电子、中微子等是轻子，光子是玻色子的一员；夸克虽有 6 种：上夸克、下夸克、顶夸克、底夸克、粲夸克和奇异夸克,但它们是组成中子和质子的最小基本粒子,不可再分。

3. 物质与反物质

物质:指任何有质量的东西,也即任何受引力影响的东西。地球上的大部分物质由原子和离子构成。但在宇宙的其他地方,物质的形式多种多样,既有稀薄的星际介质也有密度无限大的黑洞。并不是所有这些物质都由原子组成,但都由基本粒子组成。最初的物质形态是质子和中子,在 t 大约为 10^{-12}s 时形成。

反物质:反物质的概念是参照物质来解释的,一说:反物质就是物质的一种倒转状态。爱因斯坦曾预言"对于一个质量为 m,所带电荷为 e 的物质,一定存在一个质量为 m,所带电荷为 $-e$ 的物质"。这个与物质相对的东西就是反物质。当物质与反物质相遇时,双方会相互湮灭抵消,以能量的形式释放。在现代高能粒子对撞机中已经观测到了正反粒子对。也有理论证据表明,在极早期宇宙中的一段时间,宇宙存在一种非对称性,即物质与反物质的比例为十亿零一比十亿。夸克-反夸克、强子-反强子、电子-反电子······,正是这个十亿零一比十亿的不平衡,或者这十亿零一分之一的幸存者成为我们今天所有物质的终极来源。

在宇宙不断膨胀、温度不断降低的过程中反物质被湮灭,最后幸存的电子与质子一一对应。在 t 大约为 10s 时期,质子-质子-中子融合为原子核,其中大约 90% 的原子核是氢,大约 10% 是氦,还有很少量的原子核是氘 (重氢)、氚 (超重氢) 和锂。只有这三类轻元素是宇宙大爆炸时自然产生的,而且宇宙大爆炸大约 3 分钟后,就不再产生新的原子核了。其他元素都是在恒星核聚变 (如碳、氧、铁等)、超新星爆发 (如铜、银等)、中子星合并 (如黄金) 等过程中产生的。

4. 暗物质

依照上述对物质的定义、日常感知、科学论证、科学观测等,物质不仅能通过我们的看、听、嗅、尝、触摸等感知、认识、接受它们的客观存在,而且物质与引力的关系、物质与能量的转换也都被科学验证,并在我们的生产和生活的方方面面发挥作用,也成功指导了人类各项实践活动。

但是,宇宙中又发现了一种现象,与引力极其相关,甚至这部分引力占到了所观测引力的 85%,但没有发现存在我们能理解的物质与这部分强大的引力相对应。最初的发现来自对一个庞大星系团——后发星系团 (离地球大约 3 亿光年) 的观测。上千个星系环绕该星系团的中心运行,然而众多的星系平均速度大得惊人,那么必然存在非常强大的引力,由此进一步推断该星系团必然存在巨大的质量。然而,即便把所有能看到的星系的质量加起来也不足以提供如此巨大的引力。后来,从其他星系团也发现了同样的问题。例如,从漩涡星系 (非星系团) 中发现了类似的现象,在那些物质缺乏或不再增加的区域,轨道速度不是随距离增加而下降，反之更快。要产生这么大的引力，据估算：缺失的质量与可见物质的质量之比的平均值为 6。那么缺失的这部分物质在哪里？是什么？后来，这种看不见、摸不清、不明白的"东西"被叫做"暗物质"。

普通物质的本质在于原子力和核力作用，从而形成我们所知道的物质。但迄今为止，科学家通过大量观测和试验，包括对宇宙微波背景的详细观测，得出基本结论是：暗物质与核合成无关。它不通过强核力相互作用，所以它不能形成原子核；它似乎也并没有与电磁力相互作用，所以它不会产生分子等。目前可信的观测和推论证明这个暗物质不可能是电子、质子、原子和已知的那些形形色色的基本粒子，也排除了暗物质是由任何一种已知粒子组成。

之所以还引用"物质"这个术语，仅因为其"引力"的存在，既对普通物质存在"引力"，也遵守与普通物质一样的"引力规律"。它既不吸收光、发射光，也不反射光或散射光，所以只能说它"暗"。除了这个"引力"效应的真实存在性，其他无所明朗，只剩下"暗"。

在不同天体环境中，暗物质和普通物质之间的比例变化很大，在星系和星系团这样的大型天体中最为明显。但对于较小天体，如卫星、小行星，甚至我们的太阳系中，没有发现物质与引力的差异。难道天体尺度是引起不同引力机制的根源吗？

这个暗物质似乎又与我们的生活密不可分。如果没有这个暗物质提供的引力存在，星系团就该解体，宇宙失去结构，没有星系团、没有星系、没有恒星、没有行星、没有人。

5. 能量

早期能量以光子的形式存在，光子既是粒子又是波。光子之间相互作用将其能量转换为物质-反物质粒子对，紧接着彼此湮灭，能量又转换为光子对。这种质能转换是对著名的爱因斯坦质能方程：$E = mc^2$ 的最佳注解。

6. 暗能量

暗能量来自于一个所谓"反引力"的概念。引力或者万有引力的物理印象或物理实相已经成为我们熟悉的日常，也被我们观测到的地球、月亮、行星、太阳等 (包括人造天体) 的运行规律所证实。例如，站在地球上的人扔一个石头到空中，这个石头必然会掉下来，这是引力的作用。为什么行星会围绕太阳转，那也是引力的作用。但是，很多的天文观测却发现宇宙中星系的退行现象，这违反了万有引力定律。

最早，1929 年，哈勃通过大量的观测发现：越遥远的星系，相对银河系退行的速度越快，即宇宙在膨胀。最近的，1998 年，多位来自不同研究组的科学家也发现：与近处已经被详细研究过的超新星相比，他们观测到数十颗最遥远的超新星比预期的要暗很多。更多更精细的测算表明：宇宙在膨胀，而且膨胀的速度比我们想象的要快，星系退行的速度与距离成正比，离我们越远的星系退行越快。真是匪夷所思啊！

　　这就说明宇宙中充斥着一种"排斥力"，它们与"我们的引力"方向相反，所以说它是"反引力"。那它又是从哪里来的呢？类比地球上发射火箭，根据质-能方程，一定要输入能量，火箭才能克服地球引力并加速飞向太空。那么，这些星系之所以能够向外膨胀，且加速膨胀，一定是获得了某种能量，这种能量就被称作"暗能量"。

三、宇宙的样子

1. 宇宙是什么

　　书曰：宇宙就是存在的一切，所有的空间和时间、所有的物质和能量都蕴含其中。

2. 万有引力

　　牛顿从地球上物体的下落现象想到这个力也应该可以延伸到太空中使得月球保持在它的轨道上。在分析了几个天体运动后，得出了"万有引力定律"，即：所有物体都会对其他物体产生引力，且任意两个物体之间的吸引力与它们质量的乘积成正比，与它们之间距离的平方成反比。

　　这个引力影响着所有具有质量的物体，在宇宙的形成过程中扮演着重要角色。在决定天体运行轨道、形成星系环和黑洞事件等中引力的作用至关重要。直到今天，这个定律仍然可以用来解释和预测大多数天体的运动，包括我们所在的太阳系中各类天体的运动。特别是万有引力常数，常被科学家们亲切地称为"大 G(big G)"，$G = 6.67 \times 10^{-11} \mathrm{N \cdot m^2/kg^2}$。多种测试结果已使这个引力常数的普适性成为万有引力正确性的见证。这个量也已经默默接受了亿万年物移星转的检验，包括恒星发光也与这个"大 G"密不可分。

3. 宇宙的结构

　　宇宙没有中心。一些物质以原子或简单气体分子的形式在空间中游荡；另一些物质则聚集在小到尘埃颗粒、大到恒星星系的物质岛屿中，甚或坍缩成黑洞。引力把所有物体束缚在巨型云团和物质盘组成的星系中；而星系又聚合成星系团；星系团构成了宇宙中最大的天体——超星系团。

　　物质粒子以宇宙线的形式存在于宇宙空间。宇宙线是在宇宙中高速运动的高能亚原子粒子。宇宙中的许多普通物质以稀薄气体的形式存在于星系内部或星系附近的区域中。星系之间的气体则更加稀薄。这类气体主要由氢原子和氦原子组成。星系中的云团则含有更重的化学元素和简单分子。同星系气体云混合在一起的还有尘埃，它们是碳和硅酸盐等形成的微小固体颗粒。在星系中，气体和尘埃一起构成了星际介质。

可见的介质团块被称作星云，其中很多是恒星的故乡。恒星由星云中的气体和尘埃团块凝聚而来。宇宙中的光主要来自恒星。恒星包括巨星、超巨星、红矮星、褐矮星。从发光发热的角度来说，褐矮星可能不算是恒星吧？因为它们不够大不够热，不足以维持恒星中发生的核聚变，只有暗淡的辉光。但是，也许宇宙中大部分物质都以这种形式存在，虽暗淡，但万一昭示了某种辉煌呢，所以特别值得在此一提。

宇宙中包含了若干的星系，仅可观测的部分就有一千亿个独立的星系，包括拥有数万亿颗恒星的巨星系。星系中除了恒星还有气体云、尘埃和暗物质，它们都被引力束缚在一起。几十到数千个星系被引力束缚在一起构成星系团。十几个星系团在引力作用下结成松散的超星系团，跨度可达 2 亿光年。超星系团被包容在宽广的片状和纤维状结构中，被直径达 1 亿光年的空洞隔开。这些片状结构和空洞组成了遍布整个宇宙的网状结构。正是这些超星系团在最大尺度上决定了宇宙的结构。

四、银河系基本结构

我们银河系所在的星系团称作"本星系群"，包含了约 1000 亿颗恒星，还有气体和尘埃等。银河系中心存在一个质量大约是太阳的 300 万倍的黑洞，这个核心被一个由恒星组成的核球包围，越靠近中心，恒星密度越大。它们共同构成了一个 15000 光年 ×6000 光年的椭球，长轴位于银河系的平面上。银河星系盘就位于这个平面上，就是"银盘"。年轻的恒星在银盘上呈现出漩涡状的图案，旋臂被认为是从一个由年老的恒星扭曲而成的棒状结构辐射出来的。所以银河系是一个典型的漩涡星系。我们的太阳只是千亿颗恒星中的一颗，太阳系位于猎户臂的内侧，距银河中心约 2.6 万光年。从我们所处的位置去看银河，它就是一条穿越太空的光带。

五、太阳系基本结构

太阳系是受太阳引力影响的空间区域。太阳系，目前公认的是，主要由 8 颗行星，至少 140 颗卫星和若干小行星/小天体等组成。分为内区和外区：内区包括太阳和 4 颗内行星，即岩质行星，依次为水星、金星、地球、火星；内区之外是小行星带；小行星带之外是 4 颗外行星，即气态行星，依次为木星、土星、天王星、海王星；再往外就是著名的柯伊伯带，始于海王星轨道 (距太阳平均距离 45亿千米)，向外一直延伸到距太阳 150 亿千米的地方；在 75 亿千米的地方存在一个柯伊伯断裂带，断裂带之内主要是冰态小天体，密度较高，有些天体的尺度与小行星相当，其中一个就是冥王星 (不是行星)；断裂带之外是离散盘，这里的天体密度较稀疏；在柯伊伯带之外是环绕太阳系的庞大星云，即奥尔特云，其外围延伸到距太阳有大约 1 光年的地方。据信其中含有数万亿个天体，奥尔特云无法直接观测,但从彗星的轨道 (穿过太阳系内区) 可以感受到它的存在,奥尔特云又叫彗星云,据信是彗星的故乡。

主流的太阳系形成理论认为太阳系起源于太阳星云。太阳星云最初是庞大的低温气体尘埃,初始温度大约是零下 230℃,转得很慢;在引力的作用下,星云逐渐凝聚成致密的中央区和弥散的外部区域,随着星云的收缩,它开始加速自转并变得扁平,中央区域被加热,原太阳形成。旋转盘的不稳定性导致其中的区域在引力的作用下凝聚形成环带,环带中的尘埃与冰态颗粒彼此低速碰撞,粘连到一起,久而久之,数千万年后这些颗粒成长为星子。星子通过引力作用彼此吸引碰撞构成了行星。在靠近太阳的区域,因温度极高,只有那些岩石和金属能够承受得起这样的高温并保持固体状态,所以在太阳系的内区只有岩石行星。这些内行星在诞生的过程中,因撞击而产生大量的热量,所有 4 颗岩质行星都是在熔融状态下形成的;在熔融状态下,组成行星的物质分化成金属核心、岩石地幔与地壳。在温度较低的盘面外围,星子碰撞凝聚后形成的天体为气态巨行星,有着岩石和冰态物质组成的核心,也有着岩石和冰态颗粒组成的光环,地幔是环绕着的液体或半固体,周围吸引了大量气体。气态行星形成后不久,原太阳成为成熟的恒星。

太阳的辐射吹走了残余的气体和那些未被这八大行星捕获的物质,剩余的星子形成了小行星带和广袤遥远的奥尔特彗星云。小天体是太阳系内除行星、天然卫星之外的天体,它们主要分布在小行星主带 (离地球 2~4.5AU) 及柯伊伯带 (离地球 30~50AU)。1AU,即 1 个天文单位,是一种计量天体之间距离的单位,1AU≈1.496 亿千米,定义为地球到太阳的平均距离。

普遍认为太阳系形成理论对太阳系的许多基本特性,包括大多数行星轨道近似共面的原因以及绕太阳公转方向的一致性等,都给出了合理解释。但大多数资料中在描述太阳系结构时,很少提到或强调"近地小天体"。

六、近地小天体

近地小天体 (Near-Earth-Asteroid, NEA) 主要是彗星和小行星,它们受到附近行星的引力影响,进入到接近地球的轨道绕太阳飞行,近日点距离在 0.983~1.3AU。一般认为,如果一个小天体的直径超过 140m,且飞行轨道与地球轨道相交,即被视为具有潜在威胁的小天体 (Potential Hazard Asteriod, PHA)。大多数 PHA 与地球的最近交会距离小于 0.05AU,且绝对星等不超过 22 等。随着对历史上那些小天体撞击地球事件的深入分析和研究,以及观测技术的不断进步,越来越多的 PHA 被发现。这些年不断发生的小天体近距离飞越地球事件越来越被重视,近地小天体不可回避地进入人类重点关注的视野。它们已经并还将给地球带来或者灾难,或者财富。本书主要讨论近地小天体的灾难防御和财富利用问题,但也会部分涉及某些主带小天体和柯伊伯带小天体的话题。

1. 近地小天体的轨道类型与灾难防御

近地小天体的轨道主要分为四类：①阿提拉型 (Atira)，它绕太阳公转的轨道完全在地球轨道的内部，受到金星和水星的引力扰动，其轨道很不稳定，虽短时间内还不是 PHA，但随着其轨道的不断演化也有可能与地球相撞；②阿登型 (Aten)，虽然在地球轨道内部，但半长轴非常接近地球轨道，偶尔会穿过地球的轨道，有可能会与地球相撞，被视为 PHA；③阿波罗型 (Apollo)，虽然其轨道半径比地球的大，但由于其近日距差不多就是地球的远日距，因此它们的轨道将与地球轨道相交，是非常需要警惕的 PHA 小天体；④阿莫尔型 (Amor)，其轨道完全在地球轨道的外面，可以接近地球，但不会穿过地球轨道，因此目前不会和地球发生碰撞。

我们从近地小天体的轨道类型可知它们对地球存在的潜在威胁。而事实上，在有记载的近地小天体事件中，小天体撞击地球事件时有发生、飞掠事件频繁。如 1908 年的通古斯卡事件波及范围超过 2150 平方千米，2013 年的车里雅宾斯克事件造成了 1600 余人受伤和 1000 余间建筑受损。2019 年，小行星"2019 OK"与地球"擦肩而过"，仅提前 1 天被发现。2020 年 12 月 23 日发生在青海西藏交界处的火球事件，据分析其肇事者就是一颗重约 430 吨的近地小天体。还有研究认为小天体撞击是恐龙灭绝的主要原因之一。2016 年 12 月联合国大会通过决议宣布 6 月 30 日为国际小行星日，近地小天体灾害预警与防御已经提上议事日程。

2. 近地小天体的宝藏与利用

(1) 元素的故事。前面已经提到：宇宙大爆炸产生了氢、氦、锂；恒星核聚变产生了碳……铁；超新星爆发产生了铜……锆等；中子星合并产生了超重元素黄金等。太阳系中所有元素都在元素周期表中享有一席之地 (反之并不尽然)。元素周期表中一些元素命名恰与太阳系中某天体对应 (即使有些命名规则是这样规定的)。其中一些极具故事性的对应或巧合真让我们感悟到人文与科学联姻所带来的趣味和启发，也对我们从人文角度理解科学之美，包括猜测宇宙的未来，也许是有所裨益的。例如，元素碲，来自拉丁文地球 (Tellus)；硒，来自希腊文月亮 (Selene)；磷的希腊文是"带来光明者"，是金星的古称；汞在室温下滚来滚去，与行星中运动最快的水星同名，以古罗马神话中迅速奔跑的信使神墨丘利 (Mercury) 命名；钍是北欧神话中的闪电雷神 Thor，对应木星 (罗马神话中以闪电为武器的 Jupiter)，十分具有故事性的是：哈勃望远镜对木星两极的观测图像显示那里的云层深处确实存在大规模的放电活动；铀，对应天王星 (Uranus)；镎，对应海王星 (Neptune)；钚，对应冥王星 (Pluto)。该冥王星于 1930 年由克莱德·威廉汤博 (Clyde William Tombaugh) 在美国洛厄尔天文台首次发现，发现时以为是一颗行星，但后来证实它是属于柯伊伯带的小天体。当元素周期表即将结束时，我们也到达了太阳系的边缘。

(2) 小天体的成分与分类。前面已经提到，形成太阳及其行星后所残余的气体和那些未被八大行星捕获的物质，以及剩余的星子等形成了太阳系小天体。近代若干深空探测和天文观测等已经比较明确地证实，小天体中蕴含了不同物质或成分，并由此将小天体分成了不同的类型。S 型和 Q 型由橄榄石、辉石、长石和金属的混合物组成；E 型主要由顽火辉石 (富镁辉石) 组成；M 型 (金属含量高达99%)、A 型 (橄榄石) 和 V 型 (辉石、铁) 小行星是由原行星内部熔融后分化而成；C 型 (碳) 含水或水合硅酸盐等。

(3) 近地小天体天然资源是人类的宝贵财富。小天体上各种各样的天然元素和物质对我们地球人以及我们探索宇宙奔向太空的各种活动来说，将是一笔大大的财富，我们应当好好利用。例如，水 (冰、—OH 硅酸盐、水合盐) 可以用于航天器推进剂和航天员生命保障；天然黑色金属 (铁、镍) 可以用于航天器与空间机器人的结构制造；半导体材料 (硅、锗、砷化镓等) 是空间太阳能电站的重要材料；铂族金属回收到地球也是价值不菲的收获等。

铱在地球表面很罕见，但在直径为 10km 的金属型小行星上相对常见。因为在世界各地的白垩纪、古近纪地层交接处，都发现了可追溯到 6500 万年前的铱元素。非常巧合的是，当时的物种几近灭绝，包括恐龙灭绝，所以人们有理由认为是一颗来自外太空的小天体撞击地球造成了物种 (包括恐龙) 的灭绝事件。且当其撞击地球时，因撞击而气化，把它带来的铱洒向了地球。

此外，从陨落地球的小天体为地球所带来的可供开采的金、铁、钻石、煤等资源，也足见小天体宝藏丰富。例如，墨西哥尤卡坦半岛的希克苏鲁伯陨石坑成了大型铜矿床；南非维特沃特斯兰德盆地的弗里德佛撞击坑形成了多个大型金矿床和金伯利型金刚石矿床；加拿大的萨德伯里陨石坑形成了超大型铜镍矿和铂金族元素矿等。

近年来，有关小天体采矿和小天体利用的各种话题也在诸多论坛、会议、期刊等中热烈展开。欧洲、美国、日本等发达国家和地区已开始尝试对近地小天体的抵近、绕飞、撞击、采样返回等各种空间计划。我们团队在"近地小天体防御与利用"方面也开展了许多研究工作，希望能在防御小天体灾难及利用小天体财富方面贡献我们的微薄力量。

七、关于本书

此前言中所引数据等可在本书所列参考文献中找到。但由于有些数据或结果来自不同的出处或不同的作者，可能会有些不完全一样，我们在不违背主要结论的原则下，一般选择更易理解和表达的数据。也由于写作时间与新成果公布时间或我们得知新成果的时间之差异，一些数据和结论必将因世界上相关领域更新研究成果的不断发布而变化。

本书既包含了我们对国内外相关研究进展的分析和讨论，也提出了我们的一些解决方案，并介绍了我们的部分阶段性研究成果。本书内容共分 12 章。

第 1 章：近地小天体防御与利用的基本概念。本章简要介绍了从银河系到小天体的星际空间中主要天体相对关系、天体运动的一些基础理论与基本概念、太阳系小天体的界定及相关主要事件等，为理解近地小天体防御与利用的必要性提供了一定的物理基础；并梳理了实施近地小天体防御与利用所涉及的主要科学问题与关键技术，归纳了一些当前已知的国际上相关探测计划和发展动态等。本章为理解后续章节内容提供了一个基础，也为开展此项研究提供了支撑性参考。

第 2 章：近地小天体观测系统与探测方法。本章综述了近四十年来人们为探测小天体所建立的地基、天基等多种观测系统与探测方法，探测波段涵盖射频雷达、红外和可见光等；简要介绍了美国、日本、欧洲等开展的一些典型天基探测和抵近探测任务与试验情况，包括美国主导的林肯近地小行星探测系统等，以及这些试验相关的系统组成、技术手段、主要成果等；提示了这些探测计划和试验对人们获取近地小天体的轨道、质量、密度、形状、尺寸等关键物理特征的重要价值；并介绍了本研究团队提出的以小卫星集群来实现对近地小天体协同观测的构想。

第 3 章：小天体轨道干预技术。本章重点介绍了国外在小天体轨道干预方面的研究现状与主要技术，包括动能撞击、核爆打击、引力牵引、表面烧蚀、表面物质投射、航天器助推、离子束偏移等，在对相关成果分析比较的基础上，肯定了小天体轨道干预是防御小天体撞击地球的可行路线；并提出了我们对相关技术研究与发展的建议。

第 4 章：近地小天体附着探测技术。本章概述了国内外典型的近地小天体附着探测任务及相关技术发展情况，包括探测任务规划、探测器精确抵近、着陆控制以及原位探测机器人设计、自主导航、附着作业等，并介绍了本研究团队在原位探测机器人系统技术等方面的阶段性研究成果。

第 5 章：近地小天体资源利用技术。本章主要概述了目前已知的小天体资源蕴藏情况、资源开发与利用的价值、原位资源利用技术及其相关研究和探测实践活动、重定向任务的概念与相关技术、基于生物学原理的资源利用技术等，并简要介绍了国内专家对小天体资源开发利用的一些发展建议。

第 6 章：星际转移轨道设计技术。本章重点概述了国内外小推力转移轨道优化方法、低能量转移轨道优化设计、行星引力辅助轨道设计等；介绍了本研究团队开展的相关研究工作及取得的阶段性研究成果，包括转移轨道设计方案，时间最优-燃料最优同伦优化方法、功率受限小推力转移轨道优化算法等。

第 7 章：深空探测电推进技术。本章概述了国内外电推进技术的发展情况，包括霍尔推力器、脉冲感应推力器等的工作原理、系统设计、器件研制与实验研究进展等，并介绍了本研究团队围绕关键技术开展的研究工作，包括磁屏蔽霍尔推力器的设计、研制、仿真分析、实验研究，以及大功率脉冲感应推力器的仿真分析、实验技术等。

第 8 章：行星际飞行自主导航技术。本章对国内外相关研究情况进行了综述，包括导航传感器技术、导航信息获取与处理技术、实时导航滤波技术、姿态确定方法、轨道确定方法等，并以小天体撞击任务为例，介绍了本研究团队提出的自主导航技术方案和初步研究成果。

第 9 章：行星际测控通信技术。本章综述了国内外深空网建设、深空通信的接收与发射技术、光通信技术、天线组阵技术、深空中继通信技术等行星际测控通信关键技术，介绍了本研究团队提出的深空中继通信星座设计方案及取得的阶段性研究成果。

第 10 章：多功能薄膜航天器结构技术。本章首先对太阳帆航天器的发展现状、太阳帆薄膜设计技术、太阳帆展开技术等国内外研究现状进行了综述，包括理论建模、仿真分析、实验研究、飞行验证等，然后介绍了本研究团队提出的一种新概念多功能薄膜航天器，包括概念构型、结构系统、多功能一体化结构设计、仿真分析等以及关键技术研究进展和阶段性成果。

第 11 章：用于近地小天体防御的小卫星集群技术。本章重点介绍了本研究团队提出的小天体弱引力场条件下的小卫星集群伴飞技术、小卫星集群多点附着方案等，包括理论建模及仿真分析结果，为近地小天体防御提供了一种新的思路和解决方案。

第 12 章：展望未来。本章主要针对近地小天体防御与利用，提出了未来可能的各种任务、可能发展的新概念航天器、探测与利用协同观测体系、人工智能技术在深空探测领域可能的应用等一些发展建议和展望；最后，通过表达我们对生命来去和宇宙命运的宏观理解以及对人生价值的有限感悟，以及强调科学装置在深空探索中的重要作用等，提出了我们希望研制一个新概念飞行器，对某近地小行星开展实际探测研究的未来设想。

清华大学王兆魁教授、军事科学院蒋超博士、国防科技大学王杰博士参与了本书的主要撰写工作。本书也包含了若干博士的研究成果：刘红卫博士 (第 2 章)、李泰博博士 (第 6 章)、高永飞博士 (第 6 章)、李小康博士 (第 7 章)、车碧轩博士 (第 7 章)、段兴跃博士 (第 7 章)、郭大伟博士 (第 7 章)、徐韵博士 (第 9 章)、朱仕尧博士 (第 10 章)、刘望博士 (第 10 章)、许睿博士 (第 10 章)、张斌斌博士 (第 12 章)；以及在读博士生的研究成果：袁浩 (第 2、8 章)、季浩然 (第 2 章)、蔡映凯 (第 3 章)、胡瑞军 (第 4 章)、李博鑫 (第 4、5 章) 等。本书的若干研究工作也得到了国家自然科学基金和许多部委预研项目的支持，在此一并感谢！

　　我们是茫茫宇宙中一粒粒微不可见的尘埃，芸芸众生中一点点悄无声息的闪现，浩浩大军中一些些踮步跋涉的行者。近地天体奥妙无穷，探索研究永无止境。书中不当之处，恳请读者批评指正。

李东旭

2022 年于长沙

目　　录

第 1 章　近地小天体防御与利用的基本概念

1.1　银河系-太阳系-行星际空间

1.1.1　广袤的银河系

当我们仰望晴朗的星空时，可以看到一些熟悉的星座图案，它们其实是由离太阳最近、最璀璨夺目的几百颗恒星构成的。如果夜空足够黑暗，那么我们可以凭借肉眼看到几千颗其他恒星和一条横跨整个苍穹的淡淡发光的亮带。这条由众多恒星组成的亮带正是我们所在的银河系 (图 1-1)。

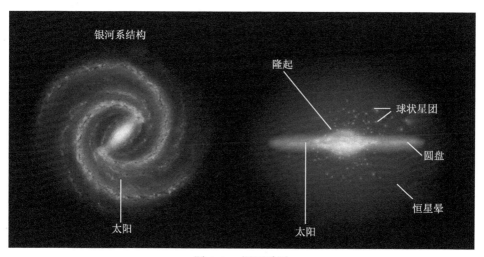

图 1-1　银河系图

我们所在的银河系在宇宙中的地位可以说微不足道。据天文学家估计，在我们可观测的宇宙中，有超过 1 万亿个星系，银河系只是其中一个而已。但是银河系在我们眼中却是独一无二的。

银河系是我们的家园，也是一个广袤的漩涡星系，由上千亿颗恒星组成，我们的太阳仅仅是其中的一颗。太阳位于银河系半径约中点处的一个小旋臂中，以约 200km/s 的速度绕银河系中心高速运转，大概每 2 亿年绕一圈。太阳是中心天体，约占太阳系总质量的 99.86%。与成千上万的其他恒星一样，太阳周围环绕着一系列被其引力困在附近的较小天体 (就像太阳被银河系的引力捕获一样)，这些天体中最大的就是行星，先人根据它们在夜空中的运动变化为其命名。在其他恒星附近探测到的大多数行星都是空旷、炽热的世界，不太可能存在生命迹象。我们的太阳系则不尽然。

1.1.2 孕育生命的太阳系

太阳的质量约占整个太阳系总质量的 99.86%，直径约为 140 万 km，相当于地球直径的 109 倍。太阳只是银河系中一颗普通的恒星，但是其亮度和质量都大大超过了银河系中 90% 的恒星。

如图 1-2 所示，太阳系结构以太阳为中心从内向外进行展开，在距离太阳不同远近的地方分布着不同数目的行星、矮行星、小行星、彗星等不同类型天体。天文单位 (Astronomical Unit，简称 AU) 是计量太阳系内天体间距离的标准单位，它等于地球到太阳的平均距离，即一个天文单位约等于 1.5 亿 km。距离太阳 20000~100000AU 的地方有一个巨大的球形云团包围着太阳系，是 50 亿年前形成太阳及其行星的星云残余物质，该云团以荷兰天文学家奥尔特的名字命名，称为奥尔特云，如图 1-3 所示，其内层呈"甜甜圈"形，外层呈球壳形，分布着冰态的"星子"(有些理论认为这些星子是形成原始行星的基本单元)。这里是太阳引力边界，也是太阳系的尽头。除了引力边界外，太阳系还有磁场边界——"日球层顶"，它距离太阳约 100AU。恒星之间的空间并非空无一物，而是充满了低温的星际介质粒子。太阳会不断向外吹出带电粒子，称为太阳风。所谓"日球层"，是太阳风发生作用的最大范围，而日球层的最外层边界被称为日球层顶。有时候，日球层顶也被称为太阳系的边界。2013 年 9 月 12 日，美国国家航空航天局 (National Aeronautics and Space Administration，NASA) 在经过反复模型推演后宣布，"旅行者 1 号"探测器已经穿越了日球层顶，飞出了太阳系。如果将奥尔特云视作太阳系的边界，则我们永远无法看到"旅行者 1 号"飞出太阳系的那一天，因为这需要 30000 年，而其携带的同位素电池仅有 40 多年的寿命，届时它将关闭所有仪器，切断与地球的联系。

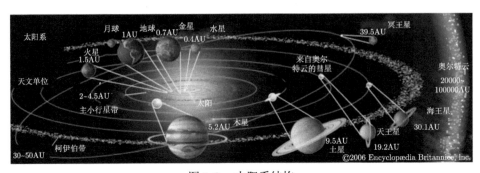

图 1-2　太阳系结构

图片来源：https://photojournal.jpl.nasa.gov/catalog/PIA17046

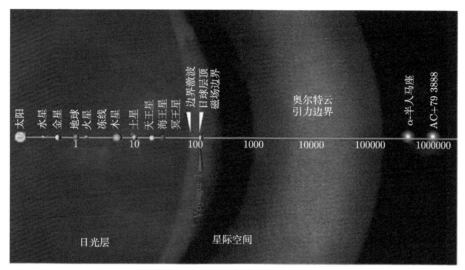

图 1-3 奥尔特云分布示意图

如图 1-3 所示，太阳系由内到外是已知的八大行星，均围绕太阳以近圆的轨道稳定运转。太阳系行星所覆盖的区域根据距离太阳的远近被分为两个部分，其中距离太阳 2AU 以内的 4 颗行星被称为内行星，距离太阳最近的是水星，然后依次是金星、地球、火星。内行星距离太阳近，体积和质量都较小，平均密度较大，表面温度较高，大小与地球差不多，也都是由岩石构成的，因此又称为类地行星或者岩质行星。另外 4 颗外行星散布在距离太阳 5～30AU 的宇宙空间中，较近的木星、土星两颗气态巨行星又称类木行星，是不以岩石或其他固体为主要成分构成的大行星，其体积巨大 (分别为地球体积的 1316 倍和 764 倍)，但密度小 (分别为地球密度的 0.241 和 0.127)，主要由氢、氦、氖等轻元素组成。更远的是天王星、海王星两颗远日行星，较木星和土星离太阳更远，其质量体积处于类地行星和类木行星之间，表面温度最低，均低于 −200℃。火星和木星之间分布有小行星带，这些小行星称为主带小行星。需要注意的是，天文学中一般将太阳系中太阳和小行星带之间的区域称为内太阳系。海王星距太阳平均约 30AU，是已知距离太阳最远的行星。轨道比海王星更远的太阳系天体被称为"外海王星天体"(Trans-Neptunian Object, TNO)，包含柯伊伯带天体和黄道离散天体。除水星、金星外，剩余 6 颗行星都已发现有自己的天然卫星。例如，地球的卫星是月球，火星的卫星是火卫一和火卫二，木星和土星已知均有超过 60 颗天然卫星，等等。在太阳系黑暗的边缘，较小的天体很难被观察到，但是它们的数量却更多，有冥王星等矮行星，也有彗星和小行星。

太阳的寿命约等于 100 亿年，至今已经过去快一半，目前处于稳定而旺盛的中年期。关于太阳系的诞生，目前主流的是星云假说。星云是由星际空间里的气体和尘埃组成的云状物, 如图 1-4 所示, 猎户星云 (M42) 是位于猎户座的一颗弥散星云, 距离地球仅 1500 光年, 是距离地球最近的一个恒星形成区。它的亮度相当高, 在无光害的地区用肉眼就可观察到。根据星云假说, 太阳形成于气体和尘埃。50 亿年前, 太阳系尚未形成。而那时, 我们的银河系已存在 80 亿年了, 其间, 一代又一代的恒星诞生和消亡, 只把气体和尘埃留在了巨大的暗淡星云中。接着, 在银河系的外围, 某种物质开始搅动。一颗恒星 (超新星) 爆炸, 挤压附近的暗云, 然后暗云在其自身引力的作用下开始坍塌。在暗云深处, 较密集的气团开始聚集, 并形成千千万万颗原恒星。随着一颗颗原恒星逐渐收缩升温, 其核心开始发生核反应, 恒星就这样诞生了, 太阳就是其中之一。新诞生的太阳周围围绕着由气体和冰冻尘埃构成的旋转盘, 起初, 太阳在这一圈碎片 (即形成太阳的残留物) 中闪烁光芒。慢慢地, 这些物质从很小的微粒逐渐聚集变大, 形成行星、卫星和小行星等天体。星云是太阳系的温床, 将危险的太空辐射隔开, 初成的太阳系就在巨大的烟云深处不断发展。这些尘埃主要由大爆炸后残留的氢气和氦气组成, 其中夹杂着少量濒死恒星喷射出的烟尘和宇宙尘埃。由于温度非常低, 甲烷、氨和水蒸气等气体冻结成非常微小的尘埃颗粒。这些极其微小的冰粒围绕着年轻的太阳旋转, 它们也成了日后慢慢长成行星的 "种子"。在太阳星云的外部寒冷区域, 碎片主要由冷结的水、甲烷和氨氢化合物的微小颗粒组成; 在太阳系内部, 这些物质容易挥发, 很难凝结成冰。在靠近太阳的地方, 太阳的热量使挥发性化合物蒸发, 只留下了岩石和金属微粒。因此, 在太阳星云中的不同部位形成的行星由完全不同的物质发展而来。冻线是挥发性化合物在太阳热量中能继续存在的临界点, 在冻线以内, 岩石碎片产生了四颗含金属内核的小型类地行星。越过冻线后, 冰冻碎片合并形成旋转液体热球, 并因混入太阳星云中的氢气和氦气而膨胀成巨大的体型。而冻线附近正是主小行星带所在的区域, 更小的岩石碎片和冰冻碎片在这里形成了不同形态的主带小行星。

图 1-4　猎户星云

图片来源: https://www.telescope.com/M42-The-Orion-Nebula/p/100112.uts

1.1.3 行星际空间

行星际空间 (Interplanetary Space, IS) 指的是一个恒星系内本地恒星和行星之间的空间区域，也称为行星际介质。行星际空间延伸到恒星系边缘，与星际空间 (即星系中恒星之间的空间) 发生碰撞。

对于太阳系而言，行星际空间由太阳风来定义，来自太阳连绵不绝的带电粒子创造了稀薄的大气圈 (称为太阳圈)，深入太空中数十亿千米。太阳系行星际空间的外部边界为日球层顶，在这里太阳风与星际介质相遇，形成保护球。后文出现的"行星际空间"特指"太阳系行星际空间"。

行星际空间中充满着稀疏的宇宙射线，包括电离的原子核和各种次原子粒子，也有气体、等离子体、小流星体、尘粒以及数十种不同有机分子。行星际空间中的粒子具有非常低的密度，并且密度随着远离太阳而下降。这些颗粒的密度还受到包括磁场在内的其他因素的影响。地球附近的太阳风粒子密度为每立方厘米几个到几十个粒子，以 350~400km/s 的速度在移动。

行星际空间与行星相互作用的方式取决于行星磁场的性质。一些行星，包括地球，都有自己的磁层，行星的磁场覆盖太阳的磁场。地球的磁场会偏转危险的宇宙射线，否则这些宇宙射线会损害或杀死地球上的生命。没有磁场的行星，像是火星和水星，但是金星除外，它们的大气层都逐渐受到太阳风的侵蚀。

太阳与行星之间的行星际空间包含的主要天体有矮行星和太阳系小天体。国际天文学联合会 (International Astronomical Union, IAU) 对行星和矮行星给出了明确的定义 [1, 2]，行星是指围绕太阳运转、具有足够质量、自身引力足以克服刚体力而使天体呈近似圆球状，并且能够清除其轨道附近其他物体的天体，行星卫星是指围绕一颗行星并按闭合轨道做周期性运动的天然天体；同样具有足够质量、呈近似圆球形，但不能清除其轨道附近其他物体的天体被称为矮行星；而将其他围绕太阳运转但不符合上述条件的天体统称为太阳系小天体。可见太阳系小天体的界定范围十分宽泛，也没有直接限定其尺寸，人类对其了解的广度和深度虽然与日俱增，但还是非常有限的。事实上，太阳系中天体的不同种类的划分十分复杂，如图 1-5 所示，各个天体类别之间可能有交集，其定义和内涵以及包括的天体数目都随着人类对宇宙的观测和研究不断深入而发生变化。

太阳系小天体主要包括小行星和彗星，其中小行星相比于彗星不易释放出气体和尘埃。小行星主要分布在火星与木星轨道之间的主小行星带和海王星外的柯伊伯带，以及木星轨道上的特洛伊小行星带，还有一些靠近地球的小行星称为近地小行星 (Near Earth Asteroid, NEA)。图 1-6 显示了太阳系中不同类型的小行星、彗星的分布区域。太阳系内目前已知的小天体已超百万，而据主流的重检率估计法估计，还有高两个数量级的小天体尚未被发现 [4]。

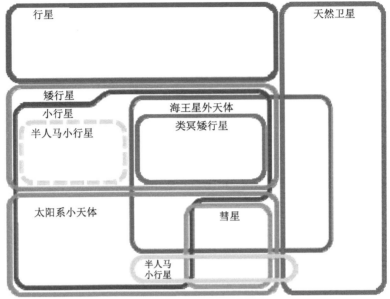

图 1-5　太阳系天体分类欧拉图 [3]

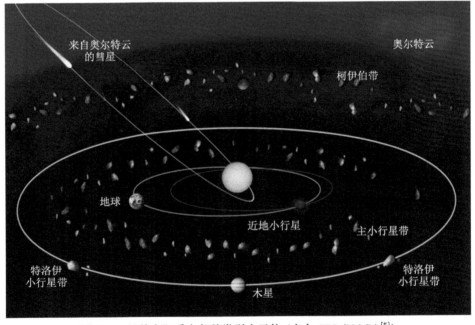

图 1-6　目前太阳系内各种类型小天体 (来自 JPL/NASA[5])

1.2 天体运动的理论基础

从上古时期开始，人们就在探索日月星辰的运动规律。从占星术士的星相学说、托勒密的地心说到哥白尼的日心说，人们逐步明确了太阳系内天体运动大舞台的主从关系，即太阳是主角，包括地球在内的所有行星都是配角，围绕着太阳进行周期运动。1609~1619 年，开普勒通过分析第谷·布拉赫的天文观测数据，总结了行星运动的一些规律，即开普勒行星运动三定律，对日心说进行了修正，使得日心说在与地心说的斗争中取得了真正的胜利。牛顿在 1687 年出版的《自然哲学的数学原理》一书中提出了物体运动三定律和万有引力定律，揭示了支配这些运动规律的机理，从根本上对天体的运动做出了解释。本节简要介绍天体运动的理论基础，包括万有引力定律与 N 体问题、二体问题和限制性三体问题，为读者理解后续章节的相关概念、专业术语等提供参考。

1.2.1 万有引力定律与 N 体问题

万有引力定律：任何两个物体都存在通过其连心线方向上的相互吸引的力。该引力大小与它们质量的乘积成正比，与它们距离的平方成反比，即

$$\boldsymbol{F} = \frac{Gm_1m_2}{r^2}\boldsymbol{r}^0 \tag{1-1}$$

式中，G 为万有引力常数；$\boldsymbol{r}^0$ 为指向吸引物体的矢径。

多个天体在相互间万有引力作用下的运动问题称为 N 体问题，是研究天体运动规律的一般性问题。在某一惯性坐标系中，假设有 n 个质点 $(n \geqslant 3)$，它们的质量为 $m_1, m_2, \cdots, m_n$，其坐标分别为 $(x_1, y_1, z_1), (x_2, y_2, z_2), \cdots, (x_n, y_n, z_n)$，对第 i 个质点，受到其他 $n-1$ 个质点的引力，这 n 个质点的运动方程可以写为

$$\begin{cases} m_i\dfrac{\mathrm{d}^2x_i}{\mathrm{d}t^2} = -Gm_i\displaystyle\sum_{j=1}^{n}\dfrac{m_j\left(x_i - x_j\right)}{\Delta_{ij}^3} \\[3mm] m_i\dfrac{\mathrm{d}^2y_i}{\mathrm{d}t^2} = -Gm_i\displaystyle\sum_{j=1}^{n}\dfrac{m_j\left(y_i - y_j\right)}{\Delta_{ij}^3} \quad, \quad i = 1, 2, \cdots, n \quad (j \neq i) \\[3mm] m_i\dfrac{\mathrm{d}^2z_i}{\mathrm{d}t^2} = -Gm_i\displaystyle\sum_{j=1}^{n}\dfrac{m_j\left(z_i - z_j\right)}{\Delta_{ij}^3} \end{cases} \tag{1-2}$$

式中，Δ_{ij} 为第 i 个和第 j 个质点之间的距离，有 $\Delta_{ij}^2 = (x_i - x_j)^2 + (y_i - y_j)^2 + (z_i - z_j)^2$。这样整个系统有 $3n$ 个方程，如果 n 个质点的运动都要解出，需要找到 $6n$ 个独立积分。

由于只考虑了 N 体之间的万有引力，对于由 n 个质点组成的系统而言，不存在任何外力和外力矩，因此整个系统满足动量守恒定律、动量矩守恒定律和能量守恒定律。

1.2.1.1　动量守恒

因整个系统的动量守恒，其加速度和为 0，故系统的运动方程可简化为

$$
\begin{cases}
\sum\limits_{i=1}^{n} m_i \dfrac{\mathrm{d}^2 x_i}{\mathrm{d}t^2} = 0 \\[2mm]
\sum\limits_{i=1}^{n} m_i \dfrac{\mathrm{d}^2 y_i}{\mathrm{d}t^2} = 0 \\[2mm]
\sum\limits_{i=1}^{n} m_i \dfrac{\mathrm{d}^2 z_i}{\mathrm{d}t^2} = 0
\end{cases}
\tag{1-3}
$$

积分两次后可得

$$
\begin{cases}
\sum\limits_{i=1}^{n} m_i x_i = \alpha_1 t + \alpha_2 \\[2mm]
\sum\limits_{i=1}^{n} m_i y_i = \beta_1 t + \beta_2 \\[2mm]
\sum\limits_{i=1}^{n} m_i z_i = \gamma_1 t + \gamma_2
\end{cases}
\tag{1-4}
$$

上式为动量积分。α_1, α_2, β_1, β_2, γ_1, γ_2 为相对应的 6 个积分常数。其力学意义为：整个系统在没有外力作用下，系统整体或静止，或做匀速直线运动。若令系统质心坐标为 (x_0, y_0, z_0)，则应分别满足

$$
\begin{cases}
x_0 = \dfrac{\sum\limits_{i=1}^{n} m_i x_i}{\sum\limits_{i=1}^{n} m_i} \\[6mm]
y_0 = \dfrac{\sum\limits_{i=1}^{n} m_i y_i}{\sum\limits_{i=1}^{n} m_i} \\[6mm]
z_0 = \dfrac{\sum\limits_{i=1}^{n} m_i z_i}{\sum\limits_{i=1}^{n} m_i}
\end{cases}
\tag{1-5}
$$

依定义 $\sum_{i=1}^{n} m_i$ 为系统总质量，应为常数，记为 M。式 (1-5) 可以改写为

$$
\begin{cases}
M x_0 = \alpha_1 t + \alpha_2 \\
M y_0 = \beta_1 t + \beta_2 \\
M z_0 = \gamma_1 t + \gamma_2
\end{cases}
\tag{1-6}
$$

表明质心做匀速直线运动或静止。

1.2.1.2　动量矩守恒

设 L_x、L_y、L_z 为

$$
\begin{cases}
L_x = \sum_{i=1}^{n} m_i \left(y_i \dfrac{\mathrm{d}^2 z_i}{\mathrm{d}t^2} - z_i \dfrac{\mathrm{d}^2 y_i}{\mathrm{d}t^2} \right) \\[2mm]
L_y = \sum_{i=1}^{n} m_i \left(z_i \dfrac{\mathrm{d}^2 x_i}{\mathrm{d}t^2} - x_i \dfrac{\mathrm{d}^2 z_i}{\mathrm{d}t^2} \right) \\[2mm]
L_z = \sum_{i=1}^{n} m_i \left(x_i \dfrac{\mathrm{d}^2 y_i}{\mathrm{d}t^2} - y_i \dfrac{\mathrm{d}^2 x_i}{\mathrm{d}t^2} \right)
\end{cases}
\tag{1-7}
$$

将方程 (1-2) 代入后，整理可得

$$
\begin{cases}
L_x = \sum_{i=1}^{n} \sum_{j=1}^{n} \dfrac{G m_i m_j}{\Delta_{ij}^3} (y_i z_j - z_i y_j) \\[2mm]
L_y = \sum_{i=1}^{n} \sum_{j=1}^{n} \dfrac{G m_i m_j}{\Delta_{ij}^3} (z_i x_j - x_i z_j) \\[2mm]
L_z = \sum_{i=1}^{n} \sum_{j=1}^{n} \dfrac{G m_i m_j}{\Delta_{ij}^3} (x_i y_j - y_i x_j)
\end{cases}
\tag{1-8}
$$

上式中，有 $j = m$，$j = k$，必有 $i = k$，$j = m$ 对应。同样，求和后得

$$
\begin{cases}
L_x = \sum_{i=1}^{n} m_i \left(y_i \dfrac{\mathrm{d}^2 z_i}{\mathrm{d}t^2} - z_i \dfrac{\mathrm{d}^2 y_i}{\mathrm{d}t^2} \right) = 0 \\[2mm]
L_y = \sum_{i=1}^{n} m_i \left(z_i \dfrac{\mathrm{d}^2 x_i}{\mathrm{d}t^2} - x_i \dfrac{\mathrm{d}^2 z_i}{\mathrm{d}t^2} \right) = 0 \\[2mm]
L_z = \sum_{i=1}^{n} m_i \left(x_i \dfrac{\mathrm{d}^2 y_i}{\mathrm{d}t^2} - y_i \dfrac{\mathrm{d}^2 x_i}{\mathrm{d}t^2} \right) = 0
\end{cases}
\tag{1-9}
$$

也就是

$$\begin{cases} \dfrac{\mathrm{d}}{\mathrm{d}t} \sum_{i=1}^{n} m_i \left(y_i \dfrac{\mathrm{d}^2 z_i}{\mathrm{d}t^2} - z_i \dfrac{\mathrm{d}^2 y_i}{\mathrm{d}t^2} \right) = 0 \\[2mm] \dfrac{\mathrm{d}}{\mathrm{d}t} \sum_{i=1}^{n} m_i \left(z_i \dfrac{\mathrm{d}^2 x_i}{\mathrm{d}t^2} - x_i \dfrac{\mathrm{d}^2 z_i}{\mathrm{d}t^2} \right) = 0 \\[2mm] \dfrac{\mathrm{d}}{\mathrm{d}t} \sum_{i=1}^{n} m_i \left(x_i \dfrac{\mathrm{d}^2 y_i}{\mathrm{d}t^2} - y_i \dfrac{\mathrm{d}^2 x_i}{\mathrm{d}t^2} \right) = 0 \end{cases} \tag{1-10}$$

可以积分出

$$\begin{cases} \sum_{i=1}^{n} m_i \left(y_i \dfrac{\mathrm{d}^2 z_i}{\mathrm{d}t^2} - z_i \dfrac{\mathrm{d}^2 y_i}{\mathrm{d}t^2} \right) = c_1 \\[2mm] \sum_{i=1}^{n} m_i \left(z_i \dfrac{\mathrm{d}^2 x_i}{\mathrm{d}t^2} - x_i \dfrac{\mathrm{d}^2 z_i}{\mathrm{d}t^2} \right) = c_2 \\[2mm] \sum_{i=1}^{n} m_i \left(x_i \dfrac{\mathrm{d}^2 y_i}{\mathrm{d}t^2} - y_i \dfrac{\mathrm{d}^2 x_i}{\mathrm{d}t^2} \right) = c_3 \end{cases} \tag{1-11}$$

矢量方法表达为

$$\sum_{i=1}^{n} m_i \boldsymbol{r}_i \times \boldsymbol{v}_i = c_1 \boldsymbol{k}_1 + c_2 \boldsymbol{k}_2 + c_3 \boldsymbol{k}_3 \tag{1-12}$$

这表明系统的动量矩为常矢量，即动量矩守恒。

1.2.1.3 能量守恒

下面计算系统总动能的时间变率，即

$$\frac{\mathrm{d}}{\mathrm{d}t} \sum_{i=1}^{n} \frac{1}{2} m_i \left(\dot{x}_i^2 + \dot{y}_i^2 + \dot{z}_i^2 \right) = \sum_{i=1}^{n} \frac{1}{2} m_i \left(\dot{x}_i \ddot{x}_i + \dot{y}_i \ddot{y}_i + \dot{z}_i \ddot{z}_i \right) \tag{1-13}$$

将方程 (1-2) 代入后，上式可写成

$$\sum_{i=1}^{n} \sum_{j=1}^{n} m_i m_j \left(\dot{x}_i \frac{x_i - x_j}{\Delta_{ij}^3} + \dot{y}_i \frac{y_i - y_j}{\Delta_{ij}^3} + \dot{z}_i \frac{z_i - z_j}{\Delta_{ij}^3} \right)$$

$$= \sum_{i=1}^{n} \sum_{j=1}^{n} m_i m_j \left[\frac{\mathrm{d}}{\mathrm{d}x_i} \left(\frac{1}{\Delta_{ij}} \right) \dot{x}_i + \frac{\mathrm{d}}{\mathrm{d}y_i} \left(\frac{1}{\Delta_{ij}} \right) \dot{y}_i + \frac{\mathrm{d}}{\mathrm{d}z_i} \left(\frac{1}{\Delta_{ij}} \right) \dot{z}_i \right]$$

$$= \sum_{i=1}^{n} \sum_{j=1}^{n} m_i m_j \frac{\mathrm{d}}{\mathrm{d}t} \left(\frac{1}{\Delta_{ij}} \right) = \frac{\mathrm{d}}{\mathrm{d}t} \left(\sum_{i=1}^{n} \sum_{j=1}^{n} m_i m_j \frac{1}{\Delta_{ij}} \right) \tag{1-14}$$

令

$$U = \sum_{i=1}^{n} \sum_{j=1}^{n} m_i m_j \frac{1}{\Delta_{ij}} \tag{1-15}$$

则有

$$\frac{\mathrm{d}}{\mathrm{d}t} \sum_{i=1}^{n} \frac{1}{2} m_i \left(\dot{x}_i^2 + \dot{y}_i^2 + \dot{z}_i^2 \right) = \frac{\mathrm{d}U}{\mathrm{d}t} \tag{1-16}$$

对上式积分得

$$\sum_{i=1}^{n} \frac{1}{2} m_i \left(\dot{x}_i^2 + \dot{y}_i^2 + \dot{z}_i^2 \right) - U = c \tag{1-17}$$

该式即为系统的能量积分,其积分常数为 c。左端第一项可视为系统总动能,第二项为系统总势能,它们之和为常数,系统的能量守恒。

综上可知,N 体问题存在动量守恒、动量矩守恒及能量守恒总计 10 个积分常数。要解析求解 N 体运动的 $6N$ 阶常微分方程,还需求出余下的 $6N-10$ 个积分常数。自从得到 N 体问题的 10 个经典积分后,天文学、数学和力学工作者一直在寻找 N 体运动新的独立积分常数,但目前除二体问题之外,其他 N 体问题尚无法完全解析求解。

1.2.2 二体问题

二体问题是指两个可当作质点的自然或人造天体在仅受它们相互之间的万有引力作用下的运动问题。它是天体真实运动的一种近似,也是天体力学中唯一可以完全解析求解的问题,是研究天体精确运动的理论基础,对把握天体的主要运动规律意义重大。

1.2.2.1 二体问题的运动方程

考虑两个质量分别为 M 和 m 的质点组成的系统,由于不受外力作用,根据动量守恒定律,系统质心始终保持静止或做匀速直线运动,因而以系统质心为原点,可以建立一个惯性坐标系,在这个坐标系中,根据牛顿第二定律和万有引力定律分别列出两个质点的运动微分方程

$$M \frac{\mathrm{d}^2 \boldsymbol{r}_1}{\mathrm{d}t^2} = \frac{GMm}{r_{12}^3} \left(\boldsymbol{r}_2 - \boldsymbol{r}_1 \right) \tag{1-18}$$

$$m \frac{\mathrm{d}^2 \boldsymbol{r}_2}{\mathrm{d}t^2} = \frac{GmM}{r_{21}^3} \left(\boldsymbol{r}_1 - \boldsymbol{r}_2 \right) \tag{1-19}$$

对 M 和 m 两个质点的运动微分方程,分别约去它们的公共质量因子,然后两式相减,经过整理,得到质点 M 到 m 的矢径 $\boldsymbol{r}$,即 m 相对于 M 的位置矢量,在惯性系中满足的二阶非线性微分方程为

$$\ddot{\boldsymbol{r}} = -\frac{\mu}{r^3} \boldsymbol{r} \tag{1-20}$$

其中,$\boldsymbol{r} = \boldsymbol{r}_2 - \boldsymbol{r}_1$;$\mu = G(M + m)$ 称为引力系数。

需要强调的是, 上式实际上是三个二阶非线性标量微分方程的矢量形式, 具体为

$$\frac{\mathrm{d}^2 x}{\mathrm{d}t^2} + \mu \frac{x}{r^3} = 0, \quad \frac{\mathrm{d}^2 y}{\mathrm{d}t^2} + \mu \frac{y}{r^3} = 0, \quad \frac{\mathrm{d}^2 z}{\mathrm{d}t^2} + \mu \frac{z}{r^3} = 0 \tag{1-21}$$

此外, 根据质心的定义和质心与质点间的几何关系, 经过简单的代数运算, 也可推导出系统质心到质点 M 的矢径 $\boldsymbol{r}_1$、系统质心到质点 m 的矢径 $\boldsymbol{r}_2$, 也都满足同样形式的微分方程, 只是此时的引力系数 μ 取值分别为 $Gm[m/(M+m)]^2$ 和 $GM[M/(M+m)]^2$。可见, 二体问题虽然考察两个可视为质点的天体的运动, 但可以简化为只关注一个天体运动的问题。无论是两个天体之间的矢径, 还是系统质心到两个天体的矢径, 其变化都满足相同形式的微分方程。

1.2.2.2　开普勒轨道

虽然描述二体问题相对运动的基本方程是非线性的, 但其存在 r 以时间为自变量的解析解,

$$r = \frac{p}{1 + e \cos f} \tag{1-22}$$

式中, p 为常数, 称为半通径; e 为常数, 称为偏心率。

从式 (1-22) 可以看出, 二体问题中两个天体运动的轨道是圆锥曲线族, 又称为二体轨道或开普勒轨道。其轨道类型根据偏心率分为椭圆轨道 ($0 < e < 1$)、抛物线轨道 ($e = 1$) 和双曲线轨道 ($e > 1$)。图 1-7 为不同轨道类型在 xy 平面的投影示意图。

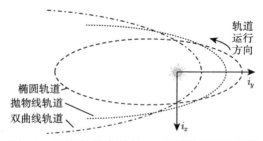

图 1-7　不同轨道类型在 xy 平面的投影示意图

开普勒轨道通常用六个积分常数或者各种与之相关的函数来表示, 被称为轨道根数。最常用的经典轨道根数为 $(a, e, i, \Omega, \omega, f)$, 即半长轴、偏心率、轨道倾角、升交点黄经、近日点幅角、真近点角, 它们的几何意义如图 1-8 所示。

a 半长轴: 椭圆轨道长轴的一半, 有时可视作平均轨道半径。

e 偏心率: 为椭圆扁平程度的一种量度, 定义为椭圆两焦点间的距离与长轴长度的比值。

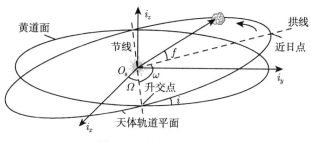

图 1-8　经典轨道根数

i 轨道倾角：天体轨道面对黄道面的倾角；在升交点处从黄道面逆时针方向量到天体轨道面的角度。

Ω 升交点黄经：天体轨道升交点的黄道经度。

ω 近日点幅角：从升交点沿天体运动轨道逆时针量到近日点的角度。

f 真近点角：天体从近日点起沿轨道运动时其向径扫过的角度。

升交点黄经 Ω 和轨道倾角 i 确定了轨道面的空间方位。半长轴 a 和偏心率 e 确定了轨道的大小和方向。近日点幅角 ω 确定了拱线在轨道面内的指向，从升交点沿其轨道运动方向度量。真近点角 f 确定了天体在轨道上的具体位置。

1.2.3　限制性三体问题

当小天体或航天器处于两个大天体的引力场中时，它们对大天体的影响可忽略，这便构成了限制性三体问题。两个大天体间运行的轨道近似为圆轨道时，构成了圆型限制性三体问题。显然，月球在日地系统中的运动问题就是一个典型的圆型限制性三体问题。1767 年，瑞士数学家欧拉发现了圆型限制性三体问题的三个共线平动点，1772 年，拉格朗日发现了剩余的两个三角平动点，后来这五个点统称为拉格朗日点。其中与两个大天体共线的三个点不稳定，构成等边三角形的两个点是稳定的。在平衡点的附近存在丰富的轨道动力学现象，如李萨如轨道、晕轨道。同时，拉格朗日预言了太阳和木星作为大天体的三体问题中，三角平动点处可能存在小行星，这些所谓的特洛伊小行星在 134 年后果真被观测到。19 世纪末，法国数学家庞加莱指出三体问题没有解析解，但有无穷多个周期解。平衡点附近的周期和拟周期轨道的存在性问题至今仍被广泛研究。

1.2.3.1　圆型限制性三体问题的运动方程

假设空间有两个质量分别为 m_1、m_2 的质点 p_1 和 p_2，围绕着它们的质心做角速度为常数 ω_0 的圆周运动。另有一个质量远远小于 m_1、m_2 的质点 p，其存在不会影响 p_1、p_2 的运动状态。为了研究质点 p 在 p_1、p_2 共同作用下的运动问题，以 p_1、p_2 的质心为原点先建立一个惯性坐标系 $O\xi\eta\zeta$，如图 1-9 所示，其 ξ-η

平面在 $p_1 p_2$ 的运动平面内。将 p、p_1、p_2 的坐标分别记为 (ξ, η, ζ)、(ξ_1, η_1, O)、(ξ_2, η_2, O)。再定义一个非惯性坐标系 $Oxyz$。O 为质心，z 和 ζ 重合，x 轴为 p_1、O、p_2 的连线。该坐标系与 $p_1 p_2$ 固连，并随其做圆周运动，角速率也为 ω。在这一坐标系中，p、p_1、p_2 的坐标分别为 (x, y, z)、$(x_1, 0, 0)$、$(x_2, 0, 0)$。

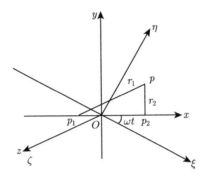

图 1-9　惯性坐标系 $O\xi\eta\zeta$ 与非惯性坐标系 $Oxyz$

在惯性坐标系 $O\xi\eta\zeta$ 中，p 点的运动方程为

$$
\begin{cases}
\ddot{\xi} = -Gm_1 \dfrac{\xi - \xi_1}{r_1^3} - Gm_2 \dfrac{\xi - \xi_2}{r_2^3} \\[2mm]
\ddot{\eta} = -Gm_1 \dfrac{\eta - \eta_1}{r_1^3} - Gm_2 \dfrac{\eta - \eta_2}{r_2^3} \\[2mm]
\ddot{\zeta} = -Gm_1 \dfrac{\zeta - \zeta_1}{r_1^3} - Gm_2 \dfrac{\zeta - \zeta_2}{r_2^3}
\end{cases}
\tag{1-23}
$$

式中，r_1、r_2 分别为 p 点到 p_1、p_2 的距离。

假设 $t=0$ 时，x 轴与 ξ 轴重合。这样坐标之间满足下面的变换：

$$
\begin{cases}
\xi = x \cos \omega t - y \sin \omega t \\
\eta = x \cos \omega t + y \sin \omega t \\
\zeta = z
\end{cases}
\tag{1-24}
$$

将此变换代入式 (1-23) 中，经推导化简得到如下形式：

$$
\begin{cases}
\ddot{x} - 2\omega \dot{y} - \omega^2 x = -Gm_1 \dfrac{1}{r_1^3}(x - x_1) + Gm_2 \dfrac{1}{r_2^3}(x - x_2) \\[2mm]
\ddot{y} + 2\omega \dot{x} - \omega^2 y = -Gm_1 \dfrac{y}{r_1^3} - Gm_2 \dfrac{y}{r_2^3} \\[2mm]
\ddot{z} = -Gm_1 \dfrac{z}{r_1^3} - Gm_2 \dfrac{z}{r_2^3}
\end{cases}
\tag{1-25}
$$

设

$$U = \frac{1}{2}\omega^2 \left(x^2 + y^2\right) + \frac{Gm_1}{r_1} + \frac{Gm_2}{r_2} \tag{1-26}$$

将式 (1-25) 进一步简化为

$$\begin{cases} \ddot{x} - 2\omega\dot{y} = \dfrac{\partial U}{\partial x} \\[2mm] \ddot{y} + 2\omega\dot{x} = \dfrac{\partial U}{\partial y} \\[2mm] \ddot{z} = \dfrac{\partial U}{\partial z} \end{cases} \tag{1-27}$$

即是质点 p 在与 $p_1 p_2$ 固连坐标系中的运动方程 [1]。

1.2.3.2　平动点与零速度面

圆型限制性三体问题的平动点指的是运动方程 (1-27) 的常数解。这表明，若将 p 点放置在平动点上，其坐标不会发生变化。很明显，运动方程的左端为时间的导数，若能使式右端为常数 0，那么式子左端就一定为 0。因此，常数解的方程为

$$\begin{cases} \dfrac{\partial U}{\partial x} = 0 \\[2mm] \dfrac{\partial U}{\partial y} = 0 \\[2mm] \dfrac{\partial U}{\partial z} = 0 \end{cases} \tag{1-28}$$

即

$$\begin{cases} \omega^2 x - Gm_1 \dfrac{1}{r_1^3}\left(x - x_1\right) - Gm_2 \dfrac{1}{r_2^3}\left(x - x_2\right) = 0 \\[2mm] \omega^2 y - Gm_1 \dfrac{y}{r_1^3} - Gm_2 \dfrac{y}{r_2^3} = 0 \\[2mm] -Gm_1 \dfrac{z}{r_1^3} - Gm_2 \dfrac{z}{r_2^3} = 0 \end{cases} \tag{1-29}$$

式 (1-29) 为平动点坐标满足的代数方程组，从其第三式可以得出 $z=0$。因此，平动点位于 x-y 平面内。

方程 (1-29) 中第二式的两组解为

$$y = 0 \tag{1-30}$$

$$\omega^2 - \frac{Gm_1}{r_1^3} - \frac{Gm_2}{r_2^3} = 0 \tag{1-31}$$

将 $y=0$、$z=0$ 代入方程 (1-29) 的第一式中，得到

$$\omega^2 x \left(x - x_1\right)^2 \left(x - x_2\right)^2 - Gm_1 \left(x - x_2\right)^2 - Gm_2 \left(x - x_1\right)^2 = 0 \tag{1-32}$$

这个代数方程有三个实数根。记为 L_1、L_2、L_3。这三个点分别位于 $p_1 p_2$ 之间、$p_1 p_2$ 延长线和 $p_2 p_1$ 延长线上。当 m_1、m_2、x_1、x_2 等参数给定后，可以求出其具体的位置坐标 [1]。

再分析 $y \neq 0$ 的解。如果使 $\omega^2 = \dfrac{G(m_1 + m_2)}{r^3}$，也就是 $p_1 p_2$ 形成的圆周运动满足二体问题规律，显然 $r_1 = r_2 = r$ 满足方程 (1-31)。平动点在 x 轴的两边，记为 L_4、L_5。它们到 p_1 和 p_2 的距离相等，并且等于 $p_1 p_2$ 之间的距离。L_4、L_5 称为等边三角形的解 [1]。

1.2.3.3　雅可比积分与零速度面

在圆型限制性三体问题运动方程 (1-27) 中，分别用 $2\dot{x}$、$2\dot{y}$、$2\dot{z}$ 乘三个方程的两边，相加后可以得到

$$2\dot{x}\ddot{x} - 4\omega\dot{x}\dot{y} + 2\dot{y}\ddot{y} + 4\omega\dot{x}\dot{y} + 2\dot{z}\ddot{z} = 2\dot{x}\frac{\partial U}{\partial x} + 2\dot{y}\frac{\partial U}{\partial y} + 2\dot{z}\frac{\partial U}{\partial z} \tag{1-33}$$

即

$$\frac{\mathrm{d}}{\mathrm{d}t}\left(\dot{x}^2 + \dot{y}^2 + \dot{z}^2\right) = 2\frac{\mathrm{d}U}{\mathrm{d}t} \tag{1-34}$$

可积分为

$$\dot{x}^2 + \dot{y}^2 + \dot{z}^2 = 2U - c \tag{1-35}$$

从定义看，U 仅与坐标有关，U 中的 r_1、r_2 含有 x_1、x_2 和 ω，可视为常数。在圆型限制性三体问题中，式 (1-35) 就是著名的雅可比积分 [1]。

设 p 质点的速度为 0，可以得到方程

$$2U - c = 0 \tag{1-36}$$

这是空间曲面方程，称为零速度面。方程 (1-36) 中 c 为积分常数，与 p 质点的初始值有关。为了比较，不妨先假设 p 点在某一位置 (x_0, y_0, z_0) 有不同的初始速度，则零速度面与初始速度有关。将 p 点的初值代入雅可比积分公式，可以确定积分常数 c，对于某一位置 (x_0, y_0, z_0) 有

$$c_0 = \dot{x}_0^2 + \dot{y}_0^2 + \dot{z}_0^2 - 2\left[\frac{1}{2}\omega^2\left(x_0^2 + y_0^2\right) + \frac{Gm_1}{r_1}\bigg|_0 + \frac{Gm_2}{r_2}\bigg|_0\right] \tag{1-37}$$

对于已经确定的 c_0，有确定的零速度面。对于初始位置固定的情况，随着初始速度的增加，积分常数 c 也增加。六种零速度面变化剖面如图 1-10 所示 [1]。

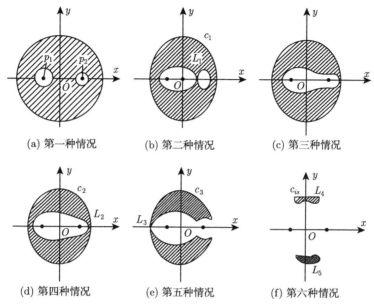

(a) 第一种情况　　　　(b) 第二种情况　　　　(c) 第三种情况

(d) 第四种情况　　　　(e) 第五种情况　　　　(f) 第六种情况

图 1-10　零速度面变化的六种情况

零速度面将空间分为两个区域，即可以到达区域和不可到达区域 (图中用阴影线示意)。随着初始速度增加，不可到达的区域逐渐减小。初始时，p 点在 p_1 附近，要想到达 p_2，p 的初速度必须大于图 1-10(b) 对应的初始速度；欲离开 $p_1 p_2$ 系统，速度必须大于图 1-10(c) 情况时的初始速度[63]。

1.2.3.4　平动点周期轨道

圆型限制性三体问题的五个平动点周围存在无数条周期轨道，这些周期轨道大致可分为三类。仅在旋转平面内存在运动分量的平面周期轨道，称为李雅普诺夫 (Lyapunov) 轨道。若还存在 z 轴方向上的运动分量，则称为空间周期轨道。空间周期轨道可以根据 z 轴方向上的运动频率与 x-y 平面内的运动频率是否相等，分为晕 (Halo) 轨道和李萨如 (Lissajous) 轨道。

Lyapunov 轨道在 x-y 旋转平面内关于 x 轴对称，其与 x 轴的两个交点位于平动点的两侧。取其中远离原点的交点为特征点，将其与平动点之间的距离定义为 A_x，作为量度 Lyapunov 轨道幅值的特征参数。Halo 轨道关于 x-z 平面对称，其与 x-z 平面有两个交点，取其中与 x 轴距离最远的点作为特征点，将其与 x 轴的距离定义为 A_z，作为量度 Halo 轨道幅值的特征参数[63]。同时，由于圆型限制性三体问题的对称性，关于 x-y 平面必存在两条对称的 Halo 轨道，若其在 y-z 平面的投影上运动为顺时针方向，则称为北型 Halo 轨道，或称 I 型 Halo 轨道；

反之则称为南型 Halo 轨道，或称 II 型 Halo 轨道 [64]。

　　圆型限制性三体问题属于动力系统范畴，而周期轨道是理解动力系统理论的关键，在深空探测实践中也具有重要的应用价值，因此周期轨道是平动点研究与应用的基础。与经典的二体问题不同，圆型限制性三体问题本身存在着严重的非线性，不存在解析解。线性化方法得到的近似解可以帮助理解平动点附近的性质，但其精度无法满足任务需要，于是需借助数值方法获得精确周期解。圆型限制性三体问题对积分初值非常敏感，以近似解的某一状态作为初值进行积分并不能得到周期轨道，但因其包含有用信息，故考虑以其作为迭代初值，利用一套迭代算法来计算准确的积分初值，从而得到准确的周期轨道 [63]。

　　平动点的稳定性分析，是研究在平动点附近受到小扰动作用时，第三体能否保持在平动点附近自由运动的问题。为此将全量形式的动力学方程写成偏差量形式的动力学方程，其矩阵形式如下[②]：

$$
\begin{bmatrix} \Delta\dot{x} \\ \Delta\dot{y} \\ \Delta\ddot{x} \\ \Delta\ddot{y} \end{bmatrix} = \begin{bmatrix} 0 & 0 & 1 & 0 \\ 0 & 0 & 0 & 1 \\ \Omega_{xx} & \Omega_{xy} & 0 & 2 \\ \Omega_{xy} & \Omega_{yy} & -2 & 0 \end{bmatrix} \begin{bmatrix} \Delta x \\ \Delta y \\ \Delta\dot{x} \\ \Delta\dot{y} \end{bmatrix} \tag{1-38}
$$

$$
\begin{bmatrix} \Delta\dot{z} \\ \Delta\ddot{z} \end{bmatrix} = \begin{bmatrix} 0 & 1 \\ \Omega & 0 \end{bmatrix} \begin{bmatrix} \Delta z \\ \Delta\dot{z} \end{bmatrix} \tag{1-39}
$$

可以通过上述微分方程的系数矩阵分析运动稳定性。

　　首先分析 z 方向的受扰运动。对方程 (1-39)，令

$$
\begin{vmatrix} -\lambda & 1 \\ \Omega_{zz} & -\lambda \end{vmatrix} = 0 \tag{1-40}
$$

得到特征方程

$$
\lambda^2 - \Omega_{zz} = 0 \tag{1-41}
$$

对于平动点 $L_1 \sim L_5$ 而言，均有

$$
\Omega_{zz} < 0 \tag{1-42}
$$

因此特征方程的解为

$$
\lambda_{5,6} = \pm j\sqrt{|\Omega_{zz}|} \tag{1-43}
$$

所以 z 方向运动为无阻尼振荡，五个平动点附近 z 方向的运动临界稳定 [63]。

然后分析 x-y 旋转平面内的运动。对方程 (1-38)，令

$$\begin{vmatrix} -\lambda & 0 & 1 & 0 \\ 0 & -\lambda & 0 & 1 \\ \Omega_{xx} & \Omega_{xy} & -\lambda & 2 \\ \Omega_{xy} & \Omega_{yy} & -2 & -\lambda \end{vmatrix} = 0 \tag{1-44}$$

可得到特征方程

$$\lambda^4 + (4 - \Omega_{xx} - \Omega_{yy})\lambda^2 + \Omega_{xx}\Omega_{yy} - \Omega_{xy}^2 = 0 \tag{1-45}$$

对于线性平动点 L_1、L_2、L_3 来说，有 $y=0$。据此化简式 (1-45)，有

$$\lambda^4 + (2 - K)\lambda^2 + (1 + 2K)(1 - K) = 0 \tag{1-46}$$

令上式 λ^2 的两个根为 λ_α^2 和 λ_β^2，一正一负，即 λ 的四个根为一对共轭虚根，一个正实根和一个负实根。正实根的存在会使 Δx、Δy 随时间的增长而增长，因此 L_1、L_2、L_3 平动点附近的运动是不稳定的 [63]。

对于三角平动点 L_4、L_5 来说，$x_0 = \dfrac{1}{2} - \mu, y_0 = \pm\dfrac{\sqrt{3}}{2}$，据此化简式 (1-45)，得

$$\lambda^4 + \lambda^2 + \frac{27}{4}\mu(1 - \mu) = 0 \tag{1-47}$$

可见，特征根与系统质量比参数 μ 相关。易知，若

$$1 - 27\mu(1 - \mu) > 0 \tag{1-48}$$

则 λ_α^2 和 λ_β^2 为不相等的负实根，此时 λ 的四个根为两对共轭虚根，相应的 Δx、Δy 在平动点附近的运动是稳定的 [63]。

又因

$$0 < \mu \leqslant \frac{1}{2} \tag{1-49}$$

结合式 (1-48) 可解得

$$\mu < 0.0385 \tag{1-50}$$

这是一个三体系统中 L_4、L_5 平动点运动稳定的条件。对于质量比系数较大的地月系统，$\mu=0.0121$ 依然满足式 (1-50)，故地月系统的 L_4、L_5 平动点是稳定的 [63]。

1.3　太阳系小天体

根据国际天文学联合会 2006 年的定义，太阳系小天体用于描述太阳系中既不是行星也不是矮行星的物体，包括大多数太阳系小行星，大多数海王星外天体，彗星和其他小天体。目前对太阳系小天体的质量和尺寸未定义下限。

小行星是指太阳系内类似行星环绕太阳运动，但体积和质量比行星小得多的天体。与行星和矮行星的区别在于小行星质量较小，不足以达到流体静力平衡，从而导致形状不规则，更不足以清除邻近轨道上的其他小天体和物质。小行星一般是由岩石甚至金属组成的。彗星，是指进入太阳系内亮度和形状会随日距变化而变化的绕日运动的天体。彗星的质量、密度很小，当远离太阳时只是一个由水、氨、甲烷等冻结的冰块和夹杂许多固体尘埃粒子的"脏雪球"。当接近太阳时，彗星在太阳辐射作用下分解成彗头和彗尾，形状如扫帚。

小行星、彗星作为小天体，是与行星同根同源的，然而没能形成行星的剩余产物。由行星吸积理论预测，位于火星与木星之间的小行星带本该形成一颗行星。或许是受木星扰动，位于这个区域的物质没有形成足够的星子进而形成行星，而是保持了较为原始的状态。形成小行星之后，经过轨道动力学演化，小行星又被输运到内太阳系。彗星，大体而言，是太阳系最古老、最冷、最容易获取的研究样品，可以用来研究外太阳系星云。不过近来人们发现彗星也受碰撞、辐射影响，同时由于奥尔特云的巨大截面，彗星几十亿年来受超新星爆发、邻近恒星等加热影响的机会也并不少见。

绝大部分小行星位于主小行星带。在太阳系形成早期，小行星的数量比现在庞大。围绕太阳做圆周运动的过程中，它们相互碰撞，有时通过引力结合到一起，形成更大的天体。有些注定要成为今天的类地行星，而有些靠近木星轨道的则受木星强大引力影响，激烈碰撞，裂成碎片。这些碎片从此以后就停留在火星和木星之间的轨道上，形成了小行星带。如今，小行星带分布稀疏，主带小行星的总质量仅为月球的 4%，太阳系的这部分区域充满了各种碰撞，大多数小行星都是大的天体撞毁后形成的碎片。小行星带中目前发现的最大的天体是谷神星，直径达 950km，因呈球形而被归为矮行星。小行星带中少有大体积的小行星，还有数十亿颗更小的。它们的形状不规则，还带有反复受撞留下的撞击痕迹。最小的小行星直径才几毫米，还有更小的——无数小行星尘埃。成千上万的小行星围绕太阳运行的过程中会经过地球附近，这些所谓的"近地小行星"诞生于小行星带，在某些地方，受到木星的引力影响或者与其他小行星碰撞，一些进入新的轨道。

也有一小部分小行星散落在更远的空间。爱神星是一颗穿过火星轨道的小行星，它在 1931 年来到距离地球不到 2300 万 km 的地方，这个距离约等于地球和金星最近距离的一半。另外，还有一颗叫作希达尔戈 (Hidalgo) 的小行星，它的运动轨迹呈一个极度扁长的椭圆形，极大的偏心率决定了希达尔戈最远甚至能到达土星之外。在木星公转轨道前后各 60° 的宇宙空间里，还存在着两个较大的小行星群，也就是特洛伊群。特洛伊群在木星的轨道上运行，且速度和木星的公转速度一致。天文学家最近又发现了多颗类似特洛伊群的小行星，有些在火星的轨道上运行，有些则在海王星的轨道上运行。海王星轨道以外的柯伊伯带也分布着一个绕日运行的小行星带，天文学家通常将其单独区分为柯伊伯带天体或海外天体。

小行星有的是岩质天体，有的是金属天体，形状不一，尺寸不一，小的直径只有几毫米，大的可以达到数百千米。图 1-11 显示了金属小行星普赛克与岩质小行星贝努，其中小行星贝努是 NASA 正在探测的对象，而普赛克也是计划探测的目标。

(a) (b)

图 1-11 金属小行星普赛克 (a) 与岩质小行星贝努 (b)

彗星原本是指轨道偏心率大、在近日点附近出现云雾状气体和尘埃 (被称为"慧星") 的小型天体，包括木星族彗星 (如"罗塞塔号"任务探测目标彗星 67P 丘留莫夫–格拉西缅科)、哈雷类彗星 (如著名的哈雷彗星，见图 1-12)，以及长周期彗星 (如彗星 C/2013 A1 赛丁泉，它的轨道周期预计可能为 40 万年) 和非周期彗星 (如彗星 C/2004 Q2 麦克霍尔茨)。木星家族彗星是轨道周期小于 20 年的短周期彗星。之所以这样命名，是因为它们目前的轨道主要由木星的引力影响决定。虽然木星家族彗星的轨道包含在木星轨道内或没有延伸到木星轨道之外，但人们认为它们起源于柯伊伯带，这是位于海王星轨道之外的岩冰天体的集合。柯伊伯带物体之间的碰撞打破了小块冰和岩石，然后海王星可以将其引力扰动成围绕太阳的高度椭圆轨道。当它们接近木星时，这些小天体的轨道可能会进一步受到扰动，导致更紧密的椭圆和更短的轨道周期。

图 1-12　哈雷彗星拖出长长的彗尾

　　哈雷彗星也可称为中周期彗星，轨道周期为 20～200 年，轨道高度倾向于黄道。天文学家认为哈雷彗星起源于太阳系更远的地方，在球形的奥尔特云中。构成奥尔特云的冰天体可能受到一颗经过的恒星或巨大的分子云的干扰，使它们在穿过内太阳系的高度椭圆路径上。如果这些天体在旅途中受到引力场海王星或天王星的严重影响，它们的轨道可能会进一步改变，从而缩短它们的远日点距离。

　　长周期彗星的轨道周期超过 200 年。此外，它们的轨道高度通常倾向于黄道，这表明它们像短周期哈雷彗星一样起源于被称为奥尔特云的冰体的球壳[①]。一些长期 (非周期) 的彗星是指彗星永远不会返回到太阳的附近，它们不是太阳系成员，只是太阳系之外的过客，无意中闯进了太阳系，而后又义无反顾地回到茫茫的宇宙深处。

　　一方面，太阳通过引力促成了小天体形成。引力是基本相互作用中的长程力，在天体间的相互作用中扮演着重要角色。从内太阳系到理论中存在的奥尔特云，在数万天文单位范围内，引力场由太阳主导。木星、土星等巨行星也对引力场有显著贡献。行星可以通过自身引力场俘获飞掠的天体。太阳引力场主导了太阳系行星轨道运动。行星引力以扰动的形式影响太阳系天体动力学演化，包括小天体

---

　　① 引用：https://astronomy.swin.edu.au/cosmos。

的轨道转移，例如，彗星从柯伊伯带向内转移，小行星从主带向内太阳系转移，以及特洛伊小天体轨道的形成。

另一方面，太阳还通过亚尔科夫斯基 (Yarkovsky) 效应和 YORP 效应 (Yarkovsky-O'Keefe-Radzievskii-Paddack Effect，是 Yarkovsky 的二阶效应) 影响小天体的轨道、角动量等。太阳以电磁波形式辐射能量。通常说的阳光，正是太阳辐射电磁波中红外、可见及紫外波段部分。这部分光谱与 5800K 温度的黑体辐射谱接近，波长为 1µm 左右，光谱辐照度最强。太阳的热辐射主导了太阳系大尺度温度梯度，并且是其他天体表面热平衡过程的主要外因。小天体的 Yarkovsky 效应和 YORP 效应与小天体的热物理参数密切相关，这两种效应均产生于太阳辐射。Yarkovsky 效应是太阳光照产生的光子力使小天体的轨道半长轴发生改变的现象，YORP 效应是太阳光照产生的光子力矩使小天体的自转轴和自转速率发生变化的现象。通过研究小天体的 Yarkovsky 效应，人们可以更加准确地预测小天体的轨道，从而能够提前发现对地球有潜在撞击危险的小天体。另外，通过对小天体的 YORP 效应进行研究，人们可以更准确地计算小天体的自转特性，得到其自转轴变化规律。Yarkovsky 效应推力出现在物体的表面被阳光加热时，对一个天体轨道速度的影响是增加还是减小，视天体的自转方向与公转方向的情况而定，如图 1-13 所示，自转方向与公转方向相反时，Yarkovsky 效应对小天体轨道运行

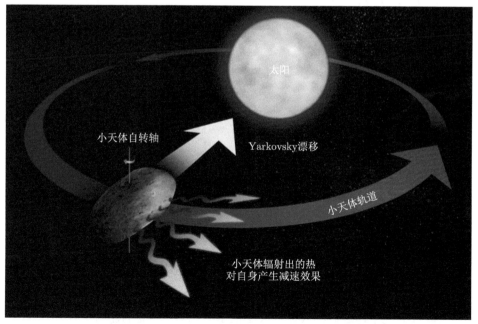

图 1-13　Yarkovsky 效应使得小天体轨道产生漂移

起减速作用，将使小天体轨道发生漂移，这种效应对小天体有较大的影响。例如，美国喷气推进实验室 (Jet Propulsion Laboratory, JPL) 的 Chesley 等在对小行星 6489 Golevka 做了长期的高精度雷达观测后发现，其轨道因受到太阳加热产生的 Yarkovsky 效应推力而改变。在 Yarkovsky 效应影响下，小行星格勒夫卡的轨道在 12 年间累计变化了约 15km。

1.4　近地小天体

通常将接近地球的太阳系小天体称为近地小天体 (Near-Earth Asteroid, NEA)。近地小天体主要是彗星和小行星，它们受到附近行星的引力影响，进入接近地球的轨道。彗星主要由水冰和嵌入的尘埃颗粒组成，最初形成于寒冷的外行星系统，而大多数岩石小行星形成于火星和木星轨道之间较暖的内部太阳系。由于彗星和小行星实际上是大约 46 亿年前太阳系形成过程中保留的残余碎片，作为太阳系形成过程中原始的组成部分，彗星和小行星为研究行星的形成和演化提供了线索。如图 1-6 所示，一颗近地小行星的轨道与地球轨道相交，这是近地小行星的典型轨道类型之一；此外，还有一颗彗星沿着非常扁的椭圆轨道往返于位于奥尔特云的远日点与位于近地行星际空间的近日点。

近地小天体的定义是：绕太阳公转，近日点小于 1.3AU 的小天体。人类对近地小天体的特殊关注根本上源于自身对宇宙有限的探索能力，事实上，人类对近地小天体大规模系统性的了解开始于 20 世纪 90 年代[6]。截至 2020 年 4 月，已知的近地小天体超过 22000 个，直径大于 1km 的有 900 多个，直径大于 140m 的有 9000 多个，如图 1-14 所示。

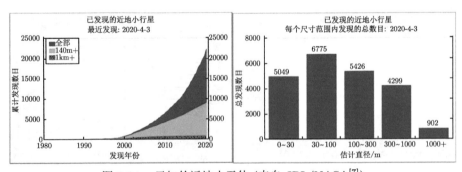

图 1-14　已知的近地小天体 (来自 JPL/NASA[7])

1.4.1　近地小天体的大小和质量

大多数情况下，近地小天体的大小根据其绝对星等进行估计。绝对星等是通过假设将所有天体放置在距离观测者的标准参考距离处，直接衡量其亮度的通用指标。绝对星等适用于所有近地小天体，采用 H 量级。

绝对星等 H 量级定义为将小天体置于 1AU 距离外,同时小天体与太阳距离 1AU,太阳相角为 0° 时,观测者记录的视星等。其中,光照相位角定义为小天体到太阳的向量与小天体到观测值的向量的夹角。这要求观测者位于太阳表面,实际上无法真正实现这样的测量。因此,通过其他几何量级来直接推导 H 量级。

H 量级定义在可见光谱带中,可见光谱带以 0.55μm 波长为中心,带宽为 0.09μm,在人眼的敏感波长范围 0.5~0.6μm 内。亮度的天文量级 V 通常是用对数表示的

$$V = -2.5 \lg[f(\text{star})/f(0)] \tag{1-51}$$

式中,$f(0)$ 定义为零点通量,在 V 带中 $f(0) = 3.67 \times 10^{-23}$ W/(m²·Hz)。可以看出,亮度的天文量级 V 越大,天体越暗。

H 量级的小天体直径 D(km) 以及几何反照率 p_V 的关系如下:

$$\lg D = 3.1236 - 0.5 \lg p_V - 0.2H \tag{1-52}$$

或

$$D = 1329 p_V^{-0.5} 10^{-H/5} \tag{1-53}$$

其中,天体的几何反照率 p_V 是天体在相位角为 0° 的实际光度 (即光源) 和相同横截面在完美平面上的完全漫反射 (朗伯平面) 比值。

当 1AU 的近地小天体的相位角为 0.5° 时,$V = 24.5$,$H = 22$。对于反射率为 0.25 和 0.05 的小天体,$H = 22$ 对应的直径分别为 110m 和 240m。近地天体的尺寸还可以用热红外数据进行测量,比可见光数据精度更高。

近地小天体的质量不仅与小天体的大小有关,还与小天体密度有关。小天体的密度有一定范围,但存在多孔性,因此质量估计存在很大的不确定性。近地小天体的质量由其组成物质的密度决定。纯的镍铁密度为 7.3~7.7g/cm³,黏土的密度为 2.2~2.6g/cm³。利用光谱学对小天体物质进行分类的可靠性较高。

另一个概念是视星等,指观测者用肉眼所看到的星体亮度,视星等既与星体距离观测者的距离有关,也与光照相位角有关。因此,暗弱甚至不发光的星体可以拥有很低的视星等,如满月时,相位角为 0°,月球的视星等为 −12.6。

1.4.2 近地小天体轨道类别

近地小天体可根据其轨道特征进行分类。对于质量、形状随日距变化而改变的彗星而言,将近日点距离小于 1.3AU 的统称为近地彗星。对于质量、形状稳定的近地小行星,按照其近日点距离 q,远日点距离 Q 和半长轴 a 分为四类:Atira型、Aten 型、Apollo 型和 Amor 型,如图 1-15 所示。其中,1AU 是地日平均距离,0.983AU 是地球近日点距离,1.017AU 是地球远日点距离,P 是轨道周期。

Atira 型小行星是完全在地球轨道 ($a < 1.0\text{AU}, Q < 0.983\text{AU}$) 内部绕太阳旋转的小行星，是根据这类星群中最先被发现的天体小行星 163693 Atira 而命名的。尽管 Atira 型小行星的轨道完全在绕地球的轨道以内，但是它也可能变成潜在威胁小行星 (Potentially Hazardous Asteroid，PHA)(后面会提到)。

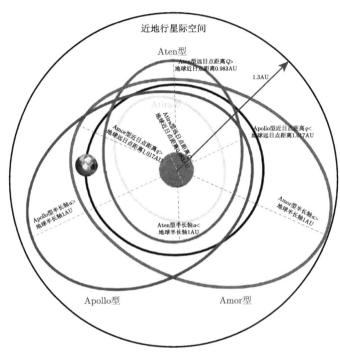

图 1-15　近地小行星按轨道特征分类

Aten 型小行星的轨道半长轴 a <1AU，并且远日点的距离 Q >0.983AU。小行星 2062 Aten 在 1976 年被发现之后，已发现的 Aten 型小行星超过 2300 个。Mainzer 估计，直径大于 100m 的 Aten 型小行星总数为 (1600±760) 个，大于 1km 的约为 (42±31) 个。大部分的时间，Aten 型小行星环绕在地球轨道内部，但偶尔会穿过地球的轨道，有可能会与地球相撞。

Apollo 型小行星是 a >1AU 且近日点 q <1.017AU 的小行星，其中 1.017AU 是地球的远日点距离。1862 年，第一个成员，小行星 Apollo 由 Karl 发现。目前，已发现的 Apollo 型小行星超过 14000 个，据 Bottke 等估计，Apollo 型占近地小行星总数的 62%。据 Mainzer 等估计，直径大于 1km 的 Apollo 型小行星总数为 (462±110) 个，直径大于 100m 的总数为 (11200±2900) 个。目前最大的成员是一个直径约 10km 的小行星 1866 Sisyphus。

Amor 型小行星定义为 1.017AU< q <1.3AU 的小行星。Amor 型小行星可以

接近地球, 但不会穿过地球轨道, 因此目前不会和地球发生碰撞。首先发现的近地小行星 433 Eros(爱神星) 属于 Amor 型, 其直径约 17km, 是已知的第二大近地小行星。已知最大的直径约为 32km 的近地小行星 1036 Ganymed 也是一个 Amor 型小行星。Amor 型是近地小行星中第二大星群, 直径大于 1km 的约 (320±90) 个, 大于 100m 的约 (7700±3200) 个。

上述按照轨道对近地小天体的分类汇总见表 1-1。

表 1-1 近地小天体分类

组	示意图	定义	描述
NEC		$q < 1.3$AU $P < 200$a	近地彗星
NEA		$q < 1.3$AU	近地小行星
Atira 型		$a < 1.0$AU $Q < 0.983$AU	NEA 的轨道完全包含在地球的轨道中 (以小行星 163693 Atira 命名)
Aten 型		$a < 1.0$AU $Q > 0.983$AU	半长轴小于地球 (以小行星 2062 Aten 命名) 的跨地球 NEA
Apollo 型		$a > 1.0$AU $q < 1.017$AU	半长轴大于地球的跨地球 NEA(以小行星 1862 Apollo 命名)
Amor 型		$a > 1.0$AU 1.017AU$ < q < 1.3$AU	接近地球的 NEA, 其轨道位于地球轨道外部、火星轨道内部 (以小行星 1221 Amor 命名)

1.4.3 近地小天体的命名

国际上对小行星的命名有一套程序规则。小行星是可以有 4 个 "名字" 的: 临时编号 (如 B02263)、暂定编号 (如 2003 UB313)、永久编号 (如 1000)、被命名之后的名字。在小行星被发现之后, 观测者在不能确定观测到的小行星是否是别人已发现之前, 可以给予这颗小行星一个临时编号, 比如, 中国科学院北京天文台对现在观测到的小行星均先以字母 B 加上 5 位阿拉伯数字来临时编号。同一颗小行星在不同夜晚被观测到, 并报告给小行星中心 (The Minor Planet Center, MPC) 之后, 如果不能被确认为任何一颗已知的小行星, 则小行星中心就会赋予这颗小行星一个国际统一格式的暂定编号。小行星的暂定编号由三部分组成: ①发现年份; ②第一个字母表示发现的半月份, A 表示 1 月上旬, B 表示 1 月下旬, Y 表示 12 月下旬 (不使用字母 I); ③后面的字母和数字是在该半个月之内发现的小行星的顺序号, 比如, 1996 TA 是 1996 年 10 月上旬发现的第一颗小行星, TB 是第二颗, TZ 是第 25 颗, TA1 是第 26 颗, TZ1 是第 50 颗 (不使用字母 I)。有些情况下, 也使用暂定编号的紧凑格式, 如 J96T01V, 这里 J96 表示 1996。综上所述, 小行星的暂定编号包含着发现时间等信息。

对于刚刚得到暂定编号的小行星, 小行星中心首先会看一下它是否能认证为仅在一次回归期间观测到的其他以前得到暂定编号的小行星。如果能够认证，则其中的某个暂定编号会被指定为主要编号，这通常对应于曾经计算出合理轨道的最早的那次回归期间的观测。如果不能认证，则一般要有两三个月弧段的观测资料，才能有把握地在下次回归期间仍能够直接观测到它。冲日指的是小行星与太阳的黄经相差 $180°$，也就是说小行星相对于地球位于与太阳相反的方向。尽管多数小行星也许要四五年才能绕太阳转一圈，但由于地球一年绕太阳一圈，小行星一般每隔一年多一点的时间就要冲日一次，而每次冲日前后小行星的可观测时间一般在半年以上 (其余时间里由于小行星与太阳方向太近而无法观测)。当一颗小行星在至少四次回归中被观测到，轨道又能够非常精确地确定时，它将得到小行星中心的永久编号，同时该小行星对应的主要编号的发现者将成为这颗永久编号小行星的发现者，并得到对该小行星的命名权。这个命名权在小行星中心的小行星通报上宣布这一永久编号之后的十年之内有效。

1.4.4　潜在威胁小天体

1.4.4.1　撞击飞掠事件

在人类平静地在地球上生活的时候，近地小天体这位不速之客接连造访。2014 年 11 月 5 日在我国内蒙古锡林郭勒盟，2017 年 10 月 4 日在我国云南香格里拉，2018 年 6 月 1 日在我国云南西双版纳连续发生火流星事件 (图 1-16)；2020 年 8 月 16 日，一颗亮度达 -20 星等的火流星划过山东临沂附近上空；2020 年 12 月 23 日，青海玉树"天降大火球"引起很大轰动。火流星的出现是因为它的流星体质量较大 (质量大于几百克)，进入地球大气后来不及在高空燃尽而继续闯入稠密的低层大气，以极高的速度和地球大气剧烈摩擦，放出耀眼的光亮。如果火流星有未燃烧尽的陨石落到有人区，则可能造成生命财产损失。

图 1-16　云南西双版纳火流星事件

2013 年 2 月 15 日，一颗直径 15~17m、编号为 KEF-2013 的小行星以 18.6km/s 的速度进入大气层，在俄罗斯车里雅宾斯克地区上空 90km 处发生爆炸，爆炸当量相当于 $2.5×10^8$kg TNT，该撞击事件共造成 1600 余人受伤，1000 余间房屋受损，经济损失达 10 亿卢布 (图 1-17(b))。1976 年 3 月 8 日，一颗小行星以 15~18km/s 的速度撞击地球，在我国吉林市上空 19km 处发生爆炸，碎片散落在吉林市近郊 500km² 范围内，在地面收集到 3000 余块总质量约为 2t 的陨石，其中最大的一块陨石质量达 1770kg，是世界上已知的最重陨石，这是目前世界上观测到的最大的陨石雨。1908 年 6 月 30 日，一颗直径在 30~50m 的小行星以 30~40km/s 的速度撞击地球，在俄罗斯西伯利亚埃文基自治区通古斯河上空发生爆炸，爆炸当量相当于 $2×10^{10}$kg TNT，威力是广岛原子弹的 1000 倍，超过 2000km² 的 8000 万棵树被焚毁 (图 1-17(a))。事实上，近地小天体早在人类之前就已经光顾地球。6500 万年前一颗直径 10~13km 的小行星以约 20km/s 的速度撞击在墨西哥尤卡坦半岛，形成直径为 198km 的陨石坑，造成 50%～ 60% 的地球生物灭绝，有研究认为其是恐龙灭绝的原因 (图 1-18)。

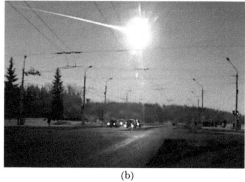

(a)　　　　　　　　　　　　　　　　　(b)

图 1-17　(a)1908 年通古斯小天体撞击与 (b)2013 年车里雅宾斯克小天体撞击

图 1-18　小行星撞击地球被认为是恐龙灭绝的原因

小行星撞击地球的危害主要是超高速撞击引起的地震、海啸、环境灾变，以及引起民众的恐慌和骚动，其危害程度取决于其穿过大气层后的剩余质量和速度，这两个参数与小行星初始质量、初始速度、小行星结构以及撞击角度有关。小行星运行速度约为 45km/s，地球围绕太阳公转的速度是 30km/s，假如正面相撞，相对速度可能达到 75km/s，即使小行星从后面"追"上地球，速度也可达 15km/s。小行星超高速进入地球大气层，在大气层中形成极强的高温高压冲击波，先是引起大气分子电离发光，进而在超高速气动力和气动热相互作用下发生爆炸解体。直径较小的解体碎块会在大气层中烧为灰烬，直径较大的解体碎块则会撞击地球表面，在短时间内急剧释放其携带的巨大的动能。若撞击靶区是陆地，则使撞击区域的靶岩破碎、熔化乃至气化，形成陨石坑，同时，撞击产生的冲击波诱发强烈的地震和海啸，引发森林大火。地表岩石产生的各种气体 (如 SO_2、CO_2)、尘埃和森林燃烧的灰烬弥漫充斥着整个大气层，遮住阳光，可使地球整年平均温度下降几摄氏度。若撞击靶区是海洋，则会激起几百米的巨浪和强烈的海啸与地震，沿岸数千千米的地区将沦为一片汪洋，大量的海水蒸发、溅射，大量的海底沉积物与岩石粉尘抛射到平流层中并滞留，海洋中大量生物死亡。由于地球 72% 的表面积被海洋覆盖，海底的撞击坑很难被发现。此外地球内力作用产生的板块运动、火山爆发、地震活动及其引发的海啸，破坏和摧毁了一些撞击坑; 地球外力的搬运、沉积等作用掩埋了一些撞击坑，使地球表面残留的撞击坑非常稀少。迄今全世界已经证实发现了 190 个陨石坑，直径从几百米到几十千米，少数超过 100km，年龄从 5 万年到 20 亿年，主要分布在北美洲、欧洲及大洋洲大陆。直径较小的 (米级) 小行星则在穿越地球大气层时在空中爆炸，形成火流星，爆炸后散落的陨石碎片同样能够造成人员伤亡。从 1988 年至今，全球共发生 723 次火流星事件，平均每个月有 2 次火流星事件。

人类是幸运的，每年有许许多多的小天体飞掠地球，擦肩而过。2019 年 7 月 25 日，一颗名为 2019 OK 的小行星以 70 倍声速直奔地球，其直径为 57～130m，撞击威力约为 30 颗广岛原子弹，在相当于 1/5 地月距离上跟地球擦肩而过。无独有偶，2019 年 8 月 10 日，一颗直径大约 570m 的小行星 2006 QQ23 在距离地球 0.049AU 的高空以 4.65km/s 的速度飞掠地球。中国科学院紫金山天文台仅 2020 年 2 月以来就发现 3 颗近距离飞掠地球的近地小行星。小行星 2020 FD2，直径 26m 左右，于北京时间 3 月 15 日凌晨 4 时 17 分 51 秒飞掠地球，当时与地球的距离约为 32.8 万 km。小行星 2020 FL2，直径约 20 m，于北京时间 3 月 23 日凌晨 4 时 38 分 24 秒在 0.38 地月距离 (约 14.4 万 km) 上飞掠地球。小行星 2020 DM4，直径 160m 左右，于 2020 年 5 月初飞掠地球，届时与地球最近距离约为 735 万 km。2020 年 4 月 29 日小行星 1998 OR2 于 4 月 29 日在 16 倍地月距离上与地球快速擦肩而过，直径 2～4km，所有已知的在接下来两个世纪内离地球近于 5 倍地月距离的近地小天体中，小行星 1998 OR2 是最大的。一般情况下，飞掠或撞击地球的小天体来自于太阳系内部，但被命名为 2017 U1 的小行星是世界上首颗，也是目前唯一一颗被确认为来自于太阳系外的飞掠地球的小行星，该小行星每隔 30 年就会撞向太阳系。小行星飞掠地球时，在距离地球轨道一定范围内易受到地球轨道摄动影响而撞向地球，因此小行星飞掠地球存在较大的撞击地球的概率。表 1-2 为近期近地小天体接近时间表。

1.4.4.2 潜在威胁小天体的由来

目前，具有潜在威胁小天体 (Potentially Hazardous Asteroid, PHA) 是根据测量小天体接近地球参数的潜在威胁性确定的。具体而言，所有与地球最小轨道相交距离 (Minimum Orbit Intersect Distance, MOID) 小于 0.05AU，且直径大于 140m（假定反照率为 14%，对应的 NEA 绝对星等 (H) 等于 22）的小天体都被视为潜在威胁小天体。"潜在威胁小天体"一词通常可与"潜在威胁小行星"互换，因为在这一类别中，小行星比彗星要多得多。但事实上，关于定义中是否应降低直径限制一直存在讨论，因为较小的天体在撞击有人居住的区域时仍可能造成重大灾害。在 2013 年的车里雅宾斯克撞击之后，这种担忧加剧了，因为这次撞击的小天体的直径可能只有 20m。

在按照轨道特征划分的四种类别近地小天体中，Aten 型和 Apollo 型的轨道与地球轨道相交，存在与地球相撞的风险；Atira 型和 Amor 型不会穿越地球的轨道，不是直接的撞击威胁，但是它们的轨道将来可能会改变，成为与地球交叉的轨道。特别是近地小天体有可能与地球的轨道发生近距离接触而改变其轨道模型，比如，编号为 99942 的近地小行星阿波菲斯 (Apophis) 在 2029 年与地球近距离接触之后，将由 Aten 型变为 Apollo 型。

类似地，由于太阳系的动态特性，超出近地小天体定义范围的那些小天体有可能随着时间的流逝而成为近地小天体。这种动态特性是由多种扰动引起的，包括引力、太阳辐射压力、Yarkovsky 效应以及与其他小天体的碰撞（彗星还受到排气扰动）。当近地小天体与行星或另一个小天体交换能量时，就会发生引力扰动，从而导致其轨道发生重大变化。太阳辐射效应的太阳光压虽然量级较小，但长时间作用也将可观地产生轨道改变，这种影响在小天体上尤为明显，尤其是直径小于 10m 的小天体。Yarkovsky 效应在直径 10cm~10km 的小天体上较为明显。这些扰动效应意味着对近地小天体的观察具有很强的时效性，一些近地小天体的观测值和轨道参数会随时间发生明显变化。因此，具有潜在威胁的近地小天体的名单是动态的。

1.4.4.3 威胁的度量

如图 1-19 所示，不同尺寸、不同物理特性、不同轨道特征的潜在威胁小行星具有不同的撞击地球能量和撞击频率，产生的后果也相应不同。较大尺寸的潜在

表 1-2　近期近地小天体接近时间表

小行星编号	最接近地球的时间及其不确定性	最可能近地距(地月距/AU)	最小近地距(地月距/AU)	近地点相对于地球的速度/(km/s)	不考虑地球引力时近地点相对于地球的速度/(km/s)	绝对星等/mag	估计直径/m
(2020 FX3)	2020-4-15 01:02± <00:01	14.06/0.03612	14.02/0.03602	10.25	10.25	24.1	40~90
(2020 GH2)	2020-4-15 12:45± <00:50	0.93/0.00240	0.93/0.00238	8.71	8.58	26.5	13~30
(2020 GJ2)	2020-4-17 00:57± <00:01	11.44/0.02938	11.38/0.02923	8.00	7.99	24.7	31~70
(2020 FV6)	2020-4-19 13:29± <00:03	10.74/0.02760	10.64/0.02734	19.76	19.76	23.0	68~150
(2019 HS2)	2020-4-26 15:40± <05:02	13.58/0.03488	10.58/0.02719	12.56	12.56	26.6	13~28
(2019 GF1)	2020-4-27 00:56± <00:03	18.62/0.04783	18.61/0.04782	3.23	3.21	27.4	8.8~20
(2019 FM6)	2020-4-27 04:37± <00:05	14.30/0.03673	14.28/0.03670	16.94	16.94	21.8	120~260
52768(1998 OR2)	2020-4-29 09:56± <00:01	16.36/0.04205	16.36/0.04205	8.70	8.69	15.8	1800~4100
(2020 DM4)	2020-5-01 10:05± <00:01	18.37/0.04721	18.37/0.04720	6.39	6.39	21.7	120~270
438908(2009 XO)	2020-5-07 12:18± <00:01	8.83/0.02268	8.83/0.02268	12.78	12.77	20.5	210~470
(2016 HP6)	2020-5-07 21:49± <00:01	4.33/0.01112	4.33/0.01112	5.72	5.68	25.3	23~52
388945(2008 TZ3)	2020-5-10 14:17± <00:01	7.27/0.01867	7.27/0.01867	8.78	8.76	20.4	220~490
(2000 KA)	2020-5-12 11:20± <00:01	8.84/0.02271	8.84/0.02271	13.50	13.49	21.7	120~270
477884(2012 UV136)	2020-5-15 13:56± <00:01	8.46/0.02173	8.46/0.02173	3.57	3.53	25.5	21~47
136795(1997 BQ)	2020-5-21 21:45± <00:01	16.02/0.04115	16.02/0.04115	11.68	11.67	18.0	1500
163348(2002 NN4)	2020-6-06 03:20± <00:01	13.25/0.03405	13.25/0.03405	11.15	11.14	20.1	250~570
(2013 XA22)	2020-6-09 08:18± <1_06:44	10.55/0.02712	5.32/0.01366	6.47	6.45	22.8	73~160

注: 来自 http://cneos.jpl.nasa.gov/ca/。

威胁小行星，其撞击能量大，灾害更加严重，但是撞击频率较低；相反地，较小尺寸的潜在威胁小行星，虽然其撞击能量较小，灾害较轻，但它们撞击地球的频率或者机会更高。那么对于潜在威胁小行星，该如何度量其对我们构成的威胁大小呢？

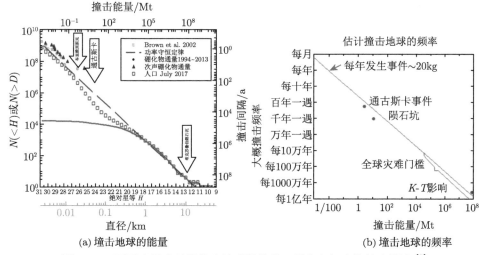

(a) 撞击地球的能量　　　　　　　　　　　　(b) 撞击地球的频率

图 1-19　不同直径小行星撞击地球的能量、频率和相应的效应描述 [8]

目前对来自近地小天体的撞击危害进行度量的方案主要有两种：杜林量表和巴勒莫量表。杜林量表较为简单，根据冲击能量和冲击概率来评估未来 100 年的冲击风险，使用 0~10 的整数来表示风险大小。0 表示小天体与地球碰撞的机会微乎其微，10 表示一定有碰撞，并且足以引发全球性灾难。如图 1-20 所示，根据对象的碰撞概率和可能发生碰撞的动能 (以百万吨 TNT 当量 (Mt) 表示)，为小天体分配 0~10 的值，且杜林量表仅针对未来不到 100 年的潜在影响而定义。

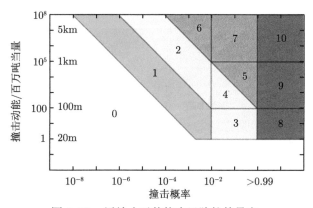

图 1-20　近地小天体撞击风险杜林量表

巴勒莫量表是另一种度量方法，它是如何对近地小天体潜在风险进行评估的呢？巴勒莫量表是一种更复杂、更严谨的近地小天体撞击风险评价方法，主要用于专业技术人员的学术交流。它对潜在的撞击事件进行预测，同时也对小天体的撞击能量进行估算，并计算事件发生的概率。它将近地小天体撞击地球风险等级定为可正可负的实数，该指数取决于撞击能量、撞击概率和距离撞击的时间，其巴勒莫撞击危险指数(Palermo Technical Impact Hazard Scale，PS) 的数值计算公式如下：

$$\begin{cases} \mathrm{PS} = \lg R \\ R = P_1 / (f_{\mathrm{B}} \mathrm{DT}) \\ f_{\mathrm{B}} = 0.03 \times E^{-4/5} \end{cases} \tag{1-54}$$

式中，R 表示相对风险；P_1 表示相关撞击时间概率；DT 表示距离撞击的时间，单位为年；f_{B} 是年度撞击概率，即具有能量 E(至少等于所讨论撞击事件) 的冲击事件的年度概率；E 代表撞击能量，计算时等效为 TNT 炸药当量，单位是 Mt。计算公式中采用了对数函数的形式，$R = -2$，相对风险为 1%，$R = +2$，代表 100 倍于年度概率的撞击风险。这里以近地小行星 99942 阿波菲斯为例，具体介绍巴勒莫量表是如何评估撞击风险的。从图 1-21 可以看出阿波菲斯的巴勒莫指数为 -3.0，撞击风险小于 1%。根据阿波菲斯的撞击概率和撞击能量，从图 1-22 看出，阿波菲斯的杜林危险指数为 0。因此，结论是阿波菲斯的撞击风险几乎不存在，所以两种不同的度量方法得到的撞击风险评估结论是不一样的。

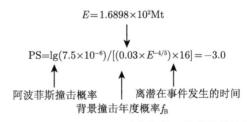

图 1-21　近地小行星阿波菲斯的巴勒莫指数计算

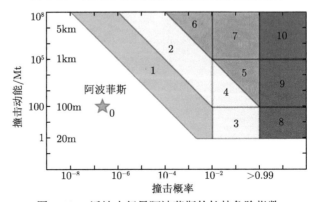

图 1-22　近地小行星阿波菲斯的杜林危险指数

根据 JPL 公布的数据，筛选出巴勒莫指数最高的 7 颗对地球构成潜在威胁的近地小行星，如表 1-3 所示。随着运动轨道的变化，巴勒莫危险指数和杜林危险指数也是变化的。目前在编以及跟踪的小天体，其杜林危险指数均为 0。

表 1-3 巴勒莫危险指数最高的 7 颗潜在威胁小天体

小行星	直径/m	撞击时间	撞击概率	巴勒莫危险指数	杜林危险指数	相对速度/(km/s)
2006 QV89	37.0	2019-9-9	1/11428	−3.79	0	12.32
2009 JF1	16.0	2022-5-6	1/4464	−3.75	0	26.41
2008 UB7	71.0	2060-10-31	1/36101	−3.83	0	21.57
99942 Apophis	375	2068-4-12	1/531914	−3.67	0	12.62
2010 RF12	9.0	2095-9-5	1/16	−3.26	0	12.29
1979 XB	860.0	2113-12-14	1/1840000	−3.28	0	26.04
2000 SG344	46.0	2071-9-16	1/2096	−3.63	0	11.26

1.4.5 资源小天体

1.4.5.1 资源小天体分类

自 1705 年发现第一颗彗星，1801 年发现第一颗小行星以来，经过三个多世纪的不断探索，人类增进了对近地小天体的认识。将富含对人类有用的物质，具有资源开采和利用价值的近地小天体称为资源小天体 (RO)。确定近地小天体的物质组成及含量是筛选出资源小天体的重要依据。依据组成成分对资源小天体进行分类对近地小天体资源利用来说也十分重要。和组成成分简单的彗星不同，小行星的组成较为复杂。在当前技术条件下，根据小行星表面反射光谱的特征可以分析出其表面组成成分。因此，本节重点介绍近地小行星的光谱分类。

如表 1-4 所示，小行星通常根据其表面反射光谱进行分类，根据小行星的可见光谱和近红外光谱可分为 S-群和 C-群。S-群小行星由具有高反照率 (15%～40%) 和明亮表面的小行星组成，表面主要被镁铁质硅酸盐和金属的混合物覆盖。C-群小行星由低反照率 (<15%) 的小行星和深色表面的小行星组成，表面被碳化合物、含水硅酸盐和有机物覆盖。S-群小行星中，S 型和 Q 型小行星由橄榄石、辉石、长石和金属的混合物组成；E 型小行星主要由顽火辉石 (富镁辉石) 组成；M 型 (金属)、A 型 (橄榄石) 和 V 型小行星是母体内部熔化后分化而成。C-群小行星中，B 型小行星具有非常典型的蓝色光谱；D 型和 P 型小行星有与存在有机物有关的光谱；而 C 型小行星具有中性光谱和与含水或水合硅酸盐 (页硅酸盐) 等有关的吸收带。

1.4.5.2 资源小天体的价值

事实上，在近地小天体上，水和金属的含量十分丰富。C、D、P 型球粒陨石的 H_2O 含量为 1%～>20%；灭亡的近地彗星其核心可能是 60% 的水冰。在富含钛铁矿的母马盆地中，成熟的重石块其氢含量最高达到约 100ppm(假设完全回收，水含量为 0.1%)。ppm 是指以溶质质量占全部溶液质量的百万分比来表示的浓度，也称百万分比浓度。M 型小天体中金属含量高达 99%(图 1-23)，C 型小天体中金属含量也能达到 5%～30%。对比小行星和彗星，小行星富含在太空中建造结构所需的矿物原料，而彗星则是维持生命所需的水和碳基分子的丰富资源。另外，大量的彗星水冰可以提供大量的液态氢和氧，这是火箭燃料中的两个主要成分。

表 1-4　根据表面反射光谱的小行星分类 [9,10]

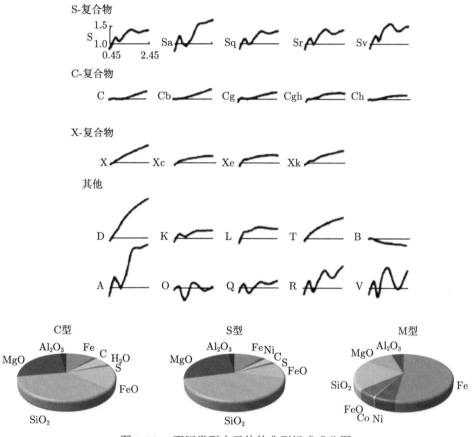

图 1-23　不同类型小天体的典型组成成分图

2017 年 7 月 20 日，一颗绕日周期为 1.9 年、直径为 452～1011m 的小行星 2011 UW-158 与地球擦肩而过，近地点距离为 $2.4×10^6$km，其主要成分是铁、镍、钴、铂和水，铂金的含量高达 $5.8×10^4$t，市值达 1.7 万亿美元，而地球上每年能开采的铂金仅仅在 200t 左右。未来如果人类将这颗小行星牵引到月球附近进行采矿作业，将有用金属运回地球，其资源价值将非常可观。

然而近地小天体上最有用的资源是什么？可以从消费者的层面进行分类。水(冰、羟基硅酸盐、水合盐) 可以用于航天器推进剂和航天员生命保障；天然黑色

金属 (铁、镍) 可以用于航天器与空间机器人的结构制造；表层土壤可用于构建防辐射掩体；铂族金属可以回收至地球进行利用；半导体材料 (硅、镓、锗、砷等) 可以回收至地球或用于太阳能卫星。可以说近地小天体中蕴含的水、有机成分、矿物质、稀有金属都是重要的资源，能够在载人深空探测、太空产业中作为推进剂和原位利用的原料而发挥重要作用，为人类开展深空探测提供重要"跳板"。

可以憧憬，当我们开始移民内太阳系时，在小行星上发现的金属和矿物将为人造空间结构提供原材料，而彗星将成为行星际飞船的注水站和加油站，这样，小天体的开采将给人类带来巨大利益。正如行星资源公司所提议的，在小天体土壤中，通过电解存在于小天体中的水来获得氢和氧，可以为航天器提供推进剂而使人类发射的探测器覆盖更远距离。小天体中存在大量的金属和稀土材料 (如铂)，是地球上典型的稀贵金属，小天体资源开采将增加其供给，使得价格更便宜，可以降低微电子、能源储备等领域的成本，并帮助科学家实现更多应用领域的创新，也有助于电子技术等的发展。在小天体上，可以原位生成高价值和高纯度的商品，如药品、半导体或超纯晶体。通过在轨道上建造结构材料、太阳能光伏阵列，以及屏蔽大规模轨道酒店的辐射板，也将极大地促进太空旅游市场的发展。

从经济上讲，近地小天体开采可能会带来巨大收益。一方面，它将通过建立新产业和创造新的就业机会来刺激经济；另一方面，将为商业公司带来可观的收入，支撑开发所需技术和整个任务的成本。此外，微小天体陨落地球也可带来可供开采的金、铁、钻石、煤等矿山。例如。墨西哥尤卡坦半岛直径为 180km 的希克苏鲁伯陨石坑成了大型的铜矿床 (图 1-24)，南非威特沃特斯兰德盆地的弗里德堡陨石坑形成了多个大型的金矿床和金伯利型金刚石矿床，加拿大萨德伯里地区直径超过 100km 的萨德伯里陨石坑形成了超大型的铜镍矿和铂金族元素矿，这些同样是人类的财富。

图 1-24 希克苏鲁伯陨石坑

1.5   潜在威胁小天体防御

虽然短期内潜在威胁小天体与地球发生重大碰撞的机会很小，但是如果人类对它们不加以重视，可以肯定的是，最终我们将面临十分被动的局面。B612 基金会是美国进行近地小天体普查的主要赞助者，该基金会在报告中提到，"我们百分之百会被毁灭性的小天体袭击，只是我们不知道是何时而已"。1994~2013 年，因小天体撞击地球大气层而形成火流星事件的情况充分说明了这一点，如图 1-25 所示。

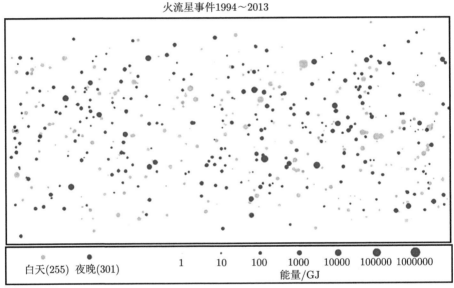

图 1-25   小天体撞击地球大气层的频率和位置

人类终归不会坐以待毙，小天体防御就是人类避免危险小天体撞击地球造成灾难的举措。行星协会确定了近地小天体防御的 5 个步骤：①寻找小天体；②跟踪小天体；③表征小天体；④偏转小天体；⑤国际协调。

1.5.1   寻找潜在威胁小天体

具有潜在威胁的小天体，无论是否被我们发现，它们都确实存在，它们就像是悬在人类头上的达摩克利斯 (Damocles) 之剑。要阻止灾难的发生，我们首先要发现灾难。如果我们不知道具有潜在威胁的小天体在哪里，我们就无法阻止撞击。特别是，如果在小天体撞击地球前越早发现它们，就越能争取更多的时间准备避免撞击威胁的手段，通常来说，小天体防御手段的可选项也更多，则成功率也更大。

简单地说，寻找小天体就是用望远镜观测天空，利用自动化软件寻找恒星背景下的移动物体。因此，寻找小天体目前最重要的手段就是建设望远镜。用望远镜观测到的恒星背景下的移动物体如图 1-26 所示。目前，美国已经建设了 LINEAR、NEAT、Spacewatch、LONEOS、Catalina、Pan-STARRS、ATLAS 等地基巡天系统，其中位于夏威夷的 ATLAS 系统专注于近地小天体短期警报，除此以外，天基的 NEOWISE 系统经过改造后也用于对近地小天体的观察。潜在威胁小天体的发现率正在不断提高，足以引起全球灾难的大型小天体的普查进展比较好，但是要找到仍然能够引起区域性灾难的大多数较小小天体，还有许多工作要做。美国已经进行的"哨兵"计划将推进更小尺寸的小天体普查。中国科学院紫金山天文台是中国寻找近地小天体的主力军，仅 2020 年 2 月以来，就已发现 3 颗近距离飞掠地球的近地小天体。

图 1-26　恒星背景下的移动物体

1.5.2　跟踪潜在威胁小天体

即使我们发现了一颗小天体，那我们如何知道它是否会撞击地球呢？这需要对该小天体进行跟踪 (图 1-27)，在数天、数月和数年内获得大量望远镜观测数据，所有数据都有助于完善对小天体轨道的预测，观测的数量、质量、时间跨度、总弧长等都会影响最终的定轨精度。如果没有足够的观测量，那么小天体甚至可能会丢失。小天体的轨道动态性强，一旦丢失，也许不知道何时何地再次发现它们。

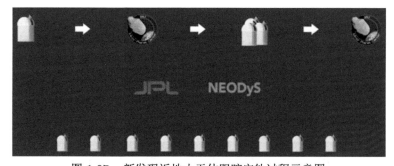

图 1-27　新发现近地小天体跟踪定轨过程示意图

　　世界各国为了应对近地小天体的威胁，其天文机构都会搜索发现近地小天体，然后把数据提交给国际小行星预警网和国际小行星中心，国际小行星中心协调世界各地的巡天系统、天文台望远镜，视紧急情况协调雷达、天基望远镜，对新发现的小天体进行联合观测，将观测的数据再汇总到国际小行星中心进行轨道计算，或者交给其他机构如美国 JPL 进行定轨，最后向全球发布最新的轨道数据。

1.5.3　表征潜在威胁小天体

　　我们不仅要广泛地了解小天体的数量，还要深入了解小天体的其他特性。仅仅了解小天体的轨道是不够的，小天体的大小、形状、质量、物质组成、旋转速度等物理化学属性极大地影响着我们防御它的方式，有些小天体实际上是由两个子天体组成的双小行星对。利用收集到的望远镜观测数据，通过科学数据分析方法可以估计小天体的这些物理化学特性。

　　星等 (或视星等) 是对小天体亮度的一种度量，天体越暗，星等越高。织女星的星等为 0.0，天文学家用它作为标准星，用以对比其他恒星的颜色和亮度。太阳的视星等为 -27，满月的视星等为 -12.6，肉眼能观察的视星等极限约为 6。极限星等表示望远镜在给定的信噪比下能检测到的最微弱亮度。绝对星等指的是在零相位角 (地球–天体–太阳之间的角度) 处人工放置距地球和太阳 1AU 单位距离的天体的亮度。小天体的绝对星等与其尺寸具有相关关系，在一定的反照率条件下，1km 尺寸的天体与绝对星等 18 成比例，100m 尺寸天体与绝对星等 22 成比例，10 m 尺寸天体与绝对星等 28 成比例。因此，当已知或假定反照率时，绝对星等通常用作小天体直径的表征。反照率是描述小天体反射太阳光能力的量度。暗小天体的反照率低，亮小天体的反照率高。在数小时或数天的短时间内测量小天体视亮度，即绘制其光变曲线。这种短期的亮度变化与小行星的形状相关，人们通过分析光变曲线的周期性，如图 1-28 所示，可以推断出其转速、旋转轴方向等旋转状态。

　　人类在 18 世纪、19 世纪分别发现第一颗彗星和小行星，依靠的是人眼与光学望远镜的组合。19 世纪发明了摄影技术，照相底版很快就取代了天文学家的眼睛。一张照片可能要曝光数小时，所收集的光线比人类眨眼之间能收集的光线多得多，因此用照相底版可以看到许多微弱的天体，这提高了人类发现小天体的速度。再到后来，1970 年，开发了一种电荷耦合器件 (CCD)，天文 CCD 相机非常灵敏，通常能够检测出几个光子水平上的通量变化。大型望远镜和 CCD 装置的组合可以检测到视星等 27 的微弱亮度小天体。

　　雷达观测是一种通过多普勒雷达跟踪已知小天体的方法，向小天体发射无线电波，利用从其表面反射回来的无线电波进行成像，如图 1-29 所示。雷达观测需要小天体与地球离得比较近，雷达观测能进行测距、径向测速以及外形测量。

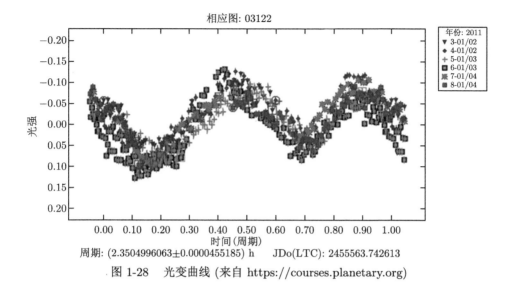

图 1-28　光变曲线 (来自 https://courses.planetary.org)

图 1-29　小天体雷达图像 (来自 https://courses.planetary.org)

多光谱探测仪器是一种获取遥感对象光谱特征和图像信息的基本设备，通过各个滤镜观察到小天体的不同颜色波段的不同亮度图像，如图 1-30 所示，小天体不同颜色的测量给出了天体的基本光谱评估，为确定其近似组成提供了重要参考。

1.5.4　偏转潜在威胁小天体

如果发现并确认了小天体将与地球发生碰撞，该怎么办？目前有许多小天体轨道偏转方法和小天体爆破方法处于研究阶段，但是究竟采用哪种方案，需要根据威胁程度、紧急程度确定。通常来说，警告时间较短、天体尺寸较大，则防御选项较少，警告时间较长、天体较小，则防御选项较多。目前，已提出的方法有引力拖车、质量驱动、聚焦太阳能、Yarkovsky 效应、小推力推进、激光烧蚀、核爆拦截、动能撞击。

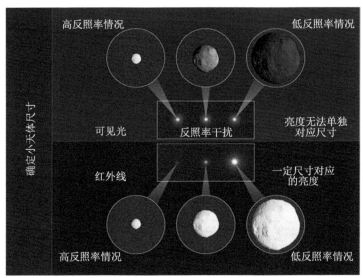

图 1-30　　小天体红外图像与可见光图像的对比 (来自 Caltech/JPL)

1.6　资源小天体利用

1.6.1　资源小天体利用的意义

1.6.1.1　航天探索的高成本困境

太空财富公司是美国加利福尼亚州的一家教育性公益公司，专注于促进小天体资源的开发及其在太空和地球上的有益利用。2009 年，太空财富公司向美国人类太空飞行计划委员会提交了一份《开启盈利性的太空采矿》的报告，直截了当地指出，美国 20 世纪的月球和火星探测是出于冷战的动机，这样的太空竞赛花费了数百亿美金的巨额成本，但没有产生可观的经济回报，并认为，在当前冷战散去和地球资源有限的背景下，摆在面前的真正问题是如何实现经济和环境的可持续发展，应该将研究探索的战略资源向资源更加丰富的近地小天体探测转移。

2017 年 10 月 15 日，NASA 的创新概念研究所发布的题为《阶石：近地小行星资源支持的空间运输的经济分析》的报告中也指出，自从阿波罗计划结束以来，NASA 就没能发起一个像样的大型载人空间探索计划。国际空间站也只是在低轨道徘徊。载人探索计划面临诸多挑战，包括技术性的和程序性的。空间商业化和太空移民也面临着类似挑战。在这些挑战中，任务的费用是其中严峻的一个挑战。目前的任务费用主要取决于发射和空间运输。能量巨大的任务需要更大的运载工具，也需要发射更多次数，还需要大量的推进剂来完成任务。这导致上述任务极为昂贵，因此这些任务都必须进行过度设计来保证成功，这又推高了开发成本，降低了任务频率，导致任务不可能具有任何经济规模。除非找到一种方式来打破这种成本上涨的循环，否则载人探索、空间商业化和太空移民都无法可持续发展。

1.6.1.2 有利可图的小天体采矿

"小天体采矿"乍一听是天方夜谭，但实际上它给我国带来的收益将是不可估量的。首先，这一新兴产业将成为我国不断向前进步的新源泉，它不仅是带动经济社会发展的马车，更激发了国家社会前进的好奇心与勇气。其次，小天体采矿将极大地激励年轻一代工程师和科学家，为他们的研究提供良好的试验场。再次，这一行业将为社会创造无数新的就业岗位。最后，这将成为国家和民族的骄傲，为我们在世界上赢得声誉。

小天体采矿相比于地球上的采矿是一个更加广义的概念，即提取小天体上有价值的矿产、水、其他地理资源、不可再生材料。需要注意的是，无论小天体采矿还是地球上的采矿，本身都是一项经济活动，这意味着小天体采矿得是"有利可图"的。

许多研究者试图以定量的方式分析小天体采矿是否是一笔划算的买卖(图 1-31)。Hein 等 [11] 采用了成本收益方法对小天体采矿活动的经济可行性进行了分析，重点分析了在理想条件下开采小天体水资源原位利用和开采铂金返回地球的经济性。分析是基于设备和工艺小型化的可行性以及将其分布到多个航天器的可能性，并且忽略了研发等其他成本因素。分析结果表明，从收益能力的角度来看，每次任务的资源吞吐量和每次任务使用多个较小航天器是快速达到收支平衡的关键技术参数。因此，开发高效的采矿工艺和大规模生产的小型航天器是经济可行性的关键。特别是，使用多个小型航天器有助于降低小天体采矿风险，这是至关重要的一点。航天器的重复利用一方面通过降低生产成本来提高盈利能力，但另一方面翻新过程会限制航天器执行连续任务的速度。因此，提高盈利能力的另一种方法是通过使用消耗性航天器来提高连续任务的执行率。此外，对于将资源从太空运回地球的经济可行性还将基于地球市场的反应，因为大量的稀有金属和贵金属供应将在很大程度上影响地球上的市场。

近地小天体飞掠地球事件非常频繁，根据欧洲航天局 (European Space Agency, ESA) 公布的数据，在一年内发生近地小天体飞掠地球事件就高达 110 次。更为重要的是，飞掠地球的小天体轨道距离地球较近，且轨道具有周期性。近地小天体中有约 1200 个千米尺寸量级的近地小行星，约 40 万个百米尺寸量级的近地小行星，轨道周期一般为 0.9~7 年，轨道倾角一般为 10°~20°，偏心距为

0~0.9，大多接近于 0.5，大约 20% 的近地小行星比月球更容易降落。这些都为近地小天体采矿提供了有利的条件。

小天体开采和回收的理想目标之一是碳质 C 型小行星，其中含有大量的挥发物、复杂有机分子、岩石和金属混合物。C 型小行星约占已知小行星的 20%。回收这样的小行星材料要求开发尽可能多的提取方法，期望提取 40% 的可提取挥发物、水和含碳化合物。

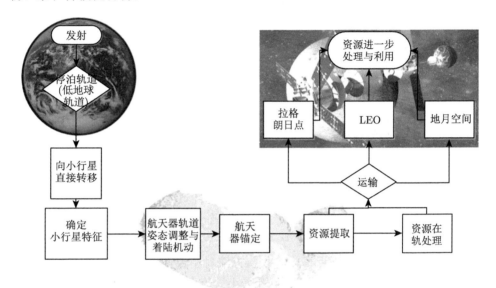

图 1-31　小天体采矿任务示意图 [12]

然而，究竟有多少含矿的近地天体呢？如果含矿的近地天体很常见，那么就没有必要进行全面的搜索了。在完成对数量庞大的潜在开采目标探测前，我们还要分析多少数量近地天体的特征？答案将决定我们如何完成对近地天体的勘探。

我们可以把含矿的近地天体的数量量化为

$$N_{ore} = P_{type} \cdot P_{rich} \cdot P_{low\text{-}\delta v} \cdot P_{eng} \cdot N(>D_{min}) \tag{1-55}$$

式中，P_{type} 为小行星含有不同资源类型的概率；P_{rich} 为这类小行星含有极其丰富的资源的概率；$P_{low\text{-}\delta v}$ 为小行星在极其低的 $\delta\text{-}v$ 轨道上的概率；$N(>D_{min})$ 为大于盈利阈值直径 D_{min} 的小行星总数；D_{min} 是保证有利润空间的最小直径阈值；P_{eng} 为开采该小行星的工程挑战可以被克服的概率。这个方程抓住了问题的本质，为了使计算更加精确，可以将其他因素添加进这个方程。

我们从铂族金属开始，铂族金属包括铂 (Pt)、铑 (Rh)、锇 (Os)、铱 (Ir)、钯 (Pd)、钌 (Ru) 等，由于运回地球后的高价值 (5 万美元/kg)，它们是潜在的小行星矿产类型。Kargel 研究了可能富含铂族金属的小行星碎片——镍铁陨石，根据陨石的数目进行了估算，得出镍铁陨石类型的概率 $P_{\text{type}} = 2\% \sim 5\%$。根据在金属类陨石上的累积百分比含量数据可知，只有含量最丰富的 10%陨石其铱含量大于 10ppm，因此可以定义 $P_{\text{rich}} = 10\%$(图 1-32)。

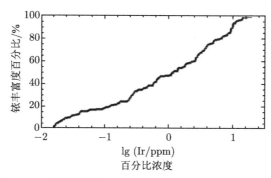

图 1-32 铱在金属类陨石上的累积百分比含量曲线

假定 $P_{\text{low-}\delta v} = 10\%$ ($\delta v < 5.5\text{km/s}$，峰值 $\delta v = 6.6\text{km/s}$)，所以含有铂类镍铁矿的近地天体约占总数的 0.0004。实际情况下，我们也许不用如此大海捞针，因为我们可以通过许多遥感技术对小行星的成分进行探测，所以我们可以接受从候选小行星中找到富含铂类元素的小行星的概率为 10%。

值得开采的含矿小行星总数取决于 D_{min}，D_{min} 为假设只进行铂族金属资源开采而保证盈利的小行星最小直径，这是根据开采成本进行估算的。因此，估算 D_{min} 时需要考虑矿产的价值，假设某小行星上含有铂族金属铱，以 4000kg/m³ 的密度计算，直径为 100m 的小行星质量为 2.09×10^6mt(1mt = 1000kg)，铱含量为 1ppm，则铱的质量为 2.09mt。如果将其运回地球，在不考虑由供给增加而造成的价格变化的情况下，按当前市价大约 5 万美元/kg 计算，它们的价值可以达到 10.5 亿美元。再加上其他的铂族金属，运回地球的价值将增加 60%，达到 17 亿美元。显然，较大的小行星更有价值，例如，一个直径为 150m 的小行星将拥有 57 亿美元的铂族金属矿产。

相对而言，较小的小行星就不划算了，一个直径为 50m 的小行星含有的铂族金属价值约为 2.2 亿美元。考虑到实际提取率、开采和运输成本，直径为 100m 的小行星可能是"有利可图"的。

假设 $D_{\text{min}} = 100$，$N(> 100)$，即直径大于 100m 的小行星数量大约是 20000 个。因此，可以算出 $N_{\text{ore}} = 8$，即大约有 8 个近地小行星可以作为铂族金属的候选开采目标。这个数字相当小，同时具有很大的不确定性。最可能提高其数量的方式是提高小行星开采航天器的速度增量，因为 $P_{\text{low-}\delta v}$ 随着 δv 的增大而增大。

如果我们要开采的不是铂矿，而是水，那么数量更多的含碳小行星将成为我们开采的目标，其在小行星中的占比 $P_{\text{type}} = 25\% \sim 50\%$。含水量是小行星实际含水多少的指标，小行星孔隙中所含的水质量与干燥小行星质量的比值，称为质量含水量；小行星含水的体积与包括空隙在内的小行星体积的比值，称为体积含水量。以下提到的含水量均指质量含水量。陨石研究显示，含碳小行星上的含水量一般比金属小行星上的含矿量高，可达 $1\% \sim 20\%$，但水的丰富度的分布比较难以测量。采用相同 $P_{rich} = 10\%$，$P_{low\text{-}\delta v} = 10\%$，那么富含水资源的近地小行星约占总数的 1/300，也就是 20000 个小行星中直径超过 100m 的约有 60 个。

　　然而，对于水资源，D_{min} 更小。虽然水在地球上的价值目前与铂类金属无法同日而语，但其在近地轨道、在地月 L1 点等位置的价值与铂不分上下，甚至需求更加迫切。在含水量 20% 的直径大约 15m 的小行星上，其价值估算为 17 亿美元，直径大于 15m 的小行星的总数大约为 100 万个，其中富含水资源的为 5000 $\sim$ 10000 个，这是偏乐观的数字。对于含水量 1% 的小行星，可以将 D_{min} 设为 40m，相应的小行星数目也会减少。

　　在工程上，直径更小的近地小天体更难发现，也更难进行更详细的探测，相应的开发也更加困难。影响开发的因素很多，因此 P_{eng} 的分析很复杂。开采水资源对采矿飞船的要求更低，尤其是能耗，可以减少提取成本，相比于将矿运回地球，水资源的原位利用能减少了工程复杂度和能耗。

　　有数十到数千个近地小天体符合含矿标准，也就是说具有潜在的利润。对于少量的含铂族金属的近地小天体，需要对直径大于 100m 的小行星轨道、尺寸和构成进行全面勘探；而对于数量较多的含水矿的近地小天体，则需要用多种手段精选出少部分更具潜在价值的对象进行详细勘探。

1.6.2　资源小天体利用的步骤

1.6.2.1　小天体采矿

　　小天体采矿需要进行矿山开发和现场准备、部分或全部消旋和去抖动、提取/改造操作、轨道改造 (运输) 等。

　　对于矿山开发和现场准备，需要首先将航天器锚定到近地小天体上，并连接系绳；对于一些近地小天体，可能还需要对齐进行运动控制。采矿过程还需要对开采出的矿物进行消旋和去抖动，以保证安全可控，这包括碎片约束系统构建、操作平台建设以及支持设备准备等。对于提取/改造操作，选矿与加工是关键，也是难点，这涉及探测设备和加工设备的研制。轨道改造的目的是降低矿物运输的成本。

　　采矿方法按照破碎储能方式可分为自立式、人工支撑式、崩落式；按照通道方式可分为地表式、地下式。目前文献中所提到的概念性小行星采矿方法可以抽象为各种类别：①袋装和煮沸法 $\Longrightarrow$ 挥发性提取法；②磁耙法 $\Longrightarrow$ 收集高品位矿石；③分装和运送法 $\Longrightarrow$ 带回小块；④地球卫星法 $\Longrightarrow$ 送入地球轨道；⑤热刀法 $\Longrightarrow$ 用核热量切割彗星核心；⑥激光火炬 $\Longrightarrow$ 分而治之。然而这些方法充其量只是理论上的，未来的具体操作经验将决定哪些方法真正有效。

1.6.2.2 空间转运

小天体上开采的矿产可以在原位进行利用，也可能需要送回地月空间 (地球、月球基地、空间站等)，这便需要对开采的矿产进行空间转运。空间转运在流程上主要包括矿产装载到运输航天器、运输航天器星际转移。其中，矿产装载到运输航天器主要涉及相应功能的结构机构的设计；运输航天器星际转移则聚焦于运输过程的时间成本、燃料成本优化。

1.6.2.3 资源利用

对于小天体上的矿产 (水、金属、碳等) 进行合理的资源利用，将极大提高航天任务的收益。原位资源利用技术 (*In-Situ* Resource Utilization, ISRU) 是极具前景的，它可以为航天器有效载荷或太空探索人员提供生命支持、推进剂、建筑材料和能源等。譬如小天体原位增材制造技术 (3D 打印) 就是原位资源利用的一个例子。在 2004 年 10 月，NASA 发布了 ISRU 能力路线图，确定了七个 ISRU 的能力：①资源开采；②材料处理和运输；③资源加工；④现场资源的制造；⑤地面建造；⑥表面 ISRU 产品、耗材的储存及分配；⑦ ISRU 独特的开发和鉴定能力。

小天体上开采的矿产可以在原位进行利用，也可送回地月空间，如地球、月球基地、空间站等，进行进一步加工、制造等。

1.7　小天体防御与利用的相关技术

1.7.1　共性需求

"筑堤防洪，水利灌溉"，蕴含了人类对于灾害的辩证思想，防洪水利工程则是千年来人类最伟大的创造之一。同样地，近地小天体既是对人类的安全威胁，也是人类未来发展的重大机遇。如何利用好近地小天体，减缓其危害，使其最大程度地为人类服务，是最值得研究的问题。

小天体防御和小天体资源利用之间的合作将使两者都成为可能。事实上，某些具有潜在威胁的小天体也可能是极好的资源天体；小天体防御和小天体资源利用两者存在许多共同的知识需求，对技术和能力的要求也有共同之处。

1.7.1.1 小天体探测

无论我们对小天体的兴趣是什么，防御它或者开采它，第一步都是一样的：找到它。小天体探测，就是从已知天体的庞大目录中找出以前未发现的小行星和彗星。据估计，有 10 亿颗小行星和 1 万亿颗彗星围绕太阳公转，其中 50 多万颗直径大于 30m，它们的轨道穿过太阳系内部。

迄今为止，地球和地球轨道上的望远镜已经发现了超过 22000 个近地小天体。每年发现情况如图 1-33 所示，地基的 LINEAR 巡天望远镜、卡特琳娜 (Catalina) 巡天望远镜和"泛星"(Pan-STARRS) 望远镜是最成功的，绝大多数的已知近地小天体是由它们发现的。B612 基金会提出的哨兵太空望远镜如果按计划发射进入类金星轨道，将成为历史上最多产的小行星猎手。NASA 的 NEOCam 卫星计划在日地拉格朗日 L1 点向外眺望观测小天体。

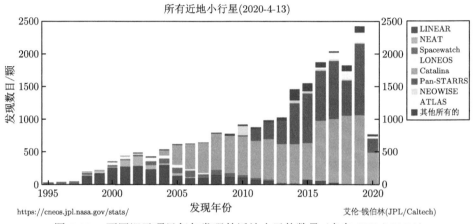

图 1-33   不同巡天项目每年发现的近地小天体数量 (来自 JPL/NASA)

用于探测潜在危险小天体的过程和程序同样也适用于探测可能蕴含丰富资源的小行星或彗星。综合考虑小天体防御的潜在威胁小天体探测和小天体采矿的资源小天体探测，将有助于提高近地小天体观测系统的可靠性、功效性和集成度。

1.7.1.2 小天体跟踪定轨

小天体防御与资源利用的共性之二就是跟踪定轨，即对小行星或彗星的轨道进行长期跟踪和精确测定，并预测它何时会经过地球附近。影响轨道计算精度的主要变量有三个：观测数据的数量、观测数据的时间跨度，以及观测数据的获取手段。不同手段获取的观测数据通常具有不同的观测范围和测量精度。例如，和来自光学望远镜的观测数据相比，雷达观测数据的观测范围有限但测量精度更高。

对于小天体防御来说，需要一个精确的轨道来确定哪些小天体具有潜在的威胁，其目标是尽早预测可能发生的碰撞事件，并计算每个小天体的风险指数。而对于小天体采矿，知道小天体的精确轨道，则能够更加精确地进行成本效益计算，能够从目标天体的选择、任务实施方案设计等方面最小化成本，最大化收益。与此同时，对于小天体防御和小天体采矿，已知其精确轨道后，拦截或者抵达开采的轨道设计都将考虑节约燃料消耗。目前，在燃料经济性上，和月球相比，有超过 2500 颗已知小天体可以使用更少燃料到达。NASA 和其他组织公布了所有已知近地小天体的轨道参数，这些信息对小天体防御和小天体资源利用两者都是共享透明的。

1.7.1.3 小天体特性远程感知

第三个共性需求是近地小天体特性远程感知，这一步对于小天体防御和资源利用都至关重要。远程感知是指利用光学和雷达望远镜在各自的测量范围内对近地小天体进行测量，确定小天体的大小、质量、形状、密度、组成、反照率和自旋特性等。

对于小天体防御而言，小天体特性远程感知为指导小行星或彗星与地球相撞的缓解策略提供了重要信息。这一过程有时可能需要数年，具体取决于天体的轨道和观察的数量和质量。一旦确定了这些特性，就可以决定采取何种类型的缓解措施——核爆炸、动能撞击或"慢推力"技术中的一种，如激光烧蚀、引力拖车。在不了解目标天体特性的情况下，任何偏转或者破坏策略都将面临很高的失败风险。

而对于小天体资源利用，潜在采矿目标天体的筛选依赖于对小行星或彗星详细特征的了解。小的近地小天体可能不会对地球造成严重危害，却是资源开发的理想目标；相反，许多小天体乍一看似乎是潜在采矿目标，但实际上可能由于具有高转速、松散结构、不利外形等而无法进行资源开采。因此，精确的远程特征感知将帮助小天体采矿行业确定最适合进一步勘探和进行潜在的资源开采的候选天体。

1.7.1.4 小天体现场勘探

第四个共性需求是小天体现场勘探，其建立在通过远程特征感知收集的数据基础上。对于大多数小天体防御的轨道偏转或爆破方案，远程感知信息是远远不够的，完成小天体防御的具体操作还需要到小天体现场去收集更为详细的特定信息。派探测器绕小天体进行近距离飞行、近距离轨道或接触探测，可以确定许多重要的参数，例如，在一颗潜在威胁小天体附近轨道上运行的碎石数量、小天体的地质特征和内部结构，以及小天体表面风化层的深度，这些特征参数对于小天体防御的轨道偏转或爆破方案的安全实施以及任务参数的精确确定有着决定性作用。因此，假设一颗潜在威胁小天体能给我们足够的时间来实施防御策略，那么实施原地探测对于评估小天体及其周围的物理特性是至关重要的，这将有助于采取精确的防御策略。

同样地，现场勘探对小天体资源利用也至关重要，因为它可以详细分析小天体的化学组成、地质组成和热结构。此外，原位机械测试可以确定小天体锚定、地面挖掘、钻探或挖掘的有效性，这些信息对于评估一颗候选资源小天体是否确实适合进行金属、矿物或水的开采至关重要。

1.7.1.5　小天体近距离作业

近距离作业是小天体防御和资源利用活动的第五个需求，也是最广泛的共性需求。具体地，对于小天体防御，典型过程包括破碎、移动/拖运、遏制、分离；对于小天体资源利用，典型过程有破碎、移动/运输、分离、熔化、遏制、加工。近距离作业的操作包括轨道运行、悬停、着陆/发射、锚定、提取材料等，所有这些操作都在弱引力环境中进行。无论是小天体防御还是小天体资源利用，其弱引力条件下的作业能力是极限的技术挑战。

1.7.2　主要科学问题与核心关键技术

1.7.2.1　小天体探测

主要科学问题包括 (但不限于)：①小天体精确轨道预报问题；②小天体快速定轨、高精度轨道改进；③小天体轨道演化动力学模型；④小天体轨道共振与结构稳定性问题；⑤小天体撞击风险预报方法等。

主要关键技术包括 (但不限于)：①地基大孔径光学望远镜技术；②地基多光谱/红外光谱仪技术；③地基可见光干涉测量技术；④地基非可见光超大成像敏感器阵列技术；⑤飞行器智能自主控制技术；⑥立方星深空编队/星座技术；⑦天基平台高精度跟踪姿控技术；⑧飞行器深空通信技术；⑨天地一体化组网探测技术等。

1.7.2.2　小天体撞击防御

主要科学问题包括 (但不限于)：①小天体进入大气层的超高速空气动力学问题；②小天体对地表 (陆地和海洋) 的超高速撞击动力学过程；③动能撞击小天体的动态响应和能量传递规律；④动能撞击下小天体轨道的偏移问题；⑤长期作用力下小天体轨道的偏移问题；⑥多种防御技术协调作用测量和效能评估；⑦小天体撞击危害评估方法；⑧防御技术作用机理及地面演示验证试验等。

主要关键技术包括 (但不限于)：①多任务多目标轨道设计技术；②深空自主导航与控制技术；③飞行器高效能源与组合推进技术；④飞行器集群操控技术；⑤飞行器撞击过程中行星际测控通信技术等。

1.7.2.3　小天体资源利用

主要科学问题包括 (但不限于)：①小天体带的形成及轨道演化；②小天体的物质组成、结构、状态、形貌及其形成与演化；③太阳系原始物质与太阳系的成因和演化历史；④小天体母体内部的熔融分异机制；⑤小天体中的水和有机成分及地球生命起源；⑥小天体蕴含的恒星物质与恒星形成演化；⑦小天体表面的太阳风和太阳高能粒子等太阳活动影响；⑧"活跃小行星" (或称冰质小行星, 也叫主带彗星) 与太阳系的成因和演化等。

主要关键技术包括 (但不限于)：①采矿飞行器轨道设计及动力学分析技术；②运输飞行器集群的导航与制导控制技术；③飞行器上升/下降技术；④微引力天体附着采样技术；⑤微引力采样及开采工具技术；⑥矿产物资源超高速再入返回地球技术；⑦小天体到月球的资源运输技术；⑧小天体资源探测先进载荷技术；⑨小天体表面水、氧等提取技术；⑩微引力环境下的加工成型和操作技术；⑪小行星表面能量利用技术；⑫小行星表面推进剂获取与制备技术；⑬小天体原位资源制造技术等。

1.8 相关国际组织及主要研究活动简介

1.8.1 联合国和平利用外层空间委员会近地天体行动小组

2001 年，为响应第三次联合国探索及和平利用外层空间会议 (简称"第三次外空会议") 的建议，联合国和平利用外层空间委员会 (United Nations Committee on the Peaceful Uses of Outer Space, COPUOS) 设立了近地天体行动小组，负责审查近地小行星探测领域现行工作的内容、结构和组织安排，寻找现行工作中需要协调其他国家或组织共同加强的不完善之处，提出与专门机构合作改进国际小行星灾害响应措施的方案。

该行动小组由部分具有航天工业基础的国家和近地小行星监测预警与防御领域的专业机构组成，每年审议由会员国提交的研究报告，在世界范围内举办各种讲习班，并向联合国探索及和平利用外层空间会议提出关于国际合作应对近地天体撞击威胁的建议。近地天体行动小组是联合国层面的促进小天体防御领域国际合作的有效尝试，将形成未来小天体防御领域的国际合作框架和灾难应急响应机制，使国际社会在应对小行星撞击灾难时能够集中力量，有效解决。

近地天体行动小组提出减缓小行星撞击威胁应从三个方面入手：

(1) 发现危险小行星和彗星并确定其危害等级；

(2) 规划包括偏转或干扰方案及民防活动在内的减缓行动；

(3) 在必要时刻实施减缓行动。

近地天体行动小组强调，尽早发现危险近地天体是很有价值的，这有助于避免开展不必要的近地天体威胁减缓任务。

2013 年 2 月 11 日，近地天体行动小组向和平利用外层空间委员会做了《近地天体行动小组关于国际应对近地天体撞击威胁的建议》报告，提出建立一个国际小行星预警网，将已经在独立开展小行星监测预警与防御的机构联系在一起，国际小行星预警网应具有以下功能：

(1) 发现、监测潜在危险近地天体群并确定其物理性质；

(2) 维护一个国际认可的信息交换所，以接收、确认并处理所有近地天体观测结果；

(3) 就关于通报新出现撞击威胁的标准和阈值的政策提出建议；

(4) 利用各种界定明确的通信计划和协议制订一项战略，协助政府分析撞击后果并规划减缓对策。

1.8.2　太空探索者协会小行星威胁减缓小组

2005 年，太空探索者协会 (Association of Space Explorers, ASE) 认识到小行星撞击给全球带来的危险，并为此设立了近地天体委员会，负责审议后续的小行星撞击灾害研究。利用其在联合国和平利用外层空间委员会的观察员地位，太空探索者协会制定并起草近地天体决策程序文件。在确实存在小行星撞击可能时，通过联合国的相关组织提交该程序文件以供审议并采取后续行动。

以此为背景，太空探索者协会设立了国际小行星威胁缓减小组，由世界各地的科学、外交、法律和灾害管理方面的专家组成。2006~2008 年，该小组通过太空探索者协会不断向联合国和平利用外层空间委员会近地天体行动小组提供工作建议。太空探索者协会国际小行星威胁减缓小组的研究成果对于联合国和平利用外层空间委员会近地天体行动小组的工作开展提供了重要的参考建议。

1.8.3　小行星中心

小行星中心 (The Minor Planet Center，MPC) 位于美国马萨诸塞州 Smith-sonian 天文台，隶属于国际天文学联合会，由 NASA 近地小行星监测项目资助建成，主要从事收集、计算、检查以及分发来自世界几百个天文台观测到的小行星和彗星的测量和轨道信息。

自 1978 年起，该中心就一直作为国际信息交流中心交换世界各地获得的所有小行星、彗星和卫星天体测量 (位置) 的结果。该中心负责处理和组织数据、查明新天体、计算轨道、临时命名以及传播每天的信息。对于特别关注的天体，该中心还请求开展跟踪观测并进行档案数据搜索。除了发布关于太阳系中所有小天体的完整轨道和天体测量目录之外，该中心还维护着一个开放的网络小行星数据库，在互联网上发布备选的空中平面星历表，以促进对新发现的近地天体的跟踪观测。该中心侧重于与近地天体有关的信息的识别、短弧定轨和预报。在大多数情况下，该中心会将收到的近地天体观测结果在 24 小时内向公众免费发布。

1.8.4　太空防卫基金会

太空防卫基金会 (The Spaceguard Foundation) 成立于 1996 年，是专门从事小行星监视预警与防御的非营利性研究机构，由各国在近地小行星研究领域的知名专家组成，目的是保护地球环境，防范来自彗星和小行星的撞击。

太空防卫基金会最重要的成果是其牵头建立并经营的太空防卫系统 (The Spaceguard System)，是目前最成功的国际合作监测计划之一，该系统由从事于近地小天体观测的诸多天文台和爱好者组成。太空防卫基金会的网站作为太空防卫系统的核心节点，负责观测成果汇总，并向各天文台提供服务，以促进近地小天体观测国际合作的开展。太空防卫系统中的个人观测者作为志愿者参与到整个项目的运作中。目前，该系统的全部观测点均为地基观测系统。

1.8.5 B612 基金会

B612 基金会是另外一个从事小天体防御方案研究的非营利性基金组织，成立于 2001 年 10 月 20 日，由 NASA 休斯敦约翰逊航天中心的几位员工组成。

B612 基金会成立之初的目标是"2015 年之前实现可控的高危小行星变轨技术"。2009 年，基金会与 JPL 完成合同签订，对"重力拖车"小天体防御概念进行详细的效能分析，并将分析结果予以公布。"重力拖车"技术涉及近地天体定轨技术、近地天体轨道精调技术等关键技术。通过 JPL 的分析证明，"重力拖车"有能力完成这些关键的偏转功能，是一套可行的新型小天体防御方案。

2013 年，俄罗斯车里雅宾斯克陨石事件使该基金会"对在撞击地球之前能够及时发现目标小行星的空间项目产生了浓厚兴趣"，导致其研究方向发生改变。目前，该基金会预计投入 4500 万美元，研发小行星监测空间望远镜——"哨兵"，目前已投入使用。

1.8.6 主要探测任务

大航海时代，对汪洋大海另一头的好奇吸引着人类乘风破浪，无畏风帆折载。无数像万户一样的人造箭上天，看似"飞蛾扑火"，但莱特兄弟的成功飞天，让人类迎来了崭新的航空时代。未知总是充满了危险和不确定性，但人类原始的探索欲正是我们一步步走到今天的精神激励。这一次，人类的望远镜发现并锁定了地球上的这位不速之客——小天体，在一代又一代天文学家夜以继日的观测和航天人耐心的技术积累储备之后，人类向小天体出发了。

目前，国内外已经实施和计划实施的主要小天体探测任务概况如表 1-4 所示。

表 1-4 已经实施和计划实施的小天体探测任务

序号	任务	国家/地区	时间	目标
1	"维佳 1 号"、"维佳 2 号"1, Vega 2[14−17]	苏联	1984	哈雷彗星探测
2	"先驱号"与"彗星号" (Herald and Comet)[18]	日本	1985	哈雷彗星探测
3	"乔托号" (Giotto)[14]	欧洲	1985	哈雷彗星探测
4	"伽利略号" (Galileo)[19−22]	美国	1991	小行星 951 Gaspra、小行星 243 Ida
5	"近地小行星交会" (NEAR)[23−27]	美国	1996	小行星爱神星的物理和地质特性探测，小行星绕飞探测任务

序号	任务	国家/地区	时间	目标
6	"深空 1 号" (Deep Space 1)[28,29]	美国	1998	技术验证型小行星探测任务
7	"星尘号" (Star-dust)[30−32]	美国	1999	彗星采样返回任务
8	"隼鸟号" (Hayabusa)[33−36]	日本	2003	S 型小行星采样返回任务
9	"罗塞塔号" (Rosetta)[37−43]	欧洲	2004	彗星着陆探测任务
10	"深度撞击号" (Deep impact)[44,45]	美国	2005	彗星撞击探测任务
11	"黎明号" (Dawn)[46,47]	美国	2007	两个主带小行星绕飞探测
12	"嫦娥二号"	中国	2010	小行星 4179 图塔蒂斯进行飞掠探测
13	"隼鸟 2 号" (HAYABUSA-2)[48,49]	日本	2014	C 型小行星采样返回任务
14	"欧西里斯号" (OSIRIS-REx)[50]	美国	2016	C 型小行星采样返回任务
15	"双小行星重定向测试" (DART)[51,52]	美国	2021	小行星撞击偏转技术试验
16	"露西" (Lucy)[53]	美国	2021	飞越探测小行星特洛伊
17	"普赛克" [54]	美国	2022	探测主带 M 型灵神星
18	"命运" [55]	日本、德国	2022	小行星尘埃探测
19	"赫拉" (Hera)[56]	欧洲	2024	小行星 Didymos 近距离观测
20	"卡斯塔利亚" [57]	欧洲	2028	主带彗星 133P 绕飞探测
21	"高斯" [58]	欧洲	2029	谷神星采样返回

1.8.7　国际协调和公众普及教育

小天体威胁始终都是一个全球性问题,我们很难提前预测小天体撞击地球的具体位置和真实灾害的影响范围。此外,小天体偏转的风险要求进行国际协调,因为如果偏转不完全成功,则小天体可能改变轨迹,撞击某一特定区域。事实上,协调合作能够在许多方面开展。各国应在国际小行星预警网的框架下进行小天体的协同观测与跟踪。各个国家合作,在小天体防御相关领域应进行国际法立法。

从政策制定者到灾难管理机构再到公众,各级都需要进行有关小天体威胁的教育。重要的是,所有人都应意识到威胁的程度及其被预防的可能性。

1.9　本 章 小 结

本章概述了银河系-太阳系-行星际空间的不同尺度关系;简要介绍了天体运动的理论基础,以及近地小天体的命名规则、表征方法、轨道和光谱分类等基础知识;通过分析我们面临的近地小天体撞击风险和近地小天体所含的丰富资源,引出了近地小天体防御和资源利用的相关概念,梳理了近地小天体防御和资源利用的共性技术;并列举了相关国际组织及主要研究活动情况。

自 1978 年国际彗星探测器拉响国际合作小天体探测的序曲以来,已经过去了四十多年。其间国际上开展了十几次针对小行星、彗星的探测任务。例如,利用光学相机在飞掠、绕飞、着陆等阶段得到小行星、彗星的形貌信息;利用可见光与红外成像光谱仪或类似载荷,以遥测手段获取小行星、彗星的表面成分信息;

伽马射线和中子探测器用于同位素探测；质谱仪用于彗星气体和尘埃的原子分子谱分析等。上述手段及成果可以让人类近距离了解小天体附近、表面及次表层的物理、化学、地质属性。例如，通过无线电多普勒效应，反演小天体重力场，测量其质量甚至反演其质量分布和内部结构；通过撞击试验、无线电穿透试验等手段了解彗核内部结构、强度、成分等特性；以及将小行星表层颗粒、彗星尘埃颗粒、星际尘埃颗粒作为样品返回地球，利用地面试验条件，进一步分析研究等。

人们对地球上收集到的陨石与小行星之间的关联认识更为准确，对小天体在太阳系中的演化和迁移有了更多认识。这些结果都可用于约束太阳系形成、演化及行星形成的模型。

此外，除了天文学、行星科学方面的成果，小天体探测任务也推动了航天技术发展。以"深空 1 号"为代表，大量新技术得到试验、继承和发展。可见光与红外成像光谱仪载荷，在"罗塞塔号"、"黎明号"中都得到应用，并预计在未来还将得到进一步发展，例如，依靠制冷剂的冷却方案将要被更可靠、更耐用的方案替代。多目标任务设计、自主导航、自主控制、附着采样等技术在可以预见的未来，将在小天体资源开采中大展身手。在有限经费规模下，为了获得更远、更深、更原始的数据，自然需要沿更快、更好、更便宜的技术路线发展，从而提高系统、载荷、器件的功能密度，降低功耗，减小体积，从而降低航天领域的技术门槛，同时辐射和带动空间应用的发展。

"黎明号"已完成 11 年任务，OSIRIS-REx 正在返回地球途中，"隼鸟 2 号"则已将样本送回地球并开始开展后续拓展任务，NASA 的"露西"任务刚刚发射，计划探测木星小天体特洛伊。此外，NASA 还计划了"灵神"任务，计划探测灵神星，这是一颗 M 型 (金属) 小行星，推测是裸露的原行星的铁核。

除天文学、行星科学领域持续提供小天体探测需求之外，针对小天体撞击地球的潜在威胁，几乎所有的干预手段 (如动能、引力、烧蚀等) 都需要"对症下药"，即需要事前了解威胁来源的特征。这或许也是未来小天体探测任务的驱动力之一。

小天体具有"微引力、不确定"的环境特点。"微引力"是指小天体表面为微引力环境 (约 10^{-4}g)，逃逸速度很低；"不确定"是指小天体的先验知识很少，在探测器到达之前，一般只能借助天文观测和理论假设推测其自转周期、地形地貌、表面物理特性等。因此，小天体采样返回技术的实现过程与月球、火星等大行星有本质不同，需在探月工程、火星探测基础上进一步突破一批新的核心技术，其中，精确定点附着控制、弱引力附着采样、长寿命电推进、轻小型化高速再入返回等是亟需突破的关键技术 [65]。

开展小行星研究，将深化人类对太阳系和宇宙乃至生命起源与演化等最根本也最前沿科学问题的认识，具有重大的科学意义。小行星撞击地球的防御问题，也是国际宇航界面临的重大技术挑战之一，与国家安全密切相关，是大国必争的战略和技术制高点。开展近地小天体监测预警防御研究，在攸关全球安危的重大事件面前掌握自主决策权、履行大国义务、体现大国担当，不仅是树立、提升我国负责任大国形象，争夺我国在国际航天事务中的主导权和话语权的必须举措，而且是人类保护自身生存与发展的必然选择，是构建人类命运共同体的重要体现。因此，其重要性、必要性和迫切性不言而喻。本章系统梳理、评述了小行星监测预警、撞击防御、资源利用领域的国内外现状与发展趋势，探讨、归纳了所涉及的前沿科学问题、关键技术及相关法规与国际合作。

参 考 文 献

[1] Battin R H. An introduction to the mathematics and methods of astrodynamics [J]. Revised Edition Reston, VA: AIAA, 1999.

[2] IAU 2006 General Assembly: Result of the IAU Resolution Votes [M]. 2006.

[3] IAU Definition of Planet [M]. WIKIPPEDIA, 2020.

[4] Harris A W, D'Abramo G. The population of near-earth asteroids [J]. Icarus, 2015, 257: 302-312.

[5] All Known Asteroids in the Solar System [M]. JPL/NASA. 2018.

[6] Morrison D. The spaceguard survey: report of the NASA international near-earth-object detection workshop [J], NASA Sti/Recon Technical Report, 1992.

[7] Near-earth asteroids discovered [M]. JPL/NASA, 2020.

[8] Morrison D. The cosmic impact hazard [M]//Schmidt N. Planetary Defense: Global Collaboration for Defending Earth from Asteroids and Comets. Cham, Switzerland: Springer International Publishing, 2019: 15-32.

[9] Mckay M F, Mckay D S, Duke M S. Space resources [C]. Volume 3. Materials F, 1992.

[10] Gaffey M J, Bell J F, Cruikshank D P. Reflectance spectroscopy and asteroid surface mineralogy [C]. Asteroid II Conference, Arizona, USA, 1989.

[11] Hein A M, Matheson R, Fries D. A techno-economic analysis of asteroid mining [J]. Acta Astronautica, 2020, 168: 104-115.

[12] Calla P, Fries D, Welch C, et al. Low-cost asteroid mining using small spacecraft [M]. International Astronautical Congress (IAC), 2017.

[13] 孙海. 航天院士：中国只要想做 10 年内就能去小行星采矿 [J]. 计算机与网络, 2017, 43(20): 17.

[14] Ellis J, Mcelrath T. VEGA Pathfinder navigation for Giotto Halley encounter—an application of VLBI techniques [J]. Telecommunications & Data Acquisition Progress Report, 1986.

[15] Sagdeev R, Szabó F, Avanesov G, et al. Television observations of comet Halley from Vega spacecraft [J]. Nature, 1986, 321(s6067): 262-266.

[16] Sagdeev R, Blamont J, Galeev A, et al. VEGA-1 and VEGA-2 spacecraft encounters with comet halley [J]. Soviet Astronomy Letters, 1986, 12: 243.

[17] Sagdeev R Z, Blamont J, Galeev A, et al. Vega spacecraft encounters with comet Halley [J]. Nature, 1986, 321(6067): 259-262.

[18] Oya H. Japanese Halley missions with Sakigake and Suisei [J]. Eos, Transactions American Geophysical Union, 1986, 67(6): 65-66.

[19] Belton M, Veverka J, Thomas P, et al. Galileo encounter with 951 gaspra: first pictures of an asteroid [J]. Science, 1992, 257(5077): 1647-1652.

[20] Vaughan R, Riedel J, Davis R, et al. Optical navigation for the Galileo Gaspra encounter [C]. AIAA/AAS Astrodynamics Conference, 1992.

[21] Yeomans D, Chodas P, Keesey M, et al. Targeting an asteroid—the Galileo spacecraft's encounter with 951 Gaspra [J]. The Astronomical Journal, 1993, 105: 1547-1552.

[22] Simonelli D P, Veverka J, Thomas P C, et al. Analysis of gaspra lightcurves using galileo shape and photometric models [J]. Icarus, 1995, 114(2): 387-402.

[23] Owen J R W, Wang T, Harch A, et al. NEAR optical navigation at Eros [J]. 2002.

[24] Veverka J, Thomas P, Harch A, et al. NEAR encounter with asteroid 253 mathilde: Overview [J]. Icarus, 1999, 140(1): 3-16.

[25] Williams B, Antreasian P, Bordi J, et al. Navigation for NEAR Shoemaker: the first spacecraft to orbit an asteroid [J]. 2001.

[26] Williams B G. Technical challenges and results for navigation of NEAR Shoemaker [J]. Johns Hopkins APL Technical Digest, 2002, 23(1): 34-45.

[27] Miller J K, Konopliv A, Antreasian P, et al. Determination of shape, gravity, and rotational state of asteroid 433 Eros [J]. Icarus, 2002, 155(1): 3-17.

[28] Team A, Riedel J, Bhaskaran S, et al. Autonomous optical navigation (auto nav) DS1 technology validation report [J]. Jet Propulsion Laboratory, California Institute of Technology, 2000.

[29] Bhaskaran S, Desai S, Dumont P, et al. Orbit determination performance evaluation of the Deep Space 1 autonomous navigation system [J]. 1998: 99.

[30] Bhaskaran S, Mastrodemos N, Riedel J E, et al. Optical navigation for the stardust wild 2 encounter [C]. Proceedings of the 18th International Symposium on Space Flight Dynamics, 2004.

[31] Bhaskaran S, Riedel J E, Synnott S P. Autonomous nucleus tracking for comet/asteroid encounters: the Stardust example [C]. Proceedings of the 1998 IEEE Aerospace Conference Proceedings (Cat No 98TH8339), 1998.

[32] Desai P N, Lyons D T, Tooley J, et al. Entry, descent, and landing operations analysis for the Stardust entry capsule [J]. Journal of Spacecraft and Rockets, 2008, 45(6): 1262-1268.

[33] Kawaguchi J I, Fujiwara A, Uesugi T. Hayabusa (MUSES-C)-rendezvous and proximity Operation [C]. Proceedings of the 56th International Astronautical Congress, IAC-05-A3, 2003.

[34] Kominato T, Matsuoka M, Uo M, et al. Optical hybrid navigation and station keeping around Itokawa [C]. Proceedings of the AIAA/AAS Astrodynamics Specialist Confer-

ence and Exhibit, 2006.

[35] Kubota T, Hashimoto T, Kawaguchi J I, et al. Guidance and navigation of Hayabusa spacecraft for asteroid exploration and sample return mission [C]. Proceedings of the 2006 SICE-ICASE International Joint Conference, IEEE, 2006.

[36] Hashimoto T, Kubota T, Kawaguchi J I, et al. Vision-based guidance, navigation, and control of Hayabusa spacecraft-Lessons learned from real operation [J]. IFAC Proceedings Volumes, 2010, 43(15): 259-264.

[37] Accomazzo A, Ferri P, Lodiot S, et al. The first Rosetta asteroid flyby [J]. Acta Astronautica, 2010, 66(3-4): 382-390.

[38] Broschart S, Bhaskaran S, Bellerose J, et al. Shadow navigation support at JPL for the rosetta landing on comet 67P/churyumov-gerasimenko [C]. Proceedings of the 26th International Symposium on Space Flight Dynamics ISSFD, number ISSFD-2017-096, 2017.

[39] De Santayana R P, Lauer M, Muñoz P, et al. Surface characterization and optical navigation at the Rosetta flyby of asteroid Lutetia [C]. Proceedings of the International Symposium on Space Flight Dynamics, 2014.

[40] Dietrich A, Bhaskaran S. Rosetta Shadow Navigation Analysis Tools [J]. 2016.

[41] Lauer M, Kielbassa S, Pardo R. Optical measurements for attitude control and shape reconstruction at the Rosetta flyby of asteroid Lutetia [C]. Proceedings of the ISSFD2012 paper, International Symposium of Space Flight Dynamics, Pasadena, California, USA, 2012.

[42] Preusker F, Scholten F, Matz K D, et al. Shape model, reference system definition, and cartographic mapping standards for comet 67P/Churyumov-Gerasimenko-Stereophotogrammetric analysis of Rosetta/OSIRIS image data [J]. Astronomy & Astrophysics, 2015, 583: A33.

[43] Wokes D, Essert J. Development of rosetta's initial stage comet rendezvous guidance systems. Proceedings of the AIAA/AAS Astrodynamics Specialist Conference, 2012.

[44] Kubitschek D G, Mastrodemos N, Werner R A, et al. Deep Impact autonomous navigation: the trials of targeting the unknown [J]. 2006.

[45] Mastrodemos N, Kubitschek D G, Synnott S P. Autonomous navigation for the deep impact mission encounter with comet tempel 1 [J]. Space Science Reviews, 2005, 117(1-2): 95-121.

[46] Mastrodemos N, Rush B, Vaughan D, et al. Optical navigation for Dawn at Vesta [J]. 2011.

[47] Mastrodemos N, Rush B, Vaughan D, et al. Optical navigation for the dawn mission at Vesta [J]. Advances in the Astronautical Sciences, 2011, 140: 1739-1754

[48] Tsuda Y, Yoshikawa M, Abe M, et al. System design of the Hayabusa 2—asteroid sample return mission to 1999 JU3 [J]. Acta Astronautica, 2013, 91: 356-362.

[49] Kameda S, Suzuki H, Takamatsu T, et al. Preflight calibration test results for optical navigation camera telescope (ONC-T) onboard the Hayabusa 2 spacecraft [J]. Space

Science Reviews, 2017, 208(1-4): 17-31.

[50] Lorenz D A, Olds R, May A, et al. Lessons learned from OSIRIS-Rex autonomous navigation using natural feature tracking. Proceedings of the 2017 IEEE Aerospace Conference, 2017.

[51] Atchison J A, Abrahamson M, Ozimek M, et al. Double Asteroid Redirection Test (DART) mission design and navigation for Low Energy Escape [C]. Proceedings of the IAC-18-C1 97×45357, 69th International Astronautical Congress, 2018.

[52] Gil-Fernandez J, Ortega-Hernando G. Autonomous vision-based navigation for proximity operations around binary asteroids [J]. CEAS Space Journal, 2018, 10(2): 287-294.

[53] Stanbridge D, Williams K, Williams B, et al. Lucy: navigating a jupiter trojan tour [J]. AAS/AIAA Astrodynamics Specialist Conference, 2017.

[54] Hart W, Brown G M, Collins S M, et al. Overview of the spacecraft design for the Psyche mission concept [C]. Proceedings of the 2018 IEEE Aerospace Conference, 2018.

[55] Sarli B V, Horikawa M, Yam C H, et al. DESTINY+ trajectory design to (3200) Phaethon [J]. The Journal of the Astronautical Sciences, 2018, 65(1): 82-110.

[56] Pellacani A, Graziano M, Fittock M, et al. HERA vision based GNC and autonomy. Proceedings of the 8th European Conference for Aeronautics and Space Sciences [C]. Madrid, Spain, 1-4 July 2019.

[57] Snodgrass C, Jones G, Boehnhardt H, et al. The Castalia mission to main belt comet 133P/Elst-Pizarro [J]. Advances in Space Research, 2018, 62(8): 1947-1976.

[58] Shi X, Castillo-Rogez J, Hsieh H, et al. GAUSS—a sample return mission to Ceres [J]. arXiv preprint arXiv:190807731, 2019.

[59] 许良英. 爱因斯坦文集 [M]. 北京: 商务印书馆, 2009.

[60] Rees M. DK 宇宙大百科 [M]. 北京: 电子工业出版社, 2014.

[61] 尼尔·德格拉斯泰森. 给忙碌者的天体物理学 [M]. 北京: 北京联合出版公司, 2018.

[62] 张双南. 极简天文课 [M]. 北京: 科学出版社, 2021.

[63] 连一君. 基于三体平动点的低能转移轨道设计研究 [D]. 长沙: 国防科学技术大学, 2008.

[64] Rausch T R. Earth to Halo Orbit Transfer Trajectories[D]. MS Thesis, Purdue University, 2005.

[65] 龚自正, 李明, 陈川, 等. 小行星监测预警、安全防御和资源利用的前沿科学问题及关键技术 [J]. 科学通报, 2020, 65(5): 346-372.

第 2 章　近地小天体观测系统与探测方法

2.1　引　　言

近地小天体探测与观测技术包括对近地小天体的搜索、特征感知和跟踪监视等。自 20 世纪 90 年代起，世界范围内渐渐兴起近地小天体探测与观测的热潮。截至 2022 年 8 月，已发现超过 29486 颗近地小天体，且每年仍有近两千颗新的近地小天体被发现。图 2-1 为 1995 年至 2020 年 4 月 13 日，已知近地小天体数量的变化趋势；而图 2-2 为 1995 年至 2019 年，每年全球不同的探测与观测系统所发现的近地小天体的数量。

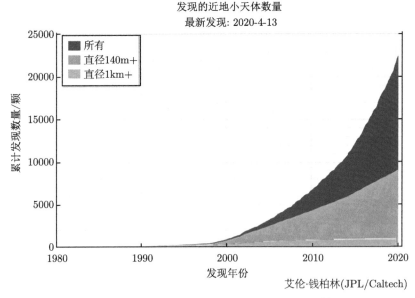

图 2-1　已被发现的近地小天体数量变化 [1]

近地小天体探测与观测已发展出若干技术手段。按照探测观测设备的部署位置来看，可以分为地基探测观测、天基探测观测和抵近探测观测；按照仪器的种类来分，又可以分为雷达、红外和可见光三种类型。

通过探测与观测，人们可以获得近地小天体的轨道 (位置速度)、质量、密度、形状、尺寸等重要的物理特征。通过抵近观测等新型高精度探测观测方法，还可以获得小天体表面的高精度图像信息和小天体附近的引力场分布等更加精细的信息。

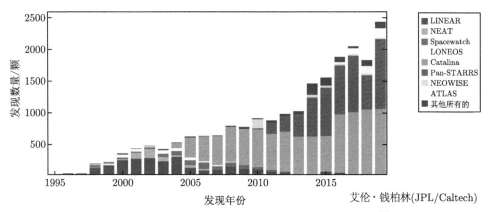

图 2-2　历年由各观测项目新发现的近地小天体数量 [1]

　　近地小天体探测与观测技术体系的建立，将有助于人类发现具有潜在威胁的近地小天体，并对其进行监视，亦有利于人们发现高价值的小天体，这是小天体防御和利用的基础。未来，近地小天体的防御与资源利用将成为人类文明永续发展的重要课题，而近地小天体探测与观测技术也必将成为相当长一段时间内各国重点发展的重要技术。

　　本章 2.2~2.5 节主要介绍近地小天体观测系统基本概念及国内外一些主流研究进展，2.6 节概要介绍本团队在近地小天体观测系统方面的方案设想、研究现状、进一步研究方向等。

2.2　现有观测系统

2.2.1　地基观测系统

　　地基小天体探测观测是最早采用的小天体探测观测方法 [2]。近 30 年来，国内外先后开展了多个基于地基观测平台的小天体探测观测项目。人们利用分布在全球的地基观测器对近地小天体进行搜索和探测，并将近地小天体观测数据发送给国际天文学联合会小天体中心 [3]，以进行观测数据关联及轨道计算。地基小行星监测的主要形式有光学望远镜观测、雷达探测两种形式。本节对全球正在服役以及规划中的地基小行星监测预警系统的观测能力、预警反应及时性等进行对比分析。目前已知的地基近地小天体探测与观测项目如下所述。

2.2.1.1 林肯近地小行星研究 (Lincoln Near-Earth Asteroid Research, LINEAR)[4−6]

麻省理工学院林肯实验室 LINEAR 主导的小行星搜索项目始于 1998 年。1998~2013 年, 该项目于新墨西哥州索科罗附近部署了两台孔径为 1m 的地基可见光望远镜, 以观测小行星。2013 年, 项目转变为使用新墨西哥州白沙导弹靶场的太空监视望远镜来运行。此后, 该项目作为麻省理工学院林肯实验室、NASA 和美国空军的一项联合行动来继续运营。2017 年, 太空监视望远镜的所有权移交给了美国空军, 该望远镜已搬迁至澳大利亚西部, 并于 2020 年初恢复运行。

2.2.1.2 近地小行星跟踪 (Near-Earth Asteroid Tracking, NEAT)[7−9]

NEAT 项目于 1995 年 12 月至 2007 年 4 月由 NASA、JPL 和美国空军合作实施。该项目使用了三台 1m 孔径的地面可见光望远镜, 其中两台位于夏威夷, 一台位于加利福尼亚南部的帕洛马山天文台。

2.2.1.3 太空监视 (Spacewatch)[10−12]

Spacewatch 是美国亚利桑那大学月球和行星实验室的小天体观测项目。该计划始于 1980 年, 自 1998 年以来一直专注于目标天体测量, 着重于那些可能对地球构成威胁的小天体轨道。该项目使用位于亚利桑那州基特峰国家天文台的两台 0.9m 和 1.8m 孔径地面可见波长望远镜进行观测。

2.2.1.4 洛厄尔天文台近地天体搜索 (Lowell Observatory Near-Earth-Object Search, LONEOS)[13]

LONEOS 是洛厄尔天文台在 1998 年 7 月至 2008 年 2 月之间运行的近地天体探测项目。该项目使用了位于亚利桑那州弗拉格斯塔夫附近的安德森·梅萨 0.6m 孔径的地基可见光望远镜, 每年平均观察 200 个夜晚。

2.2.1.5 卡特琳娜巡天系统 (Catalina Sky Survey, CSS)[14−17]

CSS 成立于 1998 年, 由亚利桑那大学的月球和行星实验室运营, 目前正在运营中, 能够探测和跟踪直径大于 100m 的近地小天体。该系统使用了位于亚利桑那州林蒙山天文台的 1.5m 孔径望远镜, 毕吉诺山天文台 68cm 孔径施密特望远镜和赛丁泉天文台 0.5m 孔径乌普萨拉施密特望远镜等三台光学望远镜进行近地天体观测。

2.2.1.6 全景勘测望远镜和快速响应系统 (Panoramic Survey Telescope and Rapid Response System, Pan-STARRS)[18−25]

Pan-STARRS("泛星") 是 2008 年由美国、德国和英国等数个国家和机构共同合作进行的近地天体搜索项目, 由夏威夷大学天文台负责运行, 具备完备的天文成像系统。该系统自 2010 年以来一直在忙碌运行，使用在夏威夷毛伊岛海勒卡拉 (Haleakala) 火山顶的两台 1.8m 孔径的地面可见光望远镜。

2.2.1.7 小行星地面撞击最后警报系统 (Asteroid Terrestrial-impact Last Alert System, ATLAS)[26]

ATLAS 系统由夏威夷大学开发，于 2015 年开始进行小行星探测。该系统由部署在夏威夷的两台相距 100mile 的 0.5m 孔径地面可见光望远镜组成，在每天夜晚进行观测。

2.2.1.8 绿岸射电雷达 [27]

绿岸射电雷达 (Robert C. Byrd Green Bank Telescope, GBT) 是世界上最大的可移动雷达，位于美国国家无线电静默区，其高 146m，质量 7700t，尺寸约为 110m×100m，服役于 2001 年，每年约开展 6500h 的天文观测。绿岸射电雷达具备近地小天体雷达探测功能，例如，2018 年 12 月，小行星 2003 SD220 接近地球，与地球距离达到历史最低值 290 万 km，其被绿岸雷达观测到，如图 2-3 所示。

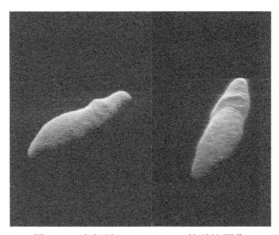

图 2-3　小行星 2003 SD220 的雷达图像

2.2.1.9 中国深空网络

中国深空网络自 21 世纪之初开始布局，在中国新疆喀什、山东青岛、北京密云、云南昆明、黑龙江佳木斯等地，乃至南美洲设有多个地面站点。在不断建设过程中，引入了深空天线组阵技术，即将新建的雷达与地面站原有雷达组成天线组阵，达到更高的等效孔径，以提升深空网络总体探测距离和灵敏度。至今，中国深空网络已经为"嫦娥三号"、"鹊桥"中继星、"嫦娥四号"、"天问一号"、"嫦娥五号"等深空探测任务提供了有力保障 [59-61]。

2.2.2　天基观测系统

即便是使用地球上最强大的望远镜，由于近地小天体的反射光在进入地球大气层后发生抖动，其测量精度也受到一定限制。相比而言天基小行星监测预警相较于地基观测具有独特优势。天基观测平台位于地球大气层外，部署较为灵活，受大气环境和日光的影响较小，且在星空覆盖范围、多目标测量跟踪能力、设备复杂程度等方面都具有较大的优势，图像分辨率相对于地基观测高几个数量级，可以明显改善对近地小天体的观测条件和定轨精度[2]。同时，天基小行星监测预警系统能够很好地弥补地基监测系统存在的太阳光照区域观测死角的问题，其具有监测范围广、追踪手段多样、轨道预测准确等优势，但也仍存在在轨维护困难，受宇宙辐射等影响较大，单卫星有效载荷配置单一、价格昂贵，难以修复或升级，使用寿命较短[28]等问题。

目前部分天基小天体观测成果来自于空间天文望远镜的偶尔观测，其观测分辨率很高，例如 NASA 的斯皮策 (Spitzer) 和哈勃望远镜。日本的"光"卫星、美国广域红外探测器、欧洲航天局的"盖亚"探测器等天文观测卫星也在近地小天体观测中起到了补充作用。而专门用于观测近地小天体的空间设施只有加拿大宇航局 (CSA) 发射的近地观测卫星 (Near Earth Observation Surveillance Satellite, NEOSSat)，但尚未形成天基监测网络。现有的天基近地小天体探测观测项目将在 2.2.2.1~2.2.2.7 小节中介绍。

2.2.2.1　"光"卫星任务

1) 任务概述

"光"卫星是 JAXA 与欧洲和韩国部分研究机构联合研制的红外谱段天基观测卫星 (图 2-4)，于 2006 年 2 月 21 日发射升空。该卫星任务轨道为太阳同步地球轨道，主要任务是对全天域开展近红外、中波红外、远波红外三种不同谱段的观测[52,53]。

图 2-4　日本"光"卫星构型图

2) 技术指标及载荷配置

"光"卫星搭载了一套 68.5cm 孔径的里奇–克莱琴望远镜，焦距 4.2m，镜片由碳化硅加工而成，以减轻质量。"光"卫星的主要技术指标见表 2-1。

表 2-1 "光"卫星的主要技术指标

项目	技术指标
发射日期	2006-02-21 21:28 UTC
运载火箭	M-V 运载火箭
运行轨道	太阳同步地球轨道
任务周期	5 年 9 个月
轨道高度	694.5km
轨道周期	96.6min
发射质量	955kg

"光"卫星主要载荷包括一套远波红外相机/光谱仪和一套近红外相机/光谱仪。

3) 主要成果

"光"卫星于 2006 年 11 月初完成第一次全天域观测任务。2007 年 8 月，由于制冷剂耗尽，"光"卫星中波和远波红外探测功能失效，此时，卫星已完成第二次全天域观测任务的 94%。2011 年 5 月，"光"卫星在地影区发生电子故障，2011 年 11 月，JAXA 正式宣布"光"卫星的在轨任务结束。在 5 年零 9 个月的任务过程中，"光"卫星取得了以下科学成果：

(1) 探明狐狸星座 IC 4954/4955 星云的天体分布；
(2) 完成首次小麦哲伦星云的超新星遗迹红外观测；
(3) 探明 NGC 104 球状星团中红巨星质量流失情况；
(4) 探明极亮红外星系中活动星系周围的分子气体；
(5) 对银河系及猎户星座进行 140μm 分辨率观测；
(6) 发现天鹅星座星体形成区域；
(7) 对 M101 螺旋星系进行观测。

除此之外，"光"卫星任务在小行星观测方面也作出了重要贡献，发现太阳系小行星的数量超过 50 万颗，2011 年，日本根据"光"卫星的观测数据发布了世界上最大的太阳系小行星数据库。

2.2.2.2 广域红外探测器任务

1) 任务概述

广域红外探测器 (Wide-field Infrared Survey Explorer，WISE) 携带 NASA 负责的天基红外望远镜[29-36]，如图 2-5 所示，于 2009 年 12 月发射。WISE 的科学任务是绘制覆盖率达到 99% 的高精度全天域红外光谱图像，如图 2-6 所示，为了提高观测精度，WISE 在同一位置将拍摄 8 幅图像进行对比分析。

图 2-5   美国 WISE 探测器

图 2-6   WISE 得到的全天域图像

2010 年 10 月,由于用于红外成像设备的制冷剂耗尽,WISE 结束全天域红外光谱图像绘制工作,利用剩下的 2 套不依赖于制冷剂的红外敏感器,开始为期 4 个月的小行星探测任务,对可能与地球发生碰撞的小行星进行探测,被称为 NEOWISE 任务,取得了极大的成功。2011 年 2 月,WISE 发射机关闭,正式进入休眠期。

2013 年 8 月 21 日，受到俄罗斯车里雅宾斯克陨石事件的影响，NASA 宣布将择机唤醒 WISE，开展新一轮的 PHA 探测任务，并为小行星捕获返回选取合适对象。WISE 搭载了孔径为 40cm 的红外线望远镜，它通过反复扫描一片星空区域，并将得到的图像进行比对，以发现固定的恒星背景中移动的近地小天体等。

2) 主要指标

WISE 的主要技术指标见表 2-2。

表 2-2　WISE 的主要技术指标

项目	技术指标
发射日期	2009-12-14，14:09:33 UTC
发射质量	750kg
运行轨道	太阳同步极轨道
轨道倾角	97.5°
轨道高度	525km
轨道周期	95min
探测谱段	3.4μm，4.6μm，12μm，22μm
主载荷孔径	0.4m

3) 主载方案

WISE 携带一套 0.4m 孔径的红外望远镜，其成像敏感器工作在 3.4μm、4.6μm、12μm、22μm 四个谱段，不同谱段对应不同的探测目标。

谱段 1～3.4μm 用于对天体及星系进行观测；

谱段 2～4.6μm 用于对褐矮星等亚恒星内热源的热辐射进行探测；

谱段 3～12μm 用于对小行星热辐射进行探测；

谱段 4～22μm 用于对天体形成区的尘埃物质进行探测 (70～100K)；

WISE 拍摄的每幅图片均覆盖 47′ 的视场范围，角分辨率为 6″。

WISE 为三轴稳定控制，太阳电池阵固定安装。配置了一套 Ku 频段的高增益天线，用于对地数传。

4) 主要成果

虽然 WISE 并不是专门为近地小天体监测预警而设计的航天器，但通过拓展任务 NEOWISE 的成功开展，该探测器在小行星及彗星观测方面取得了重要成果，部分小行星及彗星观测图像如图 2-7 所示。

2011 年 6 月，WISE 发现了首颗地球特洛伊小行星 2010 TK7。整个 NEOWISE 任务期间，WISE 新发现 34000 颗小行星，其中 135 颗为 NEA，包括 19 颗 PHA。

2.2.2.3　近地观测卫星任务

1) 任务概述

加拿大 NEOSSat 微小卫星于 2013 年发射，专门用来监测近地小行星，它是在轨道上运行的旨在监视 NEO 的首个望远镜，以弥补小行星地面监测系统的视场盲区，除了密切注意 NEO 外，这颗卫星还将监视在轨运行的人造卫星，防止它们与太空垃圾发生碰撞 [37]。

图 2-7　WISE 的观测图像

2) 技术指标

NEOSSat 的体积只有一个行李箱那么大，它的轨道在地球上空约 800km 位置，安装在这颗卫星上的太空望远镜专门负责监测 PHA，NEOSSat 的主要技术指标见表 2-3。

表 2-3　NEOSSat 的主要技术指标

项目	技术指标
发射日期	2013 年 2 月 25 日，12:31 UTC
运行轨道	太阳同步地球轨道
轨道半长轴	7156.43km
远地点高度	793km
近地点高度	777km
轨道倾角	98.62°
轨道周期	100.42min
任务周期	1 年
发射质量	74kg

3) 方案设计

NEOSSat 本体尺寸 0.9m×0.65m×0.35m，主体是一个反射式马克苏托夫望远镜，镜头遮光罩向外延伸 0.5m。多块太阳电池阵安装于箱体表面，实现卫星能源供应。顶板和底板各安装两套天线，分别用于接收和发送数据。NEOSSat 通过小型动量轮实现高精度姿态稳定。NEOSSat 的构型和设计框图分别如图 2-8 和图 2-9 所示。

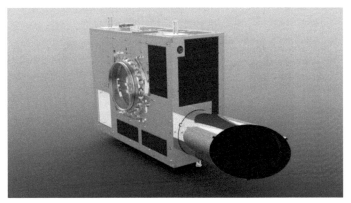

图 2-8　NEOSSat 的构型布局

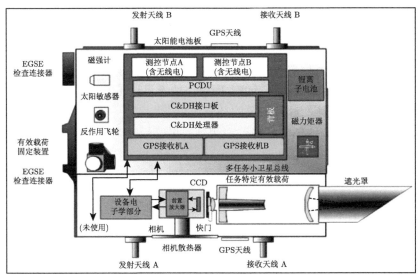

图 2-9　NEOSSat 的构成框图

EGSE-电气地面支持设备

　　NEOSSat 携带的 15cm 孔径的光学望远镜,其光学系统无任何运动部件,能够适应严酷的发射环境。光线进入望远镜后将一分为二,一束光用于 CCD 成像,另一束光进入星象跟踪仪,用于卫星指向稳定及旋转控制。NEOSSat 的光学系统设计如图 2-10 所示。根据设计,NEOSSat 可实现对 19.5~20 星等天体的观测 (曝光时间 100s)。

2.2.2.4　"盖亚"任务

1) 任务概述

　　"盖亚"(Global Astrometric Interferometer for Astrophysics,GAIA) 的全名

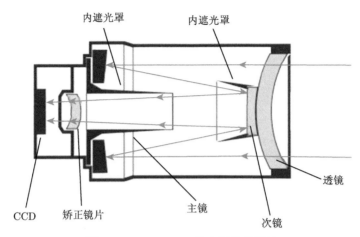

图 2-10   NEOSSat 的光学载荷设计

是"全球天体物理学干涉测量仪"。该探测器的任务是对银河系内数以十亿计的恒星进行观测，测量其位置、距离和运动情况，观测的效率比欧洲发射的"依巴谷"(Hipparcos) 卫星高出数百万倍。同时，位于日地 L2 点的"盖亚"探测器将对现有近地小天体监测网起到重要的补充作用 [54]。

"盖亚"在约 5 年的任务中将可观测到视星等最暗为 20 等的天体。它的科学目标包括：

(1) 确认 10 亿颗恒星的位置、距离和每年自行运动量，对视星等 15 等的恒星，其精确度为 20μas，20 等则为 200μas。

(2) 侦测数万个太阳系外行星系统；

(3) 能够发现轨道在地球和太阳之间的 Atira 型小行星，这个区域对地面望远镜相当难以观测，因为该区域几乎只在白昼时才会出现在天球；

(4) 侦测最多 50 万个类星体；

(5) 对爱因斯坦广义相对论进行更精确的实验验证。

"盖亚"由欧洲 Astrium 公司负责开发制造，开始在轨工作后，将在短短数年时间内对数以十亿计的恒星进行观察，基本每一颗恒星都会被重复观测大约 70 次，随后将获得的大量数据进行比对分析，便可以揭示出恒星的位置、在空间中的运动情况以及相互之间的距离。2022 年 6 月 13 日，ESA 发布借助盖亚绘制的银河系多维地图，是迄今最详尽的银河系星系图。

2) 技术指标

"盖亚"由 Soyuz-FG 型运载火箭发射升空，在距离地球约 150 万 km 处的日地拉格朗日 2 点 (L2) 开展探测任务。该位置可让探测器处在极为稳定的热环境下。"盖亚"将以李萨如轨道运动，以避免太阳被地球遮蔽，使其本体的光伏模组能够正常接收太阳照射并避免扰乱探测器的热平衡，其运行轨道如图 2-11 所示。

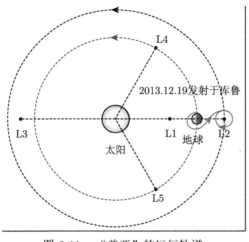

图 2-11 "盖亚"的运行轨道

"盖亚"携带两台望远镜，呈 106.5° 钝角固定安装。探测器沿着垂直于两个望远镜光轴所成平面的轴线自旋，在保持与太阳夹角不变的同时，自旋轴会产生一个小幅度的进动，通过两个不同方向观测到的数据反演出天体精确的相对位置，就确定了一个固定的参考系。

"盖亚"的主要技术指标见表 2-4。

表 2-4 "盖亚"的主要技术指标

项目	技术指标
发射日期	2013 年 12 月 19 日, 09:12:14 UTC
发射质量	2029kg
干重	1392kg
载荷质量	710kg
本体尺寸	4.6m × 2.3m
供电能力	1910W
轨道周期	180d
望远镜光学系统	三片式消像散反射式望远镜
孔径	1.45m × 0.5m
集光面积	0.7m^2

3) 方案设计

作为"盖亚"主载荷的两套望远镜采用三片式消像散反射式望远镜，主镜孔径为 1.45m×0.5m，各镜片安装方式及成像光路如图 2-12 所示。

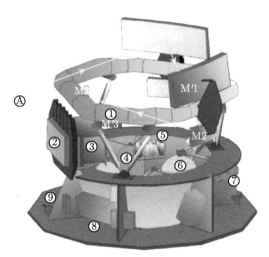

图 2-12 　"盖亚"的望远镜布局及光路

1-镜头框 (碳化硅); 2-焦面电路散热器; 3-焦面电路; 4-氮气气瓶; 5-衍射光栅分光计; 6-贮箱; 7-星敏感器;
8-通信模块及电池; 9-推进设备

其中，M1、M2 和 M3 为望远镜 1 的三片镜片，M′1、M′2 和 M′3 为望远镜 2 的三片镜片，两台望远镜各有两片用于后端光线反射的镜片未标出。具体配套设备如下：

"盖亚"望远镜采用了由 106 片有效像元数为 4500×1966 的 CCD 作为焦平面敏感器，焦平面大小 1.0m×0.5m。由望远镜会聚的光线进入探测器内部后经由两片反射镜到达焦平面。

"盖亚"包含三个独立的探测设备：

(1) 天文测量仪 (ASTRO)，量测视星等 5.7~20 等之间恒星的角位置，分析目标星体的方位、距离及运动规律；

(2) 光度仪 (BP/RP)，可获得视星等 5.7~20 等恒星 320~1000nm 谱段的发光光谱，分别配置了蓝光光度计和红光光度计来确认目标恒星状态，如表面温度、质量、年龄和组成元素等，蓝光光度计负责观测 330~680nm 波长范围，红光光度计则覆盖 640~1050nm 波长范围；

(3) 视向速度光谱仪 (RVS)，在 847~874nm(钙离子线) 谱段范围内观测望远镜视线上最暗 17 星等天体，并通过其高分辨率光谱测定该天体的视向速度。视向速度的量测对于修正视线方向加速度是很重要的。

4) 成果

"盖亚"项目取得的成果已被广泛地应用于宇宙学和天文学的各个领域，它对整个天空进行巡视，对银河系和其他近邻星系中数以十亿计的恒星进行测量，并搜寻脉冲星、双星、带有行星的恒星以及星际尘埃云等。"盖亚"项目将精确测量恒星距离和运动状况并勘测银河系中的暗物质效应。在开展两年多的观测之后，"盖亚"的首批数据在 2016 年对外发布，详细介绍了 11 亿颗恒星的亮度和位置；2018 年发布了第二批数据；2022 年发布了第三批数据，最终数据集将于 2030 年公布，"盖亚"将于 2025 年完成其巡天任务。

2.2.2.5 "哨兵"任务

1) 任务概述

"哨兵"望远镜 (Sentinel Space Telescope, SST) 将采用红外谱段，由猎鹰-9 运载火箭发射至金星太阳轨道。其任务目标是识别 90% 以上直径超过 140m 的近地小天体。与 NASA 的近地小天体项目中的空间望远镜不同，"哨兵"望远镜将始终背对太阳，因而将不受阳光的影响 (图 2-13)。目前该任务还未实施 [55]。

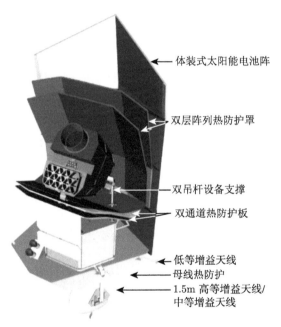

图 2-13 "哨兵"探测器构型布局

2) 技术指标

目前"哨兵"项目是 B612 基金会的工作重点，其总体技术指标见表 2-5。

3) 方案设计

为降低技术风险，"哨兵"望远镜高度继承了 NASA 研制的经过飞行验证的深空探测器设计，其中包括开普勒 (Kepler) 探测器的超大成像敏感器阵列和 Spitzer 探测器的低温制冷设备。"哨兵"望远镜将寻找出未来人类进行无人或者载人探测的目标天体，同时对高危小天体进行监测预警，降低这些目标对地球造成的影响。

表 2-5　"哨兵"探测器主要技术指标

项目	技术指标
发射日期	2017~2018
运载火箭	猎鹰-9 运载火箭，直接入轨
运行轨道	0.6~0.8AU 金星椭圆轨道
设计寿命	6.5 年
卫星质量	1500kg
最大外包络	7.7m ×3.2m

"哨兵"望远镜将搭载一套 50cm 孔径的望远镜，三轴稳定，星上存储能力为 96GB，配置一套小型化深空应答机，通过 1.5m 高增益天线 (HGA) 向地面发送科学探测数据，通过低增益天线 (LGA) 与高增益天线接收地面上行指令，同时下传遥测。

2.2.2.6　近地天体相机任务

1) 任务概述

近地天体相机 (The Near-Earth Object Camera, NEOCam) 任务是一个新立项的天基近地小天体监测项目，配有一套红外谱段望远镜和一套热红外谱段的宽视场相机，如图 2-14 所示，JPL 一个工作组将负责整个项目的总体研制工作，该小组同样负责了 WISE 的研制。目前该项目处于方案阶段，得到了 NASA 的资金支持。NEOCam 将在轨工作 4 年，与其他探测器一起完成美国国会提出的探明 90% 以上直径大于 140m 的小行星的最终目标。目前该任务还未实施 [56]。

图 2-14　NEOCam 的构型图

NEOCam 的主要科学目标包括：
① 评估近地小天体的撞击风险；

② 研究太阳系小行星的起源与归宿；

③ 为未来的机器人/载人小行星探测寻找理想目标。

同时 NEOCam 将开展小行星物理特性的研究，力求在发现高危小行星时，能够指导小行星防御途径的选择。

2) 技术指标

NEOCam 仍处于方案阶段，其部分总体技术指标见表 2-6。

表 2-6　NEOCam 的部分技术指标

项目	技术指标
任务周期	4 年
探测谱段	6~10μm
载荷孔径	50cm

3) 方案设计

NEOCam 为天基红外观测系统，仅配置了一套 50cm 孔径的望远镜，在两个热敏红外谱段上进行小行星观测。之所以选择红外谱段进行观测，主要由于红外观测具有能够对小行星大小进行精确判断而不受小行星亮度制约的优势。下面对红外观测和可见光观测的实际区别进行描述。可见光观测结果取决于小天体的反照率和实际大小，对于三颗大小不同的小天体，如果较小的天体表面反照率大，那么它将看起来较明亮；而较大的天体表面反照率小，那么它将看起来较暗。对于可见光观测来说，三颗小行星成像大小基本一致。而红外观测则不依赖于小天体的反照率，因此，这种手段不仅能够更精确地确定目标小行星的大小，也能够对低反照率的小天体进行有效探测。

红外观测也存在不利的地方，为了降低热噪声的干扰，使 NEOCam 的红外相机能够正常工作，则必须保证相机成像器件处于一个较低的温度环境。WISE 任务的红外相机采用了昂贵的制冷剂来实现这一要求，制冷剂也因此成为决定天基红外观测设备寿命的主要限制因素。

NEOCam 将在日地 L1 点进行小行星探测，除了该点稳定的力学和温度环境外，还出于其观测对象的考虑。日地 L1 点位置处可以保证探测器具有较大的观测范围，其观测范围如图 2-15 所示，4 年任务周期中，2/3 的潜在的高风险近地小行星将从相机观测范围内经过，NEOCam 能够有效对其进行探测、定位。

NEOCam 的探测数据处理将继承 WISE 的数据处理技术，能够实现几乎实时的数据分析。其探测数据经过处理后发送到小行星中心进行汇总。

4) 预期成果

结束 4 年在轨探测后，NEOCam 探测器预计将探明并定位约 2/3 的直径大于 140m 的近地小行星，并将对这些小行星的大小、组成、形状、运动特征等开展深入研究。

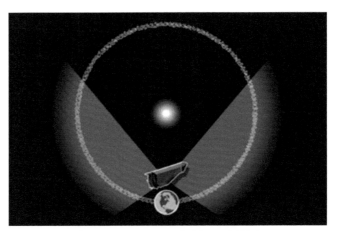

图 2-15 NEOCam 探测器观测能力

2.2.2.7 柏拉图望远镜任务

柏拉图空间望远镜 (PLAnetary Transits and Oscillations of Star) 是欧洲航天局宇宙观测计划，目前处于技术设计阶段，计划于 2024 年发射升空，预计工作寿命 6.5 年 [57]。它包括三个探测目标：

(1) 探测类地行星；

(2) 寻找太阳系外最亮的恒星；

(3) 详细调查最亮恒星；

柏拉图望远镜将在日地 L2 轨道进行观测，为了确保电池阵能指向太阳，它将每 3 个月将光轴旋转 90°。在 14h 内，它的指向精度需保证在 0.2″(图 2-16)。

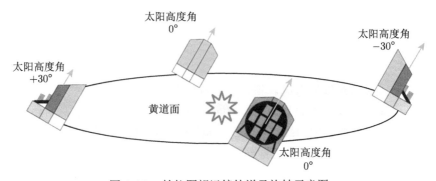

图 2-16 柏拉图望远镜轨道及旋转示意图

卫星由有效载荷模块、服务模块及遮拦组成。有效载荷模块有 34 个望远镜阵列，每个望远镜结构相同，孔径约 120mm。34 个望远镜安装在同一个光具架上。遮拦的功能是保护星上设备不受到太阳和其他杂光的辐射 (图 2-17)。

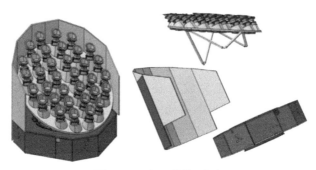

图 2-17 望远镜构型图

34 个相机的通光孔径均为 120mm，工作波长范围 500~1000nm。相机采用透射式系统，由 6 个透镜组成，其圆形视场角为 37°。每个相机均单独用于一个焦面，包括 4 个 CCD，每个 CCD 由 4510×4510 个相元组成，相元尺寸为 18μm。CCD 工作温度低于 $-70°(\pm5°)$。

2.2.2.8 韦布空间望远镜任务

2021 年 12 月 25 日世界时 12 时 15 分 (北京时间 20 时 15 分)，NASA 的詹姆斯·韦布空间望远镜 (James Webb Space Telescope，JWST) 从位于南美的法属圭亚那库鲁航天中心发射，在阿丽亚娜 5 号火箭的推动下顺利升空，开启了前往日地 L2 点的漫长旅途。发射后约 5min，地面团队开始接收来自韦布的遥测数据；发射后 30min，JWST 展开其太阳能电池板，为望远镜提供能量，让其在飞向 L2 的过程中开始各个部位的部署 [58]，图 2-18 是 JWST 地面测试图片。

图 2-18 詹姆斯·韦布空间望远镜

2022 年 1 月 4 日，经过两天的时间，望远镜的遮阳板完全展开到位，这个遮阳板就像是一把遮阳伞，位于望远镜与太阳之间；其外形就像是一个风筝，共有五层，层与层之间的真空能够很好地隔绝热量的传递，较好的隔热效果能够保障设备冷却到 50K 以下的温度，随后各项仪器再通过氦制冷器或低温冷却器系统进一步冷却，直至各自的工作温度。

2022 年 1 月 8 日，JWST 完成了 18 面镀金主镜的部署。望远镜设计的观测波长为 0.6~28μm，范围从可见的橙光到不可见的中红外光。之所以使用镀金镜面，也是因为金对红光和红外光的反射效率更高；而镜面以下更多部分实际上是由铍制成，铍的密度小、刚度大、尺寸稳定性好，对于要发射到 L2 点的空间望远镜来讲，以密度小的铍作为制作材料正合适。由于 JWST 仅主镜直径就达到了 6.5m，所以无法将设备直接放入火箭内部。因此研究人员设计了分段式镜面，让望远镜在火箭仪器舱内部以折叠的状态进入太空，随后在空间中进行展开和拼接。

JWST 的主要科学目标有四个，分别是：寻找大爆炸后形成的第一批星系或发光天体，确定星系的演化方式，观测恒星的形成和行星系统的形成，以及测量行星系统的物理化学特性并寻找生命存在的可能。这台望远镜的能力非常强大，如果太阳系附近恒星的周围有着木星大小的行星，望远镜就能够直接观测到这颗行星所反射出的光；当然也有可能看到正在形成的年轻行星。天文学家还期待通过引力透镜效应，用 JWST 来进行暗物质研究。

2.2.3 抵近观测系统

抵近观测是最高精度的小天体观测方法。通过观测器对目标小天体的抵近成像，能够获取到极高精度的小天体表面图像信息，从而使得人们能够对小天体的成分、演化过程作出准确判断。目前国外实施或计划的小天体抵近任务如表 2-7 所示。

表 2-7 国外实施或计划的小天体抵近任务

序号	任务	国家/地区	时间	目标
1	"维加号"（Vega）	苏联	1984	哈雷彗星探测
2	"先驱号"与"彗星号"（Herald 和 Comet）	日本	1985	哈雷彗星探测
3	"乔托号"（Giotto）	欧洲	1985	哈雷彗星探测
4	"近地小行星交会"（NEAR）	美国	1996	小行星爱神星的物理和地质特性探测，小行星绕飞探测任务
5	"深空 1 号"（Deep Space 1）	美国	1998	技术验证型小行星探测任务
6	"星尘号"（Star-dust）	美国	1999	彗星采样返回任务
7	"隼鸟号"（Hayabusa）	日本	2003	S 型小行星采样返回任务
8	"罗塞塔号"（Rosetta）	欧洲	2004	彗星着陆探测任务
9	"深度撞击号"（Deep Impact）	美国	2005	彗星撞击探测任务
10	"黎明号"（Dawn）	美国	2007	两个主带小行星绕飞探测
11	"隼鸟 2 号"（HAYABUSA-2）	日本	2014	C 型小行星采样返回任务
12	"欧西里斯号"（OSIRIS-REx）	美国	2016	C 型小行星采样返回任务

序号	任务	国家/地区	时间	目标
13	双小行星重定向测试 (DART)	美国	2021	小行星撞击偏转技术试验
14	"露西" (Lucy)	美国	2021	飞越探测特洛伊小行星
15	"普赛克" (Psyche)	美国	2022	探测主带 M 型灵神星
16	"命运" (Destiny)	日本、德国	2022	小行星尘埃探测
17	"赫拉" (Hera)	欧洲	2024	小行星 Didymos 近距离观测
18	"卡斯塔利亚" (Castalia)	欧洲	2028	主带彗星 133P 绕飞探测
19	"高斯" (GAUSS)	欧洲	2029	谷神星采样返回

2.3 广域探测方法

近地小天体不会发光，因而它们的可见亮度取决于从其表面反射和散射的太阳光。在距离太阳和观测者的距离、角度一定的情况下，体积较大、反射率更高的小天体的亮度将更高。因此，小天体的亮度可以在反射率确定的情况下提供有关其大小的信息 [28]。

因此，直接利用可见光波段对近地小天体进行探测和观测是一种常见的方法。然而，近地小天体的反射率差异较大，这也导致在相同体积下，反射率高的小天体的亮度比反射率低的小天体高出很多，低反射率的小天体难以被探测到。

然而，小天体的红外光谱反映的是小天体辐射热量的情况，通常反射率低的小天体吸收和辐射的热量相对较高，因而红外探测观测方法可以在一定程度上弥补可见光方法的不足。因此，红外观测方法更适合于估算小天体的尺寸。

与恒星不同的是，对于近地范围内的观测者而言，小天体有时更亮，有时更暗，这取决于观察时它们与地球的距离。此外，利用光学手段观察小天体时，观测结果取决于相对位置关系和小天体的相位角，观测者只看到小天体表面的一小部分，类似于在地球上观察月球 [38]。

相对而言，雷达的探测结果能够提供更为准确的信息，这种观测方法利用小天体反射的无线电波的多普勒效应对小天体进行跟踪，能够提供与小天体的距离、径向速度等精确信息，并能详细揭示小天体的形状 [38]。目前，除了直接部署航天器进行抵近观测的方法外，雷达图像所揭示的小天体表面特征是最为精细的。然而，由于孔径受限，雷达的极限探测距离较短，通常为数百万千米。同时因为受功率约束，雷达观测一般部署在地面。

从设备部署的位置来看，地基探测观测方法是最早采用的小天体探测与观测方法，目前已有十余项地基观测项目。然而，天基方法具有地基方法不可比拟的优势。天基观测平台位于地球大气层外，布置较为灵活，受大气环境和日光的影响较小，且在星空覆盖范围、多目标测量跟踪能力、设备复杂程度以及运营成本等方面都具有较大的优势，并且能够获得反射率、大小等信息，可以明显改善对近地天体的观测条件和定轨精度。天基观测设备几乎可以观测任何方向 (除了靠近太阳的方向)，而且图像分辨率相对地基观测高几个数量级。成为未来近地天体观测系统的发展趋势。

日地拉格朗日点是相对日、地平动的特殊位置，通常被认为具备较好的天基近地小天体探测观测条件。图 2-19 展示了地基的探测观测方法与以日地 L1 点为例的天基探测观测方法的可见范围的视场范围对比 [39]。可以看出，天基方法具有更灵活的覆盖性，能够弥补地基方法视野的不足。

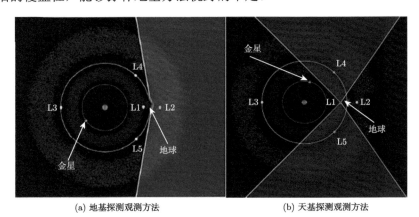

(a) 地基探测观测方法   (b) 天基探测观测方法

图 2-19   地基天基可观测范围对比

目前国际上著名的现有广域探测系统和前沿探测方案在 2.3.1~2.3.7 节中列举。

2.3.1 林肯近地小行星探测项目

该探测系统属于前文 2.2.1 所叙述的地基观测类型。林肯近地小行星研究 (Lincoln Near-Earth Asteroid Research，LINEAR) 项目应用先进的光电技术为美国空军空间监视任务进行近地小天体探测。此项目符合对近地范围内自然天体和人造天体的探测需求，而两者都需要对广阔的天空进行有效搜索，以检测微弱的移动目标。目前，作为美国全球空间监视网络一部分的空军地面光电深空监视系统正在升级为最先进的 CCD 探测器。这些探测器的研发基于麻省理工学院林肯实验室在制造大尺寸、高灵敏度 CCD 方面的最新进展。LINEAR 项目还开发了最先进的数据处理算法，以使用新的检测器进行搜索操作。

LINEAR 项目所研发的 CCD 具有极高的性能，包括大尺寸、高帧率传输、高读出速率和低噪声，这是任何商用 CCD 所没有的。在过去的几年里，位于新墨西哥州索科罗附近的林肯实验室实验测试场已经完成了大地测量系统升级的系统开发。LINEAR 于 1998 年 3 月开始全面运行，到 1999 年 9 月已发现 257 颗 NEA(目前已知的有 797 颗)、11 颗异常天体 (已知的有 44 颗) 和 32 颗彗星。目前，LINEAR 的发现数量占全球近地小行星发现数量的 70%，并单手将提交给小行星中心的观测数据增加了 10 倍。

先进的 CCD 焦平面已经安装在新一代摄像机上，并在林肯实验室位于新墨西哥州索科罗附近白沙导弹靶场的实验测试场进行了一系列测试。

在图 2-20 中，(a) 图是实验测试场地的实景图，(b) 图是新型的空间探测望远镜构型图，(c) 图则是这种新型 CCD 的示意图。在 (c) 图内，焦平面包含 2560×1960 像素的阵列，并且每像素只有几个电子的固有读出噪声。CCD 采用背照工艺，其峰值量子效率超过 95%，从成像区域到帧缓冲区的图像传输时间只需要几个毫秒。

(a)

(b)   (c)

图 2-20   LINEAR 的光学设备与实验场地

图 2-21 是 LINEAR 探测系统的核心原理。基本上，与天空同一部分相对应的五帧数据是以大约 30min 的间隔收集的。将帧对齐，然后通过固定阈值抑制背景噪声。所得的二值量化数据被进一步处理以用于候选条纹并确定其速度。一般来说，快速移动物体 (>0.4(°)/天) 和中等移动物体 (>0.3(°)/天，<0.4(°)/天) 会自动标记为潜在近地天体。缓慢移动的物体 (<0.3(°)/天) 更可能是主带小行星，但由分析人员检查是否存在潜在的近地天体。与星表中的位置和星等信息进行比较后，所有慢、中、快运动物体的观测数据都被以不同的优先级发送到小行星中心。

2.3.2 Pan-STARRS 光学观测系统

该探测系统属于 2.2.1 节所叙述的地基观测类型。Pan-STARRS 项目有三个主要组成部分：光学系统、探测器和读出电子设备、数据处理管道存档和分发系统。

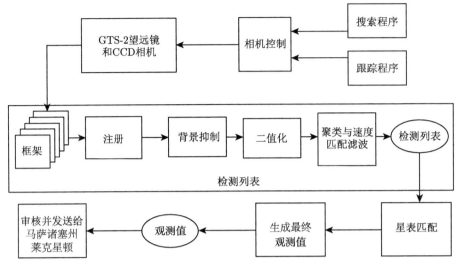

图 2-21　LINEAR 探测系统的核心原理

光学系统基准设计需要 4 个望远镜，每个望远镜的主直径为 1.8m，带有宽视场校正器，提供 3° 幅宽的视场，其组成如图 2-22 所示。

图 2-22　Pan-STARRS 光学系统组成示意图

探测器系统的角度分辨率为 0.3″，因而每台相机需要 1.0×10^9 像素，一颗像素的物理尺寸大小为 10μm，探测器阵列的物理尺寸大约为 32cm。焦平面阵列将被构造成由独立可寻址单元组成的阵列。

成像时，数据处理通道将执行以下步骤。首先，新的图像数据将被读出到一组缓冲区，每个图像将被校正。然后基于探测到的恒星和星系，结合参考星表进行星图识别，求解探测器体坐标系到惯性坐标系的转换矩阵，即姿态矩阵。由于基于图像的恒星和星系测量精度达到 5×10^{-3} 弧秒，坐标转换矩阵求解能够达到很高精度。此时，4 个图像平面将映射惯性系并经行数据融合。通过组合 4 幅图像，几乎可以完全消除背景，如宇宙背景射线和其他人为影响。融合后的图像再次经过图像处理，通过傅里叶技术进行数字滤波，并提供差分图像。产生的差分图像流将被用以检测运动、瞬态或可变对象。

每晚 Pan-STARRS 系统的数据访问和存档系统需要收集 3～10TB 的数据。但是并不必将所有这些数据保持在线；需要维护的只是图像信息和分类信息。差分图像流需要实时处理，以便用于近地小天体的搜索等应用。

2.3.3 NEOWISE 近地红外观测系统

该探测系统属于前文 2.2.2 所叙述的天基观测类型。利用近地广域红外探测，NEOWISE 对 3～22μm 热红外波长范围内的近地小天体进行了高度统一的测量，对其数量、大小和反射率进行了精确估计。NEOWISE 能够探测到近地小天体。

NEOWISE 项目可以获得近地小天体样本，样本在可见光反射率方面基本上是无偏的，因而能够计算到 100m 以下的近地小天体的数量、大小和反射率，并且相对于传统方法减少了误差。NEOWISE 凭借其天基优势，在灵敏度、目标数量和位置、图像质量的一致性上成效显著。

NEOWISE 的研究发现，小天体的大小和反射率没有强相关性。这一结果表明，以前的工作受到了地基观测偏差的阻碍。未来，更多对小尺寸、低反射率近地小天体的探测，可能会进一步验证反射率和尺寸大小之间没有相关性。与主带小天体反射率的均匀分布不同，近地小天体的亮度更高，大致呈双峰分布。鉴于 NEOWISE 采用的近地广域红外探测的效果不依赖于光照强度，相较于可见光的观测方法，NEOWISE 能够更多地发现低反射率的近地小天体。随着对近地小天体数量、大小和反射率信息更加全面的掌握，可以更加准确地分析近地小天体的来源和演化规律。

2.3.4 近地小行星跟踪系统

该探测系统属于前文 2.2.1 所叙述的地基观测类型。近地小行星跟踪系统 (NEAT) 部署在位于夏威夷 Haleakala 火山顶的毛伊岛太空监控站，该系统启动于 1995 年 12 月，每月定期开展为期六天的跟踪观测。通过持续的天文观测，该系统测明了大量的近地天体、近地小行星、彗星，以及其他不寻常的小行星。其核心组件为一台 4000×4000 像素的地面光电深空监测 (Ground-based Electro-Optical Deep Space Surveillance, GEODSS) 望远镜。2001 年 4 月，美国又将帕洛马山天文台 1.2m 孔径的塞缪尔·奥斯钦 (Samuel Oschin) 望远镜纳入 NEAT 系统。

NEAT 具有较高的观测覆盖范围，其视场平均每六个夜晚能够覆盖大约 10%的天球，进而对成千上万的小行星实施观测。至今，NEAT 系统为 1500 多颗小行星的初步归档与命名作出了重要贡献，并对主带小行星进行了 26000 余次探测。NEAT 系统能够检测到超过 1km 尺寸的小行星，NASA 将其评价为 "1km 尺寸小行星目标的关键探测系统之一"。NEAT 系统的观测数据公布于 NASA 下属 JPL 实验室的官方网站，并在观测期间每日更新。NEAT 系统也通过 NASA 公开的 SkyMorph 程序提供数据接口，提供探测到的物体的图像和信息，包括观测时间、位置和大小。

NEAT 系统是探测较大尺寸和具有潜在威胁的小行星的最佳工具之一。据称，如果把三台与 NEAT 系统中使用到的同等规模的地面光电深空监测望远镜组网，那么在未来 10~40 年内，人类将能够发现 90%的 1km 及以上的近地天体，同时为美国空军提供额外的卫星探测和跟踪技术服务。即便每次观测仅持续六个夜晚，NEAT 系统与其他长期开机的探测系统在探测效率和探测成果上依然旗鼓相当。由此观之，NEAT 系统的部署、规划和建设具有较高的先进性，值得后续探测系统借鉴。

2.3.5　斯隆数字巡天计划

斯隆数字巡天计划 (Sloan Digital Sky Survey, SDSS) 始于 2000 年，使用 2.5m 孔径的广角光学望远镜进行深空探测。起初，斯隆数字巡天计划使用的望远镜兼具成像模式和光谱测量模式，直至 2009 年年底，成像相机退役，斯隆数字巡天计划以光谱测量模式工作至今。迄今为止，斯隆数字巡天计划的观测范围覆盖了全天球的 35%，对超过 10 亿个空间天体进行了光度测量，持续获取其光谱信息，并已拍摄了 400 万张物体的光谱图像。经过 20 余年的"巡天"探测，斯隆数字巡天计划发布了规模最大、最详细的天体数据信息，弥补了天体物理学界关于宇宙膨胀理论的数据空白，提供了支持宇宙平面几何理论的数据，还证实了宇宙的不同区域正在以不同的速度膨胀。

在光谱测量方面，斯隆数字巡天计划采用 u、g、r、i、z 五个波段对天体光度进行同时计量，通过数据处理，生成被观测物体的信息目录和物理参数。斯隆数字巡天计划的望远镜由 30 个 CCD 阵列组成，每个 CCD 阵列具备 2000×2000 的像素，共具有 1.2 亿像素的成像分辨率。由于相机功率大、产热高，斯隆数字巡天计划还专门为望远镜建立了液氮冷却系统，使 CCD 温度控制在 80℃ 以下。

2.3.6　卡特琳娜太空搜索项目

1998 年，美国国会授意 NASA 启动卡特琳娜太空搜索 (Catalina Sky Survey, CSS) 项目，旨在以 90%以上的置信度探测到 1km 以上尺寸的近地天体。卡特琳娜太空搜索项目部署在美国亚利桑那州北卡特琳娜山脉的莱蒙山天文台，共使用三台望远镜，包括一台 1.5m 孔径的 $F/1.6$ 望远镜、一台 68cm 孔径的 $F/1.7$ 望远镜和一台孔径 1m 的 $F/2.6$ 望远镜。其中，1.5m 和 68cm 孔径的望远镜具备 10560×10560 像素，分别具有 $20(°)^2$ 和 $5(°)^2$ 的视场，而 1m 孔径的望远镜使用 2000×2000 的 CCD 阵列，具备 $0.3(°)^2$ 的视场。自 2019 年起，一台 1.54m 孔径的望远镜也被纳入卡特琳娜太空搜索项目中，每月执行 7~12 晚的补偿观测。

2005 年，卡特琳娜太空搜索项目超越了林肯近地小行星研究项目，成为世界上发现新近地小天体最多的探测项目，截至 2020 年，47% 的已知近地小天体是由卡特琳娜太空搜索项目探测到的。

2.3.7 天基红外观测系统

天基红外观测是未来小天体探测的重要技术发展方向之一。2018 年，NASA 成立了红外和可见光小行星观测特设委员会，要求其对各类天基望远镜的能力进行调查并提出建议，主要任务包括：探索红外、可见光方法探测近地小天体的相对优缺点；发展从红外光谱获得近地小天体尺寸的技术体系；评估确定尺寸时的误差；对比分析各项观测技术的优缺点，并推荐最有效的技术，给出可重复的结论和可量化的误差。

经论证，该特设委员会得出结论，天基热红外望远镜是满足近地小天体观测的时效性、完整性和精确性的最有效选择，大约 10 年即可满足既定探测目标。天基红外观测之所以能够提升探测效率，是因为热红外探测通过即时观测，能够直接提供小天体的直径，即使不测量小天体的光学亮度，也可以进行质量估算。而可见光方法无法在相同的时间范围内以同样的精度提供尺寸和质量信息。因此，以物理特性感知精度的角度，天基红外探测更具可行性。

天基红外探测系统的一个主要优势体现在其工作在红外波段，一旦轨道参数已知，它就能够在探测后不久提供小天体的直径。与之相比，可见光探测方法在尺寸确定方面严重不足。天体红外探测的另一个优势体现在其部署位置在地球之外，视野良好。与天基探测相比，地基探测受到昼夜周期和天气的影响。因此，天基红外探测能够更好地探测近地小天体并获得其物理特性。

为使对小天体质量估计的不确定度[①]小于 100%，天基红外探测和目前最广泛应用的地基可见光观测各自需要执行的观测和数据处理逻辑如图 2-23 所示。

从图 2-23 中左侧序列可以看出，利用天基红外天文台探测到的小天体，其质量不确定度的初始值即可控制在 4 倍以内。再利用后续观测确定其光谱类型，则质量不确定度可以降低到 100% 以内。而从图 2-23 中右侧可以看出，用地面可见光望远镜探测到的小天体，其质量不确定度的初始值约为 20 倍，通过后续观测确定其光谱类型，则质量不确定度可降低至原来的 1/5，再辅以红外观测数据，可进一步降低不确定度，最终使得不确定度小于 100%。浅蓝色方框表示了反射率

---

① 不确定度是指由于测量误差的存在，对被测量值不能肯定的程度。

和密度的总体变化范围。绿色方框表示，如果可以使用后续光谱观测确定小行星类型，则对小天体物理特性参数的估计能够得到改善。

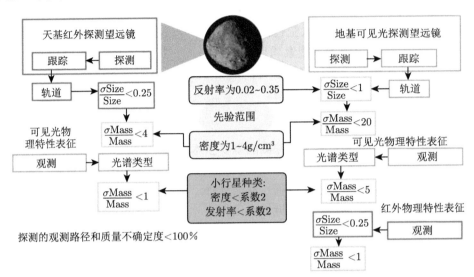

图 2-23   不确定度小于 100% 的观测序列流程

2.4   抵近探测方法

早期，人们通过地面手段对小天体进行观测，只能得到小天体的基本轨道和大致物理参数，对小天体的物质组成、内部结构、引力场等认识存在空白。抵近探测是高精度的小天体探测方法，通过探测器对目标小天体进行抵近成像，能够获取到极高精度的小天体表面图像信息，从而使得人们能够对小天体的成分、演化过程作出准确判断。20 世纪 80 年代以来，世界航天大国先后开展了小天体探测任务，包括近距离飞越、绕飞探测以及附着原位探测等，极大地增进了我们对小天体的了解。目前，国内外已经实施和计划实施的主要小天体抵近探测任务列举如下。

2.4.1   "维加号"探测器

苏联于 1984 年 12 月 15 日和 21 日先后发射"维加 1 号"和"维加 2 号"探测器。这种探测器质量为 4t，装有质谱仪、磁强计、电子分析仪、摄像机及其他科学探测装置。1986 年 3 月 6 日，"维加 1 号"到达距哈雷彗核 8900km 处，首次拍摄到彗核照片，显示出彗核是由冰雪和尘埃粒子组成的。"维加 2 号"于 3 月 9 日从距彗核 8200km 处飞过，拍摄到了更清晰的彗核照片。经过比较分析后，科学家认为哈雷彗核的形状如同花生壳模样，长约 11km，宽 4km。"维加号"探测器还首次发现彗核中存在二氧化碳和简单的有机分子。因此，科学家认为从彗核中可以寻找到生命的起源。

2.4.2　"先驱号"与"彗星号"探测器

1986 年，哈雷彗星即将回归，接近近日点。日本在 1985 年 7 月与 8 月分别发射了"先驱号"与"彗星号"两颗探测器前往观测哈雷彗星。"先驱号"是日本首个离开地球轨道的太空探测器，目的是验证行星际探测技术，它在距离哈雷彗星 700 万 km 的地方观测到了彗星。而"彗星号"则以 14 万 km 的距离穿越了彗尾，观测到了太阳风与哈雷彗星的相互作用，并在紫外波段拍摄了哈雷彗星彗核。

2.4.3　"乔托号"探测器

1985 年 7 月 2 日，欧洲航天局发射了一个名叫"乔托号"的哈雷彗星探测器。它的外形是一直径 1.8m、高 3m 的圆柱体，质量为 950kg。飞行 8 个月后，"乔托号"于 1986 年 3 月 13 日成功以 596km 的距离通过哈雷彗星的核心，并于 1986 年 3 月 14 日从哈雷彗核中心 607km 处掠过，拍摄了 1480 张彗核照片。照片上显示的彗核形状凹凸不平、参差不齐，彗核长 15km、宽 8km，比"维加号"测得的数据大一些。"乔托号"是为了纪念意大利画家乔托·迪·邦多纳而命名的，他曾在 1301 年观测过哈雷彗星，并视其为"伯利恒之星"。

2.4.4　"伽利略号"探测器

"伽利略号"是 1989 年 NASA 发射的木星系统及小行星探测任务的探测器，由 JPL 建造并运行。发射质量 2.5t，其中轨道器质量为 2.2t(干重 1.8t)，进入木星大气的探测器质量为 339kg。"伽利略号"的主要目标是探测木星及其卫星，在去往木星途中经过小行星带，探测了小行星 951、小行星 231，完成了人类首次小行星飞掠探测 (图 2-24 是"伽利略号"拍摄到的小行星 951 照片)，发现了第一颗拥有天然卫星的小行星。

图 2-24　小行星 951

2.4.5 "近地小行星交会"探测器

NASA 于 1996 年 2 月 17 日从卡纳维拉尔角肯尼迪航天中心，用德尔塔 2 型火箭，发射了一艘空间探测器，主要探测目标是小行星 433Eros(爱神星)。按原定计划，于 1998 年底 1999 年初与爱神星交会，对其展开为期近一年的近距离考察，故被命名为"近地小行星交会"探测器 (Near-Earth Asteroid Rendezvous Spacecraft，NEAR)。爱神星是一颗 S 型近地小行星 (主要成分为硅酸盐)，直径约 16km。NEAR 的首要科学目标是取得爱神星整体特征、成分、地质、形貌、内部质量分布及磁场信息；次要科学目标是研究爱神星表层土性质、与太阳风的关系、当前可能存在的活动 (气体、尘埃、自转状态)。为此，NEAR 搭载 X 射线和伽马射线谱仪，获取了元素丰度数据；搭载激光测距仪，获取了目标表面形貌数据；此外还搭载近红外成像光谱仪、多光谱 CCD 相机、磁强计等载荷；还利用无线电多普勒效应测量并反演了目标重力场的低阶球谐函数系数；最后，通过受控下降着陆的方式终止了任务，并取得了大量高分辨率目标的表面图像。

NEAR 质量为 805kg(本体 487kg，其余为燃料)，宽约 1.7m，造价 1.2 亿美元，装备了如下五种先进的观测设备，如图 2-25 所示。

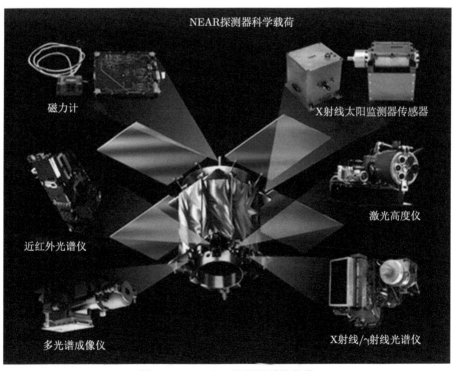

图 2-25　NEAR 探测器科学载荷

激光测距仪用于测量探测器到小行星表面的距离，精度可达到 6m，由它提供的数据，科学家可精确地绘出小行星的轮廓。磁力计，用来判定爱神星是否存在磁场。若探测到磁场，则爱神星极有可能来自一颗破碎了的、结构均匀的小型行星。通过 X 射线/伽马射线光谱仪，可检测小行星的土壤在吸收来自太阳的带电质子或宇宙线轰击后，释放出的 X 射线和伽马射线，此设备的分析结果将使科学家推断出爱神星土壤的化学成分。近红外光谱仪用于检测爱神星表面的矿物组成，以便与地球上收集到的陨石化学成分相比较。多色照相机，即配备了七色滤光片的 CCD 照相机，在距离小行星表面 35km 上空飞行时，能拍到小至 3m 直径的陨石坑、山脊和沟壑的外貌。另外，透过每种特定的滤光片所拍摄的爱神星图像，能反映出某些岩石和矿物的存在。

这五种仪器可测定爱神星的形状、重力、质量、密度、磁场强度和化学组成，从而推定其内部结构，进而判定它的起源。此外，NEAR 还带有星务计算机、用于接收地面控制中心指令的通信设备、太阳能电池板等。

按照原定计划，NEAR 将于 1998 年 12 月 21 日 06 时、12 月 29 日，1999 年 1 月 4 日三次启动推进系统，修正轨道，1999 年 1 月 10 日 23 时在距离爱神星 1000km 处，进行最终的轨道修正，与爱神星的相对速度降至 8km/s，从而进入离爱神星 14300~400km 的椭圆轨道。此后，将进一步调整轨道，以便在近一年的时间里对爱神星进行近距离考察。2000 年 1 月将接近爱神星至几千米以内时，择机进行着陆尝试。但是，在 1998 年 12 月 21 日 06 时进行预定的轨道修正之际，通信中断，22 日 9 时通信方恢复，轨道修正未能完成，因而不能按照原定计划与爱神星交会。1998 年 12 月 24 日 02 时 43 分，NEAR 以 1km/s 的速度，从距离爱神星 4100km 处飞过，在此前后对爱神星的大小、形状、有无磁场和卫星等进行了观测。1999 年 1 月 3 日，NEAR 通过轨控发动机开展了 24min 的轨道修正，才使它能从后面追上爱神星。经过一系列的补救措施，NEAR 于 2000 年 2 月与爱神星相会，并成为它的卫星。1998 年 12 月飞越爱神星上空时，NEAR 的多色照相机拍摄了 222 张照片，可分辨其表面小至 500m 的细节。初步的观测资料表明：爱神星的大小是 33km×13km×13km，比原先地面雷达的观测结果略小一些；自转周期为 5h 17min；其表面颜色多种多样，确切的构成还有待进一步的观察；至少有两个中等规模的陨石坑和一个长长的表面山脊；它的地壳密度与地球相当。经调查，此次与爱神星相会失败，原因在于计算机程序发生错误。

基于 NEAR 探测器数据 (辐射跟踪数据、光学成像、激光测距仪数据)，确定了爱神星的形状、重力和旋转状态。根据激光跟踪数据 (50km 高度获取) 和光学图像中标志点信息，确定了 24 阶次的形状模型。根据探测器 10d、35km 高度的轨道数据，反演得到了球谐引力场模型，得到的引力场模型阶次为 15，但是有效阶数仅为 10。根据 NEAR 探测器轨道得到的爱神星重力场模型阶数非常有限，原因在于采用了轨道摄动引力场测量方式。

2.4.6 "深空 1 号"探测器

"深空 1 号"是 NASA 开展的探测任务, 于 1998 年发射升空。发射质量 486kg, 干重 373kg。探测目标是小行星 9969、彗星 19P。其中, 小行星 9969 是一颗稀有类型小行星, 探测方式是飞掠。在 2001 年之后, 科学家决定让"深空 1 号"绕行太阳。美国于 1994 年提出"新盛世"计划, 任务是确定开发和验证先进技术, 以减少 21 世纪太空科学研究任务的成本, 并确保先进技术的关键性能满足空间探测的要求。"深空 1 号"是"新盛世"计划中的第一个探测器。这次任务一共验证了 12 项关键技术:

(1) 太阳能电推进;

(2) 太阳能聚光阵列;

(3) 多功能结构;

(4) 小型化、集成化相机与成像光谱仪;

(5) 离子、电子谱仪;

(6) 小型深空无线电转发器;

(7) Ka 波段固态功放;

(8) 信标监视 (探测器发出节律性单音信号, 表明是否需要地面干预);

(9) 人工智能控制系统及其远程智能自主修复;

(10) 低功耗电子学;

(11) 基于专用集成电路 (ASIC) 的电源作动与开关模块;

(12) 深空自主导航;

此外,"深空 1 号"任务成功实现对彗星 19P 飞掠探测, 取得彗星 19P 的清晰照片, 增加了人们对彗星的认识。

2.4.7 "星尘号"探测器

"星尘号"是美国发射的行星际探测器, 它于 1999 年 2 月 9 日由 NASA 发射升空, 探测器发射质量 391kg, 干重 305kg。主要目的是探测彗星 81P 维尔特 2, 在到达彗星 81P 之前, 还飞掠探测小行星 5535, 结束对彗星 81P 的探测后, 又飞掠探测彗星 9P。2006 年 1 月 15 日, 返回舱成功在地球着陆。

彗星 81P 本来是一颗长周期彗星, 1974 年因木星引力扰动, 变成短周期彗星。因此人们有了探测该彗星的难得机会。"星尘号"的首要科学目标是低速飞掠彗星, 利用气凝胶对彗星尘埃实现非破坏性样品采集。此外, 还期望利用同样的手段, 在低速条件下拦截、采集尽可能多的星际尘埃。同时, 还要在工程成本约束内, 尽可能拍摄到清晰、高分辨率的彗发、彗核图像。

围绕上述科学目标，"星尘号"探测器配备了以下科学载荷。

(1) 导航相机。抵近目标阶段，导航相机作为 GNC 光学敏感器。飞掠探测阶段，导航相机用于拍摄目标高分辨率图像。利用该载荷，人们获得了彗星 81P 清晰的图像数据，从数据中了解到，彗星 81P 一方面具有古代地形，同时也具有活动性，有撞击坑结构。

(2) 动力学科学实验载荷。利用 X 波段无线电通信系统，通过多普勒效应，测量彗星 81P 的质量 (即 0 阶重力场反演)，同时也用于估计样品收集时，探测器与样品的相对运动对样品造成的冲击。

(3) 尘埃流量监视器、原位尘埃质谱仪、气凝胶尘埃收集装置。组合使用这些载荷，"星尘号"圆满完成了收集、分析彗星尘埃和星际尘埃的科学目标。

在彗星尘埃样品中，人们发现多种有机物成分，其中由于氘、氮 15 等同位素成分存在，人们判断部分有机物来自星际介质的相互作用。

2.4.8 "隼鸟号"探测器

"隼鸟号"是日本 JAXA 的小行星探测计划，这项计划的主要目的是将"隼鸟号"探测器送往小行星 25143 糸川 (Itokawa，日语名)，采集小行星样本，并将采集到的样本送回地球。该探测器于 2003 年 5 月 9 日发射，探测器发射质量 510kg，干重 380kg，携带一个 591g 的迷你着陆器。"隼鸟号"的探测目标小行星 25143 糸川是一颗 S 型近地小行星。2005 年，"隼鸟号"抵达目标糸川小行星，并成功着陆，利用接触附着方式采样。迷你着陆器因故障未成功着陆，弹跳到太空中，失去联系。2010 年，样品胶囊弹道式返回地球。"隼鸟号"实现了人类第一次小行星取样返回探测。

"隼鸟号"成功取得糸川小行星样品颗粒如图 2-26 所示，子图 A 和 C 展示了小行星样品的三维模型，子图 B 和 D 展示了微米尺度的样品电镜图像。地面通过氧同位素分析、中子活化分析、三维结构分析等手段研究样品，分析推测糸川小行星经历的空间天气过程、辐照过程。通过同步辐射 X 射线衍射和扫描电子显微镜分析样品，发现糸川小行星样品颗粒与热变形球粒陨石是同种物质，因此，证实了地球上收集到的球粒陨石确系来自 S 型小行星。

2.4.9 "罗塞塔号"探测器

"罗塞塔号"是欧洲航天局实施的一次彗星探测任务。"罗塞塔号"彗星探测器由欧洲航天局于格林尼治时间 2004 年 3 月 2 日 7 时 17 分 (北京时间 3 月 2 日 15 时 17 分) 发射，研究彗星 67P 丘留莫夫–格拉西缅科 (图 2-27)。"罗塞塔号"探测器由轨道器和一个"菲莱"着陆器组成。"罗塞塔号"的发射质量约为 3000kg，其中"菲莱"着陆器的质量约为 100kg。

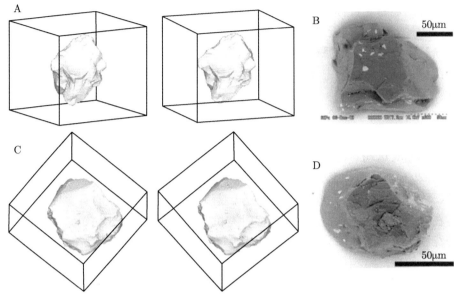

图 2-26　"隼鸟号"取回的糸川小行星样品颗粒

图 2-27　彗星 67P 丘留莫夫–格拉西缅科

　　"罗塞塔号"任务的主要科学目标是：探索 46 亿年前太阳系的起源之谜，以及彗星是否为地球"提供"了生命诞生时所必需的水分和有机物质；研究彗核的物理和化学属性；研究彗发在抵近太阳过程中的演化；研究太阳风与彗星的相互作用。为实现这些目标，"罗塞塔号"轨道器配置了紫外成像光谱仪、可见光与红外成像光谱仪、光学/光谱学/红外遥感相机、轨道器微波科学载荷、无线电科学载荷用于研究彗核；配置离子与中性粒子谱仪、显微成像尘埃分析系统、彗星二次离子质谱仪、颗粒物撞击分析仪与尘埃收集器，用于研究气体和尘埃；此外，还配置了一个等离子体原位分析包，包含离子与电子传感器、离子成分分析仪、朗缪尔探测器、互阻抗探测器和磁强计，共五个子载荷，用来研究太阳风与彗星相互作用。"菲莱"着陆器上配置了粒子 X 射线谱仪、彗核红外与可见光分析仪、彗核无线电穿透实验装置、彗星取样和成分分析仪、表层及次表层多用途传感器、挥发物稳定同位素分析仪、磁强计与等离子体监视器、采样/钻探/分发系统、表面声学实验系统，共 9 个科学载荷，以及着陆相机。2014 年，"罗塞塔号"经过火星借力、穿越小行星带，终于抵达目标彗星 67P(图 2-27 为"罗塞塔号"导航相机拍摄的目标照片)。

利用上述科学载荷，研究者开展了大量针对彗星 67P 的探索。例如，利用"罗塞塔号"轨道器上的离子与中性粒子质谱仪，发现了氯甲烷。氯甲烷可通过自然界生化过程和地质过程释放，是生物标记之一。同样利用该载荷，测量了彗星 67P 的水成分，发现其重水比例显著高于地球的重水比例。利用可见光与红外成像光谱仪，发现彗星 67P 表面富含有机物。利用无线电科学载荷，通过多普勒效应，反演了彗核重力场，并进一步反演了其密度和内部结构。利用轨道器和着陆器上配置的无线电科学载荷，开展长波无线电穿透彗核实验，证明彗核内部成分为冰、尘埃。

2014 年 11 月 12 日"罗塞塔号"任务成功实现着陆彗星，是人类历史上首次彗星软着陆任务。"罗塞塔号"探测器释放的"菲莱"着陆器成功实现彗星软着陆后，利用配置的采样装置 (Sampler Drill and Distribution Subsystem，SD2) 开展彗星土壤样品采集，可在极低重力、极低温环境下采集样品，采样过程中通过鱼叉式装置把着陆器锚定在彗星表面，防止其在微弱的彗星引力下逃逸，"菲莱"采样设备如图 2-28 所示。

图 2-28 "菲莱"采样设备

采样前,"菲莱"着陆器的全景相机、探测仪对着陆点进行探测,根据获取的地形情况,转动着陆器主体结构,使采样机构到达相对理想的钻探点,钻杆进行下探采样,采样完成后钻杆回缩进行样品分发,开展原位科学试验。2014 年 11 月 13 日,在"菲莱"完成着陆后,欧洲航天局确认其用于固定"菲莱"的鱼叉装置未发射,目前仅有各着陆腿上的冰螺栓完成了彗星表面刺入动作。2016 年 9 月 30 日,"罗塞塔号"彗星探测器撞向彗星 67P,此后,"罗塞塔号"与地面失去联系,正式结束了长达 12 年的"追星"之旅。

2.4.10 "深度撞击号"探测器

2005 年 1 月 12 日,NASA 从肯尼迪航天中心用德尔塔-2 火箭发射了 1 颗名为"深度撞击号"的探测器。探测器由两部分组成,一部分叫作"智能撞击体",一部分执行飞掠探测。合计发射质量 650kg,其中撞击体 370kg。任务主目标是彗星 9P 坦普尔-1,扩展任务阶段飞掠探测了多颗其他彗星。希望通过深度撞击形成的喷射物,为揭开太阳系形成和演化找到线索,同时也可能探索生命起源。经过 173d、4 亿 3100 万 km 的旅程后,2005 年 7 月 4 日"深度撞击号"飞越了坦普尔-1 彗星。在脱离彗星一天后,飞行器开始部署撞击探测器。在撞击彗星时,飞行器已经离开彗星 8606km。撞击探测器在撞击发生后 14min 达到与彗核的最短距离,大约为 500km。NASA 2013 年 9 月 20 日宣布,被称为"彗星猎手"的"深度撞击号"探测器已经"死亡"。对撞击及其余波的观测,对于了解彗核的成分、撞击造成的撞击坑深度、彗星的形成地点等具有重大帮助。这是首次也是目前为止唯一一次进行过的在轨轨道偏置实验,为之后相关小天体撞击研究提供了宝贵经验。

人们期望通过"深度撞击号"任务解答一系列关于彗星的基本问题。例如,彗核包含什么成分?撞击坑能有多深?彗星从哪里起源?为了获取撞击前、撞击过程中以及撞击后的数据,飞掠探测器上配备了高分辨率相机、中分辨率相机。其中,高分辨率相机包含多波段可见光相机 (通过更换滤光片实现) 和红外成像光谱仪。中分辨率相机主要作为 GNC 敏感器使用,同时也是高分辨率相机的备份。撞击体的载荷是一块重达 100kg 的纯铜块。因为彗星预期不含铜,因此,使用铜块撞击,能够避免干扰。撞击体上也配备了中分辨率相机,一方面作为撞击阶段 GNC 敏感器,此外也能收集关于彗星表面形貌科学数据。

撞击实验大获成功,除了任务本身的飞掠探测器之外,空间高能天文卫星 Swift 天文台上的 X 射线天文望远镜、Spitzer 空间红外天文望远镜以及众多地面望远镜也对撞击实验开展观测。尘埃落定后,NASA 利用前面提到的"星尘号"以扩展任务方式对彗星 9P 的彗核进行了探测。

通过撞击实验,人们发现彗核表层由 $1 \sim 100 \mu m$ 的颗粒构成,远比人们事前预计的颗粒度要小。表面结构强度不足 65Pa，在撞击中可忽略不计。彗核局部重力场与内部强度通过抛射物动力学估计得到 (图 2-29)。撞击中、撞击后都发现大量有机物成分。除此以外，在彗核表面还发现多处暴露的固态水冰，据估算，地表水冰数量不足以产生观测到的水蒸气，据此推测彗核内部还应该有大量水。此外，在抵近过程中，还观察到频繁的自然喷发现象，发现彗核平均半径 3km，表面有缓坡、陡坡、悬崖、天然撞击坑。热成像结果表明，彗核表面在阳光照射下处于热平衡态 (图 2-30)。

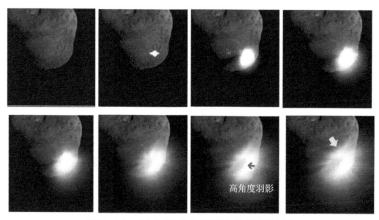

图 2-29　撞击形成的抛射物及抛射过程

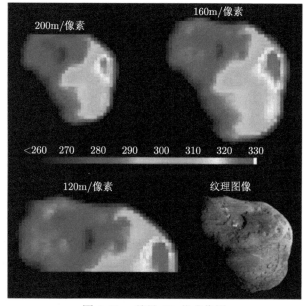

图 2-30　彗星 9P 热成像图

撞击过程激起大量尘埃,因此深度撞击任务本身并没有立即取得撞击坑形貌数据。"星尘号"扩展任务于撞击后的第 6 年 (2011 年) 重新造访彗星 9P,重新探测了这颗彗星。探测结果表明,深度撞击产生的抛射物约 1200t 重,初始形成的撞击坑直径可能达到 200m,按 3:1 或 5:1 直径深度比,可估算撞击深度。至此,深度撞击任务的科学目标完成。

2.4.11　"黎明号"探测器

"黎明号"探测器是美国研制的第一个探测小行星带的探测器,也是第一个先后环绕位于小行星带的 1 号小行星谷神星与 4 号小行星灶神星这两个体积最大的小行星的探测器。2007 年 9 月 27 日早 7 时 34 分从佛罗里达州肯尼迪航天中心发射升空,计划耗资 3.57 亿美元。2015 年 3 月 7 日北京时间周五晚 21 时 36 分,"黎明号"探测器进入谷神星轨道。

探测器发射质量达 1.2t,干重约 750kg。"黎明号"大量继承"深空 1 号"验证的技术。首次使用离子推进,使得探测器能够多次进入、离开目标绕飞轨道。使用传统化学推进的多目标探测器受限,仅能开展飞掠探测。从 2007 年发射至今,"黎明号"任务仍在进行。结束对灶神星、谷神星的探测后,黎明号还计划探测 2 号小行星智神星。

谷神星、灶神星分别于 1801 年、1807 年被天文学家发现,都是小行星带的"大块头",分别占了小行星带天体总质量的三分之一、十分之一。由于发现相对较早、体积也相对其他小天体更大,在近距离探测之前,两百年来天文学家就已经对这两颗小行星进行了较为充分的研究。谷神星直径约 1000km,天文观测光谱显示其成分为富含水的碳酸盐陨石球粒,根据它的形状估计,其内部应该发生了分异,存在冰幔和岩石核。灶神星直径约 520km,是贫水、无陨石球粒的小行星。经历过显著加热导致的分异,内核可能为金属成分,密度与火星接近,表面与月球类似,遍布玄武岩流。谷神星和灶神星成分不同,预期形成于太阳系原行星盘不同位置,但都形成于太阳系早期演化阶段,又是太阳系众多小天体以及地球收集到的陨石样品的源头。

因此,"黎明号"的科学目标是详细调查灶神星、谷神星的原始状态 (而不是仅仅通过地面获取的陨石样品),揭示太阳系极早期阶段的条件和演化过程,尤其是原行星的大小和水分在演化过程中所起到的作用。灶神星和谷神星恰好大小不同、含水量不同,又处在行星形成的过渡阶段,因此是非常合适的研究对象。

"黎明号"探测器配备了分幅相机、可见光与红外光谱仪,以及伽马射线与中子探测器。其中,分幅相机由德国马普太阳系研究所研制,既作为导航敏感器使用,又能通过 7 个滤光片获得可见光、近红外波段的高分辨率图像用于目标特性分析 (例如灶神星全球测光数据,图 2-31),还能为可见光与红外光谱仪及伽马射线与中子探测器获得的数据提供空间信息，图像配准后，得到多光谱数据。

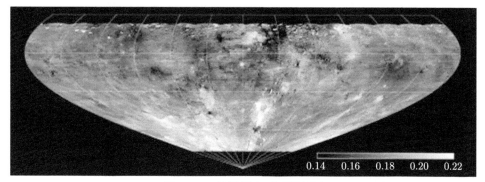

图 2-31　灶神星表面反照率图

可见光与红外光谱仪由意大利航天局提供，是罗塞塔号配备的可见光与红外光谱仪的改版。采用两个通道，均为光栅光谱仪，CCD 探测器覆盖 0.25~1μm 波长，红外碲镉汞 (HgCdTe) 探测器制冷到 70K 覆盖 0.95~5μm 波长范围。利用该载荷获取的光谱数据，并结合分幅相机数据的位置信息，研究者终于为灶神星表面明暗 (反照率) 迥异的物质成因找到合理解释，即低反照率物质是掉落到灶神星表面的水和碳酸盐物质 (与彗星成分类似)，而高反照率物质则是灶神星自身的物质，主要成分是玄武岩。

伽马射线与中子探测器由美国能源部洛斯阿拉莫斯国家实验室研制。利用该载荷取得的科学成果之一，是结合分幅相机数据获取了灶神星元素分布。灶神星表面低反照率区域氢元素含量更高，印证了水和碳酸盐物质外部起源的观点。

2015 年 3 月 7 日，"黎明号"抵达谷神星，并开展环绕探测。

2.4.12 "嫦娥二号"探测器

"嫦娥二号"是我国 2010 年发射的月球探测器。发射质量约 2.5t。"嫦娥二号"顺利完成既定绕月探测后，2011 年进入日地 L2 轨道，试验在该轨道的跟踪控制技术。2012 年，"嫦娥二号"离开日地 L2 轨道，开始执行扩展任务，对小行星 4179 图塔蒂斯进行飞掠探测。这是我国首次开展小天体探测，也是国际上首次对该目标开展飞掠探测。"嫦娥二号"利用工程相机在不同距离连续拍摄到小行星 4179 的照片，如图 2-32 所示。

图塔蒂斯是近地小行星，对地球有潜在威胁。因此，也是热门研究对象。"嫦娥二号"探测该目标之前，仅有雷达遥感数据能提供目标形貌信息。"嫦娥二号"探测使人们首次直接、清晰地目睹了目标形貌。这些数据还用于对目标姿态、自转状态确定和表面物理特性分析。

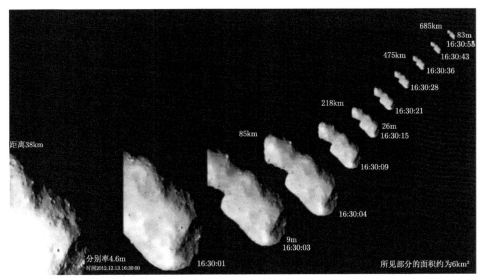

图 2-32　小行星 4179 图塔蒂斯

2.4.13　"隼鸟 2 号"探测器

　　"隼鸟 2 号"探测器是日本发射的"隼鸟号"的后继探测器,北京时间 2014 年 12 月 3 日 12 时 22 分,由 H-2A 运载火箭搭载从种子岛宇宙中心发射升空,卫星质量 609kg。"隼鸟 2 号"于 2018 年中旬与 C 型小行星 1999 JU3(龙宫) 相遇并对其进行探测,携带所采得的样本物质于 2020 年末返回地球。完成主要任务后,"隼鸟 2 号"若还有剩余燃料,将继续下一个探测计划,开始飞往小行星 1998 KY26 的旅程,预计 10 年后能接近目标。

　　相较于"隼鸟号","隼鸟 2 号"探测器具有几乎相同的系统方案,而不同之处在于天线的升级、反作用飞轮备份的增加和小型撞击器的使用。小型撞击器能够释放弹头在小行星表面制造坑洞,而探测器于坑洞内进行采样。

2.4.14　OSIRIS-REx 探测器

　　2016 年 9 月 8 日,NASA 成功发射欧西里斯号 (OSIRIS-REx) 探测器。火箭升空 59min 后,也就是美国东部时间 8 日 20 时 4 分 (北京时间 9 日 8 时 4 分),OSIRIS-REx 与助推器分离,开始独自的"猎星"之旅。这项任务旨在从小行星带回样本。2018 年 8 月 ~10 月,OSIRIS-REx 探测器相机开机并试图从 200 万 km 远的距离定位小行星贝努 (Bennu),并评估其形状、自转速度以及是否有卫星存在。2018 年 12 月 3 日,探测器飞抵小行星上空约 20km 处,开始伴飞,并向地球传回了该小行星的清晰图片,开始确定易于取样的地点。探测器于 2020 年接近小行星,进行一系列复杂的机动动作,进入距离小行星表面不足 5km 的轨道，并进行为期 6 个月的详细地表成像。根据获取的详细地表图像，精心选择采样地点，控制探测器逐渐靠近小行星表面。随后 2020 年 10 月 20 日，探测器伸出机械臂抓取土壤样本，实现贝努表面"一触即走"采样，并于 2023 年送回地球。

2.4.15 小天体撞击与偏转评估任务

小天体撞击与偏转评估 (AIDA) 任务是欧洲航天局、NASA 以及霍普金斯大学的合作项目，由两个子项目组成，一个是由 NASA 负责的双小行星重定向测试 (DART)，目标是撞击小行星迪蒂莫斯 (Didymos 希腊语，意为"双胞胎") 双小天体系统；另一个是由欧洲航天局负责的"小天体撞击监视器"(AIM)，现在已经改为赫拉计划，目标是对撞击前后的小天体进行观测研究。Didymos 双小天体系统由主、卫两颗小天体构成，其中尺寸较大的主星 Didymos 发现于 1996 年，宽 2625ft(约合 800m)，较小的卫星迪莫莫恩 (Dimorphos) 小天体发现于 2003 年，宽 490ft(约合 150m)，两颗小天体通过引力"捆绑"在一起，通过地面光曲线测量和计算，Didymos 将于 2022 年 10 月靠近地球，因此计划在 2020 年 10 月发射 AIM，2022 年 6 月到达 Didymos。2022 年 9 月 27 日早上 7 点 14 分，DART 顺利撞上一颗小行星，在激起大量尘埃物质的同时，也将对小行星的轨道造成一定影响。现在地面观测确认其轨道缩短了。在撞击前 Dimorphos 完成一周轨道需要 11 小时 55 分钟，撞击后缩短到 11 小时 23 分钟，即减少了 32 分钟。NASA 的雷达观测确认 Dimorphos 与双小行星系统中的另一颗 Didymos 的距离减少了，缩短了几十米 (图 2-33)。

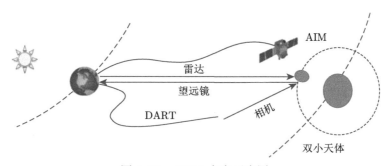

图 2-33　AIDA 任务示意图

AIM 原计划携带的一级载荷能够确定双星系统的轨道和旋转动力学参数、小行星质量、地质学物理性能、地表及地下结构，同时，能够开展通信工程实验 (TEX)，部署 MASCOT-2 小行星着陆器的小卫星工程实验 (MEX)，测试 COPINS 和 MASCOT-2 着陆器卫星间的网络连接；二级载荷在行星撞击期间，通过测量行星旋转状态的变化，由撞击产生的撞击坑影像及撞击产生的碎石动量来确定这一过程造成的动量转移，了解小行星内部结构。

AIDA 任务是世界航天史上的一个突破性计划, 无论在宇宙科学、小天体防御还是深空资源探索上均有十分重大的意义。在宇宙科学上, 双星系统重定向的实施有利于探索主星和次星之间的质量传递规律, 通过检测弹坑的形成和小行星材料的分布有助于行星科学的研究, 有利于评估小行星内部结构及成分组成; 在小天体防御方面, 它能够掌握动能冲击对行星偏转的影响规律, 并通过动能撞击及撞击产生的碎石的溅射规律, 评估动能的转移; 在深空资源探索上, 它推动了地区宇航局之间的合作, 有利于集中各单位空间技术的优势, 推动国际空间硬实力的提高, 同时发展小天体任务的飞行技术, 获得重要经验, 有利于小行星资源的调研。

2.4.16　"赫拉"探测器

欧洲航天局的"赫拉"(Hera) 探测器是 AIDA 任务的子任务, 获批于 2019年 11 月, 计划于 2024 年发射, 并在 2026 年检查 DART 的工作情况, 以验证撞击效果和测量小行星偏转数据。"赫拉"探测器将从迪蒂莫斯双小天体收集图像和大量数据, 并将其传回地球。

目前, "赫拉"探测器仍在研制中, 当前的有效载荷方案是一台高分相机、一台微型激光雷达, 并携带两个 6U 立方星, 分别名为小行星采矿探索者 (APEX) 和尤文塔斯 (Juventas)。APEX 将用于光谱成像和磁场测量, Juventas 则携带相机和低频雷达以探测小行星的内部结构。最终这两颗 6U 立方星都将降落在小行星上。此外, "赫拉"或将携带 JAXA 提供的曾用于"隼鸟 2 号"的小型撞击器。

2.5　近地小天体物理特性感知技术

2.5.1　近地小天体轨道确定

近地小天体的轨道通常由观测时小天体观测器 (如地基望远镜或天基望远镜) 的相对角度和距离等信息近似估算得到, 并利用后续可能的天文观测对轨道信息进行修正。

天文观测可以测量小天体在空间中的移动轨迹, 通过观测得到的连续轨迹得到或者修正小天体的轨道。如果天文观测在时间上不连续, 则会因为几何约束不足而导致对小天体轨道确定的结果精度较低。而天文观测的精度又取决于精确定位小天体位置的能力、小天体图像质量、每帧图像上已知位置的恒星数量等因素。在实践中, 给定的系统将以其他因素为代价来优化其中一些因素。另外, 较长时间 (或弧段) 的天文观测通常可以更高精度地确定小天体的轨道。

虽然当前和未来的探测系统能够很快对偶然发现的一些小天体开展天文观测, 但当某些特定小天体的轨道不确定性较大时, 对其进行有针对性的观测是必要的, 否则这些小天体有可能丢失。而小天体一旦丢失, 只能等待重新被发现。在大多数情况下, 适时且简短的单星天文观测足以改善轨道。

得知小天体的轨道, 就可以对小天体未来的位置进行准确估计, 这是小天体防御的重要前提, 亦是小天体采矿开发的重要技术保障。

2.5.2 近地小天体尺寸预估

由于近地小天体的尺寸过小, 所以无法在光学观测中直接获得尺寸信息。在合适的观测窗口中, 可以使用雷达直接测量小天体的尺寸, 得到准确的小天体尺寸数据, 但是大多数情况下, 小天体离地距离较远, 雷达无法捕获小天体图像, 所以必须根据光学观测时的亮度和相对日、地的距离来计算小天体的尺寸大小, 其中小天体相对日、地的距离须由其轨道来确定。

如果已知天体的反照率, 则该天体的视亮度可以提供尺寸信息。这种方法的主要缺点在于一般缺乏对新发现的小天体物理性质 (如轨道特征、反照率) 的准确先验信息。即使在小天体的轨道、距太阳和地球的距离已知的情况下, 依然需要知道其表面物理性质 (如反照率) 才能通过亮度来反推其尺寸。太空红外望远镜获得的表面性质观测数据, 结合红外分光光度法或红外可见光谱法, 可确定小天体的类型和主要成分, 能够对其反照率进行有效估计。

近地小天体的表面反射方式差异很大, 这导致了尺寸测量的不确定性。但是, 当使用红外波长而不是反射的可见光进行测量时, 这种不确定性会小得多, 原因是反射率对发射的热通量的影响很小, 这也是红外方法相对于可见光方法更利于确定小天体尺寸的原因。

2.5.3 近地小天体反射率预估

光度观测法[40,41]、光谱观测法[42-45] 和分光光度观测法[46-48] 常用于观测小天体表面, 从而预估小天体的反射率。反射率可以用来推断目标天体的组成, 从而推断其体积密度。

在小天体的光度观测法 (Photometric Observation) 中, 测量其表面反射的太阳光的强弱, 结合来自热红外观测得到的尺寸数据, 通过对一定时间内不同影像中小天体沿轨道运动的亮度变化数据进行分析, 就可以得出小天体表面的反射率, 以及小天体形状和旋转特性。为了精确地测量小天体反射率, 需要对沿其运动轨道上的各种影像进行反复测量。由于小天体的形状和旋转不规则, 所以在通过亮度变化来测量小天体的形状和旋转特性的同时, 也需要对小天体的各种影像进行大量高精度的光度观测。

在可见光和近红外光波段进行光谱观测, 可以测量小天体表面反射的太阳光电磁辐射 (反射辐射能), 电磁辐射是波长的函数。观察到的反射光谱提供了小天体的光谱类型。将获得的光谱类别与已知的陨石类物质相匹配, 从而可以较为准确地推断出小天体的密度和反射率。定量光谱分析还可以检索有关表面颗粒直径和矿物组成的信息。对于大多数小天体，此类光谱观测需要孔径大于 4m 的大型望远镜。除非小天体非常靠近地球，否则单次的成像观测不足以确定光谱类型。

分光光度法使用不同类型的光滤镜来进行观测，从而可以简易地获得小天体的光谱类型 [46-48]。同时，其相较于光谱法，能够实现更详细的分类。分光光度法可以对较暗、较小的小天体进行表征，通常使用孔径较小的望远镜。同样地，单次成像观测足以确定光谱分类。

另外，对小天体表面反射的可见光和近红外线的偏振测量能够直接提供反射率，因而亦可以利用这种方法粗略估算反射率。偏振测量的结果还可以大致确定光谱分类，并提供有关表面性质 (如粒度和矿物组成) 的其他信息。然而，偏振观测需要及时的多影像观测和中大型的观测设备以提供有用的信息，因而只能用以研究小样本的小天体。

2.5.4　近地小天体密度预估

陨石数据可用于密度估算。陨石密度取决于成分，多孔碳质球粒陨石的密度低至 $1g/cm^3$，最常见成分的固体岩石 (普通球粒陨石) 的密度则为 $3.0\sim3.5g/cm^3$，而其他重要成分的密度在 $2\sim7.5g/cm^3$(纯固态)。

然而，千米级尺寸的小天体的体积中可能有 30%~50% 的空隙空间，因而使得整体密度降低。从目前的统计情况来看，小天体密度测量值的加权平均值为 (2.62 ± 1.23) g/cm^3，这也表明大多数小天体的密度值集中在一个相对较小的范围内 [49]。

基于陨石数据和密度平均值的估算方法均有局限性。陨石的密度相对偏高，因为这些物体能够穿越大气层最终坠落地面，而可用的小天体密度的测量均值来自于较大的近地小天体。然而，两者都表明小天体的密度在一个相对小的范围内波动。

如果没有其他可用信息，则只能通过陨石数据统计的平均密度典型值来估算小天体的密度。如果可从反射光谱获得成分信息，将大大缩小密度估计范围。如果反照率信息可用，结合反照率可进一步缩小可能的密度范围。总体上看，反射率、形状、旋转特性，再加上更加精确的热红外观测，可以显著提升对小天体的物理特性 (如质量分布、多孔性) 的估算精度，并能够改进体积密度的估计。

2.5.5　近地小天体质量计算

相较于测量位置速度，直接测量小天体的质量十分困难。

一些特殊情况下可以直接获得小天体的质量。譬如，当某近地小天体拥有卫星时，可以通过确定其卫星的轨道来确定该小天体的质量。在轨道动力学模型非常精准的条件下，可以通过进行非常精确的位置测量，得到测量位置与预测位置之间的差异，如果可以确定这种差异是由与质量相关的非重力因素导致的，例如 Yarkovsky 力 (小天体由于各向不均的热辐射而获得动能)，则近地小天体的质量可以被计算出来。但是,一般情况下,近地小天体质量只能在航天器抵近探测期间直接测量得到。

通常情况下,为了建立更加准确的近地小天体附近动力学模型,实现探测器高精度导航制导控制,需要对近地小天体进行质量估算。一般而言,质量估算是一个从粗到细的过程。在没有形状测量信息时,近地小天体通常被视为球体,再根据小天体的尺寸和密度来估算其质量;结合形状测量信息,可以计算小天体更加精确的体积质量。

2.5.6　近地小天体引力场探测

小天体引力场测量在小天体探测任务中具有重要的作用和地位,表现在以下三个方面。①在小天体探测器近距离绕飞、悬停、着陆采样等任务过程中,由于小天体引力场较弱且不规则,探测器很容易撞击到小天体表面或从小天体逃逸。为保证探测器在小天体附近的飞行和着陆任务成功实现,需要精确的小天体引力场模型支持,以开展任务轨迹设计。②小天体引力场是小天体轨道演化的重要因素之一,是大尺度时间范围内推演小天体轨迹、评估对地球碰撞风险的基础性物理参数。③根据精确的小天体引力场模型,可以推测小天体内部构造、确定矿物组成,是小天体矿产勘探与开采中的重要参考数据。目前,小天体探测任务开展得较少,而专用的小天体引力场测量任务更是尚未实施,人类对小天体引力场的认识仍存在大量的空白。

虽然小天体引力场测量与地球重力场测量的基本物理原理是相同的,但是与地球、月球等规则天体相比,小天体引力场表现出分布不规则、引力场较弱的特点,因此小天体引力场测量具有不同的实现方法和观测手段[50]。首先,由于小天体形状不规则、引力场分布不规则,目前尚不存在理论上精确且数学上简洁的小天体引力场描述方法。多面体方法、质点群法等可以精确描述小天体引力场,但由于是数值方法,计算量大、无法解析表达;球谐级数展开法、椭球谐级数展开法等虽然具有解析表达式,但是在小天体附近的布里渊球域内收敛很慢,甚至发散,无法用于小天体附近轨道设计。因此迫切需要建立一套精确且简洁的小天体不规则引力场数学描述方法。其次,由于小天体引力场较弱且深空探测器轨道确定精度有限,小天体引起的探测器轨道摄动量很容易淹没在定轨误差、非引力干扰中,因此适用于地球重力场测量的轨道摄动方法很难建立有效的小天体引力场模型,只能采用星星跟踪或重力梯度测量模式等进行小天体引力场测量。最后,小天体引力场探测器缺少全球定位系统(GPS)、GLONASS等全球定位系统的支持,深空轨道确定精度有限,同时存在时间延迟长、地面测控与数据传输支持弱等特点,因此小天体引力场测量需要发展全自主测量的能力。

到目前为止,在人类开展的小天体探测任务中,尚未有专用的小天体引力场测量任务。但根据部分探测器得到了有限分辨率和精度的小天体引力场模型，如根据 NEAR 观测数据反演得到了 15 阶次的引力场模型 [51]。

基于潮汐加速度测量也可以实现小行星引力场测量的方法。小行星引力场会产生引力梯度，引力梯度对探测器产生潮汐加速度，利用单个加速度计测量得到这个潮汐加速度，就可以估计得到小行星引力场。与欧洲航天局研制的"地球重力场和海洋环流探测"(GOCE) 卫星的重力场测量原理不同，GOCE 卫星重力梯度仪需要 6 个两两正交布置的加速度计，用于测量重力梯度张量。这里，只需要 1 个加速度计，测量潮汐加速度即可。

加速度计不安装在航天器质心，而是与质心存在一定的偏差，这实际上是一种简化版的重力梯度仪，虽然不能得到重力梯度张量，但是可以得到梯度张量中的某个分量，也可以用于重力场测量。

对于小行星引力场测量而言，轨道摄动方法是不可行的，因为小行星引力场极其微弱，卫星摄动轨道定轨误差、非引力干扰会淹没小行星引力场信号。那么这时，小行星引力场采用星星跟踪或重力梯度模式是否可行？两者要么都可行，要么都不可行，因为它们本质上都是长基线相对轨道摄动重力场测量的。

以小行星迪蒂莫斯为例,潮汐加速度重力梯度测量法的可行性得到了说明。NASA 计划利用 DART 航天器撞击该小行星，验证小行星撞击-偏转防御技术。

偏心加速度计用于测量重力梯度分量，无法测量得到航天器受到的非保守力。从而无法测量引力干扰的影响。因此可以考虑部署两个加速度计，一个在质心，用于测量航天器受到的非引力干扰；另一个沿径向偏心布置，用于测量重力梯度。虽然小行星引力场很弱，引起的轨道摄动信号的绝对值微弱，但是由于形状不规则，其引力场也极其不规则，所以相对轨道摄动变化量大。因此，可以考虑采用卫星编队进行星星跟踪测量，或者利用简化的重力梯度仪进行重力梯度测量。

2.6　近地小天体观测新路径

2.6.1　基于小卫星集群的近地小天体协同观测系统构想

本研究团队开展了近地小天体探测与安全防御系统研究。在小天体探测与观测技术研究方面，我们提出了基于小卫星集群的多目标抵近观测方案，开展了小天体质量和运动特性识别等研究。

考虑到小天体监测与安全防御的深空环境以及任务的复杂性，单颗卫星在实现观测与操控任务时缺少协助支持。并且单颗卫星各功能单元互相耦合嵌套，若其中某个部件出现问题，则会导致整个航天器寿命的降低，甚至飞行任务的失败。构建卫星集群则可以有效解决以上问题。卫星集群是由多颗卫星组成的卫星群体，卫星之间可以相互协作，具备自组织自发展能力。在未知区域、危险区域对目标进行探测时，可以利用多颗卫星共同构成探测集群，实现对目标的分布式探测，获取更详尽的信息。

由此提出了近地小天体多目标集群探测系统，该系统选用由一个母航天器和多个子航天器组成的系统架构。其中，母航天器具备环境自感知与智能自主任务构建与重构的能力。母航天器作为系统的指挥官，具备与子航天器通信并发送指令的能力。母航天器搭载高分辨相机，在小行星检测任务期间对小行星进行拍照。子航天器搭载相机、激光测距仪、锚定工具等，具备小天体软着陆能力和小天体变轨控制能力。母航天器装有太阳帆，采用电推和太阳光压混合推进方案。子航天器可采用化学推进或与电推等其他方式组合推进。

2.6.2 抵近探测目标筛选

对于星际探测任务，特别是对于小天体探测，科学探测目标的选择无疑是任务设计与规划的第一步。在开展深空探测活动初期，由于受到科技水平的限制，在探测目标选择上主要是考虑目标的可接近性，目标可接近性通常是由完成与探测目标的交会任务所需的速度增量或能量来评价的。随着科技进步和深空探测任务的进一步开展，人们在探测目标的选择上逐渐趋向于探测目标本身的科学价值上，如"巨类"小行星、彗核、特殊金属类小行星等。世界范围内对小行星起源、演化、光谱类型、轨道特性等方面进行了大量研究，这为探测目标科学价值的分析和选择奠定了基础。因此，我们对于探测目标选择方面的研究，倾向于探测目标既具有很高的科学价值又具有较好的可接近性。基于对地球有威胁的近地小行星列表，通过分析威胁程度、探测代价、小天体变轨难度，建立了小行星目标筛选模型。假设发射时间为 2020~2025 年。

其中，探测所需速度增量小于 8km/s，小天体 $H < 22$mag 的近地小天体如表 2-8 所示。

表 2-8 筛选结果 1

名称	H/mag	估计直径 /m	最小速度增量/(km/s)
341843 (2008 EV5)	20	174~778	6.268370
(2007 SQ6)	21.9	73~324	6.489362
(2001 QC34)	20.1	166~743	7.830378
(2011 DV)	20.6	132~590	6.530362
(1999 RA32)	21.2	100~448	7.205362
(2011 GD60)	21.7	80~356	7.850362
363305 (2002 NV16)	21.4	91~408	7.894218

探测所需速度增量小于 6km/s，小天体 $H < 25$mag 的近地小天体见表 2-9。

探测所需速度增量小于 7km/s，小天体 $H < 23$mag 的近地小天体如表 2-10 所示。

表 2-9　筛选结果 2

名称	H/mag	估计直径 /m	最小速度增量/(km/s)
(2016 TB18)	24.8	19~85	5.551370
(2007 YF)	24.8	19~85	5.475450
(2014 YD)	24.3	24~107	5.666394
(2013 WA44)	23.7	32~142	5.442442
(2012 BB14)	25	17~78	5.346370
(2009 HC)	24.7	20~89	4.533362
(2007 UY1)	22.9	46~205	5.505362
(2001 CQ36)	22.5	55~246	5.824354
(2012 PB20)	24.9	18~81	5.100362

表 2-10　筛选结果 3

名称	H/mag	估计直径/m	最小速度增量/(km/s)
(2006 FH36)	22.9	46~205	6.069362
(2011 AA37)	22.8	48~214	6.648386
(2007 UY1)	22.9	46~205	5.505362
(2001 CQ36)	22.5	55~246	5.824354
(2008 EV5)	20	174~778	6.268370
(2007 SQ6)	21.9	73~324	6.489362
(2011 DV)	20.6	132~590	6.530362

被广泛选为探测目标的有小行星 101955 Bennu(贝努) 和小行星 433 Eros(爱神星) 两颗小行星,如图 2-34 和图 2-35 所示。两颗小行星的信息如表 2-11 和表 2-12 所示。

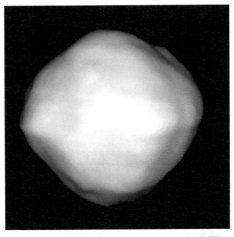

图 2-34　小行星 101955 Bennu 示意图

图 2-35　小行星 433 Eros 示意图

表 2-11　目标筛选结果

名称	a/AU	e	i/(°)	Ω/(°)	ω/(°)	M/(°)
小行星 101955 Bennu	1.12599	0.203745	6.035	2.03	66.29	312.637
小行星 433 Eros	1.45794	0.222	10.828	304.322	178.817	71.28

表 2-12　目标小天体信息

名称	最小轨道相交距离 AU	潜在威胁小行星	质量/kg	直径/m	自转周期/h
小行星 101955 Bennu	0.00292	是	6.8×10^{10}	246	未知
小行星 433 Eros	0.1505	否	6.68×10^{15}	3300	5.720

2.6.3　多目标抵近探测任务流程设计

2.6.1 节筛选出了两颗适宜探测的目标小天体，即小行星 101955 Bennu 和小行星 433 Eros。利用小卫星集群对这两颗小天体实施抵近探测，其主要目的在于：

(1) 验证深空环境下的小卫星探测编队维持与重构技术；

(2) 验证面向两颗不同小天体的深空轨道机动与抵近交会技术；

(3) 验证各种探测手段和探测载荷的综合性能，识别小天体的各种物理特性；

(4) 验证和评估小天体轨道干预与偏转技术。

小卫星集群有星座、卫星编队、交会对接等架构，实施多元化任务具有优势。因此，由母航天器携带两颗子航天器，组成小卫星集群，以开展多重任务、多颗目标小天体的多目标抵近探测 (图 2-36)。在探测过程中，首先对小行星 101955 Bennu 小天体实施抵近绕飞，利用子母航天器编队对其开展近距离探测观测，而后由母航天器携带两颗子航天器在此转移至小行星 433 Eros 进行探测，并最终降落至小行星 433 Eros 以开展轨道干预和偏转。

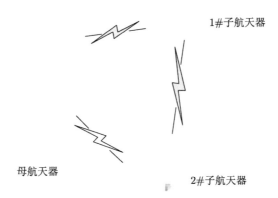

图 2-36   小卫星集群探测概念示意图

为实现上述探测任务，小卫星集群的载荷方案如表 2-13 所示。

表 2-13   小卫星集群的探测载荷方案

序号	载荷	功能	母星	子星 1#	子星 2#
1	X 射线波段无线电系统	测量多普勒效应，实施重力场反演	●		
2	高分辨率可见光相机	获取小天体表面高清图像	●		
3	红外相机	获取小天体红外发射光谱图像	●		○
4	宽幅可见光相机	测量小天体相对视线角、光度等	●	●	●
5	微型雷达	测距、测方位角、获取雷达图像	○	●	

注：●-携带；○-可选。

多目标抵近探测任务共分为四个阶段，分别列举如下。

阶段一：母航天器携带子航天器在光压和小推力混合推进的作用下从地球出发，与小行星 101955 Bennu 交会。

阶段二：母航天器释放子航天器，子母航天器形成特定的编队构型，此时构型为集群的松散编队，对相对位置无严格要求。子母航天器在小行星 101955 Bennu 的周期轨道上集群飞行，并对小行星 101955 Bennu 进行拍照等探测，获得小天体的详细信息。

阶段三：子航天器回到母航天器，并一起离开小行星 101955 Bennu，飞往小行星 433 Eros，并与之交会。

阶段四：到达小行星 433 Eros 之后，母航天器利用光压和小推力悬停在小行星 433 Eros 的稳定平衡点，母航天器释放子航天器，子航天器在母航天器的支持下，着陆到小行星 433 Eros 上。着陆点选取为稳定平衡点的下方。随后，子航天器利用质量驱动等变轨控制方法改变小行星 433 Eros 的轨道。同时，母航天器利用太阳光压作用长时间悬停在小天体的稳定平衡点,利用 Yarkovsky 效应改变小天体轨道。

2.6.4 分布式智能协同探测与识别

以个体 Agent 模型为基础,结合人工智能的相关研究,可以实现小天体多谱段分布式智能协同探测与识别。同时,以此为基础发展起来的多 Agent 系统又是解决集群控制问题的重要途径。为了确保深空环境下,子母星能够在不依赖地面测控信息的情况下自主执行任务,采用基于 Agent 的集群系统建模与控制体系,为子母星的智能协同工作奠定基础。

如表 2-14 所示,采用分层混合 Agent 结构建立智能个体的 Agent 模型。智能个体分别通过规划与调度 Agent 完成任务执行的自主规划与调度。规划与调度 Agent 主要是与环境 Agent 和集群系统中的其余智能个体以及人进行交互,环境 Agent 包括集群系统客观运行的物理环境。规划与调度 Agent 包括协作层、决策层、控制层。

表 2-14 不同探测观测方法在实现不同功能方面的优劣对比 [28]

位置	技术手段	功能	优势	不足
地基	雷达/可见光	搜索	轨道确定精度高; 能够获得亮度和旋转信息相关的数据; 运营成本较低	无法确定小天体的尺寸
地基	可见光 (采用光度法和光谱法)	特征感知	可以提供角速度、分析物质组成和表面成分、可以提供大致形状	视野不佳不适合搜索; 仅能感知已知对象的物理特性
地基	雷达	特征感知	如果已知物体通过足够接近地球的距离,则可以测量这些物体的尺寸精度; 在其他来源发现后可以大大提高轨道的准确性; 通过远程观测,精确获得各种物理特性参数,目标不局限于近地小天体; 维护成本可控	雷达视场不适用于搜索;仅能感知已知对象的物理特性
天基	可见光	搜索	轨道精度很高; 通过多光谱方法可以获得反照率; 可以通过成像分辨旋转特性和形状	无法确定小天体的尺寸; 部署成本高,部署时间长
天基	可见光 (小卫星组网观测)	搜索	成本低	形状分辨率不佳
空基	红外	特征感知	—	视场小; 性能低
地基	中红外	特征感知	已知星等的情况下可以测量反照率	视场小; 性能低; 能够测量角速度但不及可见光观测
天基	红外	搜索	尺寸精度高; 通过尺寸和亮度能够获得反射率	后续成本高

　　控制层由感知器和效应器构成。感知器的主要功能是感知自身状态和外界目标、环境状态，包含导航敏感 Agent 和载荷 Agent，导航敏感 Agent 的主要功能是完成自身绝对位置、姿态信息的测量，以及完成对目标相对位置、速度、角度、角速度的测量。载荷 Agent 主要是完成特定任务所选用的载荷。效应器由智能体间通信 Agent 构成，完成智能个体本身的运动机动。

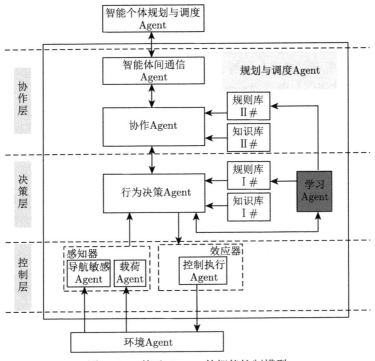

图 2-37   基于 Agent 的智能控制模型

　　协作层主要是完成智能个体系统内部之间，以及智能个体与人的信息通信和自主协商，协作层由智能体间通信 Agent、协作 Agent、规则库和知识库构成。智能体间通信 Agent 利用无线自组织网络完成各自状态的发送，以及获取系统中其余智能个体发送的状态。规则库用于存放智能个体的规则。知识库中存放个体的运动模型和任务执行模型。协作 Agent 完成的主要功能是接受智能体间通信Agent 和行为决策 Agent 的信息，利用知识库信息，执行规则库的规则，将信息通过智能体间通信 Agent 发送给集群系统中的其余智能个体，同时传输给行为决策 Agent。

　　决策层主要是完成智能个体的行为决策，接受协作层传递的集群中其余智能个体的信息，同时根据感知器感知的外界环境和目标情况，自主进行行为决策，产生驱动效应器的期望指令。行为决策层主要由行为决策 Agent、规则库、知识库构成。

另外，在智能个体的 Agent 模型中引入学习 Agent。智能个体不是唯一一次执行某一确定性任务，而是反复多次执行任务，并且每次执行任务时所处的空间位置不同、环境不同，所面临的对象也不同，任何既定的规则和行为决策策略都无法保证多种任务顺利执行，只有通过引入学习机制，才能从根本上解决智能个体的自主智能性，适应不同环境和不同对象，作出成功决策。这里学习的对象为客观存在的物理环境。

母星机动至小天体探测区域后，一项重要任务是完成对目标小天体的精密轨道确定和对小天体尺寸、形状、图像信息的识别，为后续对小天体的抵近操控奠定基础。子星集群构建多谱段分布式系统，完成对小天体的协同探测与识别。

小天体探测与识别小卫星子群由 2 颗子星构成，2 颗子星采用集群松散构型维持集群的基本生存状态，1# 子星携带雷达探测载荷，完成对目标方位、探测距离和雷达散射特性的确定，2# 子星携带红外探测载荷，对目标的红外特性进行测量，1#、2# 子星携带宽视场可见光探测载荷，获取目标的视线角和光度变化特征 (图 2-38)。

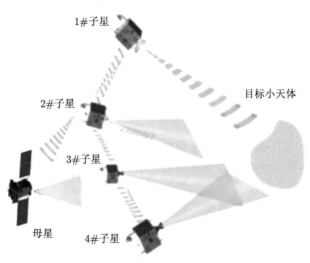

图 2-38　小天体多谱段分布式探测与识别示意图

卫星子群利用接收到的目标多谱段信号，通过联合滤波准确估计小天体的位置和速度 (图 2-39)，同时利用可见光探测器测量得到的目标时序光度信息，构建基于光度信息深度学习的目标姿态和尺寸智能识别系统，完成对小天体目标姿态和尺寸的识别 (图 2-40)。

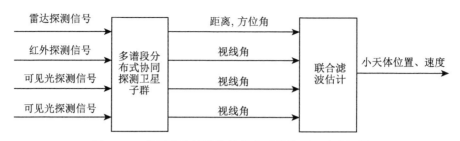

图 2-39　基于联合滤波估计的小天体位置、速度识别

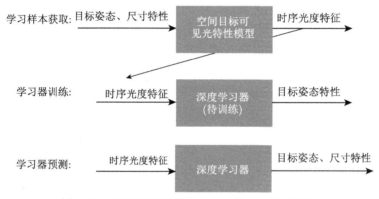

图 2-40　基于深度学习的小天体姿态、尺寸识别

2.7　本　章　小　结

地基、天基的不同观测位置和雷达、可见光、红外等不同观测波段的探测观测方法各有其优劣，如表 2-14 所示。

区别于天基或地基的广域探测观测方法，抵近探测观测方法针对具体的近地小天体发射探测器进行近距离飞越甚至附着采样，能够获得最为精细的小天体特征信息，从而使得人们能够对小天体的成分、演化过程作出准确判断。抵近探测观测的方法建立在已经获得准确的轨道信息的基础上，对感兴趣的目标小天体进行高精度的物理特征感知，并可以根据探测航天器的轨道运动特性，求解出小天体附近的引力场分布。

世界范围内对近地小天体的探测与观测已持续近 30 年，并取得了较为丰硕的成果。当前，人们拥有雷达、红外、可见光等多种探测观测手段，已经探测到 22000 余颗近地小天体。

在所有探测观测技术手段中，雷达探测精度高、效果好，但是雷达的探测距离有限，观测窗口窄，因而没有被大规模部署。可见光观测是一种普遍采用的光学观测方法，它拥有较好的便利性，在世界范围内被广泛采用。然而，可见光观测对小天体的反射率非常敏感，导致人们对观测到的近地小天体的物理特性无法准确估计，并且不利于观测较小、反射率较低的近地小天体。红外观测图像与小天体的反射率无关，因此可以在一定程度上弥补可见光观测的不足，能够更好地探测低亮度小天体。

目前，我国针对小天体的监测主要依赖地基雷达和光学探测手段[61]。地基雷达探测手段受基站位置固定的限制，要实现全天域探测十分困难，只可对特定区域进行探测，其有效覆盖范围无法达到对空域、时域的无缝覆盖，目前也还无法实现全球布站来提高覆盖范围。而地基光学探测手段，除受观测区域限制外，同时还受大气层杂光干扰和光照条件限制而只能在晴朗无云的夜晚观测，导致观测效率相对低，无法实现全天候和全天时工作的要求。

因此，人们尝试将近地小天体探测部署到空间环境中，以摆脱光线、大气和视野的影响。虽然目前天基近地小天体探测和观测还没有被广泛应用，但必将成为未来小天体探测的新主流。未来天基探测观测系统的部署位置极有可能从近地轨道逐步拓展到月球、日地拉格朗日点 (特别是 L1 点和 L2 点)、深空空间站等区域，从而获得好的探测视野和更稳定的通信能力。

抵近探测与观测是一种特殊的方法，它针对具体目标发射探测器，能够获得极高的观测精度，是开展进一步防御或利用的基础。目前已有数十项抵近探测的任务已被执行，从近地小天体防御与采矿的趋势来看，未来必将有更多的小天体抵近探测器被发射，这对人们准确了解近地小天体的物质组成、几何形状、引力场等信息至关重要。

本团队在长期研究的基础上，总结了近地小天体探测现有技术，筛选出了合适的抵近探测目标，提出了小卫星集群抵近探测子母星系统，以及分布式智能识别探测方法，为未来开展深空抵近探测试验提供了新颖的技术手段。

参 考 文 献

[1] NASA. https://cneos.jpl.nasa.gov/stats/site_all.html.

[2] Jedicke R, Morbidelli A, Spahr T, et al. Earth and space-based NEO survey simulations: prospects for achieving the spaceguard goal[J]. Icarus, 2003, 161(1): 17-33.

[3] Larson, S., Current NEO surveys[J]. Proceedings of the International Astronomical Union, 2006. 2(S236): p. 323-328.

[4] Stokes G, Evans J. Detection and discovery of near-earth asteroids by the linear program[J]. 35th COSPAR Scientific Assembly, 2004.

[5] Stokes G H, Evans J B, Viggh H E M, et al. Lincoln Near-Earth Asteroid Program (LINEAR)[J]. Icarus, 2000, 148(1): 21-28.

[6] Stokes G H, Shelly F, Viggh H, et al. The lincoln near-earth asteroid research (LINEAR) program[J]. 2002.

[7] Helin E F, Pravdo S H, Rabinowitz D L, et al. Near-earth asteroid tracking (NEAT) program[J]. Annals of the New York Academy of Sciences, 1997, 822 (1Near-Earth Ob): 6-25.

[8] Pravdo S H, Rabinowitz D L, Helin E F, et al. The near-earth asteroid tracking (NEAT) program: an automated system for telescope control, wide-field imaging, and object detection[J]. The Astronomical Journal, 1999, 117(3): 1616-1633.

[9] Rabinowitz D, Helin E, Lawrence K, et al. JPL's near-earth asteroid tracking (NEAT) program: a fully automated, remotely controlled, digital sky survey[J]. Bulletin of the American Astronomical Society, 1998.

[10] Larsen J A, Gleason A E, Danzl N M, et al. The spacewatch wide-area survey for bright centaurs and trans-neptunian objects[J]. The Astronomical Journal, 2001, 121(1): 562-579.

[11] Larsen J A, Roe E S, Albert C E, et al. The search for distant objects in the solar system using spacewatch[J]. The Astronomical Journal, 2007, 133(4): 1247-1270.

[12] Perry M L, Bressi T, Barr L D, et al. 1.8-m Spacewatch telescope motion control system//Telescope Control Systems III[C]. International Society for Optics and Photonics, 1998.

[13] Koehn B W, Bowell E. Lowell observatory near-earth-object search enhancements[J]. Bulletin of the American Astronomical Society, 2000.

[14] Christensen E, Larson S, Boattini A, et al. The Catalina Sky Survey: current and future work[C]. AAS/Division for Planetary Sciences Meeting Abstracts# 44, 2012.

[15] Johnson J A, Christensen E J, Gibbs A R, et al. The Catalina Sky Survey: status, discoveries and the future[C]. AAS/Division for Planetary Sciences Meeting Abstracts# 46, 2014.

[16] Larson S, Spahr T, Brownlee J, et al. The Catalina Sky Survey for NEOs[J]. Bulletin of the American Astronomical Society, 1998.

[17] Larson S, Spahr T, Brownlee J, et al. The Catalina Sky Survey for NEOs[J]. Bulletin of the American Astronomical Society, 1998: 1037.

[18] Denneau L, Grav T, Kubica J, et al. The pan-STARRS moving object processing system[J]. Publications of the Astronomical Society of the Pacific, 2013, 125(926): 357.

[19] Hodapp K, Kaiser N, Aussel H, et al. Design of the Pan-STARRS telescopes[J]. Astronomische Nachrichten: Astronomical Notes, 2004, 325(6-8): 636-642.

[20] Hodapp K W, Siegmund W A, Kaiser N, et al. Optical design of the pan-STARRS telescopes[J]. Ground-based Telescopes, International Society for Optics and Photonics, 2004.

[21] Jewitt D. Project Pan-STARRS and the outer solar system[J]. Earth, Moon, and Planets, 2003, 92(1-4): 465-476.

[22] Kaiser N. Pan-STARRS: a wide-field optical survey telescope array[J]. Ground-based Telescopes, 2004, International Society for Optics and Photonics.

[23] Kaiser N, Burke B E, Aussel H, et al. Pan-STARRS: a large synoptic survey telescope

array[J]. Survey and Other Telescope Technologies and Discoveries, 2002, International Society for Optics and Photonics.

[24] Kaiser N, Burgett W, Chambers K, et al. The pan-STARRS wide-field optical/NIR imaging survey[J]. Ground-based and Airborne Telescopes III, 2010, International Society for Optics and Photonics.

[25] Magnier E, Schlafly E, Finkbeiner D, et al. The pan-STARRS 1 photometric reference ladder, release 12.01[J]. The Astrophysical Journal Supplement Series, 2013, 205(2): 20.

[26] Project U.o.H.A. Asteroid Terrestrial-Impact Last Alert System (ATLAS). 2019, http://atlas.fallingstar.com.

[27] Malusky J. 20th Anniversary of the Green Bank Telescope. 2021. https://greenbankobservatory.org/dont-give-up-it-will-happen-virtual-workshop-celebrates-the-20th-anniversary-of-the-green-bank-telescope/.

[28] Board S S. Finding Hazardous Asteroids Using Infrared and Visible Wavelength Telescopes[J]. Washington, D. C.: National Academies Press, 2019.

[29] Grav T, Mainzer A K, Bauer J, et al. WISE/NEOWISE observations of the Jovian trojans: preliminary results[J]. The Astrophysical Journal, 2011, 742(1): 40.

[30] Grav T, Mainzer A K, Bauer J, et al. WISE/NEOWISE observations of the hilda population: preliminary results[J]. The Astrophysical Journal Letters, 2012, 744(2): 197.

[31] Mainzer A, Bauer J, Grar T, et al. Initial performance of the NEOWISE reactivation mission[J]. The Astrophysical Journal, 2014, 792(1): 30.

[32] Mainzer A, Bauer J, Grar T, et al. Preliminary results from NEOWISE: an enhancement to the wide-field infrared survey explorer for solar system science[J]. The Astrophysical Journal, 2011, 731(1): 53.

[33] Mainzer A, Grav T, Bauer J, et al. NEOWISE observations of near-earth objects: preliminary results[J]. The Astrophysical Journal Letters, 2011, 743(2): 156.

[34] Mainzer A, Grav T, Masiero J, et al. Physical parameters of asteroids estimated from the WISE 3-band data and NEOWISE post-cryogenic survey[J]. The Astrophysical Journal Letters, 2012, 760(1): L12.

[35] Mainzer A, Grav T, Masiero J, et al. Thermal model calibration for minor planets observed with wide-field infrared survey explorer/NEOWISE[J]. The Astrophysical Journal Letters, 2011, 736(2): 100.

[36] Mainzer A, Grav T, Masiero J, et al. NEOWISE studies of spectrophotometrically classified asteroids: preliminary results[J]. The Astrophysical Journal Letters, 2011, 741(2): 90.

[37] Hildebrand M A, Carroll K. The near-earth space surveillance (NESS) mission: discovery, tracking, and characterization of asteroids, comets, and artificial satellites with Amicrosate Satellite[C]. Lunar Planet. Sci, 2001, 32: 1790.

[38] Vereš P. Vision of perfect observation capabilities//Schmidt N. Planetary Defense: Global Collaboration for Defending Earth from Asteroids and Comets[M], Cham:

Springer International Publishing, 2018: 95-112.

[39] Report of the Near-Earth Object Science Definition Team: Update to Determine the Feasibility of Enhancing the Search and Characterization of NEOs[R]. NASA Science Mission Directorate, 2011.

[40] Hapke B, Danielson G E Jr, Klaasen K, et al. Photometric observations of mercury from mariner 10[J]. Journal of Geophysical Research, 1975, 80(17): 2431-2443.

[41] Wisniewski W, Michalowski T M, Harris A W, et al. Photometric observations of 125 asteroids[J]. Icarus, 1997, 126(2): 395-449.

[42] Conti P, Leep E. Spectroscopic observations of O-type stars. V. The hydrogen lines and lambda 4686 He II[J]. The Astrophysical Journal Letters, 1974, 193: 113-124.

[43] Crampton D, Cowley A P, Humphreys R. Spectroscopic observations of CRL 2688[J]. The Astrophysical Journal Letters, 1975, 198: L135-L137.

[44] Joy A H. Spectroscopic observations of AE aquarii[J]. The Astrophysical Journal Letters, 1954, 120: 377.

[45] Merrill P W. Spectroscopic observations of stars of class MD[J]. Publications of Michigan Observatory, 1916: 21.

[46] Ivezić Ž, Tabachnik S, Rafikov R, et al., Solar system objects observed in the Sloan digital sky survey commissioning data[J]. The Astronomical Journal, 2001, 122(5): 2749-2784.

[47] Jurić M, Lve zić Ž, Lupton R H, et al. Comparison of positions and magnitudes of asteroids observed in the Sloan Digital Sky Survey with those predicted for known asteroids[J]. The Astronomical Journal, 2002, 124(3): 1776-1787.

[48] Zellner B, Tholen D, Tedesco E. The eight-color asteroid survey: results for 589 minor planets[J]. Icarus, 1985, 61(3): 355-416.

[49] Carry B. Density of asteroids[J]. Planetary & Space Science, 2012, 73(1): 98-118.

[50] Carroll K, Faber D. Tidal acceleration gravity gradiometry for measuring asteroid gravity field from orbit[C]. 69th International Astronautical Congress, 2018.

[51] Miller J K, Konopliv A S, Antreasian P G, et al. Determination of shape, gravity, and rotational state of asteroid 433 Eros[J]. Icarus, 2002, 155(1): 3-17.

[52] Onaka T. AKARI—infrared satellite mission—present status and early results[J]. Earth, Moon, and Planets, 2009, 104(1): 337-348.

[53] Murakami H. ASTRO-F Infrared Sky Survey mission//Optical, Infrared, & Millimeter Space Telescopes[C]. International Society for Optics and Photonics, 2004.

[54] Prusti T, Bruijne J, Brown A, et al. The Gaia mission[J]. Astronomy & Astrophysics, 2016: 595.

[55] Lu E T, Reitsema H, Troeltzsch J, et al. The B612 foundation sentinel space telescope[J]. New Space, 2013, 1(1):42-45.

[56] Hoffman T, Liu Y, Lysek M, et al. Near-Earth Object Surveyor Overview[C]. 2022 IEEE Aerospace Conference (AERO),2022: 1-16.

[57] Catala C, Consortium T P. PLATO: planetary transits and oscillations of stars[J]. Experimental Astronomy, 2009, 23(1): 329-356

[58] McElwain Michael W, Feinberg Lee D, Kimble Randy A, et al. The James Webb Space Telescope mission status[C]. Space Telescopes and Instrumentation 2022: Optical, Infrared, and Millimeter Wave, 2022, 23. 10.1117/12.2630478.

[59] 唐歌实, 韩松涛, 陈略, 等. 深空网干涉测量技术在"娥 3 号"任务中应用分析 [J]. 深空探测学报, 2014, 1(2):4.

[60] 于志坚, 李海涛. 月球与行星探测测控系统建设与发展 [J]. 深空探测学报 (中英文), 2021, 8(6):12.

[61] 吴伟仁, 李海涛, 李赞, 等. 中国深空测控网现状与展望 [J]. 中国科学: 信息科学, 2020, 50(1):22.

第 3 章　小天体轨道干预技术

3.1　引　　言

近地小天体对地球造成的威胁具有"距离近，数目多，破坏力大，隐蔽程度高"的特点，具体表现在：① 近地小天体的轨道近日点在 1.3AU 以内，与地球轨道相近，其中一部分小天体具有和地球碰撞的潜在风险，称为潜在威胁小天体；② 目前已经编目的近地小天体有 2 万多个，其中潜在威胁小天体超过 1800 颗，每天至少有 100t 陨石物质撞击地球大气层，地球天空中每天的流星数量超过 2500 万；③ 近地小天体与地球的相对速度高达几十千米每秒，大多数质量和体积较小的小天体在进入地球大气层时会燃烧分解，但是直径大于100m 的石质物体就会冲入大气层撞击到地面，引起破坏性的冲击波、热脉冲、地震、火灾和海啸等；④ 受地球运行轨道限制，日地连线另一侧的小天体可能经过 10~20 年的时间才被观测到，很多未被观测到的近地小天体亦具有潜在撞击风险。然而，近地天体防御的问题还未得到各国政府的足够重视，几乎没有专门的机构负责。NASA 于 2016 年才成立行星防御协调办公室 (Planetary Defense Coordination Office, PDCO)，其主要负责检测和追踪近地小天体，鉴别飞向地球的潜在威胁小天体，并提出防御方案，同时向公众发布警告。但是，在如何防范小天体撞击地球的问题上，受限于目前人类的技术发展水平，难度还相当大。一些国家也有类似的防护计划在酝酿 (如欧盟资助、德国主要负责的防御小行星项目——"近地轨道防护盾"计划)，但大都停留在理论阶段，具体方案的可行性和有效性还存在争议。

潜在威胁小天体可能造成的撞击灾难是人类必须直面的重大威胁，如何减缓、避免近地小天体撞击地球成为人类必须共同面临的问题。

基于轨道偏移的行星防御是解除近地小天体撞击地球危险的应用行星科学，近地小天体轨道偏移主要分为以下三个过程：① 通过探测、跟踪、分析近地小天体的运行特征，获取其轨道参数，并对其撞击地球的风险及破坏程度进行评估，筛选出需要进行轨道干预的潜在威胁天体；② 针对不同小天体的轨道特点、形状尺寸、结构组成，建立相应的数学模型，选择合适的轨道干预方法进行轨道偏移；③ 对人工干预后的小天体轨道偏移情况进行分析，重新评估小天体及轨道偏移后产生的碎片对地球的威胁程度。其中第①、③步重点在于对小天体的探测和评估；

第②步作为小天体轨道干预和偏转的核心研究内容，需要根据不同任务的特点和需求，采用不同的干预策略，目前相应的轨道干预与偏转关键技术包括 ① 动能撞击；② 核爆打击；③ 引力牵引；④ 表面烧蚀；⑤ 表面物质投射；⑥ 航天器助推；⑦ 离子束偏移和 ⑧ 绳系质量块等。不同方法所花费的能源成本、时间成本以及针对的小天体形状和尺寸各不相同，各技术的成熟度也有所差异。下面将针对小天体轨道干预与偏转的不同候选方法，对其特点、适用范围、优缺点进行详细介绍，并结合相关任务及重要研究成果进行综合分析与比较。

3.2 相关任务情况

目前，与小天体轨道偏移相关的任务有已经完成的深度撞击任务、小行星重定向任务和在研的小天体撞击与偏转评估任务。

3.2.1 深度撞击任务

2005 年 1 月 12 日，NASA 从肯尼迪航天中心用德尔塔-2 运载火箭发射了一颗质量 370kg 的"深度撞击号"的探测器，撞击目标是坦普尔-1 彗星。经过 173 天、大约 4 亿 3100 万 km 的旅程后，2005 年 7 月 4 日"深度撞击号"飞越了坦普尔-1 彗星。在脱离彗星一天后，探测器开始部署撞击器。在撞击彗星时，飞行器已经离开彗星 8606km。撞击器在撞击发生后 14min 达到与彗核的最短距离，大约为 500km，撞击速度达到 10.3km/s，撞击的能量达到 4.7t TNT 当量。

NASA 于 2013 年 9 月 20 日宣布，被称为"彗星猎手"的"深度撞击号"已经"死亡"。任务对撞击及其余波的观测和分析，对于了解彗核的成分、撞击造成的撞击坑深度、彗星的形成地点等具有重大帮助。"深度撞击号"是首次在轨轨道偏置试验，为之后相关小天体撞击研究提供了宝贵经验。

"深度撞击号"由两个主要部分组成：用于撞击彗星的铜核心"智能撞击器"和在安全距离外拍摄坦普尔-1 彗星的"飞掠探测器"(图 3-1)。

"深度撞击号"的撞击器部分有一个名为"撞击目标传感器"(ITS) 的装置，它和中分辨率相机光学部分相同，但是没有滤光轮。该仪器有双重作用：检测撞击器的轨道和近距离拍摄彗星。从释放到撞击的这段时间内，撞击器共需调整四次轨道。当撞击器接近彗星表面时，相机会拍摄彗核的高分辨率照片 (高达 0.2m/像素) 并实时传送到飞掠探测器，直至撞击器撞毁 (图 3-2)。撞击器最后一次传输距撞击彗星还有 3.7s，离表面约 38km。撞击器的有效载荷称为弹坑质量 (Cratering Mass)，完全由铜制成，占撞击器总质量的 49%。之所以用纯铜制作，是因为科学家预期彗星内不会有铜的存在，如此可以从分光仪中排除铜元素的影响，同时也能减少撞击时产生的碎片，以免干扰科学仪器工作。此外，相对于爆炸物来说，使用铜作为载荷也更加廉价。

图 3-1   "深度撞击号"的撞击器与探测器分离

(1) 撞击前69天   (2) 撞击前35天   (3) 撞击前19天   (4) 撞击前13天   (5) 撞击前7天

图 3-2   "深度撞击号"抵近坦普尔-1 彗星拍摄的照片

飞掠探测器长 3.2m、宽 1.7m、高 2.3m,拥有两块太阳能电池板、一个碎片盾以及数个科学仪器。科学仪器分别用于成像、红外光谱探测和靠近彗星的光学导航。科学仪器的质量为 90kg,相遇时消耗的功率达 92W。为使飞掠探测器保持三轴稳定,它还装备有一个联胺推进器,可以提供大约 5000N·s 的总冲量,燃料质量则占到了 86kg。飞掠探测器使用一个直径 1m、工作在 X 波段的抛物线天线与地球联系。飞掠探测器和撞击器之间则以 S 波段沟通,上行速度为 125bit/s,下行速度达 175bit/s。探测器获取的科学数据存储在两台互为备份的 RAD750 型计算机之中,这种计算机以国际商用机器 (IBM) 公司的 PowerPC 750 为基础,各拥有 309 兆字节的空间,且经过防辐射处理以防御宇宙射线。探测器还携带了两个相机:高分辨率相机 (High Resolution Instrument, HRI) 和中分辨率相机 (Medium Resolution Instrument, MRI)。高分辨率相机是由一个带有滤光轮的可见光波段相机以及一个称作"光谱成像模块"(Spectral Imaging Module,

SIM) 的红外分光仪组成的, 其中红外分光仪工作在 1.05~4.8μm 波段。高分辨率相机主要用来观测彗核。中分辨率相机是备用设备, 主要用于抵达前最后 10 天的导航。

3.2.2 小行星重定向任务

2013 年美国提出小行星重定向任务 (Asteroid Redirect Mission, ARM), 但出于种种原因于 2017 年取消了该计划。小行星重定向任务分析了两种方案, 即捕获整个小行星或从目标小行星表面取一块矿石, 方案分四步: 第一步, 根据探测器能提供的最大功率、任务时间、接近地球时刻、小行星结构成分类型及整个捕获过程需要的速度增量等约束条件, 确定捕获目标和捕获质量; 第二步, 探测器从地面发射到近地球轨道, 在探测器自带 40kW 电推进器的推动下, 将探测器轨道远地点缓慢提高到月球高度, 并在月球引力辅助下进入逃逸地球轨道, 随后在电推进器推动作用下奔向目标小行星; 第三步, 探测器接近目标小行星之后, 开展为期 90 天的小行星近距离探测, 获取高精度自旋状态参数和详细的形状尺寸, 之后进行消旋并捕获; 第四步, 电推进器将捕获的目标小行星推到地月系统, 通过月球引力辅助将特征能量 C3 降低到小于零的高轨道, 此轨道不稳定。在月球引力辅助之后经过 4 个月时间将捕获的小行星转移至绕月逆向稳定轨道, 等待载人探测器着陆进行探测。

3.2.3 双小行星重定向测试

3.2.3.1 任务概述

DART (Double Asteroid Redirection Test): 它是世界上第一个行星防御测试任务, 也是有史以来第一次利用动能撞击技术使小行星偏转的太空任务 (图 3-3)。DART 任务是小天体撞击与偏转任务 AIDA 的一个子项目。AIDA 任务是由欧洲航天局、NASA 以及约翰霍普金斯大学合作的项目, 由两个子项目组成, 一个是由 NASA 负责的 "双小行星重定向测试" (DART), 目标是撞击 Didymos (迪蒂莫斯) 双小天体系统; 另一个是由欧洲航天局负责的 "小天体撞击监视器", 目标是对撞击前后的小天体进行观测研究。

2021 年 11 月 24 日星期三, DART 任务航天器搭乘 SpaceX 公司猎鹰 (Falcon) 9 火箭从加利福尼亚州范登堡太空部队基地的 4 号太空发射中心起飞, 成功进入太空 (图 3-4)。任务航天器已于 2022 年 9 月 27 日上午 7 点 14 分 (北京时间) 在距离地球约 1100 万 km 的太空中以大约 6.6km/s 的速度成功与 Dimorphs 相撞。任务航天器已于 2022 年 9 月 27 日上午 7 点 14 分 (北京时间) 在距离地球约 1100 万 km 的太空中以大约 6.6km/s 的速度成功与 Dimorphs 相撞。

图 3-3　DART 任务

图 3-4　DART 任务航天器成功发射升空

3.2.3.2　任务背景

近地小天体指的是像行星一样围绕太阳运行的小行星和彗星，它们受附近行星引力的影响来到地球附近。在地球轨道摄动作用下，近地小天体有可能撞向地球，造成灾难性后果。绝大多数近地小天体是小行星，称为近地小行星，截至 2022年 3 月 7 日已发现的近地小行星共计 28464 颗 (图 3-5)，具有潜在威胁小行星共计 2263 颗，2021 年发生的小行星飞掠事件高达 1076 次，其中 21 颗进入大气层，因此人类亟须开展近地小天体防御研究工作，提高近地小天体轨道干预能力，制定并优化小天体防御任务策略。

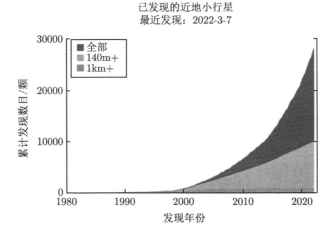

图 3-5　近地小行星累计发现数量同时间的关系

经调查研究，当前相对成熟的小行星防御方法有以下五种：核爆打击法，即使用核武器将目标小行星炸成碎块，但碎块可能继续飞向地球；动能撞击法，其利用飞行器撞击小行星，偏转小行星轨道，局部毁伤小行星；拖曳法，利用飞行器拖住小行星，但对大尺寸小行星无能为力；激光烧蚀法，利用激光烧蚀小行星，其技术成熟度低；引力牵引法，利用万有引力，缓慢牵引改变小行星轨道，其需要较长的预警时间。

综合来看，技术成熟度最高、最可行的防御手段还是动能撞击法，为进一步验证该防御技术，为未来行星防御任务做准备，DART 任务应运而生 (图 3-6)。

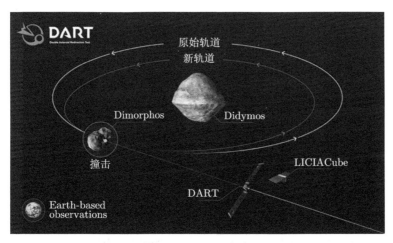

图 3-6　DART 任务

3.2.3.3 目标选择

DART 任务的目标是双小行星系统 Didymos，小行星 Didymos 于 1996 年 4 月 11 日由美国 Spacewatch 巡天计划发现，临时编号为 1996 GT，国际永久编号为 65803。Didymos 源于古希腊语，意为"双胞胎兄弟"(图 3-7)。

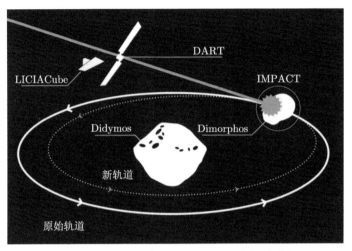

图 3-7   DART 目标：Didymos 双小行星系统

Didymos 小行星直径约 780m，其卫星 Dimorphos 直径约 160m (图 3-8)，轨道周期约为 11.9h，两者距离约 1.2km。DART 任务正是通过撞击 Dimorphos 改变其相对 Didymos 小行星的轨道，使其绕转周期缩短约 10min。

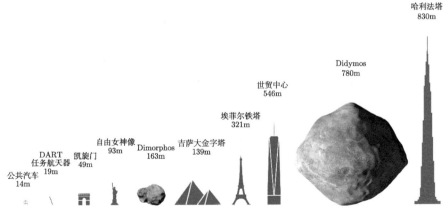

图 3-8   DART 任务航天器、Didymos、Dimorphos 直径对比

Didymos 双小行星系统运行在一条环绕太阳的椭圆轨道上，距离太阳最近约 1.013AU (约为 1.52 亿 km)，距离太阳最远约 2.275AU (约为 3.41 亿 km)，环绕太阳运行一圈需要约 770 天 (图 3-9)。该双星系统上次接近地球是在 2003 年，当时距离地球最近约 718 万 km。NASA 也利用这次飞掠机会，对其开展了雷达观测，获得了其雷达图像。也是在 2003 年，发现了这颗小行星还有颗小卫星，也就是该任务撞击的目标 Dimorphos。

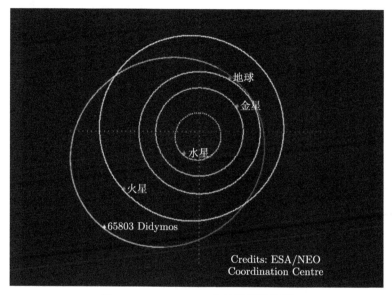

图 3-9　Didymos 双小行星系统轨道

从地球上观测，Didymos 双星系统属于食双星系统 (Eclipsing Binaries) (图 3-10)，其中 Dimorphos 围绕 Didymos 的轨道平面与观察者的视线平面几乎平行。在 Dimorphos 围绕 Didymos 旋转的过程中，两者会彼此掩食，形成亮度有规律的、周期性变化的双星系统。通过地球望远镜观察，可以通过观测到的 Didymos 双星系统亮度的周期变化数据，确定相撞前后 Dimorphos 的轨道，进一步估算碰撞带来的速度增量，对动能撞击方法防御小行星的效率进行评估。

Didymos 双星系统下次接近地球是在 2022 年 10 月 4 日，届时距离地球最近约 1066 万 km。这也正处于 DART 任务选择的撞击窗口附近，目标小行星处于地面望远镜可观测弧段内，能够对其撞击过程实时监测。DART 任务的目标选择十分巧妙，主要优势有以下四点：

第一，撞击对象选择了一个对人类没有任何威胁的双星系统，无论撞击结果如何，这两颗小行星在未来几百年都不可能撞向地球，有效回避了撞击小行星带来的各种次生问题；

图 3-10　地球与 Didymos 双星系统

第二，撞击对象选择了一个食双星系统，通过撞击改变子星相对主星的绕转周期，再通过地面观测可以获得撞击前后的光变曲线，能够可靠地得到撞击带来的周期变化，进一步估算出撞击产生的速度增量，有效解决了毫米每秒精度的深空速度测量难题；

第三，撞击窗口选择在这颗小行星距离地球只有约 1000 万 km 处，可以利用地面望远镜对撞击过程进行全程监测，解决了撞击过程监测难题；

第四，Didymos 双星系统观测数据较多，有利于其精密轨道的确定，从而进一步了解双星系统相关特性信息。

3.2.3.4　DART 航天器

DART 航天器的成本较低，其主体结构是一个尺寸约为 1.2m×1.3m×1.3m 的盒子，其他结构延伸出来后，航天器所占空间约为 1.9m×1.8m×2.6m。此外，该航天器有两个非常大的太阳能电池板，当完全部署时，每个电池板长 8.5m。DART 航天器基本数据见表 3-1。

表 3-1　DART 航天器基本数据

发射时总质量	610kg
撞击时总质量	550kg
肼推进剂	50kg
氙气总携带量	60kg
氙气实际消耗量	10kg
预计相撞速度	6.6km/s

DART 航天器具有唯一的有效载荷：DRACO(Didymos Reconnaissance and Asteroid Camera for Optical Navigation)，它配备了源自 New Horizons LORRI 的高分辨率成像仪，DRACO 的主要工作是对 DART 航天器进行导航瞄准。它使用孔径约为 208mm 的窄角望远镜和一个 CMOS (Complementary Metal-Oxide Semiconductor) 成像传感器，此外它还搭载了高性能图像处理器，支持 SMART Nav 算法。

DRACO 将在航天器与小行星相撞前大约 30 天开始对 Didymos 系统进行成像。在任务最后阶段，DRACO 将根据拍摄到的图像，对 DART 的航向进行校正，使任务完成。最终传输回地球的图像将为碰撞过程建模以及分析 DART 超高速撞击的结果提供重要的依据 (图 3-11)。

图 3-11　DART 搭载的 DRACO 传感器

DART 航天器还将携带由意大利航天局 (Agenzia Spaziale Italiana, ASI) 研制的立方星 LICIACube(Light Italian CubeSat for Imaging of Asteroida)。DART 航天器将在 Dimorphos 相撞前 10 天左右释放、部署 LICIACube (图 3-12)。LICI-ACube 将见证 DART 航天器对 Dimorphos 的整个撞击过程，记录拍摄两者相撞的图像以及由撞击产生的喷射物云、撞击坑等。

LICIACube 上主要搭载两种传感器 (图 3-13)：一是 LEIA(LICIACube Explorer Imaging for Asteroid)，它是一种窄视场全色域相机，用于远距离拍摄高空间分辨率的图像；一种是 LUKE (LICIACube Unit Key Explorer)，它是一个宽视场 RGB 摄像机，主要用于对小行星周边环境进行多色分析。

其中 DRACO 传感器 (图 3-14) 的科学任务可以总结为以下几点：① 为 DART 航天器导航，瞄准 Didymos 双星系统，精准撞击 Dimorpohs；② 识别

Didymos 及 Dimorphos 并检测其大小和形状；③ 在 DART 航天器超高速撞向
Dimorphos 时，提供撞击点附近的详细视图。

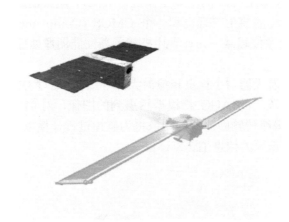

图 3-12   LICIACube

图 3-13   任务场景中的 LICIACube

　　LICIACube 的科学任务可总结为以下几点：见证 DART 航天器对 Dimorphos
表面的影响；观察由撞击产生的喷射流，尤其要关注喷射流的外观结构及演化过
程，这对研究 Dimorphos 表面的物质结构有很大帮助；观察 Dimorphos 表面的
撞击情况，获得陨石坑的大小和形态；观察 Dimorphos 未受影响的半球，有助于
估计、验证 Dimorphos 的尺寸和体积。

3.2.3.5 关键技术

　　DART 航天器上应用了诸多先进技术，下面对一些关键技术进行研究分析。

图 3-14 DRACO 3D 渲染图

1) 自主导航技术

在双向小行星重定向任务的最后阶段，DART 航天器能"看"到的是一个有着四兆像素的视图，而在这个视图中只有几个非常暗的光点，此时距离飞到 Dimorphos 还有大约 4 小时，相距 87000~98000km。在这样的条件下，一个微小误差就可能导致 DART 以 6.6km/s 的速度与目标擦肩而过。不仅如此，DART 甚至在碰撞前最后 1 小时才能"看"到 Dimorphos，为了能够准确撞击到这颗昏暗且几乎未知的小行星，DART 需要一个精确的导航系统，并且该系统能够完全自主导航，无须任何人工干预，它就是：SMART Nav (Small-body Maneuvering Autonomous Real Time Navigation) (图 3-15)。

SMART Nav 实质上是应用于 DART 航天器上 DRACO 传感器的一组计算算法，它将赋予 DART 独立发现并瞄准 Dimorphos 的功能，在 DART 设计之初，科学家就意识到该任务需要一个自主控件能够根据图像信息自主决定导航，SMART Nav 将帮助 DART 在没有任何人为干预的情况下执行整个任务的最后 4 小时 (图 3-16)。

2) 太阳能电力推进技术

DART 配备了由 NASA 牵头研发的一种太阳能电力推进系统 NEXT-C (NASA's Evolutionary Xenon Thruster Commercial)，它使用网格离子发动机，通过对氙气推进剂产生的离子进行静电加速来产生推力。NEXT-C 推进系统能够通过电力将氙气推进剂加速至高达 145000km/h (40km/s)，NEXT-C 的推进器功率高达 6.9kW，大约是 NASA 之前"深空一号"任务发动机的三倍，能够提供 236MN 的推力，它的比冲量高达 4190s，在节能状态下功率可降至 0.5kW，NEXT-C 推进器的总冲量为 17MN·s，创下了离子推进器有史以来的最高纪录 (表 3-2)。

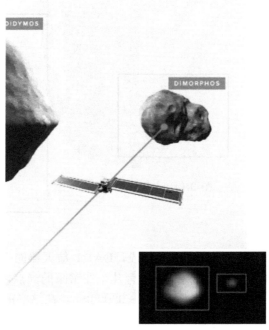

图 3-15　SMART Nav 实现 DART 到 Dimorphos 导航

图 3-16　DART 航天器最后任务阶段

表 3-2　NEXT-C 离子发动机主要参数

推进器加速能力	40km/s
推进器最大功率	6.9kW
推进器最小功率	0.5kW
提供的推力	236MN
比冲量	4190s
总冲量	17MN·s

3) 新型太阳能电池系列

DART 还采用了一种新的可卷曲的太阳能电池阵列设计：ROSA (Roll-out sola arrays) 推出式太阳能阵列，该设计可以使电池阵列卷起形成一个紧凑的圆柱体，能够显著地减少发射时的质量和体积，而且还有着节省发射成本，提高航天器功率等优点。相较于同效能的刚性面板，ROSA 的质量轻 20%，体积更是为原来的 1/4。ROSA 的主体是一个由柔性材料制成的中心翼，该中心翼上包含光伏电池，能够将光能转换为电能。中心翼两侧各有一窄臂，如图 3-17 所示，用于延伸中心翼长度并对其支撑，该臂由高应变复合材料构成。中心翼旁边的两个窄臂就像坚硬的复合材料制成的分裂管，被压扁而后纵向卷起等待指令释放延伸，ROSA 在展开时不需要额外的电机进行驱动，主要使用的也是两臂卷曲时储存的能量。此外，ROSA 的适应性极广，体积小、质量轻的特点决定其具有极大的发展潜力，该技术有望成为未来多种航天器的动力来源，卷曲臂自伸展技术还有其他潜在应用，例如用于通信、雷达天线等仪器上。

图 3-17　ROSA 中心翼

同样，作为一款新型设计，ROSA 也存在着需要解决的问题。当太阳能电池阵列连接在航天器上时，航天器进行机动时产生的扭矩会使 ROSA 的中心翼及双臂振动，部组件带来的振动可能使地面失去对航天器的控制。在结构上，ROSA中心翼的结构非常薄，只有几毫米厚，而且升温很快，在几秒钟内升温几十度，这会在机翼上产生负载，可能导致航天器快速移动与稳定拍照难以并行的问题。此外，ROSA若要进一步提高其适用性，则需要考虑其可回收性问题。图 3-18 为发射前工作人员正在对 ROSA 进行检查。

图 3-18　发射前工作人员对 ROSA 进行检查

　　使用 ROSA 作为结构，DART 太阳能电池阵的一小部分被用于演示推出式太阳能电池阵 (Transformational Solar Array, TSA) 技术 (图 3-19)，该技术具

图 3-19　推出式太阳能电池阵

有非常高效的太阳能电池和反射聚光器，提供的功率是当前太阳能电池阵技术的三倍。在能提供足够的功率输出的前提下，这项技术将使太阳能电池板结构更为精简。有了这一能力，未来前往木星及更远地方的任务可能不需要昂贵的核电源供电，这会大大降低未来任务的总体成本。

4) 新型天线技术

径向线槽阵列 (Radial Line Slot Array，RLSA) (图 3-20) 是应用于 DART 航天器天线的一款新技术，它有着低成本、高增益的特点，能够以紧凑的平面形式实现高效通信，为 DART 航天器提供了卓越的收发信息能力。

图 3-20 径向线槽阵列

3.3 接触式轨道干预方法

目前影响力较大的近地小天体轨道干预方法有动能撞击法、核爆打击法、引力牵引法、离子束偏移法、表面烧蚀法、表面物质投射法、航天器助推法、绳系质量块法等，不同的轨道干预方法适用的小天体种类、形状、尺寸各有不同，各有优劣，按照是否需要与小天体接触分为接触式轨道干预方法和非接触式轨道干预方法。

典型的接触式轨道干预方法有：动能撞击、表面物质投射和航天器助推法。

3.3.1 动能撞击

动能撞击法是使用撞击器根据不同策略对小天体进行撞击，以改变其轨道或将其直接破坏。动能撞击法按照撞击策略的不同又分为几种不同的方法，其中直接撞击法策略最为简单粗暴,技术相对比较成熟,也是唯一进行过的在轨轨道偏转实验方法。

2005 年,"深度撞击号"通过直接撞击法成功撞击了坦普尔-1 彗星彗核上的预定区域,撞击器质量为 370kg,撞击速度约为 10.3km/s,撞击能量约为 4.7t TNT 当量 [1]。"深度撞击号"撞击的主要目的是了解彗星的内部结构和成分。同时,NASA 的哈勃望远镜和钱德勒望远镜也对该彗星进行了持续观测,撞击后彗星的位置在 3 年中变化了约 10km。这次撞击首次获取了大量彗核碎片数据,为人类探究太阳系起源提供了新的线索,也为地球遭遇小天体撞击危险规避研究提供了重要数据 [2]。

目前还有一项由欧洲航天局、NASA 以及约翰霍普金斯大学合作的 AIDA 任务正在进行研究 [3,4],估计将于 2022 年 10 月抵达距离地球 1100 万 km 的双小天体系统 Didymos。该项目由两个子项目组成,一个是由 NASA 负责的 DART,计划以 6km/s 的速度撞击双星系统 Didymos 中的卫星 Dimorphos,以验证动能撞击对小行星的影响;另一个是由欧洲航天局负责的"小天体撞击监视器",目标是对撞击前后的小天体进行观测研究。该撞击器使用电推进系统,质量大于 300kg,有一副直径为 1m 的高增益天线,携带一个高分辨率可见光成像仪,用于测量撞击前小天体表面的形态和地质特征,并将撞击点确定在目标直径的 1% 以内。Cheng 等利用弹坑尺度模型对撞击后的弹射物质量和速度分布进行了预测,给出了几种不同孔隙度的可能目标类型的动能冲击的动量传递效率,研究结果表明,DART 撞击产生的喷出物可能使 Didymos 变成一个活跃的小行星 [5]。Hirabayashi 等使用二阶惯性积分相互动力学模型,通过动力学碰撞后 Didymos 的形状变形来评估可能的相互轨道周期变化,发现相互轨道周期的变化与形状条件有关,初始形状和由 DART 冲击引起的形状变形,可能对改变 Didymos 的相互轨道周期起重要作用,这可能会影响 AIDA 任务中 β 参数的详细评估 [6]。

假设航天器沿与目标小行星质心连线的方向与其相撞,将航天器的动量 $p_i = m_i v_i$ 传递给目标小行星,则目标小行星的平移速度变化为

$$\Delta v_a = \frac{m_i v_i}{m_a + m_i} \tag{3-1}$$

若目标小行星材料以超过其引力场的逃逸速度被弹出,则它将获得额外的动量。喷射物对动量传递的累加效应可表示为

$$m_a \Delta v_a = m_i v_i \mid m_{ej} v_{ej} = \beta m_i v_i \tag{3-2}$$

式中,β 表示喷射物对撞击效益的增量因子,取决于目标的材料特性、自转状态和撞击速度。不同的碰撞情况下,β 值不同。偏心撞击不仅会造成一定的动

量损失，而且产生的力矩还会改变小行星的自转状态，进而影响碰撞喷射物的动量。

研究表明，若 4300kg 的 DART 航天器以 6.67~7.38km/s 的速度撞击目标小行星，由直接动能撞击产生的速度变化约为 0.4mm/s、轨道周期变化约为 4min。

考虑现在能运载的人造撞击器质量有限，对于较大质量的小天体轨道偏转，直接撞击无法提供足够的撞击动能，可以选择改变小质量小天体的轨道使其撞击更大质量的小天体，这种策略被形象地称为"打台球"，该方法在 1992 年的近地目标拦截研讨会上首次被提出[7]。自该方法提出以来，有许多学者进行了深入的研究，Zhu 等提出了用小型的撞击器先来撞击一个尺寸为十几米的小天体改变其轨道让其去撞击更大的小天体[8]。在计算时以航天器的转移速度最小为指标，从观测到小天体数据库中找出最佳的小尺寸目标，并且和直接发射撞击器撞击大尺寸小天体的结果进行了比较，结果表明，使用小尺寸小天体撞击的效率更高。Marcus 等使用航天器抓取一个小尺寸小天体然后使用小推力发动机变轨去撞击大尺寸的目标，并基于任务设想对航天器的整体和末端导航模块进行了初步的设计[9]。由于观测条件的限制，对小尺寸的小天体相关性质了解非常有限，这种方法在短期内可能很难进行实际应用。

除了上述"打台球"的方法外，还可以使用高比冲小推力发动机或太阳帆给航天器加速，从而提高撞击时的速度。这种方式甚至可以让撞击器进入逆行轨道来进一步增加撞击速度。但是通过小推力的推进方式来提高撞击器的速度，其时间周期非常长，不适用于预警时间较短的轨道偏移和干预任务[10]。图 3-21 为坦普尔-1 彗星被撞 67s 后的图像。

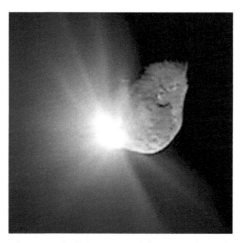

图 3-21　坦普尔-1 彗星被撞 67s 后的图像

3.3.2　表面物质投射法

表面物质投射法利用航天器附着在小天体表面，通过开采喷射的方式将小天体上的物质不断投射出去，从而产生反推力改变天体运行轨道 (图 3-22)。

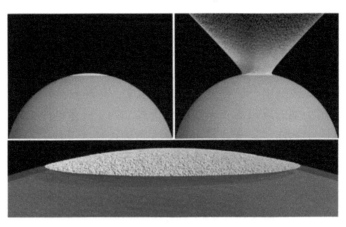

图 3-22　表面物质投射法示意图

该方法的基本设想是由科幻小说家阿瑟·克拉克 (Arthur C. Clarke) 在其1953 年出版的《儿童时代的终结》中提出的。Snively 和 O'Neill 最早提出将该技术运用于小天体轨道偏转任务中，之后 Corbin 等对使用表面物质投射器进行小行星防御的任务进行了初步研究，包括表面物质投射器大小设置、投射器的性能评估以及任务中的困难等 [11]。考虑到使用大型的投射器操作不够灵活，Olds 等提出使用多个小型的模块化质量驱动器 [12]。

表面物质投射法的优势在于，它对小天体的运行速度影响比较大，并且航天器不需要携带大量的推进剂，但是这种方案在技术方面还面临许多挑战，比如，在小行星的弱引力场下如何固定投射器，如何对产生的灰尘进行防护等，因此在目前的技术水平下实现起来非常困难。

3.3.3　航天器助推法

航天器助推法，也叫拖船法，其原理非常简单直接，通过一个或多个锚定在小天体表面的航天器持续地给小天体施加推力从而改变其轨道，除此之外，还可以通过太阳帆或核能发动机对近地小天体的轨道进行干预。

Bombardelli 和 Baù 对航天器助推法这种具有恒定切向推力的小行星偏转方案进行了分析，并论证了该方案的可能性 [13]。但是大多数近地小天体处于高速的运动以及旋转中，因此在工程实践过程中对推力器的附着以及工作时序提出了很高的要求。Kikuchi 等提出了一种利用太阳帆对小天体进行去自旋的方法，通过将太阳帆航天器附着在小天体表面，利用帆膜上的反射率控制装置产生的太阳辐射压力扭矩来抵消小天体的自旋速率，在完成小天体去旋后实现对其姿态控制，利用作用在太阳帆上的太阳辐射压力对小天体的轨道进行偏转，并且不需要消耗燃料，仿真结果表明，一颗原本计划撞击地球的 100m 直径小天体使用 300m 的太阳帆，可以在 10~15 年内使其偏转到地球同步轨道的高度 [14]。这种基于太阳帆和反射率控制的装置 (图 3-23) 已经成功应用于 JAXA 发射的深空太阳帆飞行器 IKAROS 中 [25]，并为 Jovian Trojan 小行星样本返回任务开发下一代太阳能帆，提供了相应的理论基础和在轨实践经验 [16]。

除了要考虑消旋问题，航天器助推法还需要解决弱引力环境下的附着问题，由于近地小天体的结构组成各不相同，既有松散的表土或类似面粉的灰尘，又有碎石堆结构，而某些着陆机制只作用于固体岩石或磁性物质或致密的表土 [17,18]。Bazzocchi 的一项工作 [19] 研究了使用多个着陆器的拖船改道方法的可行性，考虑了 C 型近地小天体在 0.05AU 范围内通过，且绝对星等不大于 22.0。利用净现值法和遗传算法对返回速度增量 δV (12370m/s) 和小行星直径 (1~150m) 的 10000 种不同变化进行了可行性研究，以优化航天器数量和功率需求。这项研究的结论是，δV 值小于 200m/s 的直径在 5~40m 内的小天体是理想的返回候选小行星。例如，近地小行星 2009 BD (一颗小于 5m 的小天体) 可以在 2.4 年内使用两艘航天器以 127.4m/s 的 δV 重新定向；每艘航天器的质量为 360kg，耗电 3kW。这项任务估计耗资 2.76 亿美元，投资回报率为 18%。

(a) 反射关闭状态　　　　　　　　　　　　(b) 反射打开状态

图 3-23　太阳帆反射率控制装置

3.4　非接触式轨道干预方法

典型的非接触式轨道干预方法有：核爆打击、引力牵引、离子束偏移、表面烧蚀和反射物质喷涂。

3.4.1   核爆打击法

核爆打击法是利用爆炸产生的威力将小天体粉碎或改变其轨道，分为内部引爆和隔空引爆两种方式。内部引爆的爆炸威力是地面接触爆炸的 20 多倍，但是由于目前技术上的限制，核武器撞击小天体时的撞击速度不能超过 300m/s，否则装置就会被破坏 [21]，而撞击器在撞击过程中的速度都在千米每秒的量级，因此核爆打击大多采取第二种隔空引爆的方式。

针对体积较小的近地小天体，可以采用星辰非接触爆炸的方式使其分裂成碎片。Lomov 等 [22] 已经论证了一定当量核爆炸产生的能量足以完全破坏潜在威胁小天体内部结构的完整性，其缺点是不适用于防御疏松多孔或者碎石堆式的潜在威胁小天体，且潜在威胁小天体被炸毁分裂形成的碎片数量、大小、轨道不可控，依旧存在撞击地球的风险。Megan Syal 等则讨论了在用核爆方法偏转小物体时，如何防止产生大量低速碎片的问题 [23]。而对于体积较大的近地小天体，可以在距离小天体一定的距离位置引爆核装置，通过核爆将产生的热中子、X 射线以及 γ 射线辐射到近地小天体表面，产生高温引发近地小天体表面物质的喷射，利用喷射时产生的推力使其轨道发生偏转 [24]。核爆打击法的优点在于爆炸能量大、对不同尺寸的近地小天体轨道干预均可适用，并且响应的时间相对较短。美国艾奥瓦州立大学的 Wie 教授及其团队经过多年研究提出了专门针对短预警时间的目标进行防御的概念任务系统：超高速小行星拦截航天器 (Hypervelocity Asteroid Intercept Vehicle, HAIV) 和多动能撞击航天器 (Multi Kinematic Impactor Vehicle, MKIV)。它们的主要目标是针对 150m 直径以下的潜在威胁小行星，且预警时间小于 10 年的情况，对于这种较短的预警时间的轨道干预方法，一般需要将目标小行星直接摧毁或给其较大的速度改变 [25]。虽然核爆打击法可以比动能撞击法释放更多的能量，但是由于其牵涉到核弹的使用，而目前国际条约禁止在地外空间进行核爆试验，此方法存在着一些争议。

3.4.2   引力牵引法

引力牵引法是通过控制航天器盘旋在目标小天体周围，利用二者的引力缓慢地将小天体牵引出原先的轨道，该方法最早由 Love 和 Lu 提出 [26]，如图 3-24 所示。

以太阳为中心建立惯性坐标系 $I[x, y, z]$。假设航天器悬停在小天体相对位置 r 处。航天器的推力大小为 f，沿 e_z 方向。航天器与小天体的质心 r_c 在日心惯性坐标系下的运动为

$$m_s + m_N r_c = -\frac{Cm_o m_s}{r_s^3} r_s - \frac{Gm_o m_N}{r_N^3} r_N + f \tag{3-3}$$

式中，m_s 为航天器的质量；m_N 为小天体的质量；m_o 为太阳的质量。由于 $m_s \ll$

m_N，上式可近似为

$$\ddot{r}_c + Gm_o \frac{r_c}{r_c^3} \approx \frac{1}{m_N} f \tag{3-4}$$

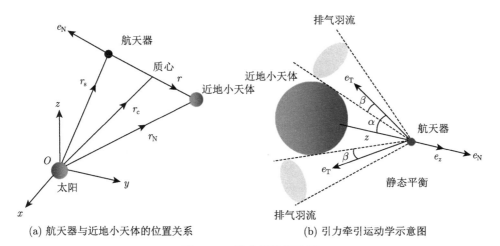

(a) 航天器与近地小天体的位置关系　　　　　　　(b) 引力牵引运动学示意图

图 3-24　引力牵引概念图

通过仿真分析，结果显示一个 20t 重的引力拖车工作一年，可使直径为 200m 的小天体在 20 年后轨道偏移 6370km。

欧洲航天局在其近地小行星防护盾计划 (Near-Earth Object Shield, NEO-Shield) 中提出了多引力拖车编队的解决方案来增强引力作用效果以及任务灵活性，同时提出了撞击和引力牵引的技术组合方案 [27]。

引力牵引法的优势在于不需要考虑小行星的组成、转动、结构等特征，不需要和小行星进行物理接触，对任何组成成分的小行星均能适用，只需要控制航天器的轨道即可。但是由于引力牵引的作用力很小的，需要长时间的积累作用，所以需要对航天器的位姿进行长时间的精确控制，并且作用力效果越大，航天器的质量也越大，相应的发射成本也越高 [28]。

3.4.3　离子束偏移法

离子束偏移法是指安装在航天器上的离子推力器定向产生高指向精度、高速度的离子束，对目标小天体表面进行持续照射，对小天体产生持续作用力，进而改变小天体的运行轨道。该方法由 Bombardelli 等提出，并于 2010 年首次获得专利 [35]，也可用来清除空间碎片。

为了确保离子全部撞击到行星表面，航天器与小天体的最大距离近似为

$$d_{\max} \approx \frac{s}{2\sin\varphi} \tag{3-5}$$

式中，s 为小行星的直径；φ 为离子束的发射角。

若小天体为密度 ρ、直径为 d_{ast} 的球形，则在 Δt 时间内改变小行星速度 ΔV 所需的推力和消耗的推进剂质量分别为

$$F_{\text{th}} = 2\frac{\Delta V}{\Delta t} \times \frac{4}{3}\rho\pi \left(\frac{d_{\text{ast}}}{2}\right)^3 \tag{3-6}$$

$$m_{\text{fuel}} = \frac{F_{\text{th}}\Delta t}{v_{\text{E}}} \tag{3-7}$$

式中，$v_{\text{E}} = I_{\text{sp}}g_0$ 为喷气速度。

Bombardelli 等估算，通过离子束偏移法对 200m 直径的小天体作用一年，小天体速度变化为 1.9×10^{-3}m/s，所需的航天器质量不到 2t，而同等情况下通过航天器助推法需要的航天器质量为 20t[29]。

离子束偏移法不受小天体外形组成结构等因素的影响，对航天器质量的需求也相对较小，并且相关电推进技术也比较成熟，很有可能运用于之后的近地小天体在轨实验验证任务中。

3.4.4　表面烧蚀法

表面烧蚀法是通过高能量如太阳能或激光等长时间照射小天体表面，使其表面物质温度达到数千度从而气化消融，进而改变小天体的速度和质量，并利用烧蚀产生的等离子体喷射所带来的反作用力对小天体运行轨道进行干预[30]。

Massimo 等[31] 对利用激光烧蚀技术实现小天体运动轨迹的同步偏转和旋转运动控制进行了仿真分析，并估算出小天体的偏转情况，研究结果表明，通过激光烧蚀的方法在几天的时间内就可以显著降低小天体的旋转速度。Song 和 Park 基于激光烧蚀方法，提出了一种可变功率大小的烧蚀技术，通过建立系统动力学，估算了完成小天体轨道偏转任务所需的激光功率最大最小值、激光烧蚀方向、烧蚀开始时间以及持续时间，并分析了在一定范围内利用时变激光功率控制两个激光作用方向的偏转效果，结果表明，在轨道偏转时间充足的情况下，通过改变激光烧蚀角度降低功率可以节约 10% 左右的燃料[32]，图 3-25 为激光烧蚀法示意图。考虑到要节约把激光发射器发射到小行星上的成本，Phipps 提出了一种在地球附近放置激光发射器和凹面镜的方案，通过把激光聚焦到任意一个具有潜在威胁的近地小天体上对其轨道进行干预[33]。

NASA 研发了一种基于激光驱动技术防御小行星的 DE-STAR 系统和 DE-STARLITE 系统，其利用太阳能作为能源供给，同时具备碎片或行星的消旋、清除功能。根据仿真结果，一套 100.6m 宽的激光阵列 DE-STAR 系统足以让直径 100.6m 的小行星从 3.219×10^6km 的距离上偏离，而一套 20kW 的 DE-STARLITE 系统可以使直径 304.8m 的小行星在 15 年内偏移 12874.8km[34]。

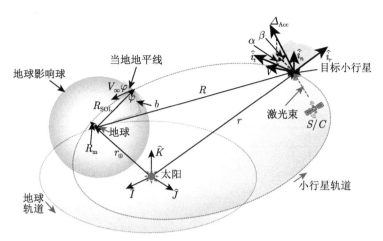

图 3-25 激光烧蚀法示意图

综合来看，烧蚀法的优势在于其部署位置灵活机动，可以长期远距离使用，但是目前相关的激光技术的成熟度和稳定性较低，难以满足小天体轨道偏转对激光功率和使用寿命的较高要求。

3.4.5 反射物质喷涂法

反射物质喷涂法是一种长期防御策略，其基本原理是通过改变小行星反照率，从而改变小行星上由 Yarkovsky 效应产生的力，使小行星的运行轨迹持续偏离可能产生撞击风险的轨道。反照率是天体表面反射率的量度。旋转天体表面的温度分布受到天体自身吸收以及保存热能的影响，主要由天体的反照率以及表面各处热传导能力决定。当天体转动时，太阳照射面即阳面温度高，而非太阳照射面即阴面则处于散热状态。天体旋转的黄昏面 (Dusk) 比拂晓面 (Dawn) 温度更高，并释放更多的热光子。光子的发散将产生一个作用于天体、方向指向拂晓面的小的反作用力，这个力的方向将由天体的形状、转速、旋转轴以及成分等决定，通常施加在天体上的加速度方向垂直于天体的自转轴与太阳的连线矢量。改变反照率将会改变小行星吸收热光子的数量，从而改变由 Yarkovsky 效应产生的力的大小。

以探索和偏转近地小行星阿波菲斯 (编号 99942，Apophis) 为目标，NASA 开发了阿波菲斯探测和防御平台 (The Apophis Exploratory and Mitigation Platform, AEMP)，并提出了小天体防御原型任务。计划采用两种防御技术来改变阿波菲斯的运动轨迹，以防止其与地球碰撞，其中一种防御策略就是通过改变小天体表面反照率，利用太阳光压使小天体轨道发生偏转以避免未来可能的撞击。

近地小行星阿波菲斯发现于 2004 年 6 月，平均每 7 年穿过地球轨道 1 次，对地球产生周期性的威胁。阿波菲斯的主要参数具体见表 3-3 和表 3-4。曾有研究人员认为阿波菲斯在 2029 年可能撞击地球，概率约为 1/300。通过进一步的观测和重新估计，已排除它在 2029 年与地球碰撞的可能，但是发现在 2029 年它存在 1/45000 的概率穿过一个重力锁眼 (Gravitational Keyhole)，一片由行星引力覆盖的区域，这个锁眼会使阿波菲斯改变轨迹，从而在 2036 年撞击地球。

表 3-3　小行星阿波菲斯物理特性

参数	值
直径	270 (± 60)m
质量①	$2.7×10^{10}$kg
几何反照率	0.33 (± 0.08)
自转周期	30.4h
撞击速度	12.59km/s
撞击能量	500Mt

① 假设阿波菲斯体密度为 $2.6g/cm^3$。

表 3-4　阿波菲斯轨道特性

参数	值
偏心率	0.1911
曲率	3.331°
远日点	1.099AU
近日点	0.746AU
周期	323.6d

尽管研究表明阿波菲斯存在的威胁较小，但它可作为验证小行星防御技术的重要测试对象，而该技术可用于未来真正有威胁的近地小行星。

AEMP 任务计划研制成本低于 3 亿 5 千万美元的探测器，采用猎鹰 9 号火箭进行发射。任务基本流程如下：

- 2021 年 2 月 19 日发射；
- 2021 年 9 月 14 日，探测器与小行星交会；
- 2021 年 9 月 ~2022 年 4 月，小行星探测；
- 2022 年 4 月，小行星短期防御；
- 2023 年 2 月，小行星分析；
- 2023 年 5 月，小行星长期防御；
- 2023 年 5~11 月，小行星探测；
- 2023 年 11 月，任务终止。

计划研制的探测器安装有万向高增益天线和全向低增益天线，采用动量轮和姿控发动机保持三轴稳定。一个星敏感器用于姿态确定，惯性测量单元和无线定位用于惯性导航。光学导航相机和激光测距仪确定同小行星的相对位置。双组元推进系统实现轨道修正和接近操作。通过锂离子蓄电池和固定太阳电池板提供能源。探测器发射质量约为 1100kg，与阿波菲斯交会后质量约为 560kg。

AEMP 任务的反射物质喷涂法采用表面反照率处理系统 (Surface Albedo Treatment System，SATS) 将现代工业粉末混合喷涂于小行星表面，以改变全部或者部分小行星表面反照率，实现 Yarkovsky 效应对小行星轨道的改变。由于小行星表面的成分和准确的轨道在发射时并不知道，所以 AEMP 携带可增加或者减少反照率的两种工业粉末。SATS 采用摩擦枪 (Tribo) 配送装置填装和喷射粉末，粉末落到小行星表面并由于静电吸引粘住、融化，并永久附着。粉末的喷射必须保持一定的速度和一定的填充量，以确保其充分吸引到小行星表面。

3.5 其他可能的方法与建议

过去十几年，人类在近地天体监测预警及防御应对方面取得了重大进展，但在国际社会能够充分保护地球免受灾难性小行星撞击之前，还需要做更多的工作。百米及以下尺寸的近地天体数量多且发现比例尚低，需要加强监测以实现对多数危险天体的编目管理能力。物理特征信息对准确的风险分析和防御效果评估至关重要，需要努力增强对近地天体特征信息的采集与分析。近地天体防御的多种技术手段成熟度偏低，需要继续加强理论与技术研究水平，包括对防御后总体风险的建模评估。理论的防御策略仍然需要通过实际的测试任务来验证和完善。虽然我国已于 2018 年 1 月底加入国际小行星预警网和空间飞行任务规划咨询小组，但目前我国在近地天体威胁应对方面的能力主要集中在搜索监测领域，与国外相比能力仍显不足，同时在预警防御领域的技术能力仍然比较薄弱，基本处于起步阶段。

基于目前近地小天体轨道干预与偏转技术的研究现状，我们提出了下一步值得更深入研究的几个方面。

3.5.1 共振轨道序列方法

可根据工程约束条件利用图解法设计出不同共振比序列的方案。但是，此过程主要依靠穷举法来找出最优共振比序列。为了自主地找出最优共振比序列，基于图解法的自主算法将成为工程上亟待解决的问题。

3.5.2 待捕获小行星的筛选方法

对于小行星捕获任务而言，了解其自身的特征至关重要。这些特征可能包括尺寸、形状、自转速度、光谱特性等。通过充分利用这些特征，我们可以选择那些最适合我们目标的小行星进行捕获。为了进一步提高捕获目标的准确性，我们需要考虑地球轨道偏心率和第三体摄动等因素的影响。这意味着我们需要建立高精度的模型来分析这些影响因素，并在选择捕获目标时加以考虑。通过将这些因素纳入考虑范围，我们可以更全面地评估待捕获小行星的轨道特征分布，从而获得更精确的筛选条件。

通过优化待捕获小行星的筛选条件，我们能够提高整个任务的效率和成功率。这不仅使得资源开发和科学研究更具成本效益，还为我们提供了更多的机会来探索和理解宇宙中的小天体。因此，进一步改进待捕获小行星筛选方法的研究具有重要的价值与意义。

3.5.3　多个连续小推力推进器轨道优化方案

考虑到小行星捕获任务的捕获质量大、轨道转移时间长和冗余设计目的，将来的小行星捕获任务可采取多个连续小推力推进器协同工作的方案，这将给研究人员的轨道优化设计带来新的难度，将成为小行星捕获轨道优化中值得研究的问题。

3.6　本章小结

不同轨道偏转技术对比如表 3-5 所示。

表 3-5　不同轨道偏转技术对比

序号	技术途径名称	小行星尺寸	预警所需时间	与小行星接触情况	优点	缺点	技术成熟度
1	核爆	大尺寸小尺寸	时间短	接触非接触	不需要长期的轨道操作；最高的有效能量密度；较高的动量传递性能；当前技术是可用的；唯一可应对短预警时间、大尺寸小行星情况的技术	爆炸产生的碎片依然可能威胁地球；考虑到发射可能失败，需要在运载中进行特殊的防护；对小行星的物理特性敏感；空间核设施引发政治及安全问题	7~8
2	动能撞击	大尺寸小尺寸小尺寸	时间长时间短	接触	技术简单、成熟度高；不需要长期的轨道操作；作用效果明显；已经过在轨验证	需要目标准确的天体质量、尺寸、密度、速度特性；对多孔型小行星不适用；对火箭运载能力要求高；对轨道精准度要求高；有效性随着小行星尺寸的增大而减小	9
3	引力牵引	小尺寸	时间长	非接触	只需要小行星质量特性；不需要考虑小行星的组成、转动、形貌等特征；不需航天器在小行星表面着陆	需要大质量的航天器，对运载要求较高；理论上需要航天器与小行星距离越小越好，与小行星碰撞的可能性高；对航天器长时间位置姿态控制要求高	5~6

续表

序号	技术途径名称	小行星尺寸	预警所需时间	与小行星接触情况	优点	缺点	技术成熟度
4	激光烧蚀	大尺寸小尺寸	时间长	非接触	机动灵活, 可部署于月球、地球低轨、地球同步轨道或者日地拉格朗日点; 可长期远距离作用, 避免航天器同小行星发生碰撞; 能量获取近似无限	技术成熟度低; 对激光器性能要求高; 系统规模庞大; 技术成熟度低	4~5
5	拖船	小尺寸	时间长	接触	同比引力拖车等非接触技术, 可产生较大的作用力	技术成熟度低; 可靠性要求高; 受小行星外形和自旋影响; 对小行星材质敏感	4~5
6	太阳光压	小尺寸	时间长	非接触	航天器可距离小行星较远, 避免同小行星发生碰撞; 可长期远距离作用	技术成熟度低; 可靠性要求高; 作用力微弱, 作用周期需几十年甚至上百年; 受小行星形状和表面导致影响	3~4
7	质量驱动	大尺寸	时间长	接触	产生反作用力的物质来自小行星本身, 可以认为是无限的, 可以免去从地球携带大量推进剂	技术成熟度低; 可靠性要求高; 对小行星形状和材料敏感	3~4
8	离子束牵引	小尺寸	时间长	非接触	同比引力牵引技术, 在航天器质量较小的情况下可对小行星产生更大的作用效果; 航天器可距离小行星较远, 避免同小行星发生碰撞; 不受小行星外形材质等因素影响	技术成熟度低; 可靠性要求高; 作用力较弱, 需长期作用	5~6

不同轨道偏移的方法实施干预时间从数月到数十年, 且大多数轨道偏移概念仅停留在理论研究阶段, 目前为止, 只有动能撞击方法具有在轨实践经验。通过理论分析与工程实现相结合的方法对不同轨道偏移概念进行分析, 认为现有的几种轨道干预方法中, 有多种方法仅具有理论上的可能性, 在现有技术条件下不具备工程实现能力。例如, 航天器助推法, 在实现过程中需要面临小天体自转过程中航天器难以保持稳定推力的问题; 考虑到时间成本以及燃料消耗问题, 引力牵引法对卫星的作用力极小, 作用时间是以十年为计量尺度的, 而在长时间的轨道干预过程中, 航天器的稳定性、可靠性以及燃料的消耗都面临巨大挑战, 因此其在实际在轨实施过程中的可行性也较低。

参 考 文 献

[1]　Deep Impact[EB/OL]. [2019-02-23]. https://www.jpl.nasa.gov/missions/deep-impact/.

[2]　Overview of NASA's Deep Impact Comet Mission[EB/OL]. [2019-02-23]. https://space-flightnow.com/deepimpact/050628mission.html

[3]　Michel P, Cheng A, Küppers M, et al. Science case for the Asteroid Impact Mission (AIM): a component of the Asteroid Impact & Deflection Assessment (AIDA) mission[J]. Advances in Space Research, 2016, 57(12): 2529-2547.

[4]　Cheng A F, Rivkin A S, Michel P, et al. AIDA DART asteroid deflection test: planetary defense and science objectives[J]. Planetary and Space Science, 2018, 157: 104-115.

[5]　Cheng A F, Michel P, Jutzi M, et al. Asteroid Impact & Deflection Assessment mission: kinetic impactor[J]. Planetary and Space Science, 2016, 121: 27-35.

[6]　Hirabayashi M, Davis A B, Fahnestock E G, et al. Assessing possible mutual orbit period change by shape deformation of Didymos after a kinetic impact in the NASA-led Double Asteroid Redirection Test[J]. Advances in Space Research, 2019, 63(8): 2515-2534.

[7]　Canavan G J, Solem J C, Rather J. Proceedings of the Near-Earth-Object Interception Workshop[R]. 1993.

[8]　Zhu K, Huang W, Wang Y, et al. Optimization of deflection of a big NEO through impact with a small one[J]. The Scientific World Journal, 2014, 2014: 892395.

[9]　Marcus M L, Sloane J B, Ortiz O B, et al. Planetary defense mission using guided collision of near-earth objects[J]. Journal of Spacecraft and Rockets, 2017, 54(5): 985-992.

[10]　Mcinnes C R. Deflection of near-Earth asteroids by kinetic energy impacts from retro-grade orbits[J]. Planetary and Space Science, 2004, 52(7): 587-590.

[11]　Corbin C K, Higgins J E. Preliminary mission study: mass driver for earth-bound asteroid threat mitigation[C]. 10th Biennial International Conference on Engineering, Construction, and Operations in Challenging Environment, 2006: 1-8.

[12]　Olds J R, Charania A C, Schaffer M G. Multiple mass drivers as an option for asteroid deflection missions[C]. 2007 Planetary Defense Conference, Washington, D.C., Paper. 2007.

[13]　Bombardelli C, Baù G. Accurate analytical approximation of asteroid deflection with constant tangential thrust[J]. Celest. Mech. Dyn. Astr., 2012, 114(3): 279-295.

[14]　Kikuchi S, Kawaguchi J. Asteroid de-spin and deflection strategy using a solar-sail spacecraft with reflectivity control devices[J]. Acta Astronautica, 2019, 156: 375-386.

[15]　Tsuda Y, Mori O, Funase R, et al. Flight status of IKAROS deep space solar sail demonstrator[J]. Acta Astronaut., 2011, 69(9-10): 833-840.

[16]　Mori O, Saiki T, Kato H, et al. Jovian Trojan asteroid exploration by solar power sail-craft. Trans[C]. JSASS Aerospace Tech. Japan, 2016: 14 (ists30): Pk1-Pk7.

[17]　Richardson J E, Lisse C M, Carcich B. A ballistics analysis of the Deep Impact ejecta plume: determining Tempel 1's gravity, mass, and density[J]. Icarus, 2007, 190(2): 357-390.

[18] Fujiwara A, Kawaguchi J, Yeomans D K, et al. The rubble-pile asteroid Itokawa as observed by Hayabusa[J]. Science, 2006, 312(5778): 1330-1334.

[19] Bazzocchi M C F, Emami M R. Asteroid redirection mission evaluation using multiple Landers[J]. J. Astronaut. Sci., 2018, 65(2): 1-22.

[20] French D B, Mazzoleni A P. Asteroid diversion using a long tether and ballast[J]. Journal of Spacecraft Rockets, 2009, 46(3): 645-661.

[21] National Research Council. Effects of nuclear earth-penetrator and other weapons[M]. National Academies Press, 2005.

[22] Lomov I, Herbold E B, Antoun T H, et al. Influence of mechanical properties relevant to standoff deflection of hazardous asteroids[J]. Procedia Engineering, 2013, 58: 251-259.

[23] Syal M B, Dearborn D S P, Schultz P H. Limits on the use of nuclear explosives for asteroid deflection[J]. Acta Astronautica, 2013, 90(1): 103-111.

[24] Gennery D. Deflecting asteroids by means of standoff nuclear explosions[C]. Planetary Defense Conference: Protecting Earth from Asteroids, 2013.

[25] Wie B, Zimmerman B, Lyzhoft J, et al. Planetary defense mission concepts for disrupting/pulverizing hazardous asteroids with short warning time[J]. Astrodynamics, 2017, 1(1): 3-21.

[26] Love S G, Lu E T. Gravitational tractor for towing asteroids[J]. Nature, 2005, 438(7065): 177-178.

[27] Drube L, Harris A W, Hoerth T, et al. NEOShield: a global approach to near-earth object impact threat mitigation[J]. Proc. Int. Astron. Union, 2015, 10: 478-479.

[28] 龚自正, 李明, 陈川, 等. 小行星监测预警、安全防御和资源利用的前沿科学问题及关键技术 [J]. 科学通报, 2020, 65(5): 346-372.

[29] Bombardelli C, Pelaez J. Ion beam shepherd for asteroid deflection[J]. Journal of Guidance, Control, and Dynamics, 2011,34(4): 1270-1272.

[30] Lubin P, Hughes G B, Bible J, et al. Toward directed energy planetary defense[J]. Opt Eng., 2014, 53: 025103.

[31] Vetrisano M, Colombo C, Vasile M. Asteroid rotation and orbit control via laser ablation[J]. Advances in Space Research, 2016, 57(8): 1762-1782.

[32] Song Y J, Park S Y. Estimation of necessary laser power to deflect near-Earth asteroid using conceptual variable-laser-power ablation[J]. Aerospace Science and Technology, 2015, 43: 165-175.

[33] Phipps C. Can lasers play a rôle in planetary defense?[C]//AIP Conference Proceedings. American Institute of Physics, 2010, 1278(1): 502-508.

[34] Lubin P, Hughes G B, Eskenazi M, et al. Directed energy missions for planetary defense[J]. Advances in Space Research, 2016, 58(6): 1093-1116.

第 4 章　近地小天体附着探测技术

4.1　引　　言

小天体是太阳系早期形成的残留物质，含有丰富的贵金属及稀有元素，具有巨大的利用价值 [1,2]。近地小天体距离地球近，附着探测和采矿成本相对较低，有利于行星科学研究和空间资源利用等任务的实施。

近地小天体几乎都含有水，其中不少还有镍、铂、金等贵重金属，空间资源十分丰富。小天体采矿已经成为小天体探测的热点，对其进一步研究，将有助于解决行星资源利用、地球安全保护、地外移民计划、行星科学研究等一系列问题。直径约 2km 的 S 型小行星 1943 Anteros，价值约 557900 亿美元，而探测所需的速度冲量仅为 5.44km/s，对其进行采矿利用将产生巨大的经济效应。2012 年 4 月 24 日，行星资源 (Planetary Resources) 公司宣布了一项计划，利用小行星的水在太空中建立一个燃料仓库，将其分解为液态氧和液态氢以用作火箭燃料，也可将燃料运到地球轨道，为商业卫星或航天器加油。

目前国内外多家航天机构正在规划小天体采矿任务，其中 NASA、ESA、JAXA 等已经完成了小行星交会、着陆、采样和返回等技术积累，正在规划行星防御和行星采样与采矿任务。美国、日本、欧盟很早便开展了深空探测小行星任务，“近地小行星交会” NEAR 探测器最终在设计任务之外完成了在小行星爱神星上的软着陆，获得了宝贵的探测资料和成果 [3]。JAXA 的小行星探测器 “隼鸟号” 携带一个小行星探测机器人 Minerva，于 2003 年 5 月 9 日发射，并于 2005 年 9 月中旬与小行星糸川 (Itokawa) 会合，2005 年 11 月，Minerva 降落在小行星上收集以微小的星状物质颗粒的形式的样本。Minerva 在软着陆后严重受损，但其利用离子发动机的氙冷气体喷射、单反作用轮、离子束射流和光子压力建立了新的姿态稳定方法，从而避免了任务的失败，并于 2010 年 6 月 13 日随 “隼鸟号” 返回地球 [4]。“罗塞塔号” 彗星探测器于 2004 年 3 月 2 日发射，2014 年 11 月 13 日，由 “罗塞塔号” 彗星探测器释放的 “菲莱” 着陆器成功登陆彗星 67P Churyumov-Gerasimenko，探索 46 亿年前太阳系的起源之谜，以及彗星是否为地球 “提供” 了生命诞生时所必需的水分和有机物质 [5]。近几年，NASA 和欧洲航天局的深空探测计划不再局限于空间探测和行星表面的简单取样，而是倾向于规划小天体采矿系统工程及资源利用的研究。

开展小天体采矿工作总体来说需要分为五个阶段：筛选阶段、观测阶段、交会着陆阶段、开采作业阶段以及返回阶段。① 筛选阶段即根据轨道特性、发射光谱等筛选条件从小行星群中筛选出能够满足采矿作业任务的小行星；② 观测阶段是对筛选的小行星利用地面观测手段进行地面观测，观测其轨道特性和大致密度等性质；③ 交会着陆阶段为探测器抵近目标小行星并进入其轨道，最终通过着陆器完成着陆的阶段；④ 开采作业阶段为探测器通过采样装置、开采装置等深空探测机器人完成开采作业，并将资源存储到指定装置中；⑤ 返回阶段即探测器携带资源安全返回。

在研究小天体采矿系统的关键技术中，需要考虑一些主要影响因素。例如，① 小天体环境复杂多样，多数为非结构化环境，具有高度不确定性；② 小天体表面为弱引力环境，表面引力比地球小 4~5 个数量级，表面逃逸速度小；③ 通信距离远，延迟大；④ 地质情况复杂，表面温度低，且为真空环境。因此，探测器要实现在小天体表面的长期着陆非常困难，传统的钻孔取样、挖掘取样等方法难以应用，需要采用新型的取样方式，实现弱引力下的采样；在探测器到达之前，一般只能借助天文观测和理论假设推测其自转周期、地形地貌、表面物理特性等，先验知识很少。综上所述，小天体采样返回技术的实现过程与月球、火星等大行星探测有本质不同，需进一步突破新的核心技术，其中精确着陆控制、弱引力附着采样、长寿命电推进、高速再入返回等是亟需突破的关键技术。

本章介绍了世界各国已开展的近地小天体附着探测与采矿相关任务情况，讨论了深空探测器向小行星附着过程中运用的关键技术与技术难点。着重对各国在弱引力环境下开发的自主作业机器人进行介绍，并基于月面采样机器人的研究对星表探测系统与智能控制进行讨论。

4.2 相关任务情况

根据对各国小天体探测任务的调研来看，各个国家的小行星探测任务多数为采样任务，并未发展到大量开采阶段，采样返回地球后利用地面实验室对样品进行充分的分析研究，可获得的信息、科学成果、探测效益很大。采样探测有以下几种形式：① 掠飞捕获，由于捕获粒子的速度可能较大，需对采样装置进行特殊的防护设计或选用特殊材料进行样品采集；② 短期着陆采样，主要采用接触即走 (Touch and Go, TAG) 方式，如"隼鸟号"、"隼鸟 2 号"、"欧西里斯号"等；③ 长期着陆采样，如"菲莱"着陆器，由于小天体表面低重力影响，需通过特殊方式进行固定。

针对目前国际上已开展的典型的小天体采样任务 [6]，其采样方式汇总如表4-1 所示。

表 4-1   典型的小天体采样任务

序号	采样方法	掠飞捕获	射弹撞击收集	螺旋钻取	气体激励	岩芯管刺入
1	探测器飞行方式	飞越	短期着陆 TAG	锚定着陆	短期着陆 TAG	锚定着陆
2	采样量	挥发物及尘埃，≥100 万粒	0.1~10g，微小颗粒	单次 10~40mm^3	60g~2kg	500g
3	采样次数		≥2 次	多次	≥3 次	≥3 次
4	采样时间/s	<1	<1	长时间	<5	<2
5	采样点	多点	多点	多点	多点	多点
6	最大采样深度	—	表面	0.23m	表层	次表层，0.5m
7	样品粒径	1μm~1mm	微米级	取芯	微米到厘米级	岩芯
8	适用对象	空间尘埃	表壤或硬岩	表壤或硬岩	表壤或硬岩	彗星表壤
9	任务实施	"星尘号"	"隼鸟号"、"隼鸟 2 号"	"罗塞塔号"	"欧西里斯号"、"福布斯号" "马可波罗号"	"彗核之旅号"

随着太空探索的不断深入，国际上针对小天体的研究逐渐增多，小天体探测活动日益成为热点，美国和日本先后开展了多次针对小天体的探测任务，探测形式也由飞越探测发展为原位探测、采样返回等多种形式。其中，美国开展了数量最多、形式多样的小天体探测任务；日本成功实施了小行星采样返回任务，取得了小天体探测的领先地位；中国的"嫦娥二号"于 2014 年首次完成了近距离飞越小行星图塔蒂斯的任务。

目前，美国已有三家公司宣布了实施小行星采矿计划，分别是行星资源公司、深空工业公司、开普勒能源和太空工业公司。另外，英国小行星采矿公司也在说服政府为小行星采矿提供政策支持。中国小天体探测任务已经进入工程研究阶段，计划通过一次发射，花十年时间先后探测两个小天体：近地小行星 2016H03 和彗星 133P。

除了有中美两个大国加入外，一些私人科技公司也对小天体开发非常感兴趣，其中包括明星公司 SpaceX、波音、蓝色起源、洛克希德·马丁，以及软银、富达投资、硅谷创投机构 Bessemer、谷歌风投等。据 CB Insight 统计，2000 年以来，太空相关的初创和巨头公司已经吸引了超过 130 亿美元的投资。

小行星采矿作为小行星探测的热点问题，对其进一步研究有助于解决行星资源利用、地球安全保护、地外移民计划、行星科学等一系列问题，具有重大的研究意义。

4.2.1   日本"隼鸟号"

目前许多小天体采样任务采用短期着陆采样接触即走的方式，"隼鸟号"是人类第一个小行星采样返回探测器，也是首次实施小行星软着陆与起飞任务的探测器，对 TAG 的着陆、采样、起飞模式具有开创意义。

由于小行星糸川的表面重力很小 (0.8~5.0×10^{-4}m/s^2)，所以在任务实施前难以确定其表面是坚硬的岩石还是柔软的尘土。因此日本采用了 TAG 的方式附着小行星表面并完成样品采集，使探测器在短时触碰后就飞离小行星表面，没有稳定接触的过程，接触时间不超过 1s。为降低着陆区识别难度，下降前探测器释放目标指示器 (图 4-1) 至预定着陆区附近，不停地发出有节奏的闪光 (图 4-2)，为着陆过程提供导航。目标指示器内部充满了聚合物颗粒，能够利用颗粒摩擦消耗接触能量，使其稳定停留在小行星表面。

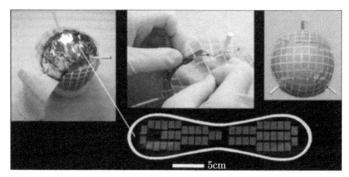

图 4-1 "隼鸟号"的目标指示器实物

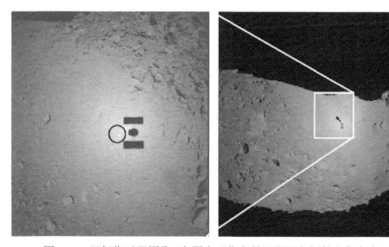

图 4-2 目标指示器图像 (左图中"隼鸟号"阴影左侧的白色亮点)

"隼鸟号"于 2005 年 9 月 16 日在距糸川表面初始高度 1km 处开始下降，实施附着，开始阶段主要依靠激光测距敏感器判断距离，激光雷达判断附着区地形。在距表面约 50m 处，探测器释放出闪光目标指示器，而后通过图像导航匹配跟踪闪光点 (附着区域)。此后由于激光雷达侦测到一个明显的地形障碍，探测器在自主机动避障后转入自由落体下降阶段，同时探测器监控自身姿态，于当日 21:10

利用采样装置首次接触小行星表面, 而后发生了 4 次显著的反弹 (糸川表面逃逸速度小于 0.2m/s), 最终由于探测器系统侦测到姿态异常而启动推力器飞离表面, 如图 4-3 所示。此后的几次附着过程类似, 探测器依靠小于 1s 的接触时间实施采样, 但采样并不顺利, 仅由于探测器的扰动激起了极少量尘埃, 在样品罐上粘回了约 1500 个颗粒样本 (总质量远小于 1mg) 带回了地球。图 4-4 为探测器附着过程探测数据。

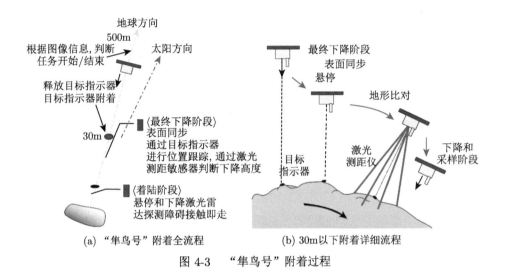

图 4-3　　"隼鸟号" 附着过程

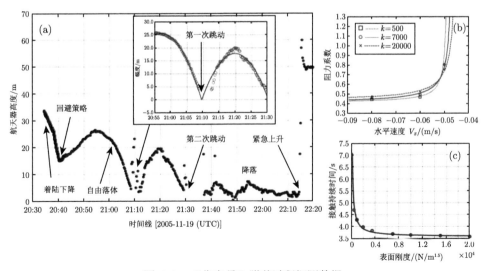

图 4-4　　"隼鸟号" 附着过程探测数据

"隼鸟号"采用溅射采样方式，探测器与小行星表面接触过程中，通过射弹撞击小行星表面，造成表层土壤或大型岩块发生颗粒溅射，溅射颗粒通过锥形罩进入样品容器进行存储。"隼鸟号"采样装置主要由抛射器、锥形罩、可扩展编织罩、金属罩组成，抛射器可发射金属射弹撞击小行星表面，如图 4-5 所示。"隼鸟号"采样装置与小行星表面接触时，通过罩形结构形成封闭环境，在防护探测器受尘土污染的同时，溅射的颗粒物质只能在金属罩、扩展编织罩、锥形罩内运动，进入样品罐内，并通过探测器内的转移机构将样品转移至样品容器中 [7]。

 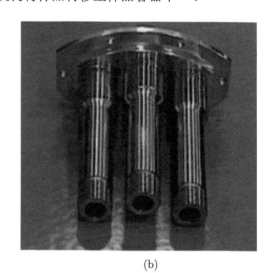

(a)   (b)

图 4-5   "隼鸟号"采样装置 (a) 和抛射器 (b)

4.2.2 "隼鸟 2 号"

日本于 2014 年发射了小行星探测器"隼鸟 2 号"，附着方案基本完全继承"隼鸟号"，主要增加了目标指示器数量，即增加了可能的着陆采样次数。"隼鸟 2 号"探测器的相对导航和控制设计精度能确保着陆误差圆直径小于 100m。图 4-6 为"隼鸟 2 号"拍摄的图像。

移动式小行星表面侦察机"吉祥物"(Mobile Asteroid Surface Scout, MAS-COT) 是"隼鸟 2 号"任务的科学有效载荷之一。"吉祥物"利用弹簧驱动的弹射机构，与"隼鸟 2 号"在大约 100m 的高度分离，它没有下降过程中的姿态控制，可以依靠内部力矩调节机构完成自动直立，图 4-7 显示着陆器的行动顺序，包括从主航天器分离、下降、着陆阶段和地面操作 [8]。

"隼鸟 2 号"在采样方式上继承了"隼鸟号"的设计，但在样品采集与封装方面进行了改进设计，包括：

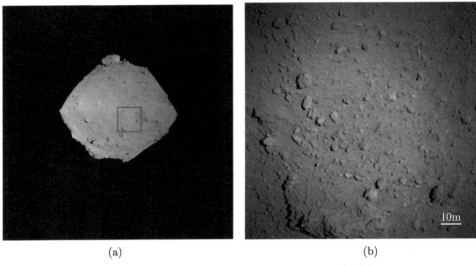

(a)　　　　　　　　　　　　　　　　　　　　(b)

图 4-6　　"隼鸟 2 号"拍摄的小行星 Ryugu (a) 及表面地形 (b)

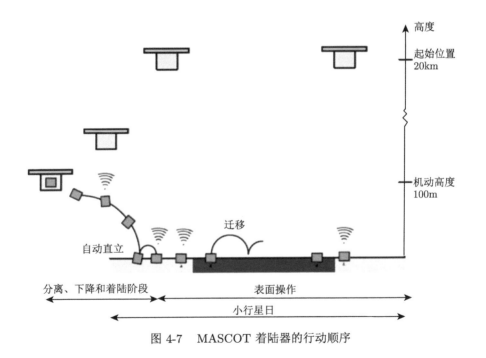

图 4-7　MASCOT 着陆器的行动顺序

① 增加了备份采样器捞起装置，当采样管道端部与表面接触时，无论弹丸射出与否，都能通过该装置收集粒径几毫米的样品碎石颗粒，并可以通过探测器减速将这些颗粒转移至样品罐；

② 增加了圆筒形撞击器，具备了次表层物质获取能力；

③ 改进了样品罐密封方式 (双橡胶圈金属密封改为两级金属密封)；

④ 样品容器底部增加了气体采集接口，在样品返回地面后通过特制装置抽采样品容器内可能留存的挥发物质；

⑤ 增加了见证板数量，更为注重样品污染物记录。

4.2.3 美国 "欧西里斯号"

根据前期地面的光学、红外和雷达观测数据，以及针对小行星糸川类比分析，"欧西里斯号"(OSIRIS-REx) 任务的科学支持团队认为小行星贝努是碎石堆结构 (由碎石积聚而成，内部孔隙比较高) 的小行星，很可能存在疏松的风化层 (碎石和颗粒)，对此有诸多间接证据：

① 非球形特征；

② 赤道脊特征；

③ 雷达极化比 (Radar Polarization Ratio) 比糸川和 Eros 都要低，表明贝努表面更光滑，颗粒尺寸更小 (雷达波长为 12.6cm 和 3.5cm)；

④ 斯皮策望远镜观察到贝努热辐射波长数据和热惯量，反演出其表面平均颗粒尺寸小于 1cm。

因此任务团队非常明确地将任务目标定为收集粒径小于 2cm 的风化层颗粒。为解决样品收集和转移问题，由洛克希德·马丁公司专门研发设计了接触即走采样机构 (Touch-And-Go-Sample-Acquisition-Mechanism，TAGSAM)，其是任务的核心装置，利用氮气将表面风化层吹入样品腔，利用接触板收集表面风化层颗粒。

"欧西里斯号" 虽然采用了与日本 "隼鸟号" 探测器相似的接触即走的附着方式 (图 4-8)，但在具体附着方案实现指标上全面优于 "隼鸟号"。包括：

① 使用光学导航相机，利用小行星表面自然特征识别与匹配着陆区域；

② 附着机械臂上装有弹簧，起到减小冲击和延长接触时间的作用，附着时间不小于 5s；

③ 控制精度更高，附着垂直速度 (0.1±0.02)m/s，水平速度小于 0.02m/s；

④ 设计确保探测器附着误差圆直径小于 50m (98.3% 置信概率)。

"欧西里斯号" 在下降附着过程中设置了检查点和匹配点，不断根据测得的自身姿态和空间所处位置，与目标着陆面进行速度和姿态匹配。在距离表面高度约 5m 处，探测器停止姿态控制，仅监控，做自由落体直至与小行星表面接触，迫使机械臂前端的弹簧压缩，同时触发采样程序。在 5s 附着完成后，探测器利用弹簧反弹并重新启动控制飞离至预定安全高度，如图 4-9 所示。

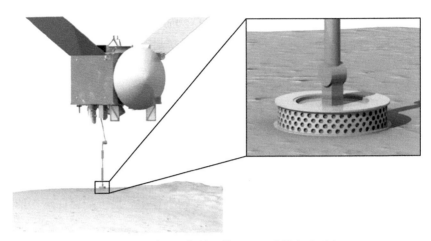

图 4-8　"欧西里斯号"的 TAG 采样方式示意

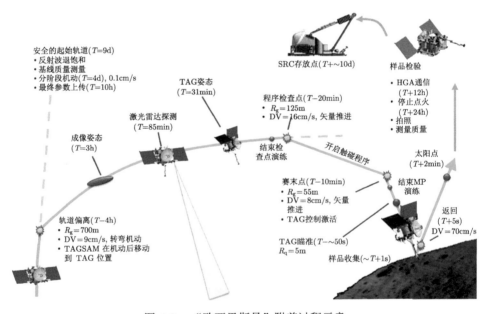

图 4-9　"欧西里斯号"附着过程示意

　　"欧西里斯号"的气流驱动采样头安装在机械臂末端,可利用环形氮气流驱动小行星表层的物质流动,并利用聚酯薄膜材料收集流动的表层样品,如图 4-10 所示。探测器上携带的气量可支持至少 3 次采样过程,采样气体采用 95% 氮气和 5% 氦气的混合气体,其中 5% 的氦气成分可用于在发射前检漏。另外,为可靠获取小行星最表层样品,在采样头端部还设置了 24 个圆形接触板 (Contact Pad),如

图 4-11 所示，单个面积 4.43cm²，材质为维可牢搭扣 (Velcro，即尼龙搭扣)，能够在采样头接触表面时粘连与容纳小颗粒样品。机械臂能将收纳了样品的采样器头部转移至返回器中，同时返回器内设有专门的机械捕获装置，可接收和固定采样器头部，到返回器返回地面后，可将采样器头部单独取出。"欧西里斯号"考虑目标小行星为 C 型，可能含有挥发物质，返回器采用不密封设计，内部装有过滤器，能够泄压并吸收挥发物质，如图 4-12 所示。此外，"欧西里斯号"常注重监视样品状态，通过相机全程监视与确认样品转移的状态。"欧西里斯号"还具备在轨测量转动惯量的变化感知样品采集量的能力。

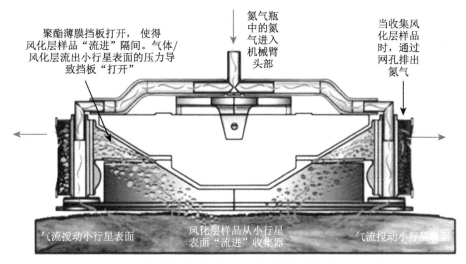

图 4-10 "欧西里斯号"的气流驱动样品收集原理示意图

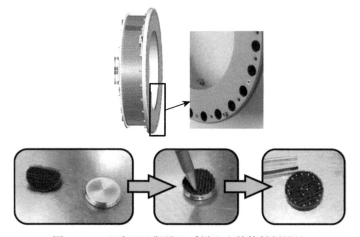

图 4-11 "欧西里斯号"采样头上的接触板设计

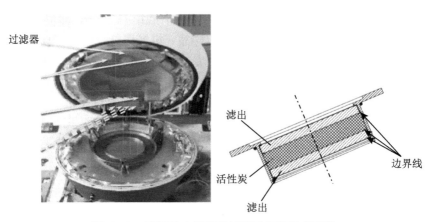

图 4-12   返回舱内设置的过滤器及其组成示意

4.2.4   欧洲航天局"罗塞塔号"任务

在"罗塞塔号"任务中,"菲莱"着陆器整体质量约 98kg,包含 26.7kg 有效载荷,基于碳纤维/铝的蜂窝结构,电力系统包括太阳能发电机、主副电池、一个中心数据管理系统和 S 波段通信系统,"菲莱"着陆器结构如图 4-13 所示。

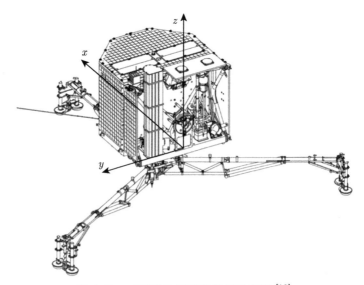

图 4-13   "菲莱"着陆器结构示意图 [10]

"菲莱"着陆器为开展在彗星表面的采样及其他原位探测工作,采用了锚定技术进行配合,锚定主要由冰螺栓、锚定鱼叉装置组合完成,如图 4-14 所示,冰螺栓与鱼叉装置存在一定的冗余备份作用。着陆冲击过程中,首先与彗星表面接触的冰螺栓依靠着陆器的冲击力刺入彗星表面，冷气推力器同时喷气反推，保证每个支撑脚的冰螺栓刺入彗星表面，然后鱼叉装置发射，形成对彗星表面的多点刺入，实现着陆器与彗星的固定。"菲莱"鱼叉装置长 190mm、宽 104mm、高 71mm，质量为 440g，利用火工装置驱动，可完成着陆器的锚定、彗星表面温度测量、材料特性分析等工作。2014 年 11 月 13 日"菲莱"完成着陆，欧洲航天局确认用于固定"菲莱"的鱼叉装置未发射，目前仅有各着陆腿上的冰螺栓完成了彗星表面刺入动作 [11]。

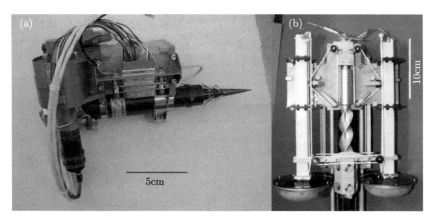

图 4-14　"菲莱"着陆器锚定鱼叉 (a) 与冰螺栓 (b)

"罗塞塔号"探测器的采样装置 (Sampler Drill and Distribution Subsystem, SD2) 是长期着陆采样的典型代表之一，其可在极低重力、极低温环境下采集样品，采样设备如图 4-15 所示。

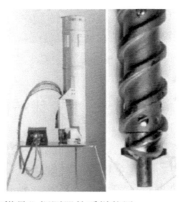

图 4-15　"罗塞塔号"探测器的采样装置

　　"罗塞塔号"采样机构安装在着陆器上，采用碳纤维作为采样器的保护结构，避免外部污染物进入活动机构中，螺旋钻集成了钻进和采样功能，可在确定的、可测量的深度下完成样品采集。

4.2.5　"星尘号"

　　采用掠飞捕获的代表之一是 NASA "星尘号"的样品采集器 (Stardust Sample Collection, SSC)，其采用气凝胶进行设计，实现了对彗星、星际尘埃的收集。星尘号的样品采集器呈网球拍状态，如图 4-16 所示，每面包含 130 个矩形气凝胶模块 (2cm×4cm) 和 2 个稍小的菱形模块，各个气凝胶模块安装在铝质栅格中，"星尘号"的样品采集器气凝胶模块的密度采用了分级设计，粒子入口处密度相对较低，随着深度的增加密度增大 [12,13]。

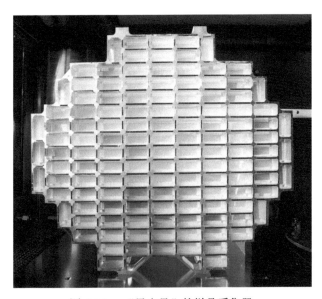

图 4-16　"星尘号"的样品采集器

4.3　小天体精确抵近技术

　　小天体距离地球遥远，地面观测仅可获得基本轨道参数和少量物理特性；小天体的微弱引力场导致难以建立环绕轨道，所以对小天体物质成分、形状的分辨率十分有限，缺少对体积大小、结构、地形地貌、运动特性 (旋转轴方向、旋转周期)、引力场、磁场等物性信息的感知。传统上，探测目标及其所处环境的规律是航天器着陆导航的条件，但是，小天体附着探测正是为了获得这些规律而开展的科学活动。传统的导航方式难以支持探测器在尺寸只有百米级的小天体表面安全、准确地附着。

小天体附着面临的特殊问题主要体现在以下几方面。

(1) 在弱而不规则的引力场、独特的自旋状态和空间摄动作用下，小天体附近的动力学环境非常复杂。

(2) 小天体探测的主要目的是科学发现和新技术试验，目标天体的物理特性和轨道信息一般只依靠地面观测获得，不确定性较大，先验信息匮乏，难以提供小天体附着所需的信息。

(3) 由于尺寸较小，小天体表面缺乏大面积的平坦区域，弱引力下附着又易发生反弹，所以小天体附着任务对位置和速度偏差的容忍度低，需实现"双零附着"，即实际附着点与预定附着点位置误差接近于零，附着器的末端相对速度接近于零。

(4) 小天体距离地球遥远，通信延迟较大，仅依靠地面测控难以实现探测器在小天体表面精确附着，所以要求探测器必须具备自主附着能力。

4.3.1 小天体动力学建模与运动特性分析

小天体复杂的动力学环境给探测器轨道设计和附着控制带来了特殊的挑战，对小天体轨道和表面运动进行精确建模与特性分析十分必要。

不规则引力场建模是小天体附近动力学环境建模的核心问题。小天体引力场建模方法主要有级数逼近法和三维模型逼近法两大类。① 级数逼近法采用无穷级数逼近中心天体引力势，最常用的为球谐函数模型。球谐函数模型简单且易于解析表达，但只能在布里渊球以外收敛，在接近小天体表面的部分区域不适用。椭球谐函数模型通过建立中心天体的三轴椭球形包络面，以椭球谐系数描述其不规则形状，使小天体表面附近的收敛域显著增大。② 三维模型逼近法是一种数值方法，采用简化的三维模型逼近不规则天体形状，通过数值积分近似不规则天体引力势，常用模型有三轴椭球体模型和多面体模型等。三轴椭球体模型将中心天体视为质量均匀的三轴椭球体，只需中心天体的基本尺寸信息，计算简便但精度较低。在实际应用中，应根据具体需求选择合适的模型或将不同方法相结合。

小天体附近的运动特性分析一般针对某一引力场建模方法展开。北京理工大学的研究团队 (刘向东等) 提出了均质旋转立方体模型，分析了基于该模型的动力学平衡点位置和稳定性，并得出环绕周期轨道 [14]。清华大学的宝音贺西等通过对 Kleopatra 小行星系统零速度面三维几何结构的分析，确定了 4 个平衡点的稳定性和特征结构，证明了此系统中不存在自然稳定轨道；引入局部流形上的运动分析方法，得到了平衡点附近的 6 族局部周期轨道，为短期悬停轨道提供了可行的解决方案[15]。他们还选用球坐标给出了一种改进的分层网格搜索算法,研究了 Kleopatra 多面体模型下的周期轨道。按照轨道在随体系中的空间位置和形状,将所得结果整理为 29 族周期轨道,应用该方法,他们继续求解了小行星 Ida 附近的周期轨道,并按照周期轨道单值矩阵的特征根类型归类,同时研究了周期轨道随着雅可比积分延拓时拓扑类型的变化情况[16]。更多关于小行星环绕周期轨道拓扑的分类可参见文献 [17]。这些研究加深了人们对不规则小天体附近动力学与轨道运动特性的理解。

4.3.2　不规则暗弱目标自主抵近的导航与控制技术

单纯依靠地面站的导航方式不能满足小天体抵近探测的精度和实时性要求。然而,小天体不规则、反照率低的特点,给自主光学导航带来了技术难题,不规则暗弱目标的自主导航与控制是实现小天体表面精确附着的重要前提。

星载敏感器在抵近、附着过程不同阶段能够获取的目标星特征不同,因此,需根据敏感器获取的特征信息针对性地构建小天体抵近的自主导航方案。

探测器距目标星较远时,相对距离信息获取困难,主要依靠光学相机完成自主导航。美国"星尘号"任务发展了一种暗弱目标中心自主跟踪技术,通过提取图像中的目标星中心点确定探测器的相对状态。在最终附着阶段,相对目标星表面的测距信息可用,光学图像结合测距信息可有效提高导航精度。Lafontaine 等在"罗塞塔号"任务背景下,对目标星体即彗星在最终降落阶段的导航技术进行创新研究,提出一种采用激光结合微波对探测器到彗星表面的距离大小进行测量的方法,同时对自主导航相关基本理论和实际应用技术展开研究,包括在绕飞时段内用无迹卡尔曼滤波进行自主导航,以及在降落阶段精确参数估量的自主导航问题[18,19]。日本空间宇航科学研究所的 Kubota 等[20] 对"隼鸟号"航天器的制导导航与控制系统 (GNC) 和控制方法进行了详细分析与讨论。为了实现安全接近、交会和着陆小行星,"隼鸟号"航天器的自主导航、制导和控制系统,可以实现距离星表 20km 位置保持、使用光学相机和激光测高仪着陆导航、20m 悬停、同步旋转和姿态调整等功能,同时可以实现下降阶段的控制,包括障碍物检测、着陆可靠性分析和小行星样本的安全采集。Kubota 等首先介绍了"隼鸟号"系统的导航、制导和控制系统,然后描述了交会和着陆场景,分别通过数值模拟、图形计算机模拟器和硬件模拟器对系统的性能和鲁棒性进行验证。

着陆与交会场景如图 4-17 所示,总体包括抵近阶段、全局映射阶段、观察阶段、下降阶段、着陆和起飞阶段。文章通过图形计算机模拟器和硬件模拟器进行大量数值模拟,结果如图 4-18 所示。

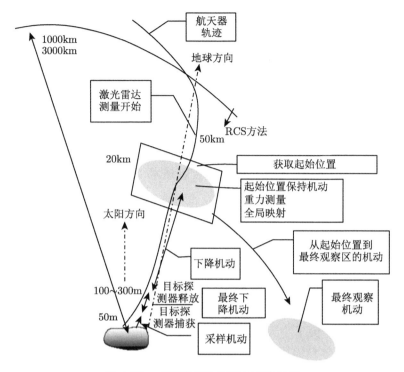

图 4-17 "隼鸟号"着陆与交会场景

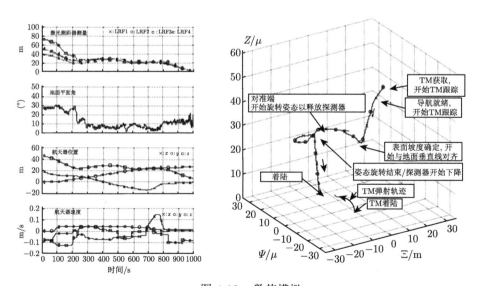

图 4-18 数值模拟

在基于图像信息的制导导航与控制系统中，图像处理与航天器动力学是耦合的。因此，在一些计算机模拟中，需要利用光学导航相机 (Optical Navigation Camera, ONC) 根据航天器的位置和姿态生成期望的图像，为此，文章构建了图形化计算模拟器。由于精确的小行星模型尚不存在，文章只能用火卫一的三维模型来代替小行星模型，另外，制作了机载仪器的飞行模型，将其通过 I/O 控制盒连接到图形化计算模拟器，实现了硬件环路测试，同时将航天器动力学模型与制导控制逻辑相结合，实现图形闭环试验。

4.3.3　弱引力环境下精确附着的导航与控制技术

小天体引力系数差异较大，针对不同类型的小天体，需根据目标星的环境特性针对性地设计附着方案。弱引力环境悬停、下降与附着过程的制导控制是其中的关键技术。

小天体的弱引力特性使其附近的自然轨道多处于不稳定状态，需施加主动控制以保持稳定；同时也使得探测器在主动控制的作用下，可以获得更丰富的运动形态，悬停运动即是小天体弱引力环境下的一种独特的运动形式。

Sawai 等首先研究了小天体探测器的悬停控制问题，提出了一种基于高度测量的均匀自旋小天体悬停运动闭环控制策略，并对非均匀自旋小天体附近的悬停点进行了分析 [21]。Broschart 设计了惯性系和小天体固联坐标系下的悬停运动控制律，实现了在给定高度和区域的闭环悬停控制，并分别基于解析和数值方法进行了稳定性分析。Zeng 等应用太阳帆进行悬停探测，分析了非理想太阳帆模型对悬停轨道的影响，求解了球形小行星假设下本体悬停轨道的可行域 [22]。在此基础上，分析了小行星不规则引力分布对悬停轨道的影响。用偶极子模型近似细长小行星，讨论了小行星 Gaspra 的悬停探测问题，研究了不同推力太阳帆形成的可行悬停区域。太阳帆仅依靠太阳光压作用产生控制力，能够在不消耗燃料的情况下长期保持轨道稳定，在小天体悬停控制中具有独特的优势。

在自主下降制导控制方面，考虑引力系数的差异，附着不同类型小天体采用的控制方式不同。NEAR 任务采用了主发动机脉冲机动控制方式，而对引力更小的小行星糸川，"隼鸟号"任务采用了小喷嘴的连续开关控制方式。1996 年 Mcinnes 对视线制导律的应用进行了基础理论研究，但是从实际出发考虑到文中导航量不易获得，这种算法未获得广泛应用 [23]。Broschart 等在已知目标着陆点的前提下对探测器的控制过程提出了一种以自由下降方式为主的控制方法，同时对控制方法应用于探测器时存在的误差进行分析，提高了系统稳定性以及控制准确性 [24]。高艾等着眼于轨迹的规划方法研究，克服任务中出现的众多约束并实现快速性，主要理论方法有凸优化方法问题的转化，用该方法将非线性动力学路径规划转化为以优化燃料损耗为性能指标的二阶圆锥规划，解算出非线性规划问题，与此同时, 在求解过程中借鉴模型预测控制架构, 研究出基于滚动优化的凸规划制导控制方法[25]。

由于小天体引力弱, 探测器附着时易发生反弹。一些任务基于小天体的弱引力特性设计了 TAG 的附着方式, 使探测器与小天体表面短暂接触并完成采样后立即上升离开, 如"隼鸟"系列任务和"欧西里斯号"任务; 对于长期停留的附着方式, 一般需设计锚定机制将探测器固定在目标星表面, 如"罗塞塔号"任务采用的锚定和冷气推进装置。而一旦探测器发生反弹, 通过主动控制实现安全附着是一种可行方案。

航天器在小行星低重力环境下的自主抵近操作 (悬停、着陆) 极具挑战性。针对航天器对小行星表面指定点进行自主闭环制导的要求, Furfaro 等[26] 提出了一种新的非线性着陆制导方案, 基于高阶滑模控制理论, 利用系统在有限时间内到达滑模面的能力, 设计了多滑面制导算法 (Multi Slip Surface Guidance Algorithm, MSSG 算法)。该方法避免了传统滑模控制设计的强烈扰动, 提出的控制律有良好的鲁棒性, 可减少无模型有界扰动的影响。文章所提出的多滑模面制导控制不需要生成任何离线轨迹, 因此它可以足够灵活地瞄准星表的大量目标点, 不再需要基于地面的轨迹分析。文章最后利用基于李雅普诺夫的方法证明了该制导算法的全局稳定性。通过参数分析, 研究了基于多滑模面制导反馈回来的着陆轨迹的运动特性, 并在实际着陆场景中进行了完整的蒙特卡罗仿真, 对其制导性能进行了评价。基于仿真结果, 多滑模面制导算法是非常精确和灵活的, 它为小行星着陆的实时制导和抵近操作奠定了良好的基础。该团队还开发出一种非线性制导方法, 采用高阶滑模控制 (High Order Sliding mode Control, HOSC) 理论, 总的目标是推导出一个加速度控制律, 并具备如下优点: ① 具有较强的鲁棒性来应对无动力学模型目标; ② 保证更高性能 (如零速度下精确瞄准) 所需的严格精度要求。

首先定义滑模面函数:

$$\boldsymbol{s}_1 = \boldsymbol{r}_{\mathrm{L}} - \boldsymbol{r}_{\mathrm{Ld}} \tag{4-1}$$

其为探测器当前位置和目标位置之差, 通过利用反推法将 $\boldsymbol{s}_1$ 的一阶导数设置为一个虚拟控制器, 如下:

$$\dot{\boldsymbol{s}}_1 = -\frac{\boldsymbol{\Lambda}}{(t_{\mathrm{F}} - t)} \boldsymbol{s}_1 \tag{4-2}$$

$$\boldsymbol{\Lambda} = \mathrm{diag}\{\Lambda_1, \Lambda_2, \Lambda_3\} \tag{4-3}$$

其中 $\boldsymbol{\Lambda}$ 是一个对角矩阵的制导增益, 为了能够使第一个滑模面驱动到零, 虚拟控制器 $\boldsymbol{s}_1$ 的一阶导数必须设置成是全局稳定的, 所以得到如下约束:

$$\{ \varLambda_1, \varLambda_2, \varLambda_3 \} > 0 \tag{4-4}$$

$$\dot{V}_1 = \boldsymbol{s}_1^{\mathrm{T}} \dot{\boldsymbol{s}}_1 = -\frac{1}{(t_{\mathrm{F}} - t)} \boldsymbol{s}_1^{\mathrm{T}} \boldsymbol{\varLambda} \boldsymbol{s}_1$$
$$= -\frac{1}{(t_{\mathrm{F}} - t)} \left(\varLambda_1 s_{11}^2 + \varLambda_2 s_{12}^2 + \varLambda_3 s_{13}^2 \right) < 0 \tag{4-5}$$

最后利用中间变量和二阶导数将滑模函数与加速度联立起来，得到如下控制律：

$$\boldsymbol{a}_{\mathrm{c}}(t) = -\left\{ 2\boldsymbol{\omega} \times \boldsymbol{v}_{\mathrm{L}} + \boldsymbol{\omega} \times \boldsymbol{\omega} \times \boldsymbol{r}_{\mathrm{L}} \right.$$
$$\left. + \frac{\partial V^{\mathrm{T}}}{\partial r} + \boldsymbol{\varLambda} \frac{(t_{\mathrm{F}} - t)\,\dot{\boldsymbol{s}}_1 + \boldsymbol{s}_1}{(t_{\mathrm{F}} - t)^2} + \boldsymbol{\varPhi}\mathrm{sgn}\,(\boldsymbol{s}_2) \right\} \tag{4-6}$$

$$\boldsymbol{s}_2 = \dot{\boldsymbol{s}}_1 + \frac{\boldsymbol{\varLambda}}{(t_{\mathrm{F}} - t)} \boldsymbol{s}_1 = 0 \tag{4-7}$$

图 4-19 显示了 GNC 架构的示意图，该架构中承载了上文所提出的制导算

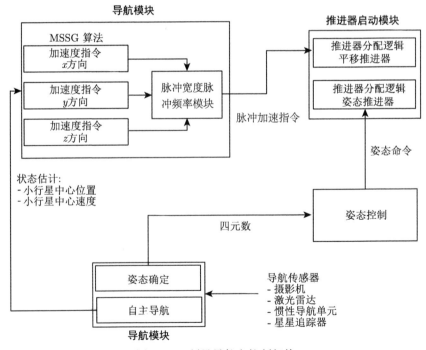

图 4-19　制导导航和控制架构

法，能够使探测器在小行星附近进行自主近距离操作，自动执行导航和制导功能，包括着陆地点选择、障碍物探测和躲避。

通过处理光学导航数据 (如照相机和激光雷达) 的过滤器，以正确估计航天器在小行星周围的相对位置和速度，姿态由惯性测量单元 (Inertial Measurement Unit, IMU) 和星迹跟踪器组合确定。将位置和速度输入制导模块，该模块通过 MSSG 控制逻辑，以确定三个独立方向的加速度指令。在制导参数分析中，MSSG 算法被证明具有良好的性能，可以将系统驱动到小行星表面的预定位置。事实上，一个适当设计的制导算法在理想化的条件下表现往往都很好，所以为了验证 MSSG 算法的鲁棒性和在不确定环境下驱动航天器到达目标点的能力，文章还进行了一系列蒙特卡罗仿真，结果如图 4-20 所示。

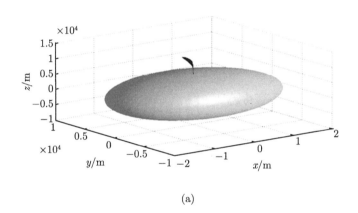

(a)

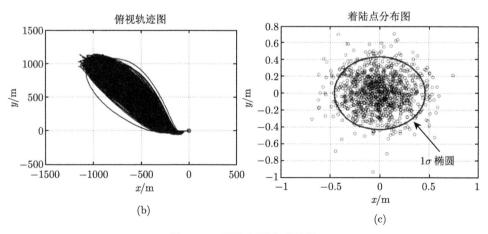

(b)   (c)

图 4-20   蒙特卡罗仿真结果

结果显示了 1000 个模拟案例的着陆点，这些着陆点都分布在 1σ 椭圆内，由此可见 MSSG 算法在干扰加速度和导航误差的影响下仍是非常准确的。

4.4　小天体自主作业技术

4.4.1　弱引力附着采样技术

探测器在小天体表面附着，对小行星进行采样是获取小行星信息的重要方式，需要实现小天体在弱引力环境下的交会、附着以及采样等操作。从小天体资源开发与利用需求来看，长期附着将在后续任务中扮演重要角色，而表面的多点采样探测将会扩大任务的探测范围，提高任务的回报。

取样机构须适应其微重力条件工作，取样过程要防止污染，以及要求重量轻、功耗少等。除此以外，小天体组成成分的未知性使得钻孔难度提高。因此，传统的钻孔取样、挖掘取样等方法难以在取样机器人中应用，需要开发具有自主性强的采样系统。日本"隼鸟号"探测器采用独特的金属球撞击方式进行采样，但从回收的效果看，也不尽理想；美国"欧西里斯号"采用使小天体表面碎片流体化的方式进行采样，效果还有待验证。

取样的方式可以有多种，如弹射、钻孔等，但这些方式都会面临一个不可回避的问题，那就是如何将已剥离小行星表面的样品收集入样品采集器中。由于小天体表面的引力很小，不论是取样过程中产生的岩屑还是保持原始状态的样品块，都会长时间飘浮在空中，而且其运动轨迹杂乱无章，不能采用靠样品自身重力的回收方法。小天体探测任务的特殊性决定了取样系统的结构不能过于复杂，并且要具有很高的可靠性，这也对回收技术提出了更高的要求。

小天体表面引力特别小，取样器在其表面很容易飘走，更谈不上依靠表面引力进行取样，所以如果采用 TAG 技术，必须利用锚定系统在取样器着陆的瞬间将其固定在小天体表面，之后才能进行下一步的取样工作。由于不清楚小天体的表面坚固程度如何，是否能够支撑取样器工作，所以取样器锚定装置的可靠性非常关键。在进行锚定的过程中，不能忽略小天体产生的反作用力对探测器或取样器产生的影响，尤其是对于表面为裸露岩石的小天体进行钻孔取样时。因此，应尽量减小反作用力或研究新方法以避免反作用力的产生。

东南大学 Zhang 等 [27] 提出了一种基于切削方法的小行星探测着陆器锚定系统。系统由三个机械臂、三个切割盘和一个控制系统组成，安装在机械臂末端的圆盘能够穿透小行星表面，在圆盘切割小行星表面后，机械臂的自锁功能提供了将着陆器固定在表面的力量。该文分别讨论了锚定系统的建模、轨迹规划、仿真、机构设计和原型制作，测试了该系统在不同种类岩石、不同切削角度、切削位置和切削速度下的性能。锚定系统和着陆器原理样机如图 4-21 所示。

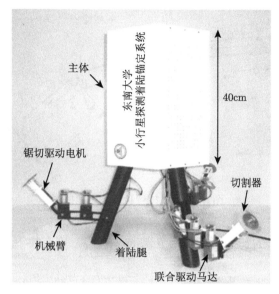

图 4-21　锚定系统和着陆器原理样机

在切割盘切削过程中，岩石表面会对锚定系统产生反作用力，所以着陆器需要设计一个反推力装置，本节选择了反推进器来提供着陆器采样过程所需的平衡力，其受力分析如图 4-22 所示。

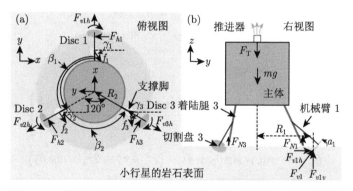

图 4-22　机械臂和推进器的受力分析：(a) 俯视图；(b) 右视图

文献 [27] 研究了机械臂的轨迹规划和控制方法，进行了运动学和动力学仿真验证。如图 4-23 所示，切割盘与小行星表面的切削角为 α，由于切盘在平面上运动，关节 J_3 的运动轨迹与切盘表面平行，在规划一个合适的 α 后，可得到三个关节角的变化值，以确保切割盘在平面内运动。轨迹规划分为两个步骤。首先，我们可以让关节 J_3 沿着 l 移动，得到角度 θ_1 和 θ_2。令 J_3 转动，得到角 θ_3，使切盘与直线 l 平行。

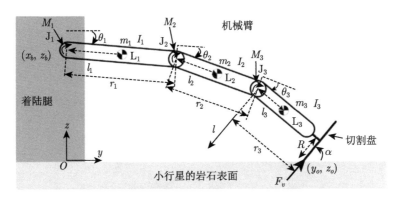

图 4-23　机械臂轨迹规划和控制

设 θ_1、θ_2、θ_3 的初始值分别为 θ_{10}、θ_{20}、θ_{30}，则有如下关系：

$$\theta_{20} = \arcsin\left[(z_b - h_1 - h_2 - h_3)/r_2\right] - \theta_{10} \tag{4-8}$$

$$\theta_{30} = \pi/2 - \alpha - \theta_{10} - \theta_{20} \tag{4-9}$$

$$h_1 = R\sin\alpha, \quad h_2 = r_3\cos\alpha, \quad h_3 = r_1\sin\theta_{10} \tag{4-10}$$

设切削深度为 $d_c(t)$，可以得到 J_3 的坐标，

$$\begin{cases} y_{J3} = y_{J30} - d_c\cos\alpha \\ z_{J3} = z_{J30} - d_c\sin\alpha \end{cases} \tag{4-11}$$

由此，可以得到 θ_1、θ_2、θ_3 的函数，

$$\theta_2 = \arccos\left[\frac{(y_{J3} - y_b)^2 + (z_{J3} - z_b)^2 - r_1^2 - r_2^2}{2r_1r_2}\right] \tag{4-12}$$

$$\theta_1 = (-r_2 y_{J3}\sin\theta_2 \pm B)/(r_1^2 + r_2^2 + 2r_1r_2\cos\theta_2) \tag{4-13}$$

$$B = \sqrt{\begin{array}{l} r_2^2(y_{J3} - y_b)^2\sin^2\theta_2 - (r_1^2 + r_2^2 + 2r_1r_2\cos\theta_2) \\ \left[(y_{J3} - y_b)^2 - (r_1 + r_2\cos\theta_2)^2\right] \end{array}} \tag{4-14}$$

$$\theta_3 = \pi/2 - \alpha - \theta_1 - \theta_2 \tag{4-15}$$

通过仿真验证表明，对于反推力器和功率消耗的影响包括岩石硬度、锯切角度和锯切速度，三机械臂锚定力测试结果表明，原型系统 7.8kg，可提供与岩石表面至少 225N 法线和 157N 正切的全向锚定力，自反系统可以提供稳定反推力使着陆器平衡，该系统以 60° 切削角切入 15mm 的花岗岩所需时间为 180s，平均功

率为 58.41W, 切削压力为 8.637N, 该系统具有重量轻、能耗低、平衡力大、锚定效率高、可靠性高的优点, 可以使着陆器移动和采样, 帮助宇航员或机器人在小行星上行走和采样。

北京航空航天大学的张涛等[28] 针对我国未来小行星探测任务, 提出了一个钻孔、取样和样品处理系统 (Drilling, Sampling and Sample Handling System, DSSHS), 此系统可以深入小行星的风化层, 收集不同深度的风化层样品, 并将样品分配到不同的科学仪器进行原位分析。DSSHS 采用旋转钻孔的形式, 利用内部的取样管收集风化层样品, 能够穿透硬度值大于等于 6 的岩石, 在未来可以用于中国的小行星探测任务。

钻孔原理如图 4-24 所示。钻孔机构由一个穿透电机、一个平移螺杆、一个测压元件、一个行程开关和两个滚动导轨组成。在钻孔过程中, 使用平移螺杆将钻头推进到风化层中, 并在取样动作完成后将钻头从风化层表面缩回。通过测压元件实时测量钻削力, 并将其输入钻削算法中。为小行星的微重力环境提供的最大穿透力为 50N, DSSHS 的最大钻孔深度为 300mm, 对表层和地下风化层进行取样, 考虑着陆器和风化层表面之间的空隙距离, 平动螺钉的标称行程设计为 650mm, 行程开关用于设置平移螺丝的零位。

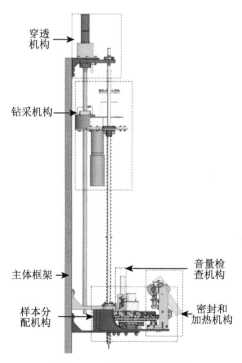

图 4-24 DSSHS 结构图

　　DSSHS 的钻孔和取样机构的驱动相互独立, 两个驱动电机分别用于螺杆的旋转和取样管的平移, 如图 4-25 所示, 旋转电机通过一对减速比为 3:1 的齿轮提供转矩。采样管位于螺杆内部, 采样管由采样电机和平移螺杆独立驱动, 最大速度为 66mm/min。在钻孔过程中随螺杆旋转, 通过释放或压缩采样管外的弹簧来控制其平移运动。当达到目标穿透深度时, 采样电机旋转平移螺杆释放弹簧, 将采样管平移出去, 当采样管在排样过程中缩回时, 弹簧将再次被压缩, 样品将被推出管外。采样管最大采样体积可达 84mm³, 为了提高耐磨性, 采样管底部末端电镀了金刚石。

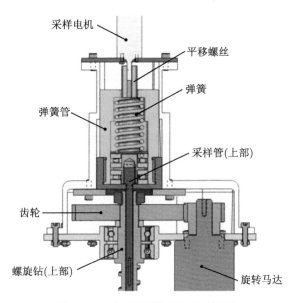

图 4-25　钻井和采样机构的剖面图

　　DSSHS 系统满足了钻孔、采样、样品分类、密封、加热等设计要求, 目标是对小行星 Apophis 的风化层进行采样, 并对收集到的风化层进行加热, 以便进行原位分析并检测有用信息。

4.4.2　自主作业机器人

　　随着机器人技术的发展和进步, 人们针对月球、火星、小行星探测等发展出了多种新型的星表机器人。图 4-26 总结了近年来用于星表探测机器人的发展历程。

　　1) NASA 的 SRR(Sample Return Rover) 月球探测器项目

　　NASA 的 JPL 实验室提出的 SRR 和 SRR2K 月球探测机器人项目分别于 1997 年和 2000 年研制完成 (图 4-27)。SRR 的质量约 7kg, 最高运动速度为 0.3~0.5m/s, 具有四个可独立驱动和转向的驱动轮系, 并具有被动摇臂式悬挂系统和独立控制的铰接式关节，通过肩关节的主动控制可以适应地形变化，可主动调节车体高度；也可通过肩关节主动调节改变机器人的质心位置以适应崎岖不平的险恶地形环境，从而提高机器人系统的稳定性和适应性，保证了在月面地形运动的平稳性。SRR 的前端配置了一个质量 5kg、负载 3kg、位置精度 3mm 的 4自由度的机械臂，其末端安装有受力反馈传感器，能够安全地搬运盒装物体。此外，SRR 集成了视觉导航、目标检测、三维目标识别与定位等技术，具备坡度探测及复杂地形分析能力，能够行驶 100m 以上的距离并返回登陆舱。SRR2K 继承了与 SRR 相同的技术和功能。SRR 与 SRR2K 可以通过协同配合实现对物资的抓取、抬升、搬运以及定位。研究人员利用 SRR 和 SRR2K 成功实现了对采样返回、着陆器会合、全地形探测、悬崖面漫游以及机器人协同工作等技术的实验验证。

图 4-26 星表探测机器人的发展历程

2) ATHLETE 机器人项目

NASA ATHLETE (All-Terrain, Hex Limbed, Extra-Terrestrial Explorer) 机器人 (图 4-28) 是 NASA 的 JPL 实验室正在开发的月球车，其采用 6 足动力结构。斯坦福大学以及波音公司都参与了该项目的设计和研制，其设计目标是追求全地形滚动和移动效率的最大化。该项目旨在开发一种多功能系统，能够与专用设备对接或配对，包括能源补给站、挖掘工具和特殊末端执行器等。ATHLETE 的每只腿有 6 个自由度，可以作为机械臂进行操控，腿的末端附有一个单自由度

 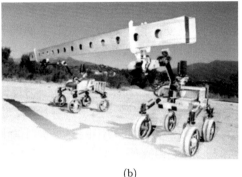

(a)   (b)

图 4-27　JPL 提出的 SRR (a) 和 SRR2K (b) 月球车原理样机

的轮。在平坦的地形上，可以通过轮的滚动快速通过。当进入陡坡或者积土的复杂地形时，末端轮锁死，进入移动模式。ATHLETE 机器人可以通过 6 个肢体的协作攀爬 35° 的刚性斜坡或者 25° 的柔性斜坡。其在较粗糙地形上行驶的速度为 10km/h，将比"勇气号"和"机遇号"火星车快 100 倍。每个 ATHLETE 的有效载荷为 450kg，同时能够将多个 ATHLETE 车对接在一起以支撑更大的载荷。ATHLETE 比传统的机器人系统大得多，直径约为 4m，伸展范围约为 6m。虽然体型庞大，ATHLETE 可以将多个单元的设施收紧、对接并放置在环形圈中。因此，多个 ATHLETE 车可以有效地堆叠在单个着陆器上。

图 4-28　JPL 提出的 ATHLETE 机器人

3) NASA 的 Robonaut 及 Centaur 机器人

早在 20 世纪 90 年代，美国就开展了 Robonaut 机器人的研制。2011 年 NASA 与通用汽车 (GM) 公司联合研制的第二代 Robonaut (简称 R2) 机器人进入国际空间站。Robonaut 机器人在形体上具有头部、颈部、躯干、双臂、多指灵巧手等人类的特征，R2 全身共 42 个自由度，包括一个 3 自由度颈部、两个 7 自由度手臂、两个 12 自由度五指手以及一个 1 自由度腰部，因此它具有类似人的工作能力；五指手的比例与航天员相当，可直接使用航天员的工具，可辅助航天员完成部分空间操作任务；同时它集成了视觉相机、红外相机、六维腕力传感器、接触力传感器、角度及位移传感器等多达 350 个传感器。

为了使 Robonaut 具有自主移动能力，NASA 为 Robonaut 增加了移动系统，组成了一种半人马式结构机器人 (Centaur) (图 4-29)，可适应星际探测的需要。其移动系统为轮腿式构型，可适应具有挑战性的地形，并可在斜坡或陡峭的地形上保持上半身操作部的姿态；它采用各轮独立驱动的形式，可实现原地转向及多方向平动；同时可通过轮腿机构的变构型为载荷作业及机器人操作提供稳定的操作平台。Centaur 机器人的主要优势是将轮腿式的移动机构与仿人操作机构相结合，一方面，可满足复杂地形的通过性要求，另一方面，具有类人的工作和可达空间，可实现精细、灵活的服务操作。

(a) (b)

图 4-29　NASA 的 Robonaut (a) 及 Centaur (b) 机器人

4) 德国的模块化可重构多机器人月面探测系统

德国宇航中心提出了模块化可重构多机器人月面探测系统 (Reconfigurable Integrated Multi-Robot Exploration System, RIMRES) 的概念。在此计划下，德国人工智能研究中心 (Deutsches Forschungszentrum für Künstliche Intelligenz, DFKI) 研发了新型探月机器人，包括四轮机器人 Sherpa 和六足机器人 CREX。两个机器人可完全独立地工作，也可通过机电接口重构成一个系统开展组合工作 (图 4-30)。

Sherpa 机器人系统采用轮腿式结构，自身质量约 200kg，负载质量约 60kg，腿部摇摆机构具有 4 个自由度。它具备的主动悬架系统可实现结构的重构变化，从而提高机器人在崎岖路面的通过性。Sherpa 的机械臂展开长度约 1.7m，可用于载荷操作、巡视检查、质心平衡，同时也可将机械臂作为一个辅助的腿部使用。CREX 是蜘蛛式六足爬行机器人，利用多足和多冗余度实现在月球陨石坑恶劣等未知环境的探测工作。CREX 是由德国人工智能研究中心之前开发的六足机器人 Space Climber 发展而来，其质量为 25kg，单腿 4 个主动自由度，整机共 26 个自由度，头部集成了视觉相机及激光雷达。

图 4-30   德国的模块化可重构多机器人月面探测系统

5) NASA 变拓扑翻滚探测机器人

NASA 以火星探测为背景，从 2008 年开始，开展了变拓扑结构的多面体翻滚机器人 TET 的研究。变拓扑翻滚机器人是一种变几何桁架机构，其基本原理为通过各杆件的伸缩而实现机器人重心的偏移，当重心超越其稳定区域后，机器人失稳从而发生翻滚运动；机器人也可通过杆件的协调伸缩而实现对障碍物的翻越或在溶洞、狭缝等地形的爬行。

6) 德国仿黑猩猩机器人 (iStruct Demonstrator)

DFKI 在 iStruct Demonstrator 计划中以黑猩猩为雏形设计了一种月球探测

机器人 (图 4-31)。仿黑猩猩的设计充分借鉴猩猩攀爬作业的四肢稳定性及在各种地形移动的优势。iStruct Demonstrator 最典型的特性是其可根据不同地形选择不同的移动模式，平坦地形可以双足直立模式移动，复杂地形可切换为四足爬行模式。在双足直立模式下，两个前臂也可以开展样品采集等作业任务。

　　早期的星际探测机器人通常被简称为月球车或是火星车，例如美国、苏联的月球车以及火星巡视器如"索杰娜"、"勇气号"、"机遇号"及"好奇号"等，其典型特征一般为六轮或八轮的轮式行驶机构及摇臂悬架系统，在直观上表征为"车"的特征。

图 4-31　iStruct Demonstrator 的多种运动方式

7) 苏联 Lunokhod-1 号与 Lunokhod-2 号月球车

　　苏联 Lunokhod-1 号月球车，是人类首台成功登陆月球的月球车。Lunokhod-1 号于 1970 年 11 月 17 日由苏联"Luna 17 号"飞船送达月面，实现了月球漫游、图像采集以及采样测试等任务。Lunokhod-1 号质量为 1667lb[①]，高约 4ft[②]，宽约 7ft，车体形似一个大圆桶 (图 4-32)。该月球车具有 8 个独立驱动的车轮，采用 8 个独立悬架、电机与刹车并行驱动的运动系统，通过地面远程操控。其主要任务是探测月球表面环境，并将科学数据和照片等传回地球。Lunokhod-1 装备了一个锥形天线、一个高度定向的螺旋天线、四个电视摄像机以及用于月壤密度测量和机械性能测试的试验设备。其能源由安装在仪器舱盖子内侧的太阳能电池板提供，在月夜通过钋-210 同位素热源为月球车提供热量。任务结束时，Lunokhod-1 号漫游车共行驶距离 10.54km，传回 20000 张电视画面和 200 张全景照片，并进行了超过 500 次月壤测试。Lunokhod-2 号月球车是 Lunokhod-1 号的改进型，载

———————————

① 1lb=0.453592kg；

② 1ft=3.048×10⁻¹m。

荷增加了一台摄像机，在月面共行驶了约 37km。

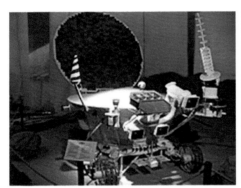

图 4-32　苏联 Lunokhod-1 号月球车

8) 美国 LRV 月球车

LRV (Lunar Rover Vehicle) 月球车 (图 4-33) 在美国"阿波罗"探月计划中发挥了重要作用。LRV 月球车长 3.1m，宽 2.3m，高 1.14m，质量 223.9kg，负重能力 490kg，由铝合金管焊接制成，车体可折叠。LRV 月球车在车体前部的桅杆上安装了大型网状碟形天线。车的悬架由双水平叉骨和底盘与上叉骨之间的阻尼单元组成，满载 LRV 的离地间隙为 36cm。LRV 月球车安装有四个车轮，每个车轮由一个旋转的铝制轮毂和一个直径为 81.8cm，宽度为 23cm 的轮胎组成。轮胎由涂有锌的钢丝编织而成，同时在轮表面安装 V 形钛片以增大轮与地面的接触面积，从而增大牵引力。每个车轮采用独立悬架系统，前后左右车轮独立跳动，互不相干，减少车身倾斜和振动，并提供了车轮的地面附着力，改善了汽车的舒适性和行驶稳定性。每个车轮都安装防尘罩、谐波驱动器和机械制动单元。LRV 月球车配备了一台电视摄像机，一台机载遥控相机，通信信号通过高低增益两个天线回传月球轨道上的轨道舱，进而和地球进行通信。航天员驾驶 LRV 月球车在月球表面的低重力真空环境中快速行驶，拓展了其在月面的活动范围。

美国波音公司承担了该项目的研制工作，共生产了 4 台月球车，其中三辆分别用于"阿波罗 15 号"、"阿波罗 16 号"和"阿波罗 17 号"计划。"阿波罗 15号"搭载的 LRV 于 1971 年 7 月 31 日抵达月球，总共行驶 27.8km 路程，历时约 3h。宇航员利用该月球车带回了 77kg 月面岩石土壤样品；"阿波罗 16 号"搭载的月球车在月面共行驶 26.7km，历时 3h 26min。任务中，宇航员驾驶月球车勘查了笛卡儿陨石坑附近的地形；"阿波罗 17 号"的月球车行驶了 35km，历时 4h 26min。LRV 月球车在"阿波罗"探月计划中起到了举足轻重的作用。

图 4-33 美国 LRV 月球车

9) 美国 Sojourner 火星探测车

美国的 Sojourner 是最早的火星车，于 1997 年 7 月发射到火星进行科学技术试验。Sojourner 在火星运行了 4 个月，行驶距离共约 100m，传回了第一手火星探测数据。Sojourner 总质量为 11kg，采用六轮摇臂式悬架方案。由于摇臂可随着火星地表轮廓的起伏自由旋转，Sojourner 行驶时具备良好的平稳性，并且可以在倾斜 45° 时不侧翻，可翻越高度小于 20cm 的岩石或其他障碍。

10) 美国勇气号和机遇号火星探测车

美国勇气号和机遇号火星车于 2004 年相继到达火星，两个火星车的结构完全相同 (图 4-34)。勇气号和机遇号携带的设备包括全景摄像机、导航摄像机、前后避障摄像机、太阳敏感器，微型热辐射分光计、阿尔法粒子 X 射线分光计、穆斯堡尔分光计、岩石研磨工具和显微镜成像仪等。

(a)   (b)

图 4-34 美国勇气号火星车 (a) 和机遇号火星车 (b)

11) 美国"好奇号"(Curiosity) 火星车

美国"好奇号"火星车于 2012 年 8 月 6 日在火星的盖尔陨坑着陆 (图 4-35)。"好奇号"火星车质量 899kg，科学任务载荷 75kg，采用核能驱动。该火星车共执行了两年的考察任务，探测火星是否具有支持微生物生存的环境，确定火星是否具有可居住性。

"好奇号"火星车的载荷分别是：粒子 X 射线分光计、化学相机、中子动态反射测量仪、化学和矿物 X 射线衍射/X 射线荧光设备、火星下降成像仪、机械臂相机、桅杆相机、辐射评估探测器、火星车环境监测站、火星样本分析仪等。

图 4-35　美国"好奇号"火星车

4.4.3　自主导航与移动规划技术

自主导航定位与移动规划是小行星探测机器人需解决的关键问题。视觉导航利用图像特征信息进行定位与导航，有广泛的应用范围，逐渐成为小行星探测机器人导航领域的研究热点。美国的"机遇号""勇气号"以及"好奇号"利用双目视觉，构建了路径规划与自主避障所需的基础地图，完成探测时的导航定位与地图构建 [29-31]。我国的"玉兔号"月球车利用着陆过程中降落相机的影像数据完成导航定位 [32]，进一步构建着陆区的高精度地图，并通过立体导航相机修正了导航定位系统的航迹误差，将定位误差由 7% 减小至 4%，提高了导航精度。

目前视觉导航技术主要包括两类：基于合作标识 [33-35] 和基于非合作标识 [36,37]。基于合作标识的导航需预先布置合作标识，在星表探测任务中很少存在合作目标，故本节主要针对基于非合作标识的视觉导航技术进行分析讨论。

小行星探测机器人探测未知环境，导航基准需通过构建环境地图提供，通常采用的方法是同步定位与建图 SLAM 技术。SLAM 的本质是利用传感器信息构建增量式地图，实现自主导航定位。

2007 年，Davison 等提出 MonoSLAM[38] 系统，它是第一个实时单目视觉 SLAM 系统。系统的状态量由运动参数和三维地图点位置构成，利用扩展卡尔曼滤波更新状态量均值和协方差 [39]。如图 4-36 所示，MonoSLAM 地图模型体现了每个点的三维坐标信息和概率偏差，其可以用三维椭球表示，椭球中心为估计值，椭球体积表明不确定程度。由于 MonoSLAM 将三维点位置加入估计的状态量中，计算十分复杂，因此可处理场景的范围很小。为解决这一问题，Mourikis 等 [40] 利用多状态约束下的卡尔曼滤波 (MSCKF) 方法降低计算复杂程度，使 MonoSLAM 系统能够适用于更大的环境。基于卡尔曼滤波的 SLAM 算法会对模型进行线性化处理，故在非线性问题上存在局限性。

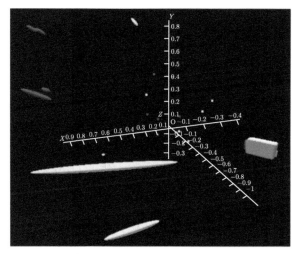

图 4-36　基于滤波器的 SLAM

2009 年，首个基于关键帧的单目 SLAM 系统——平行跟踪与地图构建 (Parallel Tracking and Map, PTAM) 系统由 Klein 等 [41] 提出。PTAM 在架构上做出了创新的设计，它将姿态跟踪和地图构建作为两个独立线程并行进行，姿态跟踪线程仅利用已知地图实现快速跟踪，不更新地图；而地图构建线程进行地图的建立、维护和更新，为 SLAM 系统开拓了新思路，如图 4-37 所示。为解决构建地图的尺度不确定问题，Engel 等 [42,43] 提出 PTAM 算法与惯性导航相结合的组合导航算法，并用极大似然估计法进行地图尺度估计，最后通过四旋翼验证该算法的有效性。

ORB-SLAM 是一种基于 ORB 特征的 SLAM 算法，其基于 PTAM 架构进行改进，由 Mur-Artal 等在 2017 年提出 [44−46]。ORB-SLAM 支持单目、双目、RGB-D 三种模式，包含三个线程：实时特征点跟踪、地图构建与局部关键帧优化、全局闭环检测与优化。相比 PTAM 算法，ORB-SLAM 对关键帧的选取进行优化，提高了处理速度和建图精度。而基于卡尔曼滤波和关键帧的视觉 SLAM 需对周围环境进行特征点提取，故对图像质量要求较高。

(a) PTAM特征点提取效果   (b) PTAM稀疏地图和关键帧

图 4-37   特征点提取与稀疏地图构建

2011 年，稠密跟踪与地图构建 (DTAM) 算法由 Newcombe 等[47] 提出，其显著特点是可以实时恢复场景的三维模型。DTAM 在特征缺失、图像模糊情况下有很好的鲁棒性，但 DTAM 对每个像素点都进行深度图恢复，并进行全局优化，因此有很大的计算量，模型的恢复效率较低。在 DTAM 的基础上，Engel 等[48] 提出了 LSD-SLAM 算法。与 DTAM 相比，LSD-SLAM 仅构建半稠密深度图，且独立计算像素深度，因此计算效率很高。此类方法在环境特征缺失、图像模糊等情况下可实现更好的导航精度，但是对于嵌入式平台的性能要求很高，在实时性方面还有待提高。

除了导航定位与地图构建，星表探测机器人还需要研究移动路径规划问题，星表探测机器人需要依赖高精度传感器进行局部环境的感知和全局避障规划，以规划出一条到达目标导航点准确可靠的移动路径。传统的机器人运动规划方法包括人工势场法、A* 算法、栅格法、随机搜索树以及行为控制等方法，这些方法通常需要障碍物位置信息已知，其对不确定环境的适应能力较差，这些路径规划方法都需要依赖提前的环境感知和智能认知。模糊逻辑方法可以用于在线的路径规划，可以根据感知数据并通过一定评价规则的综合判断，得到控制指令，但是其控制的准确度比较低，并且其评价的逻辑需要依赖人为制定的经验。

近年来深度学习和强化学习由于其不需要依赖环境模型和自主学习能力强的优点，被越来越多地用于规划、决策和智能控制。

深度强化学习利用人工神经网络对机器人和环境的状态进行提取和表征，将强化学习由离散空间拓展到连续复杂空间。利用深度强化学习可以直接依赖机器人视觉的深度图像和其自身导航信息进行运动控制决策，不需要障碍物的预先识别和位置标定，其用于在线实时规划的时效性较高。清华大学航天航空学院[49]针对未来的月球探测和月球基地建设任务，提出了一种基于双通道 Q 网络的深度强化学习的避障规划方法，将监控视频图像和导航数据融合起来进行动作值估计，并通过仿真证明了该方法能有效地从原始传感数据中实现运动规划，并且比单一数据类型的方法学习速度更快。

视觉导航技术在近年来不断发展，SLAM 方法研究已取得较大的进步，积累了大量的理论成果，在机器人领域得到了广泛应用。但是对于星表探测来说，需要提高视觉导航在针对复杂非结构化环境下运行的鲁棒性和可靠性。近年来深度学习的再次崛起带来了图像识别能力的飞速提升，利用深度学习算法提取图像更深层次的特征，使系统对环境、光照变化等具备更强的适应能力，其在星表探测机器人自主导航领域有着巨大潜力。与此同时，将深度强化学习用于星表探测机器人的运动路径规划，可以有效提高在星表未知环境中的自主避障能力，提高在线规划的实时性。

4.4.4 多机器人协同作业技术

多机器人系统由功能相对简单或者单一的机器人组成，通过与其他成员的协调合作，完成其原来无法胜任的任务。目前对于多机器人系统的研究主要集中在多机器人编队控制、任务分配以及协作控制三个方面。

1) 多机器人编队控制技术研究

多机器人编队控制可以划分为两类：一是集中式控制，采用集中控制单元来监督全组机器人，并根据实时情况分别命令每个机器人采取适当的行动；二是分布式控制，整个多机器人群体没有统一的控制单元，每个机器人依据自身局部信息来决策运动。集中式控制便于队形的整体分析，但算法复杂，并且运算量和通信量都比较大；分布式控制克服了这一缺陷，每个机器人只需局部的信息，但是整个编队系统稳定性相对较差。

从具体控制方法上来划分，目前多机器人编队控制方法主要分为基于行为法、人工势场法、跟随领航者法、虚结构法等。其中，虚结构法和图论法属于集中式控制，而跟随领航者法、基于行为法和人工势场法属于分布式控制。

基于行为法通过规定机器人的基本行为并设计局部控制规则，从而使得多机器人系统产生期望的整体行为。该方法首先通过分析机器人的基本行为，定义一个包含这些行为的集合，然后将编队系统期望的全局行为拆分为行为集合中的基本行为来实现。

人工势场法是一种虚拟力法，其主要思想是构建一个虚拟的力场，假设机器人在这个力场中运动。目标点的吸引力随着机器人与目标点之间距离的减小而减小；障碍物周围存在斥力场，排斥力随机器人与障碍物之间距离的减小而增大；机器人在合力作用下将沿着最小化势能的方向运动。通过设计合理的人工势场，用势场函数来表示队形以及环境中各机器人之间的相互约束关系，以此为基础进行编队系统的控制和分析。人工势场法计算相对简单，有利于实现多机器人实时控制。但是，势场函数的设计困难，而且机器人可能陷入局部最优的情况。

领航跟随者编队控制方法的思路是在多机器人系统中任意指定一个机器人为领航者，其他机器人均被定义为跟随者。领航机器人负责跟踪某一特定轨迹，而跟随机器人则以一定的相对距离和相角跟踪领航机器人，从而实现多个机器人编队运动。领航跟随者法是一种分等级的体系结构，编队的成功与否较大地依赖于领航机器人，一旦领航机器人故障，整个编队系统将无法继续保持。但这种分散的结构可以将整个多机器人编队问题简化为若干个机器人的轨迹跟踪问题，大大减轻了机器人相互之间通信的压力。

虚结构法的主要思想是将整个多机器人系统看成一个刚性的虚拟结构体，每个机器人被视为这个虚拟结构体上相对固定的点。在运动过程中，各机器人的位置在发生变化，但整体的相对位置保持不变。采用虚结构法的编队控制过程可分为三步：首先定义虚拟结构的整体动力模型；其次，将虚结构整体的运动拆分为单个机器人的期望运动；最后，每个机器人确定各自的轨迹并调整速度以跟踪虚结构上的目标点。虚结构法的优势体现在可以通过指定虚拟结构的行为来明确机器人群体的整体行为，并具有队形反馈机制，能够提高编队精度。虚结构法的局限性是要求编队系统像一个虚拟结构来运动，这限制了该方法的应用范围。

2) 多机器人任务分配方法研究

机器人任务分配其具有挑战性的是机器人必须移动到指定地点以执行任务，所以完成某个任务的花费，不但包括任务执行时间，而且包括移动到任务地点的花费，以及它的能量消耗率。目前可行的方法可以分为基于行为和基于规划两类。

基于行为的系统由大量机器人组成，每个个体均按照简单的行为规则与环境以及其他个体交互，进而从系统层次涌现出有规律的现象。经过精心设计的行为规则，可以使这样的系统执行特定的任务。基于行为的方法是自底向上的设计方法，易于编程与计算，一组低能力的机器人可以涌现出复杂的行为。群智能方法是基于行为的任务分配的经典方法。在系统中，成员机器人使用特定形式的隐式通信达到沟通的效果，系统中的成员对每个任务保持一定的期望，在系统的行为层上抑制其他成员的活动。这种方法具有较好的实时性与鲁棒性，不过在大多数情况下只能求得局部最优解。

基于行为的任务分配方法难以进行分析，其涌现出的宏观行为的精确性难以保证。相反地，显式的规划任务分配容易按人们的目标执行，在具体任务执行性能上更加高效，不过代价是计算复杂度较高。显式任务规划法包括集中规划方法、市场拍卖方法等。采用线性规划的任务分配属于集中规划方法，理论上可以求得最优解，但是在求解过程中需要系统所有成员以及任务的信息，由集中管理者统一计算最优解，因此计算复杂度高，扩展困难。

3) 多机器人协作控制技术研究

强化学习是多机器人协同控制的有效途径，一些理论成果已经由相关多机器人试验系统所验证。在动态环境中资源冲突和规划问题是很难解决的实际问题，但是当研究人员将强化学习这一技术手段引入以共同目标为基础的多智能体系统中时，多智能体系统可以达到平衡，解决了动态环境中资源冲突和规划问题。

强化学习包含 Agent、环境、行为和奖励四个要素。首先要对系统状态和 Agent 的行为进行建模。Agent 的行为会改变环境，同时环境会反馈奖励值，从而影响下一个状态下 Agent 行为的选择。通过训练，Agent 与环境的交互过程逐渐收敛到系统状态与 Agent 的行为之间的映射关系，最终得到最优的控制策略。

同时，在研究多机器人协作行为时，强化学习有待解决的问题如下所述。

(1) 非马尔可夫问题。通常强化学习算法都假设所处的环境是马尔可夫决策过程。但是在多机器人环境中，环境及其他机器人对某一个体来说是一个非马尔可夫决策过程，强化学习就会受到很大影响，学习效果很差，甚至导致不收敛。

(2) 组合爆炸与学习速度的问题。因为强化学习的收敛速度很慢，而多机器人系统通常由多个体机器人组成，当每个机器人都在从动作空间与状态空间中寻找优化的映射关系时，那么就形成了学习空间的大小为机器人个数的指数函数关系，致使多机器人系统的学习速度极其缓慢，出现组合爆炸的情况。

(3) 连续状态与连续动作问题。通常研究的强化学习系统中动作和状态都可以认为是有限的集合。但在实际任务中，动作和状态又是连续的。这样就使得强化学习在连续空间内变得较为困难。

4.5 采样机器人设计与仿真试验

采样机器人在小行星表面有效地附着和机动，主要面临弱引力和复杂地形两个方面的挑战。一方面，小行星引力场比较微弱，当机器人的着陆相对速度较大时，容易发生触碰反弹，从而无法实现着陆；同时，如果采样机器人的表面移动速度较快，当达到其环绕速度时，机器人就会脱离星表，进入被动环绕飞行。因此需要对机器人的着陆和表面机动速度进行监测和控制，以保证其星表的附着能力。另一方面，岩石小行星表面地形复杂，为实现有效星表机动，采样机器人需要具备对自然地形具有高度适应能力的运动系统。采样机器人系统设计和仿真试验是整个小行星探测任务设计与规划的重要内容。

4.5.1　采样机器人设计

小行星表面机动采样任务与月球表面采样任务类似，但是其要求采样机器人的运动速度更低，同时要求其运动机构的表面附着能力更强。

本研究团队针对月面采样与操作的需求背景，设计并研制了一款轻质月面自主作业机器人，如图 4-38 所示 [50,51]。

图 4-38　轻质月球自主采样机器人系统组成

机器人总质量约为 68kg，设计平均功耗约为 150W，是一种轻质、低功耗的人机协作机器人。系统构成主要包括 4 个独立驱动的沙漠地形车轮，2 套异步自平稳被动悬架系统，1 个 3 自由度轻质机械臂 (末端连接 1 个 2 指机械手)，携带主动伺服立体视觉的头部，单自由度太阳伺服电池板和电气箱。其中，异步自平稳被动悬架系统和沙漠车轮可以使得机器人在月球自然环境下更高效地行驶；轻质的作业机械臂用于支持机器人的采样、设施操作、工具操作等辅助功能；机器人通过其主动伺服相机可以实现机器人周围 360° 的彩色成像和距离测量。机器人的单自由度太阳伺服电池板可以用于机器人内嵌电池组的充电。在这些组件的协同工作下，可以支持具备月面运动、能源、避险等基本生存需求，具有可靠、高效的平稳行驶能力。

如图 4-39 所示，机器人的四个车轮和两个独立被动摇臂对称在机器人的机身承力架左右两侧，机器人的电气箱依托机身承力架，增加电气组件安装板和金属蒙皮。机器人的左右轮距 660mm，前后轮距为 520mm。通过倒 U 形摇臂将机器人电气箱抬高到 270mm。机器人机身上表面前侧安装 3 自由度轻质作业机械臂，上表面后侧通过一个高 420mm 的桅杆安装主动伺服的双目立体视觉相机；机身承力架后侧安装了单个主动自由度的太阳电池板。

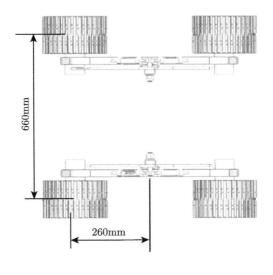

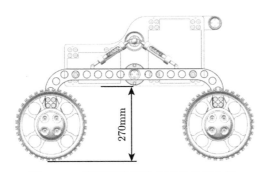

图 4-39 月面采样机器人运动系统布局

机器人采用了四个独立驱动的沙漠车轮，通过电机外壳和电机轴等装置连接到机器人两侧的两个异步被动摇臂上。其悬架系统为一种异步自平稳被动悬架系统，为了方便表述，将其简称为 ASSPS (图 4-40)，其中每一侧的悬架独立由一个被动摇臂和两个压缩弹簧构成。机器人的摇臂设计为倒 U 形，将机器人的机身位置抬高到 270mm，从而使得机器人在自然环境中行驶时能够直接跨越高度不超过 250mm 的岩石障碍物，机器人的被动摇臂上设计了圆形镂空以进行质量控制。机器人两侧的摇臂的转动相互独立，每个摇臂中心处通过一个双边滚珠轴承连接在机器人机身承力架上中央位置，然后通过两个压缩弹簧对称分布，将摇臂和机身承力架铰接起来。通过轴承的支撑力和两个弹簧的压力来保持机器人悬架系统和机身承力架的相对位置构型。其中，其中弹簧的弹性系数可以手动调整，从而能够解决机器人静态下机身无法保持平衡的困难。当机器人在复杂地形中运动时，由于崎岖地形对机器人车轮的抬升作用，悬架系统姿态会迅速发生改变，大部分的相对运动动能被压缩弹簧吸收，减缓了该部分动能传递到机器人机身，从而保证了机器人行驶时，机身的姿态几乎不受复杂地形的干扰。机器人两侧悬臂转动相对独立，其左右两侧的摇臂末端最大可以实现 110mm 的高度差，如图 4-40 所示。通过这个异步自平稳被动悬架系统，可以实现机器人即使在崎岖的路况中行驶时，也能保持 4 个车轮同时接触路面，从而避免某一个车轮架空失灵，这是一种保证机器人崎岖路况中高通过性能的简单方法。

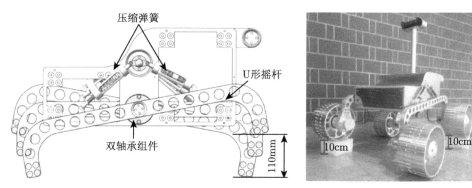

图 4-40   月面采样机器人的异步自平稳被动悬架系统

机器人运动系统的设计需要充分结合月面地形特征。月面地形复杂，其主要特征包括松软细腻的月壤，遍布的碎石，以及高地、陨石坑、大型岩石等不可逾越的障碍物。机器人在月面运动过程中，这三种路况都有可能遭遇，甚至有时候需要行驶在不同路况交叠的区域。

机器人采用四轮运动系统，其四个车轮能够主动独立驱动，通过轮间差速实现转向控制。机器人的车轮系统通过螺栓螺母固定连接在其 U 形摇臂上，如图 4-41(b) 所示，车轮系统由沙漠轮、电机、行星减速器、联轴器、光电编码器和电机外壳构成。为了保证该机器人在松软月壤表面、沙漠表面等路况下行驶的通过性，设计了如图 4-41(a) 所示的沙漠车轮，主要包括轻质圆柱轮套，T 形凸棱和硅胶垫片。其圆柱体轮套外径为 254mm，宽度为 150mm，将轮套设计得较宽是为了减小车轮与路面的压强，从而避免其在运动和转向时不陷入松软路面。圆柱轮套表面通过螺钉安装了 36 片中心对称的 T 形凸棱，用于增大车轮与路面的静摩擦力，同时有利于限制车体在车轮轴线方向上的无效滑动。T 形凸棱和圆柱体轮面之间填充安装硅胶垫片，从而增加车轮的弹性，能够有效吸收碎石路面带来的冲击、震动等对轮套和电机的损害作用，从而延长机器人车轮系统的使用寿命。这款沙漠轮的组装式设计可以降低车轮的维护成本，在地面试验中，当车轮表面安装的 T 形凸棱发生磨损时，可以通过更换硅胶垫片和凸棱片来快速复原。此外，通过改变圆柱轮套表面突齿的密度，可以调整机器人车轮和地面的摩擦系数，最佳的安装方案需要通过沙漠环境下的模拟试验来进行测试确定。

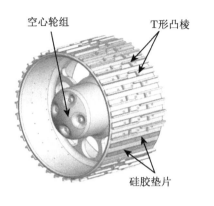
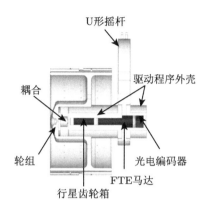

(a) 沙漠车轮　　　　　　　　　　(b) 沙漠轮套与扭矩电机装配剖视图

图 4-41　机器人的车轮系统

机器人的驱动电机采用 FTE-60GP 电机，采用 24V 直流供电，其额定功率为 100W。将电机对接到一个 55 倍减速比的行星减速齿轮箱，可以实现单个车轮 16.9N·m 的连续驱动力矩，其可以实现的转速为 0~90r/min，其车轮表面一点的线速度可以达到 2.40m/s。这样的电机性能能够满足该机器人在地面重力条件下机器人试验的需求。

4.5.2　采样机器人仿真实验

在 V-REP 机器人仿真环境下，进行了月球采样作业机器人的运动能力和作业能力的仿真试验 [52]。

第一，在仿真环境下，建立机器人和月面环境的高保真仿真模型，如图 4-42

图 4-42　月球采样机器人高保真仿真模型

所示。对机器人运动系统，主动视觉，机械臂，夹持器的主被动关节、弹簧，运动学约束进行建模，设置了机器人各零部件的质量、惯量张量、摩擦系数等参数，实现 1∶1 的高保真机器人仿真，从而尽可能逼真地测试机器人各系统是否满足功能要求，以用于指导设计，主要包括爬坡和障碍通过能力，被动悬架系统平稳性，以及机械臂操作负载和速度。同时在环境设置上搭建月面模拟仿真环境，设置引力条件为 1/6g；地形设置参考 Apollo 17 号着陆区域地形条件；光照条件模拟月球极地低角度光照，将平行光角度设为 20°；同时，在地形建模的基础上，为地形增加月壤纹理，从而模拟月壤的光学特性。

第二，在崎岖路况下，对比异步自平稳被动悬挂系统 (ASSPS) 和固定悬架 (Fixed Suspension, FS) 的性能。将重力条件设置为月球重力加速度 1.63m/s^2，分别在机器人的速度为 0.25m/s 和 0.5m/s 的条件下进行地形运动仿真试验，设计的自平稳悬挂系统的弹性系数设置为 850N/m、850N/m、350N/m、350N/m。仿真过程中，绘制场景中机器人质心的三维运动轨迹，从而直观显示机器人运动情况；监测机器人四个车轮距离地面的距离，从而直接反映出悬架系统的功能。

在两种地形条件下进行了仿真分析对比。其中，第一种地形采用均匀的崎岖地形，高度差为 0.2m，凹凸频率为 0.5 个/m^2，仿真可视化结果如图 4-43 和图 4-44 所示。第二种地形采用均匀的崎岖地形，高度差为 0.1m，凹凸频率为 2 个/m^2，仿真结果如图 4-45 和图 4-46 所示，能反映机器人在运动过程中车轮距离路面的距离情况，直接说明了设计的 ASSPS 能够有效地降低崎岖地形引起的车轮悬空的风险，其能够保持四轮紧密附着地面的能力，对地形条件和机器人的行驶速度是比较稳定的。

图 4-43   ASSPS 和 FS 悬架下机器人质心的三维运动轨迹对比：重力加速度设为 1.63m/s^2，在高度差为 0.2m，凹凸频率为 0.5 个/m^2 的地形下，采用 0.5m/s 和 0.25m/s 的行驶速度

图 4-43 和图 4-45 为两种地形条件下机器人在直线运动指令下运动时机器人质心的三维轨迹，可以看出，崎岖的地形条件对机器人目标运动轨迹的保持

有很大挑战，并且地形起伏幅度越大，对机器人运动方向的改变更大。相比较之下，ASSPS 能够更好地适应地形变化，从而抑制了地形对机器人自身运动方向的改变。

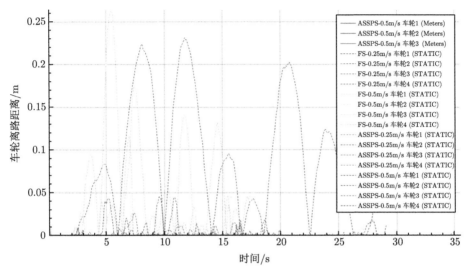

图 4-44 ASSPS 和 FS 悬架条件下机器人车轮离路距离对比：重力加速度设为 1.63m/s^2，在高度差为 0.2m，凹凸频率为 0.5 个/m^2 的地形下，采用 0.5m/s 和 0.25m/s 的行驶速度

第三，建立 V-REP-Python 机器人遥操作仿真环境，对机器人月面未知环境勘察任务进行遥操作仿真，仿真试验验证了机器人系统的可行性 (图 4-47)。

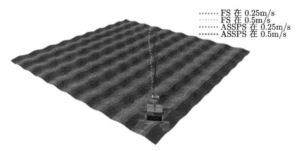

图 4-45 ASSPS 和 FS 悬架下机器人质心的三维运动轨迹对比：重力加速度设为 1.63m/s^2，在高度差为 0.1m，凹凸频率为 2 个/m^2 的地形下，采用 0.5m/s 和 0.25m/s 的行驶速度

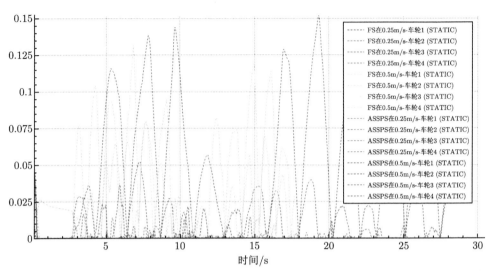

图 4-46 ASSPS 和 FS 悬架条件下机器人车轮离路面距离对比：重力加速度设为 1.63m/s^2，在高度差为 0.1m，凹凸频率为 2 个$/\text{m}^2$ 的地形下，采用 0.5m/s 和 0.25m/s 的行驶速度

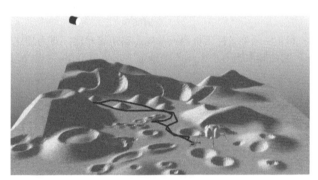

图 4-47 月面采样机器人地形勘察任务遥操作仿真

4.6 本章小结

本章概述了过去多年近地小天体采样探测任务的发展历程，从已实施的任务和各国规划中可以看出，近地小天体探测已成为 21 世纪深空探测的重要研究方向，发达国家对于近地小天体深空探测方面的技术愈加成熟，目前已对近地小天体做了较为充分的调研及空间技术验证。本章也介绍了本研究团队在星表探测机器人和智能控制等方面开展的研究情况及阶段性成果。

小天体探测已从飞越和伴飞探测发展到表面软着陆和采样返回探测。早期，由于技术原因，尚不能完成小行星表面着陆及返回探测，只能是飞越或者伴飞，小天体探测也多作为某一探测任务的拓展阶段来完成。但随着轨道设计及导航控制技术、先进的推进技术及表面操作技术的不断进步，小天体探测形式逐渐发展为原位探测和采样返回，因而能够获得更大的科学探测成果。目前，日本已实现了小行星表面采样返回，欧洲"罗塞塔号"探测器也在彗星表面对其进行更加细致的科学研究，而美国、欧洲、日本的后续规划中，均积极推进着小行星采矿任务的实施。

小天体采矿任务其科学目标亮点多，新技术带动性强，小行星和彗星等太阳系小天体被认为是太阳系形成之初的残余物质，可为行星起源、太阳系演化和生命起源等基础重大科学研究提供重要线索。围绕小天体，科学家提出了"有机物的起源、水的分布与来源、动力学形成与演化、近地小天体的碰撞威胁"等前沿科学问题，这些科学问题强烈地激发了科学家们的研究热情。小天体采矿任务的实施涉及空间推进技术、空间能源技术、小天体表面附着技术[53-55]、弱引力采样等一系列关键技术，美国"深空 1 号"探测器和日本"隼鸟号"探测器均在新技术演示验证中取得了重要成果，所验证的技术，也为各国在后续深空探测任务提供了重要的技术保障。

小天体采矿任务是航天高新科技领域开展国际合作的良好平台，小天体数量众多，轨道复杂多变，形态形状各异，探测难度很大。任何一个国家或组织仅凭一己之力无法对众多小行星进行全面的研究，国际合作成为必然。例如："黎明号"探测器科学载荷来自德国、意大利等多个航天部门或研究所，"罗塞塔号"探测器更是集美、法、德、意等多国之力，才完成了目前较为完善的科学载荷配置，因此，国际合作将在后续小天体探测中实现"常态化"。

但是在目前多数小天体任务中，只是开展了采样和返回任务，并未实现小行星的采矿作业，所以针对未来更深层次小行星抓捕与采矿等空间工程任务，需要不断拓宽空间技术的深度和广度，深入研究和发展空间推进技术与小行星抓捕技术、提高深空探测空间机器人的作业能力。

参 考 文 献

[1] Trombka J L, Nittler L R, Starr R D, et al. The NEAR-Shoemaker X-ray/gammaray spectrometer experiment: overview and lessons learned[J]. Meteoritics & Planetary Science, 2001, 36(12): 1605-1616.

[2] 邱成波, 孙煜坤, 王亚敏, 等. 近地小行星采矿与防御计划发展现状 [J]. 深空探测学报, 2019,6(1): 63-72.

[3] Russell C . The near earth asteroid rendezvous mission[J]. Space Science Reviews, 1997, 82(1-2): 3-29.

[4] Kuninaka H, Kawaguchi J. Deep space flight of Hayabusa asteroid explorer[J]. Proc. SPIE 6960, Space Exploration Technologies, 2008, 696002.

[5] Glassmeier K H, Boehnhardt H, Koschny D, et al. The Rosetta mission: flying towards the origin of the solar system[J]. Space Science Reviews, 2007, 128(1-4): 1-21.

[6] 刘德赟, 赖小明, 王露斯, 等. 小天体表面采样技术综述 [J]. 深空探测学报, 2018, 5(3): 246-261.

[7] Yano H, Kubota T, Miyamoto H, et al. Touchdown of the hayabusa spacecraft at the muses sea on itokawa[J]. Science, 2006, 312(5778): 1350-1353.

[8] Ulamec S, Biele J, Bousquet P W, et al. Landing on small bodies: from the Rosetta Lander to MASCOT and beyond[J]. Acta Astronautica, 2014, 93: 460-466.

[9] Barucci M A, Cheng A F, Michel P. Marco-polo-Rnear earth asteroid sample return mission[J]. Experimental Astronomy, 2012, 33(2–3): 645-684.

[10] 张荣桥, 黄江川, 赫荣伟, 等. 小行星探测发展综述 [J]. 深空探测学报, 2019, 6(5): 417-423+455.

[11] Ulamec S, Biele J. Surface elements and landing strategies for small bodies missionsPhilae and beyond[J]. Advances in Space Research, 2009, 44(7): 847-858.

[12] Cui P Y, Qiao D. The present status and prospects in the research of orbital dynamics and control near small celestial bodies[J]. Theoretical and Applied Mechanics Letters, 2014, 4(1): 013013.

[13] Li Y C, Ma T H, Zhao B. Neural network control for the probe landing based on proportional integral observer[J]. Mathematical Problems in Engineering, 2015, 2015: 1-10.

[14] Zeng X, Liu X. Searching for time optimal periodic orbits near irregularly shaped asteroids by using an indirect method[J]. IEEE Aero. Electron. Syst., 2017, 53(3): 1221-1229.

[15] Yu Y, Baoyin H. Resonant orbits in the vicinity of asteroid 216 Kleopatra[J]. Astrophysics and Space Science, 2013, 343(1): 75-82.

[16] Yu Y, Baoyin H X, Jiang Y. Constructing the natural families of periodic orbits near irregular bodies[J]. Monthly Notices of the Royal Astronomical Society, 2015, 453(3):3270-3278.

[17] Jiang Y, Yu Y, Baoyin H X. Topological classifications and bifurcations of periodic orbits in the potential field of highly irregular-shaped celestial bodies[J]. Nonlinear Dynamics,

2015, 81(1-2): 119-140.

[18] de Lafontaine J. Autonomous spacecraft navigation and control for comet landing[J]. Journal of Guidance Control & Dynamics, 1992, 15(3): 567-576.

[19] Champetier C, Regnier P, de Lafontaine J. Advanced GNC concepts and techniques for an interplanetary mission[J]. Cuidance and Contrd, 1991: 433-452.

[20] Kubota T, Hashimoto T, Sawai S, et al. An autonomous navigation and guidance system for MUSES-C asteroid landing[J]. Acta Astronautica, 2003, 52(2-6): 125-131.

[21] Sawai S, Scheeres D J, Broschart S B. Control of hovering spacecraft using altimetry[J]. Journal of Guidance, Control, and Dynamics, 2002, 25(4): 786-795.

[22] Zeng X Y, Jiang F H, Li J F. Asteroid body-fixed hovering using nonideal solar sails[J]. Research in Astronomy and Astrophysics, 2015, 15(4): 597-607.

[23] Mclnnes C R, Radice G. Line-of-sight guidance for descent to a minor solar system body[J]. Journal of Guidance Control & Dynamics, 1996, 19(3): 740-742.

[24] Broschart S B, Scheeres D J, Arbor A. Spacecraft descent and translation in the small-body fixed frame[C]. AIAA/AAS Astrodynamics Specialist Conference, 2004.

[25] 高艾. 基于光学信息的行星自主着陆鲁棒估计与制导方法研究 [J]. 哈尔滨: 哈尔滨工业大学, 2012.

[26] Furfaro R, Cersosimo D, Wibben D R. Asteroid precision landing via multiple sliding surfaces guidance techniques[J]. Journal of Guidance Control & Dynamics, 2013, 36(4): 1075-1092.

[27] Zhang J, Dong C C, Zhang H, et al. Modeling and experimental validation of sawing based lander anchoring and sampling methods for asteroid exploration[J]. Advances in Space Research, 2018, 61(9): 2426-2443.

[28] Zhang T, Zhang W M, Wang K, et al. Drilling, sampling, and sample-handling system for China's asteroid exploration mission[J]. Acta Astronautica, 2017, 137: 192-204.

[29] Li R X, Squyres S W, Arvidson R E, et al. Initial results of rover localization and topographic mapping for the 2003 Mars exploration rover mission[J]. Photogrammetric Engineering & Remote Sensing, 2005, 71(10): 1129-1142.

[30] Di K, Xu F, Wang J, et al. Photogrammetric processing of rover imagery of the 2003 mars exploration rover mission[J]. ISPRS Journal of Photogrammetry & Remote Sensing, 2008, 63(2): 181-201.

[31] Martin-Mur T J, Kruizinga G L, Burkhart P D. Mars science laboratory navigation Results[C]. 23rd International Symposium on Space Flight Dynamics, Pasadena, California, October 29—November 2, 2012.

[32] 万文辉, 刘召芹, 刘一良, 等. 基于降落图像匹配的嫦娥三号着陆点位置评估 [J]. 航天器工程, 2014, 23(4): 5-12.

[33] Beinhofer M, Müller J, Burgard W. Effective landmark placement for accurate and reliable mobile robot navigation[J]. Robotics & Autonomous Systems, 2013, 61(10): 1060-1069.

[34] 霍亮, 张小跃, 张春熹. 一种视觉导航用路标及快速识别方法研究 [J]. 现代电子技术, 2017,

40(11): 132-136.

[35] Babel L. Flight path planning for unmanned aerial vehicles with landmark-based visual navigation[J]. Robotics & Autonomous Systems, 2014, 62(2): 142-150.

[36] Kidono K, Miura J, Shirai Y. Autonomous visual navigation of a mobile robot using a humanguided experience[J]. Robotics & Autonomous Systems, 2002, 40(2-3): 121-130.

[37] Younes G, Asmar D, Shammas E, et al. Keyframe-based monocular SLAM: design, survey, and future directions[J]. Robotics & Autonomous Systems, 2017, 98: 67-88.

[38] Davison A J, Reid I D, Molton N D, et al. MonoSLAM: real-time single camera SLAM[J]. IEEE Transactions on Pattern Analysis & Machine Intelligence, 2007, 29(6): 1052-1067.

[39] Shi J. Good features to track[C]. Proc. of IEEE Conference on Computer Vision and Pattern Recognition, Proceedings CVPR'94, 2002: 593-600.

[40] Mourikis A I, Roumeliotis S I. A multi-state constraint Kalman filter for vision-aided inertial navigation[C]. IEEE International Conference on Robotics and Automation. IEEE, 2007: 3565-3572.

[41] Klein G, Murray D. Parallel Tracking and Mapping on a Camera Phone. Mixed and Augmented Reality[C]. ISMAR 2009. 8th IEEE International Symposium on. IEEE, 2009: 83-86.

[42] Engel J, Sturm J, Cremers D. Accurate figure flying with a quadrocopter using onboard visual and inertial sensing[J]. Imu, 2012, 320(240).

[43] Engel J, Sturm J, Cremers D. Scale-aware navigation of a low-cost quadrocopter with a monocular camera[J]. Robotics & Autonomous Systems, 2014, 62(11): 1646-1656.

[44] Mur-Artal R, Montiel J M M, Tardós J D. ORB-SLAM: a versatile and accurate monocular SLAM system[J]. IEEE Transactions on Robotics, 2017, 31(5): 1147-1163.

[45] Mur-Artal R, Tardós J D. ORB-SLAM2: an open-source SLAM system for monocular, stereo, and RGB-D cameras[J]. IEEE Transactions on Robotics, 2017, (99): 1-8.

[46] Tan W, Liu H, Dong Z, et al. Robust monocular SLAM in dynamic environments[C]// 2013 IEEE International Symposium on Mixed and Augmented Reality (ISMAR). IEEE, 2013: 209-218.

[47] Newcombe R A, Lovegrove S J, Davison A J. DTAM: Dense tracking and mapping in Realtime[C]. IEEE International Conference on Computer Vision. IEEE, 2011: 2320-2327.

[48] Engel J, Schöps T, Cremers D. LSD-SLAM: large-scale direct monocular SLAM[C]. European Conference on Computer Vision: Springer International Publishing, 2014: 834-849.

[49] Hu R, Wang Z. A lunar robot obstacle avoidance planning method using deep reinforcement learning for data fusion[C]. 2019 Chinese Automation Congress (CAC), Hangzhou, China, 2019: 5365-5370. DOI10.1109/CAC48633.2019.8997266.

[50] Ruijun Hu, Yulin Zhang, Li Fan. Planning and analysis of safety-optimal lunar sunsynchronous spatiotemporal routes[J]. Acta Astronautica, 2023, 204: 253-262.

[51] Ruijun Hu, Yulin Zhang, Chuanxiang Li.Toward stable astronaut following of extrave-hicular activity assistant robots using deep reinforcement learning[J].International Journal of Advanced Robotic Systems, 2022, 19(3): 17298806221108606.

[52] Ruijun Hu, Yulin Zhang. Fast Path Planning for Long-Range Planetary Roving Based on a Hierarchical Framework and Deep Reinforcement Learning[J].Aerospace, 2022, 9(2): 10.3390/aerospace9020101.

[53] 李俊峰, 崔文, 宝音贺西. 深空探测自主导航技术综述 [J]. 力学与实践, 2012, 34(2): 1-9.

[54] 卢波. 国外行星探测进入器发展综述 [J]. 国际太空, 2015, (8): 25-35.

[55] 崔平远, 乔栋, 朱圣英, 等. 行星着陆探测中的动力学与控制研究进展 [J]. 航天器环境工程, 2014, 31(1): 1-8.

第 5 章　近地小天体资源利用技术

5.1　引　　言

　　小天体中蕴藏的水资源、金属和矿产资源都具有巨大的潜在开发价值。小天体资源开发与利用是航天事业发展和空间应用的前沿领域，也是近年来国际空间探索及各国航天领域的热议话题 [1]。美国、欧洲航天局等空间大国和国际组织已经从国家实践、空间政策、国际合作等方面成为空间资源开发与利用的先驱者。美国率先围绕着小天体资源开发与利用开展了一系列的技术研究，并颁布出台相应的法律法规，为私人实体进行行星采矿提供了他们自己的法律依据 [2,3]。

　　小天体上蕴藏的资源极具开发价值，图 5-1 汇总了其资源概况及主要应用。人类已经在近地金属类 M 型小行星中识别出了高品质的金和铂族金属矿藏，在

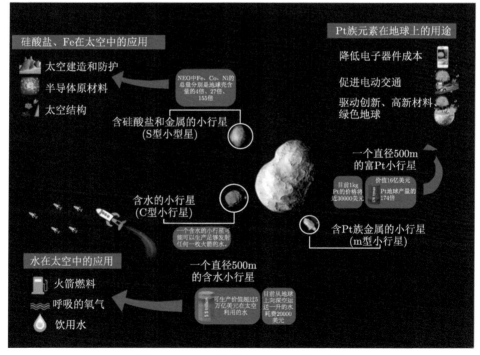

图 5-1　小天体资源概况及主要应用 [1]

有关的陨石中发现铂、铑、铱、钯和金都有很高的含量。美国天文学家发现并命名的小行星 1986 DA，其直径约为 1600m，含有 10 万吨铂、十几万吨金和 10 亿吨镍，这些贵金属的总价值约为 1.5 万亿美元 [5]。碳质陨石类 C 型小行星富含大量挥发性物质，包括水、氢和氧等，具有重要的科学研究价值，同时可以作为人类空间探测的能源补给站，可为未来深空探测任务提供水、氢和氧等补给，而不需要克服地球引力将这些资源从地球运出 [6]。普通的球粒状陨石类 S 型小行星的主要成分是硅酸盐，可作为太空建造和防护的主要原材料 [7]。

对小天体资源利用，首先要攻克原位资源利用技术 [8]，这是勘测、获取地外天体的天然资源，用于维持可长期在地外生存产品和服务的基础。在太空探索中，原位资源利用 (In-Situ Resource Utilization, ISRU) 指的是收集、处理、储存和使用在其他天体 (例如月球、火星、小行星等) 上发现或制造的材料，这些材料取代了原本从地球上获取的材料 [9]。ISRU 技术可以为航天器有效载荷或太空探索人员提供生命支持、推进剂、建筑材料和能源。目前，航天器和机器人行星表面探测任务中利用太阳能电池板的形式储存太阳辐射是非常普遍的。尽管在 2000 年后期的几次实地测试中，在相关环境中展示了各种针对月球的原位资源利用技术，但将 ISRU 用于材料生产的技术还没有在太空任务中实现 [10]。ISRU 一直被认为是一种降低空间探索结构质量和成本的有效途径，根据 NASA 的说法，"通过最大限度地减少从地球上携带的材料，原位资源的利用将使人们减少外太空探索和操作的经济负担。"[11]

近年来，小天体资源开发与利用的热度不断提高，越来越多的国家政府、研究机构和商业公司等都对这一新兴产业产生了浓厚的兴趣，相关技术的发展和法律政策的制定均已进入快车道。但除美国之外，其他主要航天国家受技术水平和经济能力的限制，依旧采用政府主导的太空探索模式，规划论证的任务还主要集中在探测的层面，距离真正的资源开发与利用尚存在较大差距。而美国已全面开展在政府支持下的商业探索模式，以小天体资源开发与利用为宗旨的商业航天公司的出现，标志着该领域将成为未来美国航天探索活动的热点。可以预见，高效灵活、具有契约精神的商业活动，可能成为未来外空资源开发与利用的主导。

开展小天体探测资源开发与利用，主要包括小天体资源的实地利用，小天体自然平台的利用，小天体基地的建设与维护以及涉及载人登陆小天体探测等技术问题。涉及的关键技术包括：

(1) 小天体表面能量利用技术；

(2) 小天体表面推进剂获取与制备技术；

(3) ISRU 技术；

(4) 资源回收和循环利用研究；

(5) 小天体地质学研究方法与设备研制；

(6) 小天体物理学研究方法与制备研制；

(7) 小天体化学研究方法与制备研制；

(8) 长期生命保障技术；

(9) 空间辐射生物学研究；

(10) 微重力生物学研究。

5.2　原位资源利用的构想与关键技术

目前，小行星的 ISRU 技术和相关研究尚且处于起步阶段。NASA 采用技术准备水平 (Technology Readiness Level, TRL) 来描述其各种技术开发的进展，其等级划分如表 5-1 所示，并且认为，目前所有 ISRU 技术的 TRL 均为 4 或更低 [22]。

表 5-1　近地小天体分类

	技术准备水平标准划分
TRL ⩽ 4	在"实验室"环境中进行测试
TRL 为 5 和 6	在"相关"环境中进行测试
TRL ⩾ 7	表示在可以操作环境中进行测试

小行星 ISRU 的技术流程包括原材料获取、原材料制备、产品分离、产品存储和转移。其中材料获取的技术包括钻头、螺旋钻、袋子、网、抓手、电磁场和套索。许多采集技术将需要锚或推进器来抵抗挖掘反作用力。原材料制备主要指粉碎和选矿，将小行星破碎成较小的碎片以及进行选矿。物料传输技术包括管道中的气动或离心传输，或通过夹持小行星材料进行物理传输以传输到处理容器。产品分离不仅涉及从小行星碎片和粉尘中分离出挥发性气体，而且还包括每种挥发性气体组分之间的分离。同时分离还包括收集和分离不同的固体，例如，用于制造的金属或用于辐射屏蔽的石质废料。小行星 ISRU 产品存储和转移过程需要针对转移产品的特性进行针对性设计，例如，低温火箭推进剂的转移将需要专门的技术。此外，要求小行星 ISRU 技术可以拓展到大规模的样本采集中，从而能够满足未来太空能力的产品质量需求。小行星 ISRU 技术的可拓展性在早期的任务中就要进行考虑。

许多国家开展了 ISRU 的技术验证和研究工作。"月球资源勘探者"(Lunar Resource Prospector Rover) 由 NASA 设计，用于月球的极地地区搜寻资源的，其任务概念仍处于预制定阶段，在 2018 年 4 月一辆原型样车在接受测试时报废 [12–14]。它的科学仪器将为几个商业着陆任务使用。这些任务由 NASA 新的商业月球有效载荷服务项目所承包，该项目旨在通过在多个商业着陆器和月球车上布置有效载荷来测试各种月球 ISRU 过程 [15,16]。NASA 的"火星勘测者 2001 号"

着陆器原计划携带一个有效载荷 MIP (火星 ISPP 前驱体) 前往火星，以演示从火星大气中制造氧气的过程，但该任务后来被取消了 [17]。火星氧气 ISRU 实验 (MOXIE) 是一项探索技术实验，它是原计划中 2020 火星探测器上 1%比例的原理样机，它将通过固体氧化物电解的过程，实现从火星大气中的二氧化碳 (CO_2) 中产生少量的纯氧 [18-20]。

在 2004 年 10 月，NASA 发布了 ISRU 能力路线图，其确定了七个 ISRU 的能力：① 资源开采；② 材料处理和运输；③ 资源加工；④ 现场资源的制造；⑤ 地面建造；⑥ ISRU 产品、耗材的储存及分配；⑦ ISRU 独特的开发和鉴定能力。

未来载人空间探测架构图如图 5-2 所示。图中的"工蜂"代表可重复使用运输器，在月球轨道上建立能量补给站，同时，利用可重复使用采样运输器采集小天体原材料，不断补充到月球轨道能量站。可重复使用运输器到月球轨道补给站进行燃料补给。通过轨道补给的方式，可以实现地球表面或近地轨道到地球静止轨道、月球和火星以及更远空间的人员和货物运输。如图 5-3 所示，未来载人深空探测体系主要包括四种要素，分别是月球轨道燃料补给站 (图 5-4)，可重复使用载人/货运飞船 (图 5-5)，舱外作业支持飞船和载人深空探测器 (图 5-6)。该月球轨道燃料补给站能够提供小天体水冰资源的存储和飞行器推进剂的提取加工；可重复使用载人/货运飞船采用原位提取的 LOX/LM 作为推进剂，支持地面、月球表

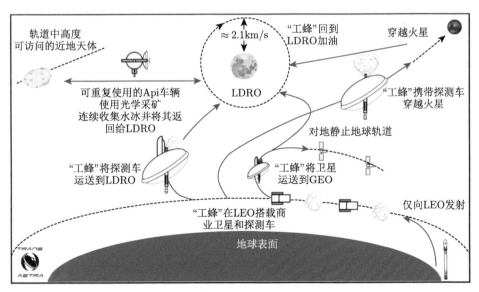

图 5-2 未来载人空间运输网络图

Api-航天性能改进；LEO-近地轨道；GEO-地球静止轨道；LDRO-月球远距离逆行轨道

面和火星的重复上升和返回；舱外活动支持飞船体积比较小，可以在人类宇航员驾驶或者遥操作模式下抵近小天体，开展一系列表面建造、探测和资源开发作业的支持；载人深空探测器可以为宇航员提供数周到几个月的深空飞行和生活，用于支持载人火星探测任务。

图 5-3　未来人类深空探测体系

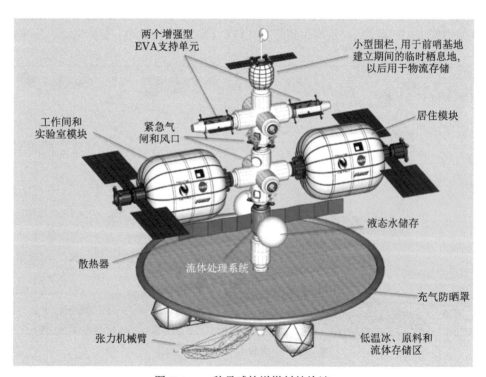

图 5-4　一种月球轨道燃料补给站

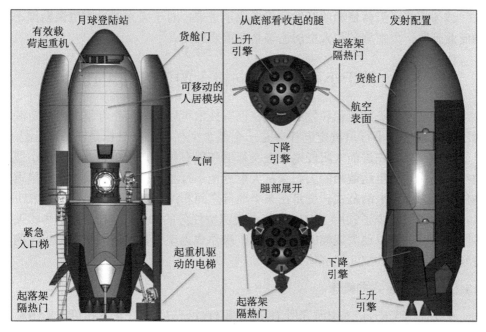

图 5-5 可重复使用的载人/货运飞船

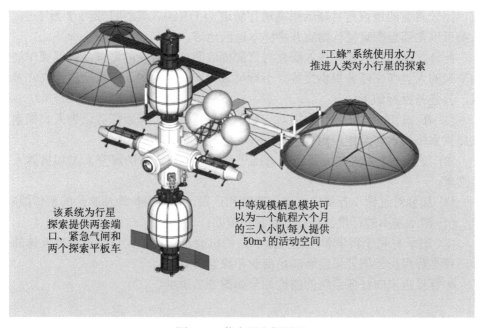

图 5-6 载人深空探测器

　　该体系将小天体资源的开发利用考虑了进来，对于未来的空间资源勘探、资源商业开发、太空旅游和太空居住等具有重要意义。

5.3　基于小行星重定向概念的资源利用技术

　　经过技术的长期累积和发展，现在已有技术可以把利用小行星的自然资源的想法变成现实。小行星重定向任务是一个概念型任务，其目标是在 21 世纪 20 年代中期，利用先进的太阳能电推进飞行器和现有技术，用机器人将一个小型近地小行星或一个重达数吨的大石头从大型近地小行星送回地月空间。小行星重定向任务概念所带来的范式转变将在人类地月空间和深空探测目的地使用 ISRU 技术，这种方式减少了利用 ISRU 执行人类深空任务的障碍。ISRU 技术和相关设备的成功试验可以使大规模的商业 ISRU 操作成为现实，并能够利用加工过的星型物质发展未来的空间经济体系 [23]。

5.3.1　小行星重定向概念

　　在 2011 年 Keck 太空研究所 (KISS) 可行性研究报告 [24] 发布后，NASA 启动了一项任务概念研究，以机器人捕获整个小型 NEA 并将其重定向到地月空间，而正在研究的另一项任务是，用机器人从大型小行星的表面捕获一块重达数吨的巨石把它送回地月空间 [25]。这两种方法都是在宇航员可到达的地点供给星状物质，比较典型的地点是月球远距离逆行轨道 (LDRO)，其距月球约 7 万 km，宇航员可以在那里探索星状物质并将样本返回地球。

　　此外，这项任务还将深入研究对资源提取和处理方法的测试，获得操作经验为未来的人类深空任务提供借鉴。小行星重定向任务的成功完成还将带来许多收益，其任务目标如下：

　　(1) 在 21 世纪 20 年代中期对一颗小行星进行人类探索任务，为人类探索火星提供系统技术和操作经验；

　　(2) 展示一个先进的太阳能电力推进系统，应对未来的深空人类和机器人探索需求；

　　(3) 加强对近地小行星的探测、跟踪和认定，形成保护地球家园的整体战略；

　　(4) 演示基本的行星防御技术和预防策略；

　　(5) 追求有利于科学和伙伴关系利益的机会目标，扩大我们对小型天体的认知，使小行星资源的开采能够满足商业和探索需要。

　　小行星重定向任务系统的结构划分如图 5-7 所示。

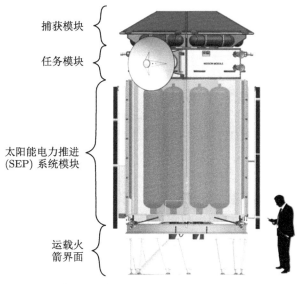

捕获模块

任务模块

太阳能电力推进
(SEP) 系统模块

运载火
箭界面

图 5-7　小行星重定向任务结构划分

5.3.2　主要关键技术

1) 太阳能电力推进系统

太阳能电力推进 (SEP) 系统有一个独特的结构设计来支持氙推进剂罐并容纳发射负载,利用传统的热控制和反应控制子系统 (单推进剂肼),如图 5-8 所示。SEP 模块的高压太阳能阵列为高压总线提供电能,低压电能由位于任务模块中的下变频器产生。一个 50kW 的太阳能电池阵列 (1au) 可为电力推进系统 (EPS) 提

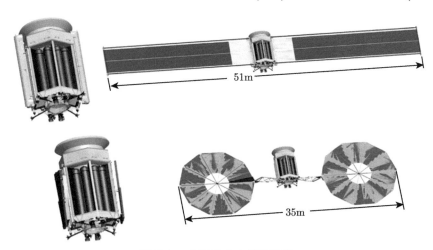

51m

35m

图 5-8　太阳能电力推进系统

供 40kW 的输入，并根据需要为电池充电。

2) 任务模块

任务模块为小行星再定向飞行器 (Asteroid Reorientation Vehicle, ARV) 提供主要的命令和数据处理能力，并负责地面通信、测距和执行器的控制。任务模块利用传统飞行航空电子设备，并提供了一个与太阳能电力推进系统模块的简单接口。任务模块包括航空电子设备、恒星跟踪器、微型惯性测量单元 (Micro Inertial Measurement Unit, MIMU)、深空应答器、反作用轮、高增益天线、低增益天线和热控制硬件。

3) 捕获模块

捕获模块包括传感器套件和捕获机制。将开发一个通用的传感器套件，它可以为机械臂和人员臂的自动交会和对接/捕获传感器提供便利，并消除了多个传感器开发和鉴定程序的成本。该传感器套件目前由一个或多个可见光摄像机、一个三维激光雷达，以及一个用于鲁棒性和态势感知的长波红外摄像机组成。

资源的物理状态和可得性对确定开采资源的可行性是非常重要的，大多数小行星是低强度的碎石堆，小行星上的风化层比月球上的热惯性大得多，重力也小很多。太阳风可能耗尽最小尺寸的碎片，较大的物质可能优先保留在小行星表面，此外在土壤剖面的深处可以保留精细的材料。在资源利用时必须考虑到这些因素，对大小进行分类、选矿、加工，表 5-2 总结了一些相关的 ISRU 资源提取方法。

表 5-2　ISRU 资源提取方法

小天体类型	潜在的可用资源	提取资源的方法
	挥发物 (氢、氧、碳、硫和氮) 很少是氮、卤族和稀有气体	
	水主要是水合矿物质	A. 加热：微波或太阳能热过程； B. 离子液体酸的溶解； C. H_2SO_4 或 HF 溶解
C 型 (碳质)	金属氧化物 (用于氧气)	A. 离子液体酸的溶解； B. H_2SO_4 或 HF 溶解； C. 减少氢； D. 碳热还原； E. 熔融氧化物电解
	金属氧化物 (用于金属)	A. 熔融氧化物电解； B. 离子液体溶解，然后电解
	金属元素	A. 加热：微波或太阳能热过程； B. 熔融氧化物电解； C. 离子液体溶解，然后电解
S 型 (硅质)	铂族金属	A. 加热：微波或太阳能热过程； B. 熔融氧化物电解； C. 离子液体溶解，然后电解

续表

S 型 (硅质)	金属氧化物 (氧气和金属)	A. 熔融氧化物电解;
		B. 离子液体溶解，然后电解
M 型 (金属)	金属元素 (主要是铁和镍)	A. 加热：微波或太阳能热过程;
		B. 熔融氧化物电解;
		C. 离子液体溶解，然后电解
	铂族金属	A. 加热：微波或太阳能热过程;
		B. 熔融氧化物电解;
		C. 离子液体溶解，然后电解

5.4 基于生物学的资源利用技术

月球上原位资源利用 (ISRU) 是人类在月球表面长期探索和定居任务的一个组成部分，逐渐成为行星探测领域的研究重点。文献 [26] 提出了一个新型的基于生物学的 ISRU 方法和一个端到端的任务架构。任务包含一个带有完全自主生物反应器的着陆器，它能够处理月球表层月壤并提取金属元素。金属元素既可以储存，也可以直接用于生产铁丝或建筑材料；为了最大限度地提高这次任务的成功率，该文献研究了未来任务的可能着陆点，并分析了技术细节，包括热辐射、防护遮挡、能源供应等；最后对任务架构进行评估，说明该项任务是迈向国际月球村的一步，还可为移民火星和进一步探索太阳系提供参考。

开发利用当地行星资源的能力，其对于未来在月球和火星表面的可持续长期任务是至关重要的。这里描述的任务提出了一种基于生物学的 ISRU 新方法，它能加强从月球表层提取金属和气体的能力，帮助降低人类任务的成本。虽然 ISRU 技术在月球前哨的主要作用是生产氧[27]，但月球基础设施的发展需要获得月球金属，而从地球获得大量的供应其成本是极高的[28]。该整体任务架构如图 5-9 所示。

该系统的任务目标为：

(1) 通过在月球表面着陆一个完全自主的生物反应器，测试月球环境中工作的细菌的生命支持系统。

(2) 展示其处理月球风化层和提取铁、硅等元素的能力。提取出的材料可以作为生产原材料，例如用 3D 打印技术制造。

(3) 证明细菌在代谢过程中产生的气体 (H_2、O_2、CO_2、CH_4) 的储存能力。随着时间的推移，这种安排可以储存大量的天然气副产品，对人类的永久前哨基地非常有用。

(4) 测试月球尘埃及辐射环境对简单生物的毒性。

(5) 扩展国际空间站 (ISS) 合作模式，允许国际合作伙伴开发探测器和生物反应器的系统/子系统。

(6) 增加月球上复杂生物分子的数量，以保证未来的食物供应 (某些含碳、含氮生物分子的可获得性)，是在原地实现可持续食物供应的关键。

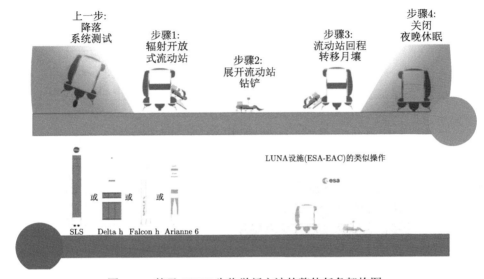

图 5-9　　基于 ISRU 生物学新方法的整体任务架构图

SLS-空间发射系统；Delta h-德尔塔系列火箭；Falcon h-猎鹰重型火箭；Arianne 6-阿丽亚娜 6 型火箭

生物反应器和着陆器的结构如图 5-10 所示，包含散热器 1、着陆发动机 2、油箱 3、介质槽 4、水箱 5、着陆腿 6、探测器坡道 7 和通信天线 8。图 5-10(a) 中显示了着陆器和生物反应器的主要内部结构；图 (b) 中显示着陆器的外部结构，散热器 1 与车身相连；图 (c) 中散热器 1 展开，探测器被释放。

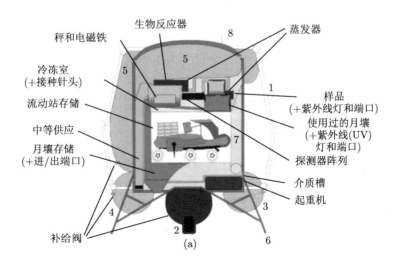

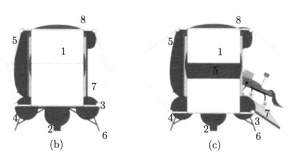

图 5-10　生物反应器和着陆器的结构

着陆器的中心部分是与科学仪器相连的 5L 生物反应器，图 5-11 为其操作流程，浅棕色箭头表示仅在月球第一天进行的操作。根据具体的实验要求，灰色箭头是可选的操作，黑色箭头表示重复的过程。月球车在每个月的日夜周期中通常只有一次迭代，而生物反应器最多可以有 7 次迭代。在生物反应器中储存和使用的所有风化层都可以释放，以便测试不同的位置和钻井深度。

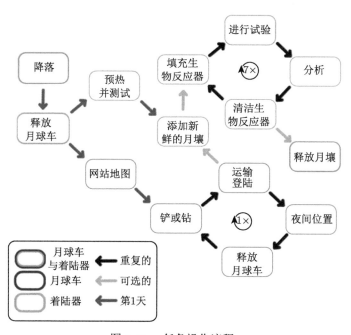

图 5-11　任务操作流程

图 5-12 为月球车的位置和任务，图 (a) 为月球车的仪器和部件概述；图 (b) 代表月球车在运输状态，包括传输端口 1、轮腿 2、挖掘铲 3、相机 4；图 (c) 表示月球车在钻井位置并关闭传输端口；图 (d) 表示月球车向前进行地面挖掘。

世界很多的航天机构都提出了重返月球和月球附近地区的计划，其最终目标是人类的探索和居住。目前对生物系统如何与月球表面非常恶劣的环境因素相互作用的了解是不够的，这些数据对于理解生命支持系统的行为、生物测定或生物浸出方法，以及宇航员在长期探索中所面临的健康风险都是至关重要的。

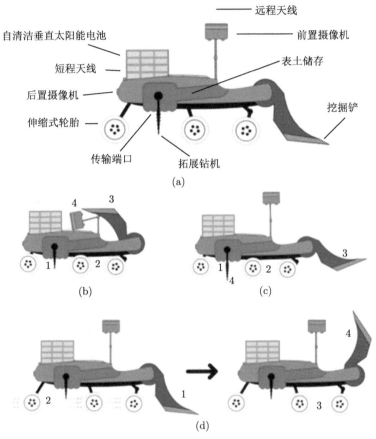

图 5-12   月球车的部件和功能示意
1-传输端口；2-轮腿；3-挖掘铲；4-相机

基于生物学的 ISRD 方法的任务将作为一个试验台，为各种生物系统收集这类数据和发现，也将作为在月球表面一个封闭环境中的技术示范。它讨论了不同的供电方式及其与地球的通信方式，这是首次为月球环境设计生物反应器，并在生命支持系统、生物毒性、生物 ISRU 技术等领域进行生物测试，这些对于未来的人类探测任务和资源利用技术的发展具有重要意义。

5.5 本章小结

目前 ISRU 主要体现在月球、火星等行星探测任务的研究中，对于小天体的资源勘探和利用，仍需深入研究并探讨 ISRU 的通用性和可行性。对小行星资源进行开发利用时，首先要攻克 ISRU 技术，这是勘测、获取地外天体的天然或废弃资源，用于维持可长期在地外生存产品和服务的基础。未来应重点发展对目的地的勘测或勘探，原始资源的采集和预处理，原始资源转化为推进剂、能源等消耗品的加工生产等技术，为 ISRU 提供设备支持。

在研究小行星资源利用的时候，需要从环境资源转化利用、能源及生保资源制备、建筑及结构材料制备、人机废弃物再利用四条线索开展调研与分析[29]。关于环境资源，主要关注真空条件、太阳风和空间粒子辐照条件、地质条件的转化利用技术；关于生保资源制备，重点关注宇航员活动及生存所需要的水、氧气物资，如何从小行星现有资源中转化生成；关于建筑及结构材料制备，重点关注小行星材料如何通过热、激光等能量或者从地面携带的少量辅助材料联合作用，转化生成可供人机联合探测任务需求的金属材料、建筑材料等；在人机废弃物再利用方面，需要重点关注人机联合探测活动中产生的宇航员人体排泄物、食品容器废弃物、探测设备废弃物包括机械零部件的再加工与再利用问题。

有专家对我国小天体资源开发利用的发展方向有下列建议[1]。

(1) 小天体资源具有巨大的开发前景，但目前人类对其认识还很有限，国际上对小天体资源的开发与利用也在探索研究中。"先到者先受益、先开发先利用"，未来小天体一旦成为战略重点和资源争夺的热点，将面临如何维护国家利益和保护安全等诸多现状。因此，我国应加强相关政策和法律的研究，避免因政策和法律的滞后而制约我国在外空资源开发与利用领域的发展。

(2) 目前，美国、加拿大及欧洲的政府及私人机构正在进行小天体资源开发与利用技术研发，其支持率持续增长，并得到立法保护。与开发利用小天体资源相关的商业应用潜力极大，其蕴含的高额未来利润刺激了私人实体在相关技术方面的投资。越来越多的私人实体公开宣布了他们对小天体资源的兴趣。因此，我国应尽早谋划，提早布局，开展战略研究。

(3) 小天体资源开发与利用是一项高成本高风险，且关乎全人类未来的问题，我国应积极推动国际合作，可参照国际空间站合作形式，参与国家共同努力，实现风险同担、互利共赢。

(4) 小天体资源开发与利用应重视商业资本，吸纳更多的国营及民营航天力量，对商业发展模式进行深入探讨，并进一步发展相关技术。

参 考 文 献

[1] 黄江川, 王冀莲, 杜宇, 等. 小天体资源开发利用现状分析与发展建议 [J]. 空间碎片研究, 2019, 19(3): 7.

[2] Dodge M. The US commercial space launch competitiveness act of 2015: Moving US space activities forward[J]. Air & Space Law., 2016, 29: 4.

[3] Draft Law on the Exploration and Use of Space Resources[EB/OL]. [2017-10-21]. https://gouvernement.lu/fr. html.

[4] Bennett Michael. To min the sky-harvesting materials from asteroids[J]. Materials World Magazine. 2014, 6.

[5] Gabrielle D. Asteroid mining[EB/OL]. [2014-6-13]. https://en.wikipedia.org/wiki/Asteroid_mining.html.

[6] Bock E H, Fisher J G. In-space propellant processing using water delivered as Shuttle contingency payload[C]. 4th Joint Propulsion Conference. 25 July 1978-27 July 1978, LasVegas, NV. Reston, Virginia: 231 AIAA, 1978: 78-941.

[7] Crawford I A. Asteroids in the service of humanity[J]// Badescu V. Asteroids: Prospective Energy and Material Resources. New York: Springer, 2013.

[8] 叶培建, 彭兢. 深空探测与我国深空探测展望 [J]. 中国工程科学, 2006, 8(10): 6.

[9] Sacksteder K, Sanders G. In-situ resource utilization for lunar and Mars exploration[J]. Aerospace Sciences Meeting and Exhibit, AIAA. 2007: 345.

[10] Sanders G B, Larson, W E. Integration of in-situ resource utilization into lunar/Mars exploration through field analogs[J]. Advances in Space Research, 2011, 47 (1): 20-29.

[11] In-Situ Resource Utilization[EB\OL]. NASA Ames Research Center. Retrieved 14 January 2007. https://www.nasa.gov/isru.

[12] NASA scraps a lunar surface mission—just as it's supposed to focus on a Moon return[EB\OL]. Loren Grush, The Verge, 27 April 2018. https://www.theverge.com/2018/4/27/17287154/nasa-lunar-surface-robotic-mission-resource-prospector-moon

[13] New NASA leader faces an early test on his commitment to Moon landings[EB\OL]. Eric Berger, ARS Technica. 27 April 2018. https://arstechnica.com/science/2018/04/new-nasa-leader-faces-an-early-test-on-his-commitment-to-moon-landings/

[14] Resource Prospector[EB\OL]. Advanced Exploration Systems, NASA, 2017. https://www.nasa.gov/resource-prospector

[15] NASA Expands Plans for Moon Exploration: More Missions, More Science[EB/OL]. NASA Press Release. Published by SpaceRef. 3 May 2018.

[16] Draft Commercial Lunar Payload Services—CLPS solicitation. Federal Business Opportunities[EB/OL]. NASA. Retrieved 4 June 2018. https://sam.gov/opp/24e7701e5a8fd0c527ab4084cea6a46e/view.

[17] Kaplan D, Baird R, Flynn H, et al. The 2001 Mars in-situ-propellant-production precursor (MIP) flight demonstration-project objectives and qualification test results[C]// Space 2000 Conference and Exposition. 2000: 5145.

[18] NASA TechPort – Mars OXygen ISRU Experiment Project. NASA TechPort. National Aeronautics and Space Administration[EB/OL]. Retrieved 19 November 2015. https://techport.nasa.gov/view/96183.

[19] Wall, Mike (1 August 2014). Oxygen-Generating Mars Rover to Bring Colonization Closer[EB/OL]. Space.com. Retrieved 5 November 2014. https://www.space.com/26705-nasa-2020-rover-mars-colony-tech.html.

[20] Hoffman J A, Hecht M H, Rapp D, et al. Mars oxygen ISRU experiment (MOXIE)—preparing for human Mars exploration[J]. Science Advances, 2022, 8(35): eabp8636.

[21] Willcoxon R, Thronson H, Varsi G, et al. NASA Capability Roadmaps Executive Summary[J]. 2005.

[22] Sercel J C, Peterson C E, Britt D T, et al. Practical applications of asteroidal ISRU in support of human exploration[M]//Primitive Meteorites and Asteroids. Elsevier, 2018: 477-524.

[23] Mazanek D D, Merrill R G, Braphy J R, et al. Asteroid redirect mission concept: a bold approach for utilizing space resources[J]. Acta Astronautica, 2015, 117: 163-171.

[24] Brophy J, Culick F, Friedman L, et al. Asteroid Retrieval Feasibility Study Keck Institute for Space Studies, California Institute of Technology[J]. Jet Propulsion Laboratory, Pasadena, California, 2012, 2.

[25] Strange N, Daman M, Gregory L, et al. Overview of mission design for NASA asteroid redirect robotic mission concept[C]. Proceedings of the 33th International Electric Propulsion Conference, The George Washington University, Washington, D.C., 2013.

[26] Anand M, Crawford I A, Balat-Pichelin M, et al. A brief review of chemical and mineralogical resources on the Moon and likely initial in situ resource utilization (ISRU) applications[J]. Planetary and Space Science, 2012, 74(1): 42-48.

[27] Larson W, Sanders G, Sacksteder K. NASA's in-situ resource utilization project: Current accomplishments and exciting future plans[C]//AIAA SPACE 2010 Conference & Exposition. 2010: 8603.

[28] Schwandt C, Hamilton J A, Fray D I, et al. The production of oxygen and metal from lunar regolith[J]. Planetary and Space Science, 2012, 74(1): 49-50.

[29] 姜生元, 沈毅, 吴湘, 等. 月面广义资源探测及其原位利用技术构想 [J]. 深空探测学报, 2015, 2(4): 291-301.

第 6 章 星际转移轨道设计技术

6.1 引　言

近地小天体防御与利用往往需要航天器多次往返小天体,并在小天体附近长期停留。如何设计转移轨道,以较少的燃料支持航天器的长时间、长距离飞行,是近地小天体防御与利用任务的关键。

近地小天体防御与利用任务涉及的轨道问题主要有以下几方面。

① 连续小推力轨道优化设计

连续小推力推进系统主要有电推进和太阳帆。电推进系统推力小,比冲高,在多个深空探测任务中得到验证,例如,NASA 的“深空 1 号”、JAXA 的“隼鸟 2 号”。太阳帆采用光压推进,可实现不消耗工质飞行,但其推进方向受限且工程难度较大。目前仅有日本的“伊卡洛斯号”(Ikaros) 太阳帆航天器实现了星际飞行。

② 低能量转移轨道设计

地–月系统/日–地系统 L1/L2 点是人类探测小行星及大行星的低能量枢纽。同时,太阳–行星组成的三体系统为行星低能量捕获提供了可能。在行星际转移轨道设计过程中,低能量特性体现在地–月系统/日–地–月系统逃逸段和太阳–行星系统捕获段,因此,基于三体动力学模型对逃逸与捕获轨道特性进行研究,提出可行的低能量转移轨道设计方法是星际转移轨道优化设计的重点。以“嫦娥二号”探测器低能量逃逸为例,2011 年 6 月 9 日我国的“嫦娥二号”探测器实施机动,进入日–地 L2 点 Lissajous 轨道,运行 1 年后于 2012 年 6 月 1 日实施逃逸机动飞往 4179 小行星。

③ 行星引力辅助轨道设计

行星引力辅助对星际探测轨道和任务设计具有重要意义:一方面,通过行星借力可以减少探测器的发射能量;另一方面,可以对被借力行星进行飞掠探测,提高轨道利用率。例如,欧洲航天局的“罗塞塔号”彗星探测器于 2004 年 3 月 2 日发射升空,开始了彗星探测之旅。它经过一次火星借力和三次地球引力辅助飞行后,于 2014 年 1 月飞抵 67P 彗星,并将在距离彗星几千米的轨道上围绕彗星运转,并释放出一个着陆器在彗星表面。然而,引力辅助技术的引入会增强轨道设计问题的非线性和解空间复杂度,是星际转移轨道优化设计的难点。

6.2 连续小推力轨道优化设计

6.2.1 连续小推力轨道优化求解方法

连续小推力轨道优化问题的求解方法通常可分为间接法和直接法。国内外也有学者将间接法和直接法结合起来使用。直接法是将连续的最优控制问题离散，再用参数优化法打靶求解。直接法公式推导简单，收敛性好，而不足是最优性和轨道精度难以保证。直接法中比较有代表性的方法包括离散状态变量和控制变量的配点法、只离散状态变量的微分包含法和只离散控制变量的数值积分法。近些年来，伪谱法获得了很多研究者的注意，理论上已经证明了伪谱法转化成的非线性规划问题与最优控制的一阶必要条件，其等价于直接法将连续控制问题离散化，可以选择对状态变量或者控制变量进行离散，也可以同时将两者离散。间接法基于庞特里亚金极小值原理 (Pontryagin's Minimum Principle, PMP)，引入协态变量，构建哈密顿函数，从而将轨道优化问题转化成两点边值问题或多点边值问题。其最大优点在于所求得结果的精度和最优性较好。另外，在处理复杂约束时，间接法的公式推导过程非常复杂，求解比较困难。国内外对间接法的研究主要集中于高效率的数值求解技术。

6.2.2 同伦方法

连续小推力轨道优化通常选择时间最优和燃料最优为优化目标。一般电推进转移选择燃料最优，太阳帆转移选择时间最优。燃料最优问题的控制律为 Bang-Bang 控制。Bang-Bang 控制为不连续函数，积分过程数值敏感，给求解带来困难。迄今为止，求解最优 Bang-Bang 控制的方法主要是同伦方法。2002 年，Bertrand 和 Epenoy[3] 提出了对数同伦方法。Taheri 等 [4] 将对数同伦方法进行了拓展，分别基于笛卡儿坐标、球坐标和改进的春分点轨道根数研究了对数同伦小推力转移燃耗最优轨道。文献 [5] 讨论了不同状态变量的同伦方法收敛性的问题，该文献认为，笛卡儿坐标状态动力学方程简单但收敛性较差，球坐标及改进的春分点轨道根数问题方程复杂但收敛性较好。陈杨 [6] 研究了多次引力辅助小推力轨道优化问题的协态变量变换和同伦方法。除了星际飞行中常用的二体模型，能量-燃料同伦方法也有效地应用于限制性三体问题 [7]。以上都是优化指标同伦的方法，另一种常用的同伦方法是动力学模型的同伦。Sulloan 等提出了一种创新的同伦方法，其将电推进转移的燃耗最优轨道与光压转移的时间最优轨道联系了起来。推力幅值同伦由 Caillau 等 [8] 提出，后续文献 [9] 和文献 [10] 深入开展了推力幅值同伦的研究工作。文献 [11] 先忽略了推力幅值的限制，求解时间最优转移轨道，以此为起点求解原问题。文献 [12] 先求解脉冲转移轨道，再同伦到最小推力转移轨道，最后求解原问题。两种方法都需要两次同伦，计算量较大。

6.3　低能量转移轨道优化设计

在限制性三体问题中，存在三个不稳定平衡点和两个稳定平衡点。平衡点附近存在着大量的周期轨道和流形。沿着平衡点的特征值为正实根的向量方向，为不稳定流形；而沿着特征值为负实根的特征向量方向则为稳定流形，如图 6-1 所示。

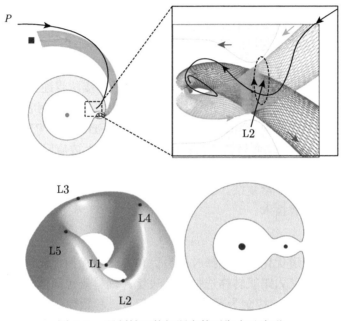

图 6-1　限制性三体问题中的平衡点及流形

以不变流形轨道拼接方法为基础，便可实现航天器的低能量转移。如图 6-2 所示，以日地系统为例，L1 点与 L2 点之间的转移便可通过不稳定流形和稳定流形拼接组成。

低能量转移轨道在近地小天体探测任务中，主要应用于小天体样本的转移和捕获并停留。通常将小天体样本捕获至地月系统或者日地系统内，以便多次开采和研究。NASA 的 ARM 任务便是将小行星的巨石块转移至地月三体系统的远距离逆行轨道。几种典型的停留轨道如图 6-3 所示。

其中，EMS 表示地月系统，DRO 为远距离逆行轨道 (Distant Retorgrade Orbit)，DPO 为远距离顺行轨道 (Distant Prograde Orbit)，LPO 为拉格朗日点附近的晕 (Halo) 轨道 (Libration Point Orbit)，如图 6-4 所示。月球附近停泊轨道见图 6-5。

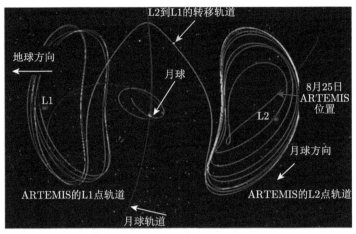

图 6-2 地月三体系统中的低能量转移

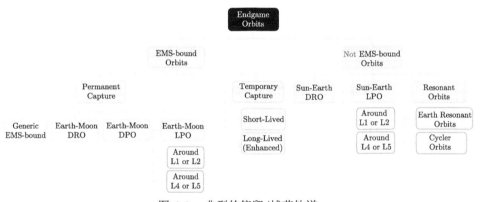

图 6-3 典型的停留/捕获轨道

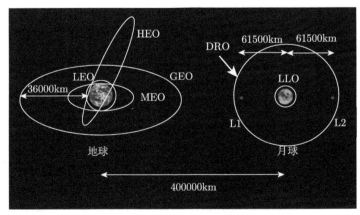

图 6-4 地月系远距离逆行轨道示意图

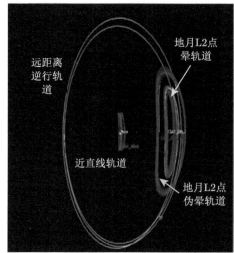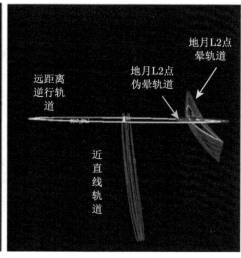

图 6-5　月球附近停泊轨道

国内外利用低能量转移轨道转移小行星的研究总结如表 6-1 所示。

表 6-1　近地小行星返回的低能量转移研究情况总结

参考文献	目标小行星	$\Delta v/(\mathrm{m/s})$	停留轨道	备注
[22]	2009 BD	400	地–月一般轨道	
[23]	2008 HU4	170	地–月 DRO	NASA 的小行星重定向概念
[24]	2006 RH120	58	日–地 LPO	
[25]	2008 LD	36	地-火共振轨道	
[26]	2006 RH120	31	临时捕获	捕获时间 5.5 年
[27]	2000 S344	79	地–月一般轨道	采用月球借力
[28]	2008 UA202	49	地–月一般轨道	捕获时间 10 年
[29]	2000 SG344	40	地–月 LPO	
[30]	2012 TF79	73	日–地 LPO	

　　Tan 等 [18] 提出了结合地球引力辅助和气动阻力来捕获小行星的策略。首先给小行星施加了一个脉冲推力，在地球引力辅助和气动阻力共同作用下将小行星速度减小，在日地拉格朗点附近稳定流形处再施加一次脉冲，让其顺着流形捕获到拉格朗日点附近稳定轨道上。研究结果表明，该方法与直接流形捕获相比，大大缩短了捕获时间。Tan 等 [19] 还研究了用动量交换方法捕获小行星的方案。在该方案中，首先在小行星上施加一个脉冲并让其撞击另一个小行星，从而改变其轨道奔向地球。其次，在日地拉格朗日点稳定流形处施加一个脉冲，捕获小行星到拉格朗日点附近周期轨道上。此方法虽然在理论上可行，但是，由于小行星撞

击过程中存在质量、形状和材料属性等不确定性，所以需要大量的前期准备工作。Mingotti 等[20] 研究了采用日地与地月双三体模型内流形拼接方法将小行星捕获到地月系统拉格朗日点周期轨道方案。Yárnoz 等[21] 在限制性三体模型内采用低能量转移轨道方法研究了将小行星捕获到拉格朗日点附近李雅普诺夫及 Halo 轨道方案。该方案中，首先施加一次脉冲让小行星偏离原始轨道，在小行星轨道与稳定流形交点处再施加一次脉冲让其顺着稳定流形进入最终捕获轨道，用该方案计算得到 12 个捕获速度增量小于 500m/s 的目标小行星。其中，捕获小行星 2006 RH120 至 Halo 轨道的速度增量最小，仅需要 58m/s。

6.4 行星引力辅助轨道设计

引力辅助是指，在深空探测过程中有意设计探测器轨道经过行星附近，并利用行星引力来实现减速、加速或转向，使探测器奔着目标方向前进。相比于探测器的飞行时间，引力辅助时间很短，可认为引力辅助瞬间完成。因此，可将引力辅助简化为脉冲变轨，表述为探测器轨道经过引力辅助天体附近时，其相对于日心惯性系的位置保持不变而速度产生突变的过程，如图 6-6 所示。甩摆获得的速度增量主要与甩摆高度和偏转角有关。通常甩摆高度不能太小，以防止航天器与行星相撞。由于天体的引力、甩摆高度和相位关系等限制，有时需要在甩摆前或者甩摆后开启发动机，以满足后续任务对航天器速度的要求。这种主动变轨与引力甩摆结合的方式，称为"动力甩摆"。

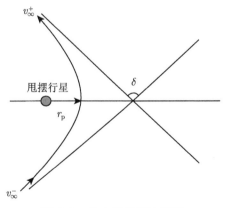

图 6-6　引力甩摆脉冲模型

引力甩摆轨道具有设计变量多、约束条件多等特点，相对于一般的转移轨道，其轨道设计更为困难。基于脉冲模型的甩摆轨道分析与设计主要有两种方法：图解法和参数优化法。图解法包括能量状态图法和甩摆参数匹配法。能量状态图法基于 Tisserand 准则得出可行的行星甩摆序列。甩摆参数匹配法是匹配航天器到达和离开甩摆行星的双曲线能量或速度，直观给出大致的任务时间窗口。在已知整个甩摆序列和大致任务时间窗口后，再利用参数优化方法找到满足条件的甩摆轨道。常用的优化算法有遗传算法、粒子群算法和模拟退火算法等。

清华大学李俊峰等[13]基于庞特里亚金极小值原理给出了引力甩摆最优的一阶必要性条件。乔栋等[14]研究了行星引力甩摆轨道的混合设计方法，并在通过金星甩摆的火星探测轨道设计中应用了该方法。张旭辉等[15]以火星探测为背景研究了引力甩摆轨道设计。崔平远等[16]研究了使用地球甩摆进行近地小行星探测的转移轨道设计。陈杨[6]研究了利用地球甩摆进行多个近地小天体探测的小推力轨道设计问题，得到了利用地球甩摆探测两颗近地小天体的转移轨迹，如图 6-7 所示。

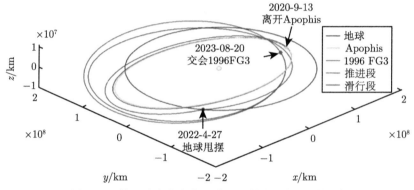

图 6-7   基于地球借力的近地小天体多目标探测轨道

通常，引力甩摆不考虑其他摄动因素，而是假设为简单的二体问题。在高精度模型中研究引力甩摆道设计的文献非常少见。乔栋等[14]基于比二体问题更准确的椭圆限制性三体问题分析了甩摆飞行的动力学机理。Bayliss 等[17]研究了引力甩摆的精确轨道设计，其采用的方法是分别在不同的二体模型中考虑第三体摄动，但该方法不能避免轨道的拼接，计算步骤也较为复杂。实际在限制性地日三体问题中从能量变化的角度解释了引力甩摆作用，得到了在月球附近从月球正面飞越能量减少、从背面飞越能量增加的结论，如图 6-8 所示，该结论与引力甩摆的结论一致。

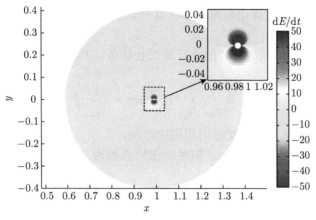

图 6-8 日地系统中月球附近的能量变化

6.5 时间最优–燃料最优同伦的小推力转移轨道优化方法

在利用同伦方法求解小推力转移轨道优化问题时，从不同的初始轨道出发，可以同伦到不同的局部最优转移轨道。当推力幅值为转移所需的最小推力时，其推力方向具备全局最优性。因此，最小推力转移可以作为一个较好的同伦起始点。

航天器在星际转移时，一般采用二体模型。该模型在惯性参考系下只考虑了中心天体的引力。这里采用位置速度来描述航天器在二体问题下的运动：

$$\ddot{\boldsymbol{r}} = -\frac{\mu}{r^3}\boldsymbol{r} + \frac{T_{\max}u}{m}\boldsymbol{\alpha}, \quad \dot{m} = -\frac{T_{\max}u}{I_{\mathrm{sp}}g_0} \tag{6-1}$$

其中，μ 为中心天体的引力常数；$\boldsymbol{r}$ 为航天器的位置矢量；m 为航天器的质量；$T_{\max}$ 为最大推力；$u \in [0,1]$ 为推力器开关状态；$\boldsymbol{\alpha}$ 为推力方向单位矢量；I_{sp} 表示航天器的比冲；g_0 表示海平面的引力加速度，通常取 $9.8\mathrm{m/s^2}$。

将航天器的质量和推力写成加速度和质量的对数：

$$q = \ln(m), \quad a = \frac{T}{m} \tag{6-2}$$

此时，动力学方程为

$$\dot{\boldsymbol{r}} = \boldsymbol{v}, \quad \dot{\boldsymbol{v}} = -\frac{\mu}{r^3}\boldsymbol{r} + a\boldsymbol{\alpha}, \quad \dot{q} = -\frac{a}{v_{\mathrm{ex}}} \tag{6-3}$$

其中，$v_{\mathrm{ex}} = I_{\mathrm{sp}}g_0$ 表示推进剂喷出速度。

交会问题的端点约束表述为

$$\{\boldsymbol{r}\,(t_0) - \boldsymbol{r}_0,\ \boldsymbol{v}\,(t_0) - \boldsymbol{v}_0, \boldsymbol{r}\,(t_{\mathrm{f}}) - \boldsymbol{r}_{\mathrm{f}},\ \boldsymbol{v}\,(t_{\mathrm{f}}) - \boldsymbol{v}_{\mathrm{f}}\} = \boldsymbol{0} \tag{6-4}$$

其中，$\boldsymbol{r}_0$ 和 $\boldsymbol{v}_0$ 是探测器出发时刻的位置和速度；$\boldsymbol{r}_\mathrm{f}$ 和 $\boldsymbol{v}_\mathrm{f}$ 是交会任务终端时刻的目标位置和速度。

固定出发时间和到达时间的小行星交会任务，其燃料最优的优化指标可用加速度描述为

$$\min J_1 = \frac{1}{v_\mathrm{ex}} \int_{t_0}^{t_\mathrm{f}} T_\mathrm{max} u \mathrm{d}t = \frac{1}{v_\mathrm{ex}} \int_{t_0}^{t_\mathrm{f}} a \mathrm{e}^q \mathrm{d}t \tag{6-5}$$

其中，t_0 和 t_f 分别表示出发时间和到达时间。

引入协态变量 $[\boldsymbol{\lambda}_r, \boldsymbol{\lambda}_v, \lambda_q]$，构建哈密顿函数为

$$H_1 = \boldsymbol{\lambda}_r \cdot \boldsymbol{v} + \boldsymbol{\lambda}_v \cdot \left(-\frac{\mu}{r^3} \boldsymbol{r} + a\boldsymbol{\alpha} \right) + \lambda_q \left(-\frac{a}{v_\mathrm{ex}} \right) + \frac{a_\mathrm{e}^q}{v_\mathrm{ex}} \tag{6-6}$$

根据庞特里亚金极大值原理，最优控制即使哈密顿函数取最小值。可以求得推力方向满足速度协态的反方向：

$$\boldsymbol{\alpha} = -\frac{\boldsymbol{\lambda}_v}{\|\boldsymbol{\lambda}_v\|} \tag{6-7}$$

最优加速度大小为

$$\begin{cases} a = \dfrac{T_\mathrm{max}}{\mathrm{e}^q}, & s < 0 \\ a = 0, & s > 0 \\ 0 < a < \dfrac{T_\mathrm{max}}{\mathrm{e}^q}, & s = 0 \end{cases} \tag{6-8}$$

其中，开关函数为

$$s = \frac{(\mathrm{e}^q - \lambda_q)}{v_\mathrm{ex}} - \|\boldsymbol{\lambda_v}\| \tag{6-9}$$

该系统协态变量的导数方程为

$$\dot{\boldsymbol{\lambda}}_r = \frac{\mu}{r^3} \boldsymbol{\lambda}_v - \frac{3\mu \boldsymbol{r} \cdot \boldsymbol{\lambda}_v}{r^5} \boldsymbol{r}, \quad \dot{\boldsymbol{\lambda}}_v = -\boldsymbol{\lambda}_r, \quad \dot{\lambda}_q = -\frac{a_\mathrm{e}^q}{v_\mathrm{ex}} = \dot{m} \tag{6-10}$$

横截条件为

$$\lambda_q(t_\mathrm{f}) = 0 \tag{6-11}$$

综上，燃料最优的交会问题共 7 个待求量为

$$\boldsymbol{z} = \{\boldsymbol{\lambda}_r(t_0), \boldsymbol{\lambda}_v(t_0), \lambda_q(t_0)\} \tag{6-12}$$

需满足 7 个打靶方程：

$$\varPhi_1(\boldsymbol{\lambda}^*) = \{\boldsymbol{r}(t_\mathrm{f}) - \boldsymbol{r}_\mathrm{f}, \boldsymbol{v}(t_\mathrm{f}) - \boldsymbol{v}_\mathrm{f}, \lambda_q(t_\mathrm{f})\} = \boldsymbol{0} \tag{6-13}$$

时间最优的指标可表示为

$$J_2 = \int_{t_0}^{t_f} 1 \mathrm{d}t \tag{6-14}$$

同理，引入协态变量构建哈密顿函数为

$$H_2 = \boldsymbol{\lambda}_r \cdot \boldsymbol{v} + \boldsymbol{\lambda}_v \cdot \left(-\frac{\mu}{r^3} \boldsymbol{r} + a\boldsymbol{\alpha} \right) - \lambda_q \frac{a}{v_{\mathrm{ex}}} + 1 \tag{6-15}$$

求得使哈密顿函数取最小的控制律为

$$\boldsymbol{\alpha} = -\frac{\boldsymbol{\lambda}_v}{\|\boldsymbol{\lambda}_v\|}, \quad a = \frac{T_{\max}}{\mathrm{e}^q} \tag{6-16}$$

终端时间自由时，哈密顿函数需满足横截条件：

$$H(t_f) = \boldsymbol{\lambda}(t_f) \cdot \frac{\partial \boldsymbol{x}(t_f)}{\partial t_f} \tag{6-17}$$

其中，$\boldsymbol{x}$ 为包含位置、速度和质量的对数的状态变量。

时间最优的轨道优化设计问题共 8 个待求量为

$$\boldsymbol{z} = \{\boldsymbol{\lambda}_r(t_0), \boldsymbol{\lambda}_v(t_0), \lambda_q(t_0), t_f\} \tag{6-18}$$

需满足 8 个打靶方程：

$$\Phi_2(\boldsymbol{\lambda}^*, t_f) = \left\{ \boldsymbol{r}(t_f) - \boldsymbol{r}_f, \boldsymbol{v}(t_f) - \boldsymbol{v}_f, \lambda_q(t_f), H_2(t_f) - \boldsymbol{\lambda}(t_f) \cdot \frac{\partial \boldsymbol{x}(t_f)}{\partial t_f} \right\} = \boldsymbol{0} \tag{6-19}$$

新的质量协态方程为

$$\dot{\lambda}_q = -\frac{\partial H}{\partial q} = -\frac{a\mathrm{e}^q}{I_{\mathrm{sp}}g_0} = \dot{m} \tag{6-20}$$

从而解得该质量协态的表达式为

$$\lambda_q(t) = m(t) + \lambda_q(t_0) - m(t_0) \tag{6-21}$$

便可求得质量协态初值的解析表达式为

$$\lambda_q(t_0) = m_0 - m_f \tag{6-22}$$

可得

$$s = \frac{\mathrm{e}^{q_f}}{I_{\mathrm{sp}}g_0} - \|\boldsymbol{\lambda}_v\| = \frac{m_f}{I_{\mathrm{sp}}g_0} - \|\boldsymbol{\lambda}_v\| \tag{6-23}$$

由上式可知，开关函数可以简单表示成航天器末质量与速度协态模值的函数关系。

显然, 时间最优转移轨道推力器一直处于全开的状态。推力幅值越小, 转移时间越长。如果推力大小固定, 则我们可以获得唯一的最小传递时间。反过来说, 当传递时间固定时, 存在唯一一个最小的推力幅值可以完成交会任务。如果某一推力器的时间最优转移轨道恰好满足原燃耗最优问题中两端固定的末端约束, 则该推力大小即为转移所需的最小推力。故可通过时间最优的轨道优化问题来求解最小推力转移轨道。为了证明两者的等价性, 定义以下两个问题。

燃耗最优交会问题 (问题 1): 固定出发时间 t_0 和到达时间 t_f^* 的燃耗最优交会问题。

时间最优交会问题 (问题 2): 固定出发时间 t_0, 推力幅值 T^* 的时间最优交会问题。

命题 1　如果时间最优交会问题的最优解的到达时间为 t_f^*, 则推力幅值 T^* 是燃耗最优交会问题的最小推力转移轨道。

证明　假设燃耗最优交会问题存在某一可行解的推力剖面 s_2, 其推力幅值 T_2 小于 T^*。那么推力幅值 T^* 可以利用下面的控制率得到和推力幅值 T_2 时相同的推力剖面 s_1。

$$a = \frac{T_2}{T^*} \frac{T^*}{\mathrm{e}^q}$$

然而, 该控制率不满足时间最优问题 2 的最优控制率, 故到达时间 t_f^* 不是问题 2 的最优解。命题 1 得证。

命题 2　到达时间为 t_f^* 的问题 2 的解也是问题 1 的解。

证明　记问题 2 中到达时间为 t_f^* 的最优解的协态变量为 $\boldsymbol{\lambda}_t^*$, 那么 $\boldsymbol{\lambda}_t^*$ 和 t_f^* 满足时间最优的打靶方程, 即

$$\boldsymbol{\Phi}_2\left(\boldsymbol{\lambda}_t^*, t_f^*\right) = \mathbf{0}$$

观察可知, 问题 1 的打靶方程包含在时间最优的打靶方程中, 因此 $\boldsymbol{\lambda}_t^*$ 也可满足问题 1 的打靶方程。

$$\boldsymbol{\Phi}_1\left(\boldsymbol{\lambda}_t^*\right) = \mathbf{0}$$

故命题 2 得证。

因此, 可以通过求解时间最优转移问题求解最小推力转移问题。此时, 最小推力大小 $T_{\min}$ 未知, 到达时间 t_f 已知, 时间最优转移轨道共 8 个未知量

$$\boldsymbol{z} = \{\boldsymbol{\lambda}_r\left(t_0\right), \boldsymbol{\lambda}_v\left(t_0\right), \lambda_q\left(t_0\right), T_{\min}\} \tag{6-24}$$

共 8 个打靶方程:

$$S(z) = \left\{ \begin{array}{l} r(t_f) - r_f \\ v(t_f) - v_f \\ \lambda_q(t_f) \\ H(t_f) - \lambda(t_f) \cdot \dfrac{\partial x(t_f)}{\partial t_f} \end{array} \right\} = 0 \tag{6-25}$$

由于最小推力转移和时间最优转移时，推力器全开，所以质量协态可以准确地初始化为

$$\lambda_q(t_0) = \frac{T_{min}}{I_{sp}g_0}(t_f - t_0) \tag{6-26}$$

一旦最小推力转移轨道求解成功，便可通过推力幅值同伦求解原问题。记求得的最小推力 T_{min}，原问题中推力幅值为 T_{max}，引入同伦参数 ε_1 构造推力幅值同伦问题。加速度大小为

$$a = \frac{\varepsilon_1 T_{min} + u(1 - \varepsilon_1)T_{max}}{e^q} \tag{6-27}$$

同时，利用同伦系数 ε_2 对开关函数进行平滑处理。加速度大小改写成

$$a = \frac{\varepsilon_1 T_{min} + \left(1 + e^{s/\varepsilon_2}\right)^{-1}(1 - \varepsilon_1)T_{max}}{e^q} \tag{6-28}$$

分三步解决燃料优化问题。

步骤 1：初始化。

在 $(-1, 1)$ 范围内随机猜测未知的初始协态 $[\lambda_{r0}, \lambda_{v0}]$。在 $(0, T_{max})$ 范围内随机猜测未知的最小推力大小 T_{min}。然后确定初始质量协态。

步骤 2：通过解决时间最优问题来解决最小推力传递。

使用非线性解算器 MinPack-1 求解方程式中定义的打靶方程。如果失败，转到步骤 1。如果成功，转到步骤 3。

步骤 3：推力幅值同伦。

通过 $\varepsilon_1^{k+1} = \varepsilon_1^k - \delta_1$ 来减小同伦参数 ε_1。同时，通过 $\varepsilon_2^{k+1} = \varepsilon_2^k \times \delta_2$ 来减小同伦参数 ε_2。求解打靶方程。如果成功，则重复步骤 3 直到 ε_1 为 0，输出结果。如果失败，回到步骤 1。

6.6　功率受限小推力转移轨道优化

通常，在转移轨道燃耗优化时假设发动机的最大推力为常数。然而，发动机的最大推力受到发动机输入功率和比冲的影响，发动机输入功率又受到航天器与太阳之间的距离影响。当航天器与太阳之间的距离过大，太阳能电池板难以提供

发动机输入的标准功率时，最大推力值变小。除了太阳距离的影响，地球轨道上也有阴影区，此时发动机不能得到足够的输入功率。因此在地球多圈转移及远距离深空转移时，必须考虑发动机输入功率的影响。针对地球阴影区，Aziz 提出了一种功率模型，利用对数函数平滑解决了航天器从日照区到日影区的功率变化不连续的问题。对于行星际轨迹，Chi 等提出了一种最佳比冲和最佳功率的解耦方法，克服功率限制的不连续 Bang-Bang 控制。Zhang 等利用固定步长积分和推进器输入功率的检测相结合来解决变比冲轨迹的优化问题。

从工程简单的角度来看，以最少的运行模式实现类似性能的推进系统是非常需要的，并且是更可靠的。因此，变比冲推进器和双比冲推进器之间的比较就具有实际的工程意义。为了使比较容易进行，本团队提出了一种将变比冲转移与双比冲转移联系起来的同伦方法。

深空飞行中，太阳能电推进发动机依靠太阳能电池阵供电，电池阵能够为航天器提供的功率取决于航天器与太阳的距离 (器日距离)[6]。器日距离较小时，光照充足，获得功率较大，发动机可以按照标称推力满推开机。而器日距离较大时，太阳电池阵不能为电推进发动机提供标称功率，推力器只能以较小的推力开机。因此，在电推进精确轨道设计中，必须引入太阳能电池阵功率对发动机推力工况的约束。此外，大多数小推力轨迹优化研究都假定比冲是常数。对于真实的电推进发动机来说，比冲会随输入电压产生较大范围的变化。电推进发动机通过控制输入电压来改变比冲，与输入功率共同作用进而产生不同的推力。例如，"深空 1 号"任务中，NASA 的深空一号所使用的离子推进器 NSTAR 推进系统具有大约 100 个比冲–推力最大推力值范围从 20~90mN。比 NSTAR 更为先进的是 NASA 的进化型氙气推进器 (NEXT)。NEXT 具有约 40 个模态，每个模态对应一组最大推力值、推进剂质量流量和功率处理单元输入功率。因此，必须进一步考虑更复杂的情况，在轨道优化模型中加入比冲的变化。

针对功率受限情况功率相对位置导数不连续的问题，提出双比冲转移轨道的优化方法，并分析对比了双比冲和变比冲燃耗消耗。

功率受限的电推进发动机的推力大小是输入功率与比冲的函数：

$$T = \frac{2\eta P}{I_{sp}g_0}u = \frac{2\eta P}{v_{ex}}u \tag{6-29}$$

其中，η 是推力器效率；P 为发动机功率；v_{ex} 为推进剂喷出速度。

考虑到功率处理单元 η_P 的效率，可通过以下关系式来计算推进器功率：

$$P = \begin{cases} \eta_P P_P^{max}, & P_{SA} \geqslant P_L + P_P^{max} \\ \eta_P\left(P_{SA} - P_L\right), & P_{SA} < P_L + P_P^{max} \end{cases} \tag{6-30}$$

其中，$P_{\mathrm{P}}^{\max}$ 为发动机最大输入功率；P_{SA} 是太阳能电池能够提供的功率；P_{L} 是航天器其他部件所需的功率。

太阳能电池能够提供的功率 P_{SA} 和航天器到太阳的距离有关：

$$P_{\mathrm{SA}} = \frac{P_{\odot}}{r^2} \left(\frac{d_1 + d_2 r^{-1} + d_3 r^{-2}}{1 + d_4 r + d_5 r^2} \right) \tag{6-31}$$

其中，$d_i (i = 1, 2, \cdots, 5)$ 为系数；r 表示太阳和航天器之间的距离；$P_{\odot}$ 为 1AU 处太阳辐射功率。

燃料最优指标：

$$\min J = \frac{1}{v_{\mathrm{ex}}} \int_{t_0}^{t_{\mathrm{f}}} T_{\max} u \mathrm{d}t = \frac{1}{v_{\mathrm{ex}}} \int_{t_0}^{t_{\mathrm{f}}} a_{\max} \mathrm{e}^q u \mathrm{d}t \tag{6-32}$$

其中，$a_{\max}$ 为最大加速度；u 为发动机开关状态。且

$$a_{\max} = \frac{2\eta P}{v_{\mathrm{ex}} \mathrm{e}^q} \tag{6-33}$$

哈密顿函数

$$H = \boldsymbol{\lambda}_r \cdot \boldsymbol{v} + \boldsymbol{\lambda}_v \cdot \left(-\frac{\mu}{r^3} \boldsymbol{r} + a_{\max} u \boldsymbol{\alpha} \right) + \lambda_q \left(-\frac{a_{\max} u}{v_{\mathrm{ex}}} \right) + \frac{a_{\max} \mathrm{e}^q u}{v_{\mathrm{ex}}} \tag{6-34}$$

协态变量方程为

$$\begin{cases} \dot{\boldsymbol{\lambda}}_r = -\left[\frac{\partial H}{\partial \boldsymbol{r}}\right]^{\mathrm{T}} = \frac{\mu}{r^3} \boldsymbol{\lambda}_v - \frac{3\mu (\boldsymbol{\lambda}_v \cdot \boldsymbol{r})}{r^5} \boldsymbol{r} \\ \qquad - 2\eta u \left(\frac{1}{v_{\mathrm{ex}}^2} - \frac{\|\boldsymbol{\lambda}_v\|}{v_{\mathrm{ex}} \mathrm{e}^q} - \frac{\lambda_q}{v_{\mathrm{ex}}^2 \mathrm{e}^q} \right) \frac{\partial P}{\partial \boldsymbol{r}} \\ \dot{\boldsymbol{\lambda}}_v = -\left[\frac{\partial H}{\partial \boldsymbol{v}}\right]^{\mathrm{T}} = -\boldsymbol{\lambda}_r \\ \dot{\lambda}_q = -\frac{\partial H}{\partial q} = -\frac{2\eta P}{v_{\mathrm{ex}}^2} u \end{cases} \tag{6-35}$$

输入功率 P 相对于探测器的位置导数为

$$\frac{\partial P}{\partial \boldsymbol{r}} = \begin{cases} 0, & r \leqslant R_0 \\ -\eta_{\mathrm{P}} P_{\odot} \boldsymbol{r} \dfrac{N(r)}{D(r)}, & r > R_0 \end{cases} \tag{6-36}$$

其中，

$$\begin{aligned} N(r) &= 4d_1 d_5 r^2 + (5d_1 d_5 + 3d_1 d_4) r + 6d_3 d_5 + 4d_2 d_4 + 2d_1 \\ &\quad + (5d_3 d_4 + 3d_2)/r + 4d_3/r^2 \\ D(r) &= r^4 (1 + d_4 r + d_5 r^2)^2 \end{aligned} \tag{6-37}$$

求得使哈密顿函数最小的加速度方向与大小的表达式为

$$
\boldsymbol{\alpha} = -\frac{\boldsymbol{\lambda}_v}{\|\boldsymbol{\lambda}_v\|}
$$
$$
\begin{cases}
u = 1, & s < 0 \\
u = 0, & s > 0 \\
0 < u < 1, & s = 0
\end{cases}
\tag{6-38}
$$

其中开关函数的表达式与交会问题相同。

以加速度大小为变量构造燃料最优的同伦方法的指标函数如下：

$$
J_\varepsilon = \int_{t_0}^{t_f} \left[\frac{a_{\max} \mathrm{e}^q}{v_{\mathrm{ex}}} u - \varepsilon_{\mathrm{u}} \ln\left(u - u^2\right) \right] \mathrm{d}t
\tag{6-39}
$$

其中，ε_{u} 为燃料最优的同伦参数；u 为发动机开关状态。

对应的哈密顿函数为

$$
H_\varepsilon = \boldsymbol{\lambda}_r \cdot \boldsymbol{v} + \boldsymbol{\lambda}_v \cdot \left(-\frac{\mu}{r^3} \boldsymbol{r} + a_{\max} u \boldsymbol{\alpha} \right) + \lambda_q \left(-\frac{a_{\max} u}{v_{\mathrm{ex}}} \right) + \frac{a_{\max} \mathrm{e}^q u}{v_{\mathrm{ex}}} - \varepsilon_{\mathrm{u}} \ln\left(u - u^2\right)
\tag{6-40}
$$

哈密顿函数中与推进剂喷出速度 v_{ex} 有关的部分为

$$
H' = -\frac{2\eta P}{\mathrm{e}^q} \left(\frac{\|\boldsymbol{\lambda}_v\|}{v_{\mathrm{ex}}} + \frac{\lambda_q - \mathrm{e}^q}{v_{\mathrm{ex}}^2} \right) u
\tag{6-41}
$$

解得推进剂的喷出速度最优解为

$$
v_{\mathrm{ex}}^* = 2 \frac{\mathrm{e}^q - \lambda_q}{\|\boldsymbol{\lambda}_v\|}
\tag{6-42}
$$

显然，对于变比冲系统，最优比冲的表达式为

$$
I_{\mathrm{sp}}^* = \begin{cases}
I_{\mathrm{sp}}^{\max}, & v_{\mathrm{ex}}^* > I_{\mathrm{sp}}^{\max} g_0 \\
I_{\mathrm{sp}}^{\min}, & v_{\mathrm{ex}}^* < I_{\mathrm{sp}}^{\min} g_0 \\
\dfrac{v_{\mathrm{ex}}^*}{g_0}, & I_{\mathrm{sp}}^{\min} g_0 \leqslant v_{\mathrm{ex}}^* \leqslant I_{\mathrm{sp}}^{\max} g_0
\end{cases}
\tag{6-43}
$$

其中，$I_{\mathrm{sp}}^{\min}$ 为发动机可达到的最大比冲值；$I_{\mathrm{sp}}^{\max}$ 为发动机可达到的最小比冲值。

由哈密顿函数解得开关函数为

$$
u^* = \frac{2\varepsilon_{\mathrm{u}}}{\dfrac{s}{v_{\mathrm{ex}}^2} + 2\varepsilon_{\mathrm{u}} + \sqrt{\left(\dfrac{s}{v_{\mathrm{ex}}^2}\right)^2 + 4\varepsilon_{\mathrm{u}}^2}}
\tag{6-44}
$$

显然，对于双比冲系统最优比冲的表达式为

$$I_{sp}^* = \begin{cases} I_{sp}^{max}, & 2v_{ex}^* > \left(I_{sp}^{max} + I_{sp}^{min}\right) g_0 \\ I_{sp}^{min}, & 2v_{ex}^* < \left(I_{sp}^{max} + I_{sp}^{min}\right) g_0 \end{cases} \tag{6-45}$$

双比冲转移轨道最优比冲的不连续也会导致推力不连续。利用同伦技术对双比冲进行平滑处理。

$$I_{sp}^{dual} = I_{sp}^{min} + \frac{2\varepsilon_{v_{ex}}}{\theta + 2\varepsilon_{v_{ex}} + \sqrt{\theta + 4\varepsilon_{v_{ex}}^2}} \left(I_{sp}^{max} - I_{sp}^{min}\right)$$
$$\theta = \frac{I_{sp}^{max} + I_{sp}^{min}}{2} - \frac{v_{ex}^*}{g_0} \tag{6-46}$$

其中，$\varepsilon_{v_{ex}}$ 为比冲同伦系数。

求解功率受限变比冲小推力转移轨道优化问题，则需要两步。求解功率受限双比冲问题，则需要三步。

步骤 1：初始化。

在 $(-1, 1)$ 范围内随机猜测未知的初始协态 $[\boldsymbol{\lambda}_{r0}, \boldsymbol{\lambda}_{v0}]$。在 $(0, 1)$ 范围内随机猜测未知的质量协态 λ_{q0}。

步骤 2：开关函数同伦。

通过 $\varepsilon_u^{k+1} = \varepsilon_u^k \times \delta_u$ 来减小同伦参数 ε_u，求解打靶方程。如果成功，则重复步骤 2，直到 ε_u 小于 δ_{min}，输出变比冲优化结果，进入步骤 3。如果失败，回到步骤 1。

步骤 3：双比冲同伦。

通过 $\varepsilon_{v_{ex}}^{k+1} = \varepsilon_{v_{ex}}^k \times \delta_{v_{ex}}$ 来减小同伦参数 $\varepsilon_{v_{ex}}$，求解打靶方程。如果成功，则重复步骤 3，直到 $\varepsilon_{v_{ex}}$ 小于 δ_{min}，输出双比冲优化结果。

6.7 星际转移轨道优化设计发展建议

转移轨道优化的研究成果较为丰富，并在多项深空探测任务中得到验证。然而，小推力转移轨道研究中尚有以下问题需要考虑 [31]。

(1) 大多数研究聚焦于转移轨道的优化求解，优化解的跟踪控制问题以及轨道偏离优化解之后的修正问题鲜有报道，是保证星际转移成功的关键；

(2) 现有的优化设计方法不能满足故障条件或突发情况的轨道求解，结合人工智能的轨道自主设计方法是值得关注的前沿问题；

(3) 由于三体系统动平衡点附近运动的不稳定性，动平衡点附近转移轨道虽然具有低能量的优势，但是对初始误差高度敏感，有必要进一步研究动平衡点轨道区域的控制技术；

(4) 现代太空任务朝着多阶段多目标的方向发展，以脉冲、电推进、不变流形转移以及行星借力飞行等多种推进形式的混合动力最优控制问题是星际转移轨道优化设计问题的前沿和热点，有助于提高全局最优性和任务灵活性；

(5) 小天体的捕获轨道多在二体模型下研究，应进一步考虑第三体摄动的高精度模型，分析更精确的捕获小天体的必要条件。

参 考 文 献

[1] Sreesawet S, Dutta A. Fast and robust computation of low-thrust orbit-raising trajectories[J]. Journal of Guidance, Control, and Dynamics, 2018, 41(a9): 1888-1905.

[2] Junkins J L, Taheri E. Exploration of alternative state vector choices for low-thrust trajectory optimization[J]. Journal of Guidance, Control, and Dynamics, 2018, 42(1): 47-64.

[3] Bertrand R, Epenoy R. New smoothing techniques for solving Bang-Bang optimal control problems—numerical results and statistical interpretation[J]. Optim. Control Appl. Methods., 2002, 23(4):171-197.

[4] Taheri E, Kolmanovsky I, Atkins E. Enhanced smoothing technique for indirect optimization of minimum-fuel low-thrust trajectories[J]. J. Guid. Control Dyn., 2016, 39(11): 2500-2511.

[5] Aziz J, Scheeres D, Parker J, et al. A smoothed eclipse model for solar electric propulsion trajectory optimization[C]. 26th International Symposium on Space Flight Dynamics, 2019, 17(2): 181-188.

[6] 陈杨. 受复杂约束的深空探测轨道精确设计与控制 [D]. 北京: 清华大学, 2013.

[7] Zhang C, Topputo F, Bernelli-Zazzera F, et al. Low-thrust minimum-fuel optimization in the circular restricted three-body problem[J]. J. Guid. Control Dyn., 2015, 38(8):1-9.

[8] Caillau J B, Daoud B, Gergaud J. Minimum fuel control of the planar circular restricted three-body problem[J]. Celest. Mech. Dyn. Astr., 2012, 114:137-150.

[9] Li J, Xi X N. Fuel-optimal low-thrust reconfiguration of formation-flying satellites via homotopic approach[J]. J. Guid. Control Dyn., 2012, 35(6): 1709-1717.

[10] Thevenet J B, Epenoy R. Minimum-fuel deployment for spacecraft formations via optimal control[J]. J. Guid. Control Dyn., 2008, 31(1):101-113.

[11] Russell R P. Primer vector theory applied to global low-thrust trade studies[J]. Journal of Guidance, Control, and Dynamics, 2007, 30(2): 460-472.

[12] Guo T, Jiang F, Li J. Homotopic approach and pseudospectral method applied jointly to low thrust trajectory optimization[J]. Acta Astronautica, 2012, 71: 38-50.

[13] Tang G, Jiang F H, Li J F. Low-thrust trajectory optimization of asteroid sample return mission with multiple revolutions and moon gravity assists[J]. Science China Physics, Mechanics & Astronomy, 2015, 58(11): 114501.

[14] 乔栋, 崔平远, 徐瑞. 星际探测借力飞行轨道的混合设计方法研究 [J]. 宇航学报, 2010, 31(3): 655-661.

[15] 张旭辉, 刘竹生. 火星探测无动力借力飞行轨道研究 [J]. 宇航学报, 2008, 29(6): 1739-1746.

[16] 崔平远, 乔栋, 崔祜涛, 等. 小行星探测目标选择与转移轨道方案设计 [J]. 中国科学: 技术科学, 2010, 40(6): 677-685.

[17] Bayliss S. Precision targeting for multiple swingby interplanetary trajectories[J]. Journal of Spacecraft and Rockets, 1971, 8(9): 927-931.

[18] Tan M, McInnes C R, Ceriotti M. Low-energy near Earth asteroid capture using Earth flybys and aerobraking[J]. Advances in Space Research, 2018, 61(8): 2099-2115.

[19] Tan M, McInnes C R, Ceriotti M. Low-energy near-Earth asteroid capture using momentum exchange strategies[J]. Journal of Guidance, Control, and Dynamics, 2017, 41(3): 632-643.

[20] Mingotti G, Sánchez J P, McInnes C R. Combined low-thrust propulsion and invariant manifold trajectories to capture NEOs in the Sun-Earth circular restricted three-body problem[J]. Celestial Mechanics and Dynamical Astronomy, 2014, 120(3): 309-336.

[21] Yárnoz D G, Sanchez J P, McInnes C R. Easily retrievable objects among the NEO population[J]. Celestial Mechanics and Dynamical Astronomy, 2013, 116(4): 367-388.

[22] Baoyin H X, Chen Y, Li J F. Capturing near earth objects[J]. Res. Astron. Astrophys., 2010, 10(6):587-598.

[23] Brophy J, Friedman L, Culick F, et al. Asteroid retrieval feasibility study[C]. Pasadena, CA: Keck Institute for Space Studies, Califonia Institute of Technology, Jet Propulsion Laboratory, 2012.

[24] García Yárnoz D, Sanchez J P, Mcinnes C R. Easily retrievable objects among the NEO population[J]. Celest. Mech. Dynam. Astron., 2013, 116(4): 367-388.

[25] Strange N J, Landau D, Longuski J, et al. Identification of retrievable asteroids with the tisserand criterion[C]. AIAA/AAS Astrodynamics Specialist Conference. San Diego, CA: American Institute of Aeronautics and Astronautics, 2014.

[26] Urrutxua H, Scheeres D J, Bombardelli C, et al. Temporarily captured asteroids as a pathway to affordable asteroid retrieval missions[J]. J. Guid. Control Dyn., 2015, 38(11): 2132-2145.

[27] Bao C, Yang H, Barsbold B, et al. Capturing near-earth asteroids into bounded earth orbits using gravity assist[J]. Astrophys Space Sci., 2015, 360(2):61.

[28] Gong S, Li J. Asteroid capture using lunar flyby[J]. Adv. Space Res., 2015, 56(5): 848-858.

[29] Tan M, Mcinnes C, Ceriotti M. Direct and indirect capture of near-earth asteroids in the earth–moon system[J]. Celest. Mech. Dynam. Astron., 2017, 129(1): 57-88.

[30] Neves R, Sánchez J P. Multi-fidelity design of low-thrust resonant captures for nearearth asteroids[J]. J. Guid. Control. Dyn., 2018, 42(2): 335-346.

[31] 李泰博. 小行星资源勘探与利用任务的轨迹优化与智能控制 [D]. 国防科技大学，2020.

第 7 章　深空探测电推进技术

7.1　引　　言

近地小天体防御与利用任务，涉及飞行器大速度增量的轨道转移等操作，适合的推进系统是任务可靠开展的必要保证。目前，深空探测飞行器可选择的推进方式包括化学推进、太阳能电推进、空间核电推进，以及光帆、电帆等帆类推进。比较而言，电推进技术具有显著大于化学推进的比冲性能，能大幅减少航天器推进剂携带量，同时又具有可接受的推力水平，因此成为深空探测任务的优选方案，目前已成功应用于美国"深空 1 号"、"黎明"、日本"隼鸟 1 号"、"隼鸟 2 号"等多项深空任务。NASA 在"空间推进路线图"中提出：2028 年，计划将 100kW 霍尔电推力器应用于火星货运飞船轨道转移。

按照基本的推力产生机制，电推进技术包括电热式、静电式和电磁式。其中电热式电推进技术的比冲较低，在深空探测中优势不明显；目前发展得较为成熟且应用广泛的主要为静电式电推进技术，其中以离子推力器 (Ion Thruster) 和霍尔推力器 (Hall Thruster) 为主。离子推力器在小行星探索任务中已发挥了重要作用，但其推力密度较低；霍尔推力器以高的推功比、技术成熟度，以及较轻的比质量，正越来越多地受到重视。

此外，为应对深空探测任务长工作寿命的问题，发展新的无电极感应方式工作的推力器也是一种极具前景的方案，其中脉冲感应推力器 (Pulsed Inductive Thruster，PIT)、可变比冲磁等离子体推力器 (VAriable Specific Impulse Magnetoplasma Rocket，VASIMR) 是典型代表。作为一种电磁式电推进方式，PIT 推力器的推力密度可达离子推力器、霍尔推力器等静电式推力器的数百倍，是将来最有希望工作在兆瓦级功率水平的电推进方式之一。围绕 PIT 推力器，美国 TRW 公司已先后发展了 Mark I~VII 系列样机，近年来在深空探测等任务对电推力器性能要求不断提高的背景下，NASA 启动了"先进电推进研究计划"，多家院校和机构也相继加入 PIT 推力器的机理研究及技术开发工作中来。表 7-1 给出了深空探测可供选择的典型电推进系统的比较，可以看到在成熟度较高的推力器中，霍尔推力器在推功比和比质量方面较为有优势，目前的研究主要围绕提高推力器寿命展开；新兴的电推进技术里，PIT 推力器在单台功率、无电极侵蚀方面较有优势，目前研究主要集中在关键组件设计、样机研制等方面。

本章主要介绍国内外面向深空应用的霍尔推力器,以及新兴的脉冲感应推力器的研究进展,也介绍了本研究团队在长寿命霍尔推力器、脉冲感应推力器等方面开展的研究工作和阶段性成果,相关研究成果可为深空探测飞行器的推进系统研制理论和技术基础,为我国开展近地小天体防御和利用活动提供支撑。

表 7-1　可供选择的典型电推进系统比较

推力器	离子推力器	霍尔推力器	磁等离子体动力推力器	PIT 推力器	VASIMR 推力器
成熟度	高	高	中	低	低
单台功率	低	较高	高	高	高
推功比	低	较高	高	高	高
比质量	小	小	大	大	大
电极侵蚀问题	有	有	严重	无	无

7.2　深空探测电推进技术发展情况

将离子推力器应用于深空探测任务,包括 NASA 的"深空 1 号"任务 (Deepspace-1,1999)、"黎明"任务 (Dawn,2007),日本 JAXA 的"隼鸟 1 号"(2003) 和"隼鸟 2 号"(2014) 等,探测对象均为小行星。美国"黎明"任务采用的电推进系统由 NASA 研发,干重 129kg,由 2 个电源处理单元 (Power Processing Unit,PPU) 支持 3 台离子推力器 NSTAR-30,单台推力器口径 300mm,功率 0.5~2.3kW,磁场采用环回切构型,直流轰击放电形式。日本"隼鸟 1 号"和"隼鸟 2 号"的离子推力器则以微波放电形式为主。除上述两种类型,德国吉森大学、美国 Busek 公司和中国科学院力学研究所也相继发展了射频放电类的离子推力器 (RF-ion Thruster)。

采用霍尔推力器进行深空探索的航天器,典型代表为欧洲航天局的 SMART,探测对象为月球 (发射时间 2003 年)。其主推进系统为 PPS-1350-G 霍尔推力器,出口直径 100mm,标称功率 1350W,标称推力 70mN,比冲 1640s。NASA 在 Psyche 小行星探测任务中,也采用了霍尔电推进系统。其航天器配备了 4 台 SPT-140 推力器。单台推力器最大功率 4.5kW,推力可达 280mN,比冲高于 1700s。

针对静电类推力器推力密度较小的问题,结合深空探测的大功率电推进任务场景,世界各国研究者正在积极发展新型的电磁式推力器。特别是,考虑到电极烧蚀对推进系统寿命的制约问题,以长工作寿命为目标,发展了多种无电极式推力器,典型的包括脉冲感应推力器、可变比冲磁等离子体火箭等。

7.3　霍尔电推进技术

霍尔电推进系统由推力器本体、推进剂储供子系统、电源处理单元 (Power Processing Unit,PPU) 构成。此外,为满足推力矢量过质心的调整需要,推进系统中还包括相应的推力矢量控制机构。

7.3.1 国外研究现状

7.3.1.1 霍尔推力器本体

霍尔推力器分为稳态等离子体推力器 (Stationary Plasma Thruster, SPT) 和阳极层推力器 (Thruster of Anode Layer, TAL) 两大类,其中 SPT 为研究和应用较多的类型,本书未做特殊说明时霍尔推力器均指该类推力器。为应对深空探测任务的寿命需求,霍尔推力器的主要解决方案是发展磁屏蔽技术;在应对功率需求上,霍尔推力器主要探索了以下几个方面。

方式一,采用大功率单通道霍尔推力器。10kW 功率级别,NASA 针对小行星重定向任务研制的 HERMeS 多模式霍尔推力器已经完成性能测试,其最大功率为 12.5kW,比冲最高为 3000s,推力为 630mN。更高功率上,NASA 支持了 20kW 量级的 300M 系列和 50kW 量级的 400M 系列。其中,50kW 级推力器 NASA-457Mv2 推力器 (图 7-1),直径为 0.457m,工作在 50kW 功率下,放电电流为 100A,推力达 2.3N,比冲为 2528s,效率为 56%。美国 Busek 公司的 BHT-20k 样机,功率为 20kW,最大推力为 1N。

(a)   (b)

图 7-1 NASA-457Mv2 推力器外观 (a) 与地面试验准备阶段 (b)

此外,俄罗斯研制了 30kW 的 SPT-290 工程样机,最大推力 1.5N,最大比冲 3200s。在霍尔推力器的另一条技术路线上,美俄在前苏联 25～140kW 功率、8000s 比冲的 D-160 阳极层推力器的基础上,联合研制了采用铋推进剂的 VHITAL-160 阳极层推力器 (图 7-2),功率为 25.3～36.8kW,推力为 0.527～0.618N,比冲为 5375～7667s,效率为 56%～63%。比较而言,该类推力器在达到更高比冲的同时,推功比相对较低。

欧洲针对未来深空探测，自 2009 年开展 HiPER 计划，已研制 20kW 级 PPS-20k 实验样机，功率为 20kW，最大推力为 1N，最高比冲为 2500s。

图 7-2 美俄研制的 VHITAL-160

方式二，使用嵌套通道式霍尔推力器，达到单台数十到数百千瓦的功率。美国研制的 100kW 级的 X3 推力器 (图 7-3) 采用 3 通道同心嵌套结构[1]，通过内、中、外三个通道的配合，具有 7 个工作模式。其直径为 0.8m，质量为 230kg。功率最高可达 102kW，放电电流为 247A，推力最大达到 5.4N，此时比冲为 2340s，效率为 63%。

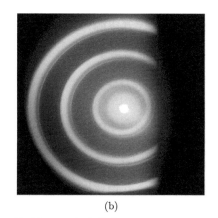

(a) (b)

图 7-3 美国 X3 推力器 (a) 外观与 (b) 点火状态

方式三，采用多个中小功率的推力器并联成簇，实现推进系统功率的总体提升。例如，俄罗斯通过 3 台 1.35kW 功率的 D-55 TAL 推力器 (图 7-4) 成簇的方案，使推进系统总功率达到 3kW[2]。这一方案可以大大降低对单台推力器的功率要求，并且提高了系统稳健性，但需要解决推力器簇的布局优化以及羽流间干扰等问题。

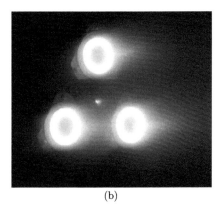

(a)   (b)

图 7-4   俄罗斯的 3 台 D-55 TAL 推力器成簇 (a) 外观 (b) 点火状态

总体而言，国外数十千瓦级霍尔电推进正向工程应用发展，包括 SPT-290 (30kW)、NASA-300M 系列 (20kW)、NASA-400M 系列 (50kW)。在更大功率上，正在向数百千瓦发展，同时加强多模式能力，如俄罗斯的 D-160、美国的 X3。

从 20kW 及以上功率推力器的结构整体尺寸和质量、推进剂储供系统与电源处理单元等方面来看，嵌套通道式霍尔推力器在实现高功率、高比冲和高效率的同时，可显著降低推力器尺寸和质量，且具有较宽的功率范围及推功比，更小的扭矩等优势，但其电源处理单元设计难度相对增大、磁路设计难度增加。

7.3.1.2   推进剂储供子系统

当前霍尔推力器大多数采用氙 (Xe) 作为工质。推进剂储供子系统包括存储模块、压力调节模块和流量控制模块。推进剂存储模块有如下可选方案。其一是目前应用的较多的高压超临界方案，其存储温度一般为 20~45℃，压力约为 15MPa，此时密度约为 $1.7g/cm^3$。其二为低压低温方案，该方案存储温度为 $-20\sim -40℃$，压力为 1.5~2.6MPa，此时密度约为 $2.3g/cm^3$。比较而言，低压低温储存方式的压力要求较低，存储密度大为提高，可以显著减轻对储箱强度、尺寸和下游减压模块的要求，其缺点在于需要特殊设计的隔热和温控储箱。

对于压力调节模块，主要功能是把氙储箱储存的氙气调节到流量控制模块工作所需的额定压力，并维持其输出压力调节精度。压力调节模块的输出压力可低至 0.2MPa(绝压) 左右，最大减压比可能超过 75。压力调节模块的调压方式可分为机械减压、电子调压、机械–电子组合减压，其中机械减压受限于减压比仅为 20

左右，无法单独使用。电子减压又可细分为两种，一是以通断式电磁阀为核心的 Bang-Bang 电子减压器；二是以比例式电磁阀为核心的电子减压器，是目前的主流发展方向。

对于流量控制模块，主要功能是输出电推力器所需的微流量，核心是流量控制器，主要发展了三种类型：多孔型微流量控制器、迷宫型微流量控制器和比例流量控制阀。

截至目前，国外氙储供系统的发展大致可以分为三个阶段 (表 7-2)。

表 7-2 推进剂储供系统比较

	压力调节方式	流量控制方式	典型实例
第一代	Bang-Bang 电子减压	多孔型	"深空 1 号", SMART-1, Dawn 等任务
第二代	比例电磁阀电子减压	迷宫型	Moog 公司产品
第三代	比例电磁阀电子减压	比例电磁阀	NASA-NEXT

由于比例电磁阀是一种"无级"调整设备，压力和流量双比例供给方式消除了推进剂供给时的压力和流量的"锯齿"状波动，提高了流量控制的稳定度，因此更具先进性。

7.3.1.3 电源处理单元

50kW 以下时，电推进系统功率链采用经典的电池阵 (输出 28~120V)–电源处理单元 (PPU)–推力器的方式。对于数百千瓦及以上的大功率电推进系统，考虑到现有输出电压要求线缆承受很大的电流，设想可以采用 300V 以上的高压电池阵，用以直接连接并驱动霍尔推力器，这一形式被称为直接驱动 (Direct Drive) 模式。

截至目前，PPU 方案仍是主要方案。作为重要组件，PPU 是复杂的二次电源变换设备，负责将航天器的母线电压转换为电推进系统的推力器需要的各种电压和电流。一般而言，霍尔推力器的 PPU 包含综合模块、阳极电源模块、加热电源模块 (Heater)、触持/点火电源模块 (Keeper)、励磁电源模块 (Magnetic) 等功能模块，如图 7-5 所示。后四者各负责产生一路电源，其中阳极电源占 PPU 总输出功率主要部分，可以达到 90%，其余三路电源则可以视情况合并为一个统一的 HKM(Heater/ Keeper/ Magnetic) 模块。

目前，国外已经研制的新型电源样机采用全谐振技术，输出功率调节比达到 2:1，全范围内转换效率可以超过 97%。在质量–功率比方面，国外数千瓦级的商业化 PPU 已经可以控制到约 2.5kg/kW，如果功率水平提高，比质量可以进一步下降。

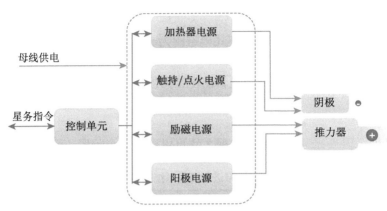

图 7-5　霍尔推进系统 PPU 典型结构

7.3.1.4　长寿命技术

在霍尔推力器研究发展过程中，研究者们不断探索降低或消除通道壁面溅射侵蚀的方法。20 世纪 90 年代，Morozov 和 Bugrova 等提出一种新型霍尔推力器 ATON，核心思想是对等离子体束流进行磁聚焦，可使羽流发散角减小至 20° 左右。磁聚焦概念下的磁场构型主要有三个特征：凸向阳极的弯曲磁场；在阳极附近磁场强度接近 0；沿通道轴向磁场梯度较大。从 SPT 型和 ATON 型霍尔推力器的对比可见 (图 7-6)，磁聚焦构型中磁力线与通道壁面相交。磁聚焦虽然降低了束流发散角，但并未表现出放电通道壁面溅射侵蚀减弱的迹象。此外，操慧珺指出：与传统环形霍尔推力器相比，ATON 型推力器中的预电离会造成更加严重的壁面溅射侵蚀。

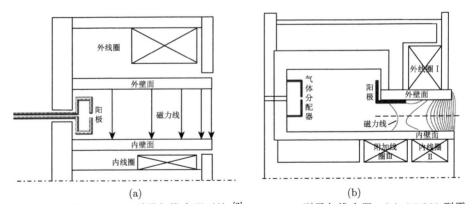

(a)　　　　　　　　　　　　　　　　　(b)

图 7-6　SPT 型和 ATON 型霍尔推力器对比 [3]。(a) SPT 型霍尔推力器；(b) ATON 型霍尔推力器磁场构

磁屏蔽 (Magnetical Shielding，MS) 概念不同于其他保护壁面免受侵蚀的一

些技术,如高效多级等离子体推力器 (Highly Efficient Multistage Plasma Thruster, HEMPT) 和发散会切场推力器 (Diverging Cusped Field Thruster, DCFT)。这些构型的推力器试图利用磁镜效应降低等离子体对壁面的轰击,但效果并不显著。

2010 年,在商业霍尔推力器 BPT-4000 的寿命测试期间发现 [4]:在初始的数千小时内,推力器的通道壁面被侵蚀,随后侵蚀速率减小了,约 5600h 后达到稳态,但是影响侵蚀速率变化规律的物理机理却并不清楚。数值计算结果表明,在推力器运行过程中通道壁面发生了以下变化:① 平行于壁面的电场减小,从而可防止离子进入壁面鞘层前获得较大的动能;② 鞘层电势降减小,进一步减小了离子轰击壁面前具有的总能量;③ 离子数密度降低,导致达到壁面的离子通量减小。由于上述变化均是由磁场相对放电通道的位置引起的,所以人们提出磁屏蔽霍尔推力器的概念。与磁聚焦相比,磁屏蔽的主要目的是,在保证推进性能不低于相同功率非磁屏蔽霍尔推力器的条件下,大幅降低等离子体对通道壁面的溅射侵蚀。磁屏蔽概念的实现不同于在阳极设置调整线圈,而是合理设计磁场构型,实现所谓的"掠过线"(Grazing Line),即磁力线与通道壁面相切,且凸向阳极。等离子体参数方面的表现是,通道壁面等离子体电势与中心线上的电势几乎相等,以及壁面处的电子温度较低。

2011 年,Mikellides 等 [5] 利用混合 PIC(Particle In Cell) 代码 Hall2De 对磁屏蔽霍尔推力器进行了概念验证。在此基础上,对 6kW 霍尔推力器 H6US 的磁场位形和通道构型进行了改进,设计了具有磁屏蔽效应的推力器 H6MS。数值计算和实验测量结果表明:在相同工况下,磁屏蔽霍尔推力器中通道壁面的等离子体电势与阳极电势接近,且电子温度减小到原来的 $1/3 \sim 1/2$,离子电流密度降低至少 $1/2$;通道轴向后 30% 部分的壁面温度相对于 H6US 降低了 12%~16%;到达通道壁面的离子总能量和离子通量分别减小至少一个和三个数量级,侵蚀速率减小至少 2~4 个数量级 (图 7-7)。标称工况 (300V,6kW) 下,H6US 的推力、比冲和效率分别为 401mN、1950s 和 64%,而磁屏蔽推力器 H6MS 的推力、比冲和效率分别为 392mN、3020s 和 64%。随后,Mikellides 又设计了 12.5kW 的磁屏蔽霍尔推力器 HERMeS,实现了更高电压下的磁屏蔽效应,放电电压 800V 时通道壁面电子温度低于 5eV,标称工况 (600V,12.5kW) 下的推力、比冲和效率分别为 612.9mN、2826s 和 67.2‰。

在对 H6MS 测试数年之后,出于美国国内共享合作研究的目的,Mikellides 等 [5] 研制了一台 9kW 磁屏蔽霍尔推力器 H9 作为共同研究的试验平台。H9 的通道几何尺寸与 H6MS 相同,但实现了更高的磁屏蔽度,标称工况 (600V,15A) 下的推力、比冲和效率分别为 436.2mN、2690s 和 63.4%。另外,意大利空间推进部研制了 5kW 磁屏蔽霍尔推力器 HT5k-M3 和 20kW 磁屏蔽霍尔推力器 HT20k

DM2，采用壁面探针对等离子体电势和电子温度进行了测量，结果表明，其实现了较强的屏蔽效应，标称工况下的推力、比冲和效率分别为 257mN、1870s 和 52%，对应的非磁屏蔽推力器 HT5k 的推进性能参数分别为 263mN、1790s 和 52%。

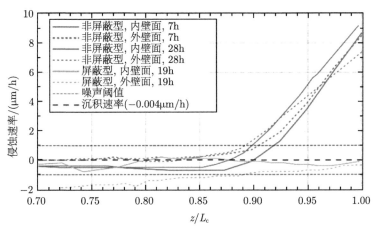

图 7-7　磁屏蔽构型和非磁屏蔽构型的平均侵蚀速率 [5]

亚千瓦级磁屏蔽霍尔推力器研究方面，2016 年，法国国家空间研究中心采用永磁铁设计了一台 200W 霍尔推力器 ISCT200-MS，但是未获得磁屏蔽构型的基本验证参数，即电势和电子温度分布，以及通道壁面的侵蚀速率，因此缺乏有力证据说明其实现了磁屏蔽效应。其标称工况下的推力、比冲和效率分别为 10.4mN、878.5s 和 22.9%。另外，Grimaud 等 [6] 对比了将 BN-SiO$_2$ 和石墨分别作为放电通道材料时的推进性能差异，结果表明，相同工况条件下，两种通道材料对应的推进性能差异较小。

2013 年，加利福尼亚大学设计了一台 275V、325W 的霍尔推力器 MaSMi-40，推力和比冲分别为 12mN 和 1000s，出口附近的等离子体羽流及放电通道壁面颜色变化表明推力器通道外壁面的屏蔽效果较好，而内壁面的屏蔽效果较弱，研究者 [7,8] 将其归因于磁饱和。随后在 MaSMi-60 推力器 (250V，335W) 中实现了内外壁面的磁屏蔽，标称工况下的推力和比冲分别为 16.8mN 和 1022s。

7.3.2　国内研究现状

7.3.2.1　霍尔推力器本体

目前，国内已成功研制了多款霍尔推力器工程样机，已经或将要用于卫星和空间站上，功率范围 0.66~2kW；5kW 的推力器也具备上天条件。优势单位包括上海空间推进研究所、兰州空间技术物理研究所、北京控制工程研究所和哈尔滨工业大学等。

中等功率范围内，兰州空间技术物理研究所正在开展 5kW 级 LHT-140 的研究工作；北京控制工程研究所和哈尔滨工业大学正在联合开展 5kW 级霍尔推力器 HEP-5000MF 的研究；上海空间推进研究所分别研制了功率 5kW、最大推力 324mN，以及 10kW、最大推力 512mN 的工程样机。

在更高功率 (>10kW) 上，兰州空间技术物理研究所和上海空间推进研究所正在开展 20~50kW 单通道型霍尔电推进系统研制，上海空间推进研究所已开展了 20kW 推力器点火实验，并与国防科技大学联合开展过数十千瓦级嵌套式霍尔推力器的设计研究 [9]。

7.3.2.2 推进剂储供子系统

在 2012 年发射的 SJ-9A 卫星上，推进剂储供系统的压力调节模块采用二级组合减压方式：第一级采用"机械 +Bang-Bang"方式从 5MPa 减压至 1MPa，第二级采用 Bang-Bang 减压器将压力减至 0.2MPa 左右。流量控制模块采用多孔烧结金属。总体上大致相当于国外第一代 Xe 储供系统。在 2017 年正式启用电推进的 DFH-3B 平台上，储供系统采用了 Bang-Bang 电子减压和迷宫型流量控制器，大致相当于国外第二代水平。目前在 DFH-5 平台的需求牵引下，我国正在研制相当于国外第三代的全比例的氙储供系统方案，即采用"比例减压＋比例流量控制"。此种方案系统的控制非常灵活，可满足未来多模式推力器的需求。

7.3.2.3 长寿命技术

在霍尔推力器的长寿命技术方面，国内哈尔滨工业大学、兰州空间技术物理研究所、上海空间推进研究所和北京控制工程研究所等单位均对磁屏蔽技术进行了不同程度的探索。上海空间推进研究所对 3kW 级磁屏蔽霍尔推力器进行了实验研究；哈尔滨工业大学和北京控制工程研究所开展了 5kW 磁屏蔽霍尔推力器实验，从推力器运行一段时间后陶瓷通道的颜色变化来判断磁屏蔽效果 (图 7-8)。

(a)   (b)

图 7-8 哈尔滨工业大学与北京控制工程研究所的磁屏蔽霍尔推力器运行 50h 后内通道 (a)、外通道 (b) 的表面形貌 [10]

7.4   脉冲感应电推进技术

7.4.1   PIT 电推进技术概述

脉冲感应推力器也被称作感应式脉冲等离子体推力器 (Inductive Pulsed Plasma Thruster, IPPT)，是一类通过感应线圈脉冲放电所产生的电磁场驱动环形等离子体加速喷射的空间电推进装置。

如图 7-9 所示，典型 PIT 由喷注器、感应线圈、电容及脉冲开关等组成。工作时喷注器先向感应线圈方向喷注一团气体，当气团在线圈表面扩展到一定程度时，开关触发电容放电，在感应线圈中产生强脉冲电流；脉冲电流通过平面螺旋形的感应线圈激发具备周向电场分量和径向磁场分量的强脉冲电磁场；其中的周向电场分量将气体工质击穿并建立起周向等离子体电流，即环形等离子体；环形等离子体又在径向磁场分量的作用下，被洛伦兹力沿轴向压缩和加速从而产生推进作用。

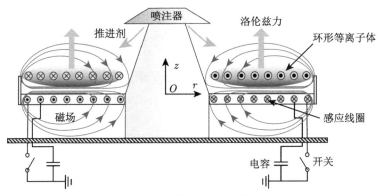

图 7-9   脉冲感应推力器工作原理示意图

得益于其独特的工作原理，脉冲感应推力器具有以下优势：

(1) 作为一种电磁式电推进方式，其推力密度可达已实用的离子、霍尔推力器等静电加速式推力器的数百倍，是目前最有希望工作在兆瓦级功率水平的电推进方式之一，同时具备高比冲 (I_{sp}=1000~10000s) 特点。

(2) 通过感应放电方式对工质进行电离和加速，可避免电极烧蚀问题，其等离子体侵蚀效应弱于稳态推力器，预期寿命长，同时避免了电极与工质的相容性问题，工质选择范围广，水、二氧化碳、氨气等均可作为工质。

(3) 工作方式为脉冲式，冲量性能由单个工作周期决定，不存在点火稳定过程，在保持比冲和效率不变的前提下，可通过改变脉冲频率灵活改变推力和平均功率，具有极强的工作灵活性。

综上所述，脉冲感应推力器具有比冲高、功率大、推力变比大、推进剂选择范围广、启动快速、使用寿命长等优势。在载人空间站位置保持与轨道机动、大型 LEO-GEO 转运任务、载人地月转移、载人深空探测、行星际货物运输等任务领域都具有较好的应用前景。

20 世纪 60 年代以来，美国 TRW 公司先后发展了 Mark I~VII 系列 PIT 样机 [11,12] (图 7-10 和图 7-11)。近年来在深空探测等任务对电推力器性能要求不断提高的背景下，NASA 启动了 "先进电推进研究计划"，由 Northrop Grumman 公司、Glenn 实验室、亚利桑那州立大学及喷气推进实验室 (Jet Propulsion Laboratory, JPL) 等组成研究小组，开展核电脉冲感应推力器 (Nu-PIT) 的科学研究及技术开发工作。与此同时，NASA 马歇尔太空飞行中心 (图 7-12)、普林斯顿大学、TRI Alpha 能源公司、普渡大学等院校和机构也相继加入到 PIT 的机理研究及技术开发，PIT 正成为国际电推进领域的一大研究热点。

图 7-10　PIT Mark-Va 推力器 (1993)

图 7-11　PIT Mark-VI 推力器 (2004)

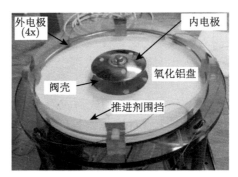

图 7-12　采用直流辉光放电预电离的 IPPT(2015)

7.4.2　PIT 推力器机电模型

　　脉冲感应推力器规模尺寸较大，工作电压达数十千伏，且需要在真空环境下开展实验，实验系统十分复杂；其所涉及的等离子体过程具有微秒尺度的强瞬态特性，诸多等离子体诊断手段并不适用。因此，数值仿真成为研究脉冲感应推力器工作过程、预测推力器推进性能、分析等离子体瞬态参数特征的重要手段。数值仿真研究目前存在"雪耙"机电模型和磁流体动力学模型两类。Dailey 和 Lovberg[13]仿照脉冲等离子体推力器 (Pulsed Plasma Thruster，PPT) 中的研究方法，最早提出集总参数的脉冲感应加速"雪耙"机电模型。该模型包含电路子模型和电流片运动子模型两部分。电路子模型如图 7-13 所示，激励电路和等离子体电流回路分别被等效为变压器的主次级，据此建立了相应的电路控制方程组。其中，C 为电容组容值，L_C 为激励线圈自感，L_0 为激励电路寄生电感，R_0 为激励电路寄生电阻，R_p 为等效等离子体总电阻，I_c 和 I_p 分别表示激励电路和等离子体回路总电流，M 为电流片和激励线圈之间的互感值。电流片运动子模型如图 7-14，忽略等离子体的流动过程与感生电流片的内部结构，感生电流片被等效为一个厚度固定、质量不断累积的"雪耙"，仅考虑其在电磁力作用下的变质量加速过程，据此建立了相应的运动控制方程。在机电模型中，电流片所受的电磁力为

$$F = \frac{L_C I_c^2}{2z_0} \exp\left(-\frac{z}{z_0}\right) \tag{7-1}$$

　　电流片与激励线圈在间隔距离为 z 时的互感 M 为

$$M(z) = L_C \exp\left(-\frac{z}{2z_0}\right) \tag{7-2}$$

其中，z_0 被定义为激励线圈的解耦距离或电磁耦合距离，反映了等离子体有效加速区域的长度。

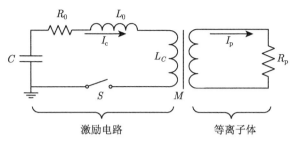

图 7-13 激励电路–等离子体变压器等效模型

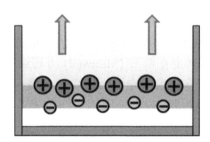

图 7-14 感生电流片"雪耙"运动模型

机电模型能较好地同时反映激励电路的电学特征及感生电流片的运动特征,并在一定参数范围内较可靠地预测推力器的推进性能变化趋势。Polzin 等 [14] 推导了无量纲化的"雪耙"机电模型控制方程组,在此基础上得到了脉冲感应推力器性能与无量纲参数的一般性规律,成为指导此类推力器设计的有力工具。主要的无量纲参数定义如下:

$$L^* = L_C/L_0 \tag{7-3}$$

$$\psi_c = R_0\sqrt{C/L_0}, \quad \psi_p = R_p\sqrt{C/L_0} \tag{7-4}$$

$$\alpha = \frac{C^2V_0^2L_C}{2m_{\mathrm{bit}}z_0^2} \tag{7-5}$$

其中,L^* 定义为激励电路的电感系数;ψ_c 为激励电路阻尼比;ψ_p 为等离子体电流回路阻尼比;m_{bit} 为脉冲气体质量;α 定义为推力器的动态阻抗系数。Polzin 基于无量纲机电模型的研究结果表明,为保证推力器能获得较高的推进效率,应同时满足:$L^* \gg 1$,$\psi_c < 1$,$\psi_p < 1$,且 α 保持在 1~10 的特定值。前三项条件要求尽可能减小寄生电感 L_0 和寄生电阻 R_0,并提高等离子体的电导率,使系统保持在欠阻尼状态;最后一项条件则要求激励电路的放电周期与等离子体电流片加速过程的时间尺度相匹配,即达到所谓的"动态匹配"状态。

近年来，Polzin 等又将局部热力学平衡 (Local Thermal Equilibrium，LTE) 等离子体模型引入"雪耙"机电模型，使得其对不同气体的讨论成为可能。Martin 等则将机电模型的适用范围由平板形线圈拓展至锥形线圈，由单脉冲工作过程拓展至重复脉冲工作过程。

"雪耙"机电模型主要缺陷在于：无法描绘等离子体的结构演化过程，所采用的电流片"雪耙"模型假设仅在生成高品质"磁不渗透"电流片时成立，在较低放电能量水平或非平面型激励线圈下的计算结果将严重偏离实际情况。

7.4.3　PIT 推力器磁流体动力学模型

磁流体动力学 (Magnetohydrodynamic, MHD) 模型将等离子体视作导电流体处理，其流动过程由流场控制方程组 (欧拉 (Euler) 方程组或纳维-斯托克斯 (Navier-Stokes) 方程组) 和麦克斯韦 (Maxwell) 方程组共同决定。

将 MHD 模型应用于脉冲感应推力器中的等离子体模拟始于 21 世纪初：Mikellides 等 [15] 针对 Ar 和 Xe，采用 MACH2 代码对 PIT Mark V 系列推力器的等离子体流场进行计算。模型采用二维轴对称的单流体 MHD 控制方程组，使用有限体积方法求解，考虑了等离子体的多级电离反应、热力学非平衡效应、霍尔效应和等离子体辐射等。计算结果第一次较好地捕捉到了环形等离子体电流片由生成到加速的详细时空演化过程，计算得到的磁场时空位形与实验结果在放电过程的前四分之一个周期 (等离子体加速的主要过程) 基本符合，其对推力器推进性能的计算结果验证了实验研究中观察到的"临界质量现象"。Allison 等 [16] 则针对 NH_3，发展了对应的多原子分子气体状态方程，验证了 NH_3 相对于 Ar 和 Xe 具有更好的能量效率。

Mikellide 等早期开展的 MHD 数值模拟中，激励线圈的作用通过时变磁场边界施加，由于缺乏对电路放电过程的耦合计算，对激励电路电流曲线的复现上，特别是放电的后半个周期，存在较大误差。分析认为，在电流片的脉冲感应加速过程中，回路的电力学过程不仅应与电流片的动力学过程达到良好的动态匹配，还应与等离子体中的各类物理化学反应进程实现匹配，这就要求在 MHD 模型中引入电路–离子体的双向耦合作用。

针对这一问题，Goodman 等 [17] 根据计算域边界处的感应电场强度计算了等离子体负载对电路的"等效电势降" V_p，结合电路仿真软件 SPICE 和二维 MHD 计算代码 PCAPPS，发展了一种电路–等离子体双向耦合模型。但其采用将线圈等效为简单圆环导体以计算其等效电势降的方法，准确性和有效性均有待验证。近年来，Mikellides 等 [18] 针对 MACH2 代码进行了改进，通过引入电路微分控制方程组，并根据等离子体中的磁通密度分布计算负载端等效电感，同样实现了电路与等离子体的耦合求解。但该算法在每一时间步 (Time Step) 均需对磁通密度进行全域的积分运算,计算量明显增大。如图 7-15,对比未耦合外部电路的计算结果、耦合外部电路后的计算结果,以及实验测量结果后可以发现,耦合等离子体负载相关算法之后,其对磁场的符合程度在放电的前四分之一个周期之后明显优于未耦合等离子体负载相关算法的结果。

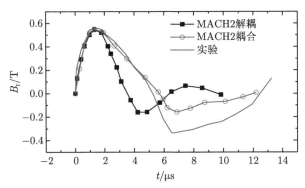

图 7-15　实验测量所得 PIT Mark-Va 的磁场强度与 MACH2 计算结果对比

综上所述,MHD 模型能够较好地捕捉脉冲感应推力器中的各项等离子体物理化学过程以及电流片的运动与结构演化特征,采用适当的算法将 MHD 过程与激励电路放电过程进行耦合计算,其计算结果能够较准确地预测推力器的推进性能。然而,在以上几类 MHD 模型中,激励线圈对等离子体的作用通过磁场边界条件的形式施加;等离子体对电路的反馈作用则需要根据激励线圈几何构型及瞬时空间电磁场分布情况推导具体的解析表达式或积分表达式,很难适用于诸如锥形和变速螺旋线等更加复杂的激励线圈构型。同时,其磁场计算范围均只局限于等离子体区域,由于等离子体还会与除线圈外的其他导体结构产生电磁感应作用(比如实验室中的真空舱壁及推力器中的金属喷注塔、金属共地板等),因此有必要将磁场计算范围扩展至包围等离子体与激励线圈的环境空间。需要指出的是,MHD 模型均需要假设在 $t = 0$ 时刻等离子体已经产生,无法考虑放电初始阶段中性气体的感应击穿过程。

7.4.4　PIT 中的等离子体结构演化及其对推进性能的影响

脉冲感应推力器的技术概念最早来自于对感应电流片的结构研究当中。Dailey 等 [19] 针对 20cm 直径脉冲感应加速器,采用悬浮电极对式电场探针测量了等离子体内部的角向电场 E_θ 及轴向电场 E_z,采用 B-dot 磁场探针测量了径向磁场 B_r 及轴向磁场 B_z,采用激光散射法测量了电子数密度 n_e,通过计算磁场旋度或采用微型 Rogowsky 线圈直接测量得到了等离子体角向电流密度 j_θ。其研究结果得出的主要结论有:脉冲感应推力器中的等离子体电流几乎只有电子电流,离子电流可以忽略；等离子体电流受其两侧磁场梯度的作用而被压缩为片状结构，其内部电子数密度 n_e 明显高出其他区域一个量级以上；电流片内部的电子受洛伦兹力作用而与离子产生轴向电荷分离，分离电场牵引离子与电子一同加速，其空间电荷分离尺度相对于电流片厚度可以忽略。

为了弄清导致 PIT Mark-I 和 PIT Mark-IV 两型推力器性能差异显著的物理原因，Dailey[20] 对两型推力器的电流片磁场结构演化过程进行了对比，所得到的激励线圈内外径中线处，不同轴向位置上的径向磁通密度 B_r 随时间的演化情况如图 7-16(a)、(b) 所示。其测量结果表明，在放电初始时刻 $t = 2\mu s$ 附近，PIT Mark-I 中，远离激励线圈处的磁场强度明显低于激励线圈表面，等离子体电流片对线圈磁场起到显著的屏蔽作用；相对地，PIT Mark-IV 的线圈磁场则向远离线圈方向传播得更远。其分析结果指出，为获得良好的加速效果，需要在放电初始时刻便建立起高质量的"磁不渗透"电流片，若电流片建立过程慢，或者电流片对磁场的屏蔽效果弱，都将导致磁通的泄漏，从而减弱电流片的加速效果。

图 7-16(c) 同时给出了 PIT Mark-Va 中不同轴向位置处的 B_r 随时间的变化情况 [12]。PIT Mark-Va 是目前性能水平最高的脉冲感应推力器，可见在其放电初始时刻，轴向位置 $z = 5cm$ 处的径向磁通密度 B_r 几乎为零，表明在激励线圈表面和 $z = 5cm$ 之间已经建立了高质量的"磁不渗透"电流片，非常有效地将磁场阻塞在了电流片与激励线圈之间。

图 7-16(d) 则给出了螺旋波射频辅助放电法拉第加速器 (Helicon-Faraday Accelerator with Ratio-freguency Assistant Discharge, Helicon-FARAD) 的测量结果 [21]，可见在放电初始时刻，其所生成的电流片对线圈磁场起到了一定的屏蔽效果，但相对于 PIT Mark-Va 和 PIT Mark-I，其线圈磁场向轴向的扩散更为显著，表明所生成的电流片质量相对较差。FARAD 等工作在较低能量水平下的脉冲感应推力器即使采用预电离技术生成了环形等离子体结构，其性能水平始终较低，电流片结构的差异可以解释其原因。

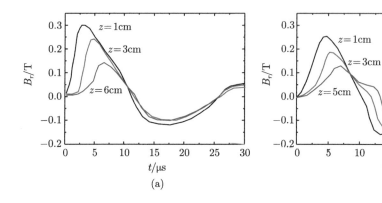

(a)　　　　　　　　　　　　　　　　　(b)

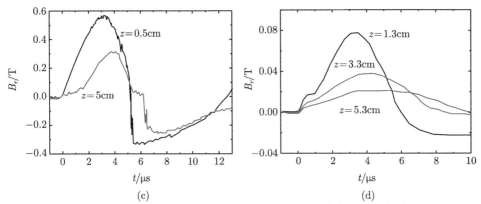

图 7-16 各类脉冲感应推力器激励线圈内外径中线处不同轴向位置的径向磁场。(a)PIT Mark-I; (b)PIT Mark-IV; (c)PIT Mark-Va; (d)Helicon-FARAD

除磁场结构外,Polzin 等 [21] 在 FARAD 类推力器的研究中,还采用 Langmuir 单探针测量了等离子体中的电子密度等参数。由于其所采用的 Langmuir 单探针并不适用于强瞬态等离子体的测量,因此作者对其相关测量结果持保留态度。

7.4.5 推力器结构对推进性能的影响

(1) Lovberg 准则

在放电初始时刻,等离子体紧贴激励线圈表面产生,线圈与等离子体的互感 M 约等于 L_C,此时系统的等效总电感 L_t 约等于 L_0;伴随等离子体被加速远离激励线圈,M 逐渐减小并最终趋近于 0,此时 L_t 约等于 $L_0 + L_C$。因此,对于单个脉冲放电过程,可以近似地认为 L_t 发生的变化大小 ΔL 约等于 L_C。定义电感系数 L^* 等于 L_C/L_0,该系数本质上反映了激励电路产生的总磁场能量中可与等离子体发生耦合的那部分与无法和等离子体发生耦合的那部分之间的比值。对于脉冲感应推力器,尽可能地提高 L^* 是保证其等离子体加速效率的前提条件,这便是 "Lovberg 准则" 的主要内容。

"Lovberg 准则" 对于脉冲感应类的加速装置均可适用,其对推力器设计的具体指导是:尽可能减小 L_0、增大 L_C。将处于较低性能水平的 PIT Mark-IV 和 FARAD 系列推力器与其他脉冲感应推力器的参数和性能水平进行对比可知,L^* 过低是导致以上两型推力器性能水平低下的主要原因。

(2) 动态匹配理论

在满足 Lovberg 准则的条件下,推力器的性能还受具体设计、工作参数的影响。以脉冲气团质量 m_{bit} 为例,如果 m_{bit} 过大,等离子体电流片运动过慢,则其有可能在放电电流反向之后被重新 "拉回" 激励线圈表面,导致大部分能量沉积为等离子体内能,最终通过辐射耗散;如果 m_{bit} 过低,等离子体电流片运动过快，则大部分磁场还来不及转移至等离子体，等离子体便与激励线圈解耦，这些能量又最终被激励电路 R_0 耗散。当激励电路电流波形的时间周期与等离子体运动过程的时间尺度相匹配时，推力器具有最大的推进效率，这一状态被称作最佳"动态匹配"状态。Polzin 等采用无量纲化的一维机电模型对"动态匹配"问题进行了系统研究，其研究结果表明，当动态阻抗系数 α 取值在 1~10 时，推力器能获得较高的推进效率。对 α 定义式 (见式 (7-5)) 进行展开可以发现，α 实际上反映了激励电路的放电周期与等离子体电流片的运动过程时间尺度的比例关系。

(3) 临界比能量现象

定义比能量 ε_0 为推力器单脉冲放电能量 E_0 与脉冲气体质量 m_{bit} 之比：

$$\varepsilon_0 = \frac{E_0}{m_{bit}} \tag{7-6}$$

Dailey 等 [12] 在 PIT Mark V 及 PIT Mark Va 的实验研究中发现，推力器的推进性能与 ε_0 具有较强的相关性：当 ε_0 低于某一临界值 ε_0^* 时，推力器的效率 η 会随 ε_0 的增大而增大；当 ε_0 高于 ε_0^* 之后，η 反而会随 ε_0 的增大而降低，且降低的幅度远大于动态匹配理论的预测结果。相同现象在 MACH2 的数值仿真中也得到了验证。进一步研究发现，这一现象与工质的电离过程相关，该临界值 ε_0^* 近似地等于工质的第一电离能 Q_1 与分子质量 M 之比：

$$\varepsilon_0^* = \frac{Q_1}{M} \tag{7-7}$$

当 ε_0 低于 ε_0^* 时，伴随 ε_0 的增大，其电离度将持续增长直到接近 1，相应的等离子体电导率也不断增大，电流片对线圈磁场的阻塞作用不断增强，最终导致 η 不断提高；当 ε_0 高于 ε_0^* 时，其电离度将不再伴随 ε_0 的增大而显著增长，电导率的增长也变得比较缓慢，更多的能量被用于加热等离子体，从而导致 η 降低。因此，为保证等离子体能被高效加速，要求 ε_0 近似或略低于 ε_0^*。He、Ar、NH_3 等几类常见工质的 ε_0^* 分别为 593J/mg、10000J/mg、1800J/mg。

(4) 激励线圈磁场构型

为保证良好的加速效果，激励线圈的磁场构型需满足以下条件：① 在放电初始时刻产生足够强的 E_θ，以实现工质的充分电离和高质量电流片的迅速建立；② 径向感应磁场 B_r 具备良好的角向及径向均匀性，以维持电流片的平整性，保证其对线圈磁场的有效阻塞；③ 具备足够远的激励线圈电磁解耦距离 z_0，以实现对感生电流片的长时间持续加速。

分析可知，E_θ 正比于激励线圈中的电流变化率 dI/dt，dI/dt 在放电初始时刻达到最大。由于放电初始时刻等离子体电流片还未完全建立，其对电路的影响可以忽略，考虑简单的 RLC 串联电路，dI/dt 可以通过理论公式直接计算；进一步地根据激励线圈几何构型，可以计算得到 E_θ。

B_r 的径向分布情况与激励线圈的导线组数及螺旋线的几何构型有关。显然，导线组数越多，B_r 的径向均匀性越好。大部分脉冲感应推力器激励线圈均采用等速螺旋线构型，螺旋形导线上的电流在激励线圈面板圆周方向的投影几乎为常数。采用该构型的激励线圈，B_r 在线圈表面的大部分区域均匀分布；但在接近激励线圈内外径处，由于边缘效应的影响，B_r 将会减小。为了补偿激励线圈内外径附近的磁通损失，1973 年的 0.3m 加速器和 1979 年的 1m 直径加速器，均采用变速螺旋线对内外径处进行了局部加密。值得注意的是，目前尚无相关研究证明这一方法对等离子体加速效果的影响。在后续的 PIT 系列推力器中，均采用传统的等速螺旋线形导线。

激励线圈解耦距离 z_0 的定义如下：假设在激励线圈前方布置一个与激励线圈内外径相同的金属薄板，当其紧贴激励线圈时，两者的互感 M 将等于激励线圈自感 L_C；逐渐沿轴向移出该金属薄板，M 将随轴向距离 z 的增大而逐渐减小，M 与 z 满足如下的指数衰减关系：

$$M = L_C \exp\left(-\frac{z}{2z_0}\right) \tag{7-8}$$

其中，z_0 被定义为激励线圈的解耦距离，当 $z = 2z_0$ 时，$M = 0.37L_C$。z_0 越大，等离子体电流片的加速冲程越长，获得的加速效果越好。z_0 同样可以根据激励线圈构型通过理论计算得到。纵观各类脉冲感应推力器的性能参数可以发现，z_0 越大的推力器，其推进性能越高；特别地，对比线圈几何参数可以发现，尺寸越大的激励线圈，其 z_0 也越大。

(5) 推进剂分布构型

脉冲感应推力器中的推进剂通过快速脉冲阀释放，经喷嘴加速后喷射至激励线圈表面，推进剂在主放电触发时刻的分布构型会影响中性气体的电离，以及等离子体电流片的建立和演化等过程，从而影响推力器的推进性能。

早期开发的几款脉冲感应加速器，其激励线圈面板外径处未设置任何阻挡气体流动的结构，导致大量的推进剂在放电过程中从径向扩散损失；其后续实验研究表明，通过设置一圈与激励线圈解耦距离 z_0 等高的环形围坝，即可实现对推进剂的有效约束，从而显著改善电流片质量，提高推力器性能。

Dailey 和 Lovberg[22] 采用图 7-17(a) 所示的径向喷注方案，对比了多种不同喷嘴构型下的推力器性能，其研究结果表明，尽可能地让推进剂紧贴激励线圈表面能够有效改善推进性能。通过对比减速通道内的轴向洛伦兹力 $(j_\theta B_r)$ 分布及推进剂 ρ 分布后发现，ρ 分布较高的区域其洛伦兹力密度同样较高。由于径向喷注会在围坝附近累积大量气体，由此带来的洛伦兹力分布不均匀将导致电流片结构较早地发生变形，最终损害加速效果。

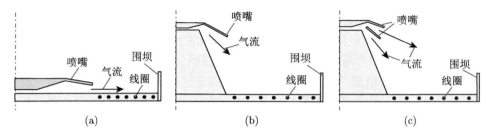

图 7-17　各类气体喷注方案及其对应的推进剂分布构型示意图。(a) 径向喷注；(b) 轴向喷注喷管；(c) 轴向喷注双喷管

　　为了提高推进剂 ρ 的径向分布均匀性，Dailey 和 Lovberg 将喷注器改进为如图 7-17(b) 所示的轴向喷注方案，该方案同时还对推进剂进行了轴向压缩，使其与激励线圈的耦合进一步加强，所获得的推进性能相较于方案 (a) 有显著提高。在 TRW 公司开发的 PIT Mark-I 中，又采用了如图 7-17(c) 所示的轴向喷注双喷管方案，进一步地提升了推进剂分布构型的径向均匀性。方案 (b) 的推进剂分布构型虽然在径向均匀性上略差于方案 (c)，但其结构相对简单，质量较轻，且得到的推进性能差异并不显著，因此成为后来 PIT 系列的主流方案。

　　综上所述，各类性能优化准则在对脉冲感应推力器具体设计的指导上，满足层次关系如图 7-18 所示：首先，Lovberg 准则提出了对推力器激励电路设计的一般性要求，即尽可能地减小系统的寄生参数；随后，动态匹配理论约束了激励电路电气参数与推力器工作参数的具体搭配；然后临界比能量原理则是对工质质量和工质类型的约束；在此基础上，为保证能达到设计性能指标，还要对磁场构型和推进剂分布构型进行具体优化。

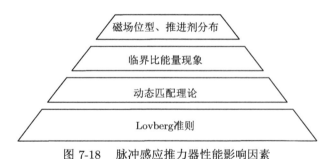

图 7-18　脉冲感应推力器性能影响因素

7.4.6　国内相关研究进展

　　我国电推进技术的研究始于 20 世纪 60 年代，目前研究较多、发展较成熟的是霍尔推力器和离子推力器。对于脉冲感应推力器，21 世纪初开始引起国内研究者的关注 [23]，目前已开展相关研究的单位主要有国防科技大学和兰州空间技术

物理研究所等。

国防科技大学针对脉冲感应推力器的关键部件、测量手段及数值仿真等问题,开展了较为系统的研发工作。郭大伟[24]针对微流量脉冲气体供应阀开展了相关设计研究,制作了基于感应涡流斥力原理的快速脉冲电磁阀及配套的气体喷注器,并对阀门的动态响应特性和气体喷注器的瞬态气体分布情况进行了研究。车碧轩[25]则针对激励线圈发展了相应的线圈电磁特征参数计算方法,结合一维机电模型,实现了对激励线圈构型和脉冲电路参数的一体化优化设计,并在较低能量水平下开展了原理验证性的放电实验。在测量技术方面,丁陈阳[26]针对脉冲感应推力器冲量测量问题,开展了基于临界压杆稳定原理的小冲质比脉冲推力器冲量测量台架技术研究。在数值仿真方面,成玉国[27]则采用高分辨率的"ASUMPW+格式求解单流体"的磁流体动力学方程组,通过给定的磁场边界条件,初步实现了未耦合外部电路条件下的等离子体脉冲感应加速过程仿真。

兰州空间技术物理研究所的孙新锋等[28]则针对脉冲感应推力器的"雪耙"机电模型,讨论了采用 Spitzer、Z&L、M&G 三种不同的电导率计算模型对计算结果的影响情况。

7.5 小功率长寿命霍尔推力器

小功率霍尔推力器可以单独使用,也可并联成簇构成更大功率的电推进系统,其应用方案灵活,容错率高,满足深空探测的需求。本研究团队自主设计并研制了600W 级非磁屏蔽型霍尔推力器 USHT-600 及磁屏蔽型霍尔推力器 MSHT-600,其中 MSHT-600 推力器设计比冲 1400s、推力 39mN;围绕 MSHT-600 推力器的远场羽流特性及通道壁溅射腐蚀特性开展了系统的实验研究[29-31]。

7.5.1 磁屏蔽霍尔推力器设计原则

通常,霍尔推力器的寿命受到通道壁溅射腐蚀的限制,这不可避免地导致关键磁路部件暴露在等离子体中。纵观霍尔推力器的研发历史,许多最先进的霍尔推力器中都设计和应用了各种先进的磁场位型结构。然而,为了满足各种深空任务的要求,这些先进磁场设计没有显著减少或消除通道的溅射腐蚀。直到 2007~2009年商业霍尔推力器 (BPT-4000) 的寿命鉴定试验 (Qualification Life Test, QLT)期间,放电通道在试验开始时被溅射腐蚀,但在 2009 年 5600 h 后显示为零溅射腐蚀状态,对该推力器进行了数值模拟,发现了屏蔽和非屏蔽推力器之间的一些差异。结果表明,所有这些变化都与磁场拓扑结构和通道几何结构的组合密切相关,可以作为新一代霍尔推力器的一部分改进设计,达到大幅度延长霍尔推力器使用寿命的效果。由于该技术采用磁场对放电通道进行了屏蔽保护,因此被称为磁屏蔽技术。图 7-19 为本研究团队研制的 600W 霍尔推力器工作场景。

图 7-19　本研究团队研制的 600W 霍尔推力器工作场景

　　磁屏蔽基于磁力线的等电势特性。通过设计适当的磁场拓扑和放电通道几何结构，源于内外磁极的磁力线沿通道壁向上游延伸至阳极，同时与放电通道壁保持平行，形成了放电通道壁附近的"掠过线"。此外，通道中心线上的最大磁场被推移出放电通道。并且，为了避免磁力线与出口平面附近的通道壁相交，通道的端部被设计成倒角结构。利用上述设计的结构，沿着磁力线的高电子输运确保电子温度与阳极上的温度一样低，最终使离子通过鞘层获得的总能量显著降低，且小于壁面材料溅射阈值。总之，磁屏蔽结构是通过磁场拓扑结构和放电通道几何结构的组合来实现的，以维持尽可能接近于放电电压的高等离子体电势和尽可能接近于放电通道内部可达到的最低电子温度。"磁屏蔽"的概念与目前为保护通道不受溅射腐蚀而采用的其他防溅射腐蚀技术，如高效多级推力器 (HEMP-T) 和发散会切场推力器 (DCFT) 不同，这两种技术是利用磁镜对电子的作用，采用聚焦磁场来减少放电通道壁的溅射腐蚀。

　　本研究团队研制的传统非磁屏蔽型霍尔推力器 USHT-600 中，磁路由一个内部线圈、四个外部独立线圈和磁芯构成。在这一磁场构型中，大量磁力线与通道壁面相交，如图 7-20 上半部分所示。而在本团队设计的磁屏蔽霍尔推力器 MSHT-600 中，根据磁屏蔽的物理原理，磁力线被设计成更多地伸入通道并与通道壁平行，如图 7-20 下半部分所示。为了改善磁场拓扑的对称性，在 MSHT-600 推力器中将 USHT-600 推力器中使用的外部四个独立线圈修改为单个线圈。此外，将放电通道的下游部分改为倒角几何形状。图 7-21 显示了两个推力器通道中心线上径向磁场强度分布，可以看到磁场峰值分别位于 USHT-600 推力器和 MSHT-600 推力器出口平面上游约 8mm 和下游约 3mm 处。图 7-22 则展示了磁屏蔽推力器 MSHT-600 加速通道的磁力线分布，可见其满足与通道壁面平行的设计要求。

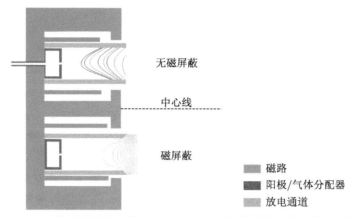

图 7-20 USHT-600 非磁屏蔽推力器和 MSHT-600 磁屏蔽推力器的结构和磁场分布示意图

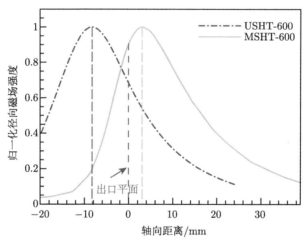

图 7-21 USHT-600 推力器和 MSHT-600 推力器中径向磁场分量沿通道轴向的分布曲线

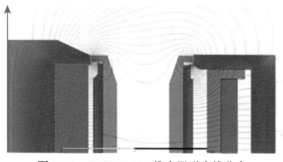

图 7-22 MSHT-600 推力器磁力线分布

7.5.2　磁屏蔽霍尔推力器性能验证

7.5.2.1　磁屏蔽效应验证

(1) 视觉证据——定性表征

通常,磁屏蔽的验证要求直接测量通道的溅射腐蚀速率,这需要霍尔推力器运行数千小时,并中断测试进行放电通道的形貌轮廓测量。然而,一些视觉线索可以为 MSHT-600 的低溅射腐蚀行为提供很好的证据。USHT-600 推力器和 MSHT-600 推力器放电羽流如图 7-23 和图 7-24 所示。从图中可见,在 MSHT-600 推力器中,出口平面附近的等离子体呈圆环状,距内、外通道壁均有偏移,这是在许多其他磁屏蔽霍尔推力器中观察到的一个典型特征。在非磁屏蔽的 USHT-600 推力器中,通道的内、外侧壁均被等离子体紧密占据。这种形态上的差异与推力器的最大磁场位置有关。MSHT-600 推力器中,最大磁场位于出口平面的下游;而 USHT-600 推力器的最大磁场位于出口平面的上游,即加速通道之内。这是第一个表明 MSHT-600 实现磁屏蔽场拓扑的证据。

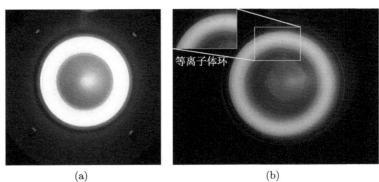

图 7-23　本研究团队研制的两种推力器的放电羽流正视图。(a)USHT-600 推力器;
(b)MSHT-600 推力器

偏移表明通道表面附近的中性原子激发率明显较低,表明只有低温等离子体与壁面相互作用。可以推断 MSHT-600 推力器的壁面离子通量较低。这也是 MSHT-600 推力器实现磁屏蔽的证据。图 7-25 给出了磁屏蔽最明显的证据。在推力器运行约 30h 后,对放电通道进行检查。在非屏蔽霍尔推力器 USHT-600 中,放电通道出现了一个典型的白色侵蚀带,如图 7-25(a) 所示。MSHT-600 推力器中,一层均匀的碳涂层沿着其整个轴向长度沉积在放电通道的内壁和外壁上,并覆盖在有倒角的出口区域,如图 7-25(b) 所示。通道壁厚的碳涂层表明,侵蚀速率已经降低到低于真空设备中材料的沉积速率,这表明等离子体-通道壁相互作用已经减少。此外,在 MSHT-600 推力器的初始实验期间,内芯顶部没有氮化硼

(BN) 或石墨覆盖，因此，图 7-25(b) 的左半部分所示，溅射成白色，这表明内磁极在磁屏蔽推力器中受到侵蚀。为了防止内磁极和通道内壁之间短路，放电通道与内磁极盖集成设计以保护内磁极，如图 7-25(b) 的右半部分所示。

图 7-24   本研究团队研制的两种推力器的放电羽侧视图。(a) USHT-600 推力器；(b) MSHT-600 推力器

图 7-25   运行 30h 后两种推力器的放电通道对比。(a) USHT-600 推力器；(b) MSHT-600 推力器

(2) 壁面离子速度——定量表征

为了定量验证磁屏蔽效应，这里采用激光诱导荧光技术测量了近壁面的离子速度，研究了磁屏蔽和非屏蔽霍尔推力器中的放电通道的溅射腐蚀，显示了沿磁屏蔽和非屏蔽霍尔推力器内外壁的离子速度，如图 7-26 所示。横坐标采用通道长度进行归一化。假设氮化硼的溅射阈值为 30eV，如图 7-26 中的黑色虚线所示，除出口平面外，沿壁面的离子速度低于壁面材料的溅射阈值，这意味着磁屏蔽霍尔推力器 MSHT-600 的放电通道壁不会发生侵蚀。然而，非屏蔽推力器内外壁的离子速度呈现出明显不同的趋势。离子沿外壁的速度高于沿内壁的速度。此外，由于外壁的侵蚀起点在内壁的上游，导致内外壁的侵蚀带长度不同。如图 7-25 所示，外壁侵蚀带比内壁更长，侵蚀带呈白色。因此，在给定的溅射阈值下，溅射腐蚀带的长度差与离子速度的结果是一致的。

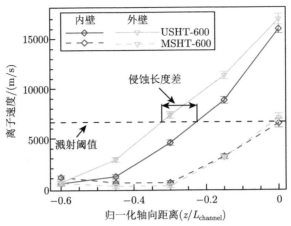

图 7-26　两种推力器内外壁面离子速度分布

综上所述，MSHT-600 推力器展示了磁屏蔽结构的几个典型特征，证明所设计的霍尔推力器具有较强的磁屏蔽效应。

7.5.2.2　推进性能验证

为了验证 MSHT-600 磁屏蔽霍尔推力器的推进性能，本研究团队采用了激光诱导荧光技术（Laser Induced Fluorescence，LIF）测量了推力器中心线上的离子速度。图 7-27 显示了本研究团队研制的 MSHT-600 磁屏蔽推力器、USHT-600 非磁屏蔽推力器，以及 Busek 公司生产的产品 BHT-600 推力器这三款推力器中心线上的离子轴向速度。从中可见，MSHT-600 磁屏蔽推力器的离子速度高于 USHT-600 推力器和 BHT-600 推力器。由于比冲与离子速度直接相关，因此 MSHT-600 推力器在实现磁屏蔽效果的同时，保持了较高的比冲性能，符合满足深空任务对推进系统长寿命、高比冲的要求。

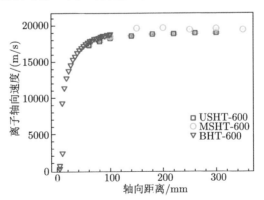

图 7-27　三种不同推力器中心线上的离子最可能速度

7.5.3 推力器远场羽流特征

为了评估传统推力器与磁屏蔽推力器的羽流发散度，通过轴向和径向注入激光束来测量离子轴向和径向速度。$z = 100 \sim 300\text{mm}$ 的氙离子轴向和径向速度分布函数 (VDF) 如图 7-28~ 图 7-30 所示。正速度意味着离子离开中心线。在文献中也可以找到 USHT-600 的氙离子径向 VDF。可以看出，$z = 100\text{mm}$ 处的氙离子径向 VDF 在两个推力器上表现出不同的特征。在非屏蔽推力器 $r = 0 \sim 34\text{mm}$ 的范围内，离子径向 VDF 显示了两个不同径向速度的离子组分，而这一现象主

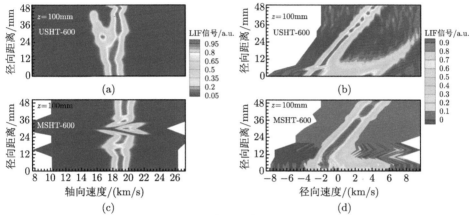

图 7-28　在 $z = 100\text{mm}$ 处两种推力器的离子速度分布情况。(a) USHT-600 推力器的轴向速度分布；(b) USHT-600 推力器的径向速度分布；(c) MSHT-600 推力器的轴向速度分布；(d) MSHT-600 推力器的径向速度分布

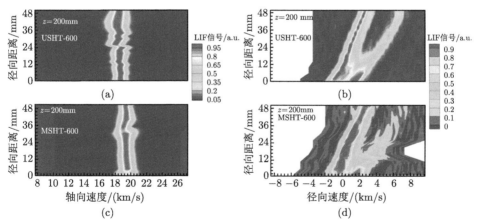

图 7-29　在 $z = 200\text{mm}$ 处两种推力器的离子速度分布情况。(a) USHT-600 推力器的轴向速度分布；(b) USHT-600 推力器的径向速度分布；(c) MSHT-600 推力器的轴向速度分布；(d) MSHT-600 推力器的径向速度分布

要发生在屏蔽推力器 MSHT 的中心线附近。当 $z = 100\mathrm{mm}$ 和 $z = 200\mathrm{mm}$ 时，除中心线之外，两种推力器中离子径向速度随径向距离的变化趋势类似。

　　为了表征推力器的羽流结构，离子速度矢量被绘制成红色和蓝色箭头，分别表示无屏蔽和屏蔽推力器的平均合成速度，两种推力器的羽流结构如图 7-31 所示。由图可知，与 MSHT-600 推力器相比，USHT-600 推力器中来自通道相对侧的离子在轴向上开始相遇和发散得更早，其离子电流密度在径向上更快地衰减到最大值的给定百分比。因此从这一角度而言，与具有相同放电功率和相似阳极/阴极质量流量的 MSHT-600 磁屏蔽推力器相比，USHT-600 非屏蔽推力器的发散角更小。

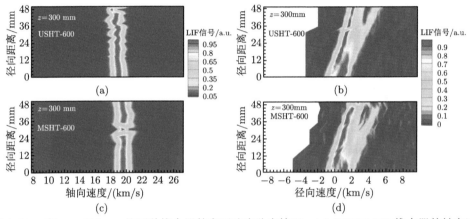

图 7-30　在 $z = 300\mathrm{mm}$ 处两种推力器的离子速度分布情况。(a) USHT-600 推力器的轴向速度分布；(b) USHT-600 推力器的径向速度分布；(c) MSHT-600 推力器的轴向速度分布；(d) MSHT-600 推力器的径向速度分布

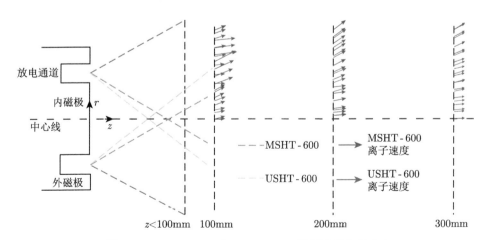

图 7-31　USHT-600 和 MSHT-600 离子速度矢量分布

7.5.4 加速通道壁面溅射腐蚀特性

对于放电通道内激光诱导荧光法 (Laser Induced Fluorescence，LIF) 研究的传统方法是在平行于通道外壁的轴线上开凿一个 1mm 宽的狭槽，以提供放电通道内部等离子体的测量路径。然而，每个狭槽一次只允许探测一个单点，因此，更多探测区域需要更多或更宽的狭槽，这可能会导致与没有狭槽的运行特性有显著差异。除上述传统方法之外，还可以使激光束通过推力器背面直径为 2.2mm 的小孔进入放电通道，但通道外壁需要一个长度为 16mm 的狭缝，以便收集通道内发射的荧光。但这一方法中，推力器背面的孔口可能导致推进剂向后泄漏。其他方法还可选择注入离轴激光束 (与推力器中心线成斜角)，以探测磁屏蔽霍尔推力器出口平面上游倒角区域附近的离子速度。

为了提供进入放电通道内部的激光束，这里建立了偏离轴线的双激光束注入装置。基于测量位置的轴向和径向速度，图 7-32 显示了磁屏蔽和非屏蔽霍尔推力器放电通道内的离子速度场，其中黑线勾勒了放电通道轮廓，其中灰色区域对应于屏蔽推力器 MSHT-600。可以看出，切角区离子的运动与放电通道内壁和放电通道壁几乎平行，这一结果与 ISCT200-MS、H6MS 和 H9 等推力器测试得到的离子运动方向一致。对壁面附近观察，$z/L_{\mathrm{channel}} = -0.15$ 处靠近内、外壁的离子肯定会到达壁面，但入射能量远低于溅射阈值，并不会引起溅射腐蚀。在非屏蔽霍尔推力器 USHT-600 中，离子轰击通道壁的入射角大约 45°。

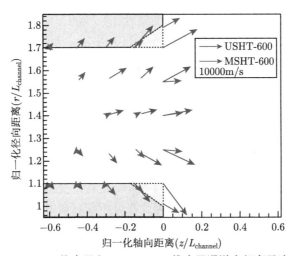

图 7-32 USHT-600 推力器和 MSHT-600 推力器通道内部离子速度矢量分布

如上所述，磁屏蔽霍尔推力器通道内的离子在通道壁附近具有负的轴向速度。屏蔽和非屏蔽推力器的局部放大离子速度矢量场如图 7-33 所示。屏蔽推力器中

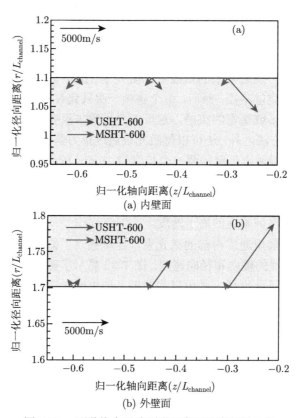

图 7-33　两种推力器壁面附近离子速度矢量分布

的离子速度随着接近阳极而逐渐增大，而非屏蔽推力器中的离子速度则呈现相反的趋势。由于屏蔽推力器的最大磁场在出口平面的下游移动，等离子体的产生和加速主要发生在出口平面附近甚至下游，产生的离子会以负的轴向速度向后扩散到通道中，但太小而不会引起溅射。在非屏蔽推力器中，离子开始在阳极附近加速，并获得足够的动能，在离开出口平面之前轰击通道壁。因此，负离子轴向速度也反映了磁屏蔽推力器中最大磁场的下游偏移。

　　由于放电通道壁附近的鞘层厚度为 30μm 左右，受测量方法的空间分辨率所限，此处的速度分布情况无法分辨。因此在分析实际轰击动能时，应附加考虑离子穿过鞘层的加速过程。鞘层电势降为

$$\phi_{\text{sheath}} = -\frac{k_{\text{B}} T_{\text{e}}}{e} \ln\left[\sqrt{\frac{m_{\text{Xe}^+}}{8\pi m_{\text{e}}}}\left(1 - \gamma_{\text{e}}\right)\right] \tag{7-9}$$

式中，k_{B} 为玻尔兹曼常量；T_{e} 和 m_{e} 为电子温度和电子质量；e 为基本电荷；m_{Xe^+} 为单电荷氙离子质量；γ_{e} 为放电通道壁材料的二次电子发射系数。

鞘层电势作为电子温度的函数,加速了离子沿着通道内外壁的速度,如图 7-34 所示,表明鞘层电势降将造成更严重的侵蚀。

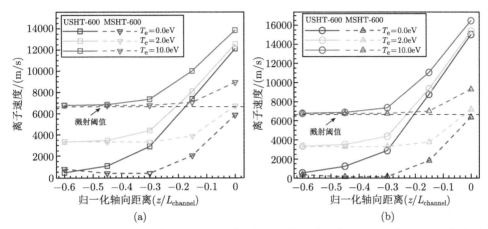

图 7-34 两种推力器近壁面离子速度经过鞘层加速后的幅值分布。(b) 外壁面;(a) 内壁面

假设通道内的离子是在阳极电势 ϕ_{anode} 处产生的,且忽略电离作用,则等离子体电势可以通过能量守恒计算:

$$\phi(z) = \phi_{\mathrm{anode}} - \frac{1}{2} m_{\mathrm{Xe}^+} v_{\mathrm{mp}}^2 \tag{7-10}$$

图 7-35 显示了沿着内壁和外壁的等离子体电势。可见在磁屏蔽推力器中,除倒角区外,等离子体电势与阳极电势基本相等,从而大大降低了离子撞击通道壁

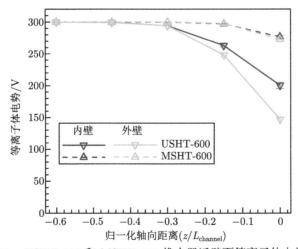

图 7-35 USHT-600 和 MSHT-600 推力器近壁面等离子体电势分布

时的动能，与 H6MS 测量结果一致。但在非屏蔽推力器 USHT-600 中，等离子体电势从阳极下降幅度较大，这意味着离子在通道内加速到高速，并以非零径向速度引起通道壁的侵蚀。

7.6　大功率脉冲感应推力器

本研究团队围绕大功率脉冲感应推力器 (适用于数十至百 kW 功率量级) 中的等离子体高效电离与加速、脉冲能量高效沉积与转换、工质供给匹配等关键技术问题，结合理论分析、数值仿真、实验研究等手段开展了较为系统全面的研究工作，已经建立了能较准确预测推力器推进性能的数值仿真模型，基本掌握了推力器激励线圈、放电回路、快速脉冲电磁阀等关键组部件的设计、制作、测试技术，发展了相应的实验测量手段，目前已初步具备开展脉冲感应推力器工程样机开发的技术基础 [32-34]。

7.6.1　推力器工作过程数值仿真研究

本研究团队采用磁流体动力学模型描述等离子体流动问题，基于局部热力学性质平衡假设计算等离子体电离组分与热力学、输运性质，考虑放电回路与等离子体之间通过激励线圈产生的电磁耦合作用，发展了一种耦合外部电路与全域磁场的二维瞬态轴对称磁流体动力学模型，实现了对激励电路放电过程、线圈磁场激发过程、等离子体电离–复合过程、等离子体流动过程的全耦合求解。

7.6.1.1　模型假设

该模型在二维轴对称坐标系下建立，建模对象由七个计算域组成：等离子体域 D_p，激励线圈域 D_c，非金属结构域 D_s，真空域 D_v，金属结构域 D_{w1}、D_{w2}，以及无限元域 D_i，如图 7-36 所示。

其中作以下假设：

(1) 等离子体只存在于 D_p 之中，基于磁流体动力学控制方程组求解其流场分布，基于局部热力学平衡等离子体模型求解其电离组分和物性参数；

(2) 激励线圈被等效为具有均匀电流密度分布的圆环形区域 D_c，其中的电流密度分布由激励电路电流大小和激励线圈构型决定；

(3) 由电绝缘材料制作的线圈面板、绝缘盖板，以及支撑供气阀与喷嘴的喷注塔，统一划分为 D_s，取电导率为 0；真空域 D_v 是人为划定的忽略推力器气体工质存在的空间，在其中只求解磁场控制方程；

(4) 在实际的推力器中，存在一个大面积的金属共地板用于安装电容器、屏蔽线圈磁场对电容器的影响，被划分为 D_{w1}；

(5) 在开展地面真空模拟实验时采用的真空舱, 其金属厚壁被划分为 D_{w2}, D_{w1}、D_{w2} 中的电导率根据材料属性设置;

(6) 由于磁场理论上能传播至自由空间中的无限远区域, 为保证计算结果的准确性, 在设置 D_v 域足够大 (一般取激励线圈直径的三倍以上) 的同时, 在其外部设置无限元域 D_i。

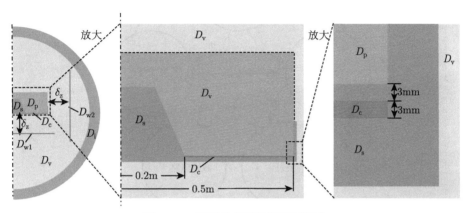

图 7-36 模型几何及计算区域划分

7.6.1.2 计算方法

采用单流体、单温度的磁流体动力学控制方程组描述 D_p 区域中的等离子体流动情况:将等离子体中的电子、离子和中性粒子视作同一流体处理,具备统一的流动速度,采用黏性可压缩流体控制方程组求解;认为等离子体处于局部热力学平衡状态,具备统一的温度,通过沙哈方程组求解平衡电离组分,再基于组分计算结果计算热力学参数和输运参数;电磁场采用麦克斯韦方程组求解;电磁场对流场的作用考虑电磁力和电磁热,流场对电磁场的作用考虑动生电动势。各个物理场之间的参数传递关系如下所述 (图 7-37)。

(1) 对等离子体计算域 D_p, 磁场、流场、等离子体三者之间相互耦合, 构成磁流体动力学求解体系。洛伦兹力项 F_{ltz}、欧姆热源项 Q_{rh} 以及流体宏观运动速度项 u, 在磁场与流场控制方程组之间传递信息;状态参数压强 p、温度 T, 热力学参数平均气体常数 $\bar{R}$、比热容 c_p, 以及输运参数黏性系数 μ_{vis}、传热系数 k、辐射冷却项 Q_{rad} 等在流场与等离子体之间传递信息;电导率 σ 在磁场与等离子体之间传递信息。

(2) 角向电场强度量 E_θ 在磁场、激励线圈以及激励电路之间传递信息。根据磁场计算结果得到角向电场 E_θ 分布, 结合激励线圈几何构型, 计算线圈端口上的电势降 V_p, 再将 V_p 代入激励电路的电路控制方程组。根据激励电路方程组计算得到回路总电流，结合激励线圈几何构型，计算激励线圈域 D_c 中的等效电流密度分布。

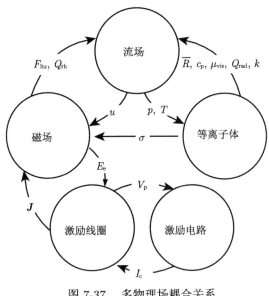

图 7-37　多物理场耦合关系

7.6.1.3　计算结果验证

图 7-38～ 图 7-41 分别给出了模型计算所得激励线圈附近的磁场分布、电流密度分布情况，以及推力-时间曲线、推力器比冲-效率特性；图中同时给出了文献 [35，36] 所公开的实验测量数据以作对比。计算结果表明，在脉冲感应电磁场的作用下，激励线圈表面建立起一个致密的等离子体电流片，该等离子体电流片

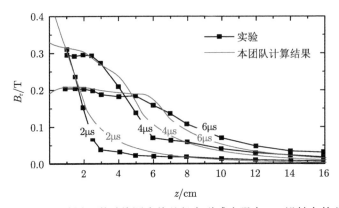

图 7-38　不同时刻下激励线圈中线处径向磁感应强度 B_r 沿轴向的分布

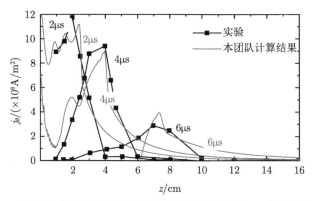

图 7-39 不同时刻下，激励线圈中线处角向电流密度 j_θ 沿轴向的分布

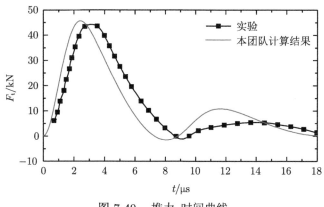

图 7-40 推力–时间曲线

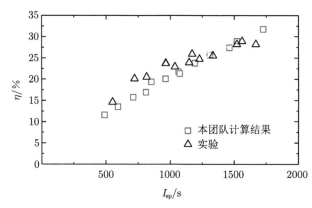

图 7-41 推力器比冲–效率特性

可有效屏蔽激励线圈表面磁场，导致电流片前后存在较大的磁场梯度；电流片与

激励线圈之间的相互作用产生轴向洛伦兹力，该力的大小伴随放电电流曲线的振荡及激励线圈-等离子体距离的增大体现出振荡减小的趋势。数据对比表明该模型能有效捕捉等离子体的流场、磁场结构随时空演化的特征，同时较准确地反映激励电路与等离子体之间的双向耦合作用，采用上述计算模型，对推力器推进性能的预测结果与实验数据取得了较好的一致性，如图 7-41 所示。

7.6.1.4　推力器单脉冲工作过程数值研究

利用所建立的数值仿真模型，研究了脉冲感应推力器的单脉冲工作过程物理图景，描述了各类等离子体参数随时间的演化情况，定量化分析了激励电路与等离子体之间双向耦合作用关系，揭示了次生电流片现象的产生机制及其对推进性能的积极影响。模拟和分析了工作电压、脉冲气体质量等工作参数对推进性能的影响规律与作用机制；讨论了初始气体分布方式对推进性能的影响；模拟和分析了共地板、真空舱壁等金属结构对等离子体加速过程的影响 (图 7-42～图 7-45)。

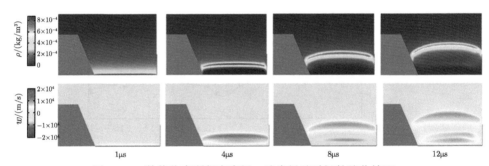

图 7-42　数值仿真所得密度场、速度场随时间的演化情况

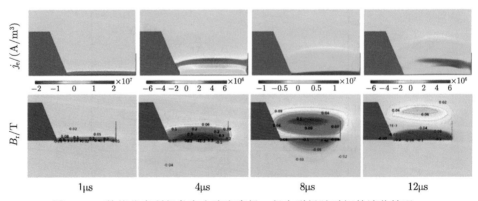

图 7-43　数值仿真所得角向电流密度场、径向磁场随时间的演化情况

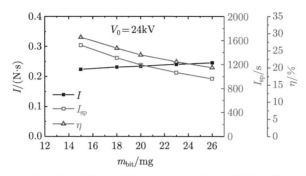

图 7-44 数值仿真所得电压固定时推进性能随气团质量的变化情况

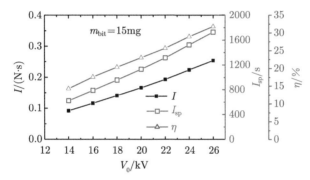

图 7-45 数值仿真所得气团质量固定时推进性能随电压变化情况

7.6.2 推力器关键组部件研发与系统集成

脉冲感应推力器主要由脉冲气体喷注器和放电回路两大组件组成,工作时先由脉冲气体喷注器释放特定质量的气团,当气团到达激励线圈表面满足特定分布条件时,放电回路触发放电产生脉冲电流,实现对气体的电离和加速。其中,放电回路的核心部件是激励线圈,要求其产生足够强度及特定构型的脉冲电磁场,电离并加速工质;脉冲气体喷注器的核心部件是快速脉冲供气阀,要求其具有极高的响应速度,能够将数毫克气团在几十毫秒内迅速释放。本研究团队针对脉冲感应推力器的两大主要组件及其关键部件开展了攻关研究,目前已完成了组件设计、制作、测试和集成,形成了原理性实验装置。

7.6.2.1 激励线圈与放电回路

(1) 激励线圈设计

脉冲感应推力器要达到高性能,其激励线圈应该从放电初期即建立平整、致密、"磁不渗透"的高质量电流片。基于以上考虑,对激励线圈的电磁场时空分布

构型及集总电学参数提出以下要求：① 产生具备良好径向均匀性与角向均匀性的径向感应磁场 B_r；② 在放电初始时刻，产生足够强度的角向感应电场 $E_\theta|t=0$；③ 由此对激励线圈的自感 LC 提出约束，激励电路电流波形与电流片运动进程达到良好的"动态匹配"状态；④ 根据 Lovberg 准则，激励线圈的具体设计还要求尽可能减少因传输线及元器件带来的寄生电感 L_0 与寄生电阻 R_0。

采用如图 7-46 所示的自行设计的激励线圈构型：16 支螺旋线型导线按轴对称方式并联排布而成，以提供均匀的纯角向电流密度；每支导线采用单圈 2π 阿基米德螺旋线构型，由外径侧回绕至内径侧，再从螺旋线下方引出至外径侧接线端；每支导线的两个接线端子相邻布置，通过双绞线与开关和电容组等连接，以减小传输路径上的寄生电感。

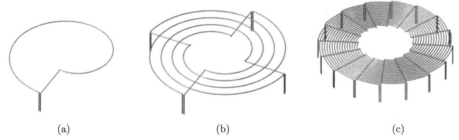

(a)　　　　　　　　　(b)　　　　　　　　　(c)

图 7-46　激励线圈基本构型。(a) 单支导线；(b) 4 支导线；(c) 16 支导线

基于以上激励线圈基本构型，考虑对激励线圈提出的四点要求，这里对激励线圈的内、外径尺寸 r_1、r_2 进行优化设计，设计流程如图 7-47 所示。

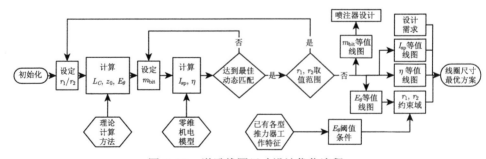

图 7-47　激励线圈尺寸设计优化流程

第一步，对于给定的 r_1、r_2，借助相关理论公式计算其自感 L_C、解耦距离 z_0、初始感应电场强度 $E_\theta|_{t=0}$(考虑绝缘盖板厚度，取激励线圈内外径中线处距离激励线圈表面 5mm 位置处的计算结果)；第二步，采用集总参数"雪耙"机电模

型估算推力器比冲 I_{sp}、效率 η 等性能参数，对比不同脉冲供气质量 m_{bit} 下的计算结果，找到当前 r_1、r_2 取值下达到 "最佳动态匹配状态" (即效率 η 最高) 时对应的脉冲供气质量 m_{bit}；第三步，改变 r_1、r_2 取值，重复以上计算过程，将计算所得的全部 I_{sp}、η、m_{bit}、$E_\theta|_{t=0}$ 绘制为以 r_1、r_2 为横纵坐标的等值线；第四步，根据前文得到的数值预测结果，提出 $E_\theta|_{t=0}$ 的取值范围，找到对应的 r_1、r_2 约束域；第五步，根据具体设计需求，在约束域内选取合适的点，对应的 r_1、r_2 取值即为激励线圈内外径尺寸优化设计结果。

(2) 具体实现方案

激励线圈的具体结构设计如图 7-48 所示，由线圈底板、绝缘盖板、线圈绕组等组成。其中，线圈底板上表面通过数控铣工艺刻制螺旋线形状的线圈槽道用于定位激励线圈导线。

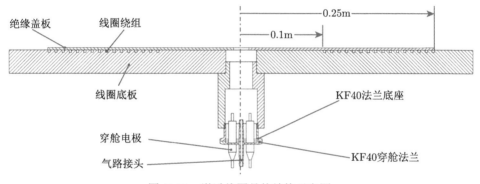

图 7-48   激励线圈具体结构示意图

实验装置所采用的激励电路的结构相当于 RLC 电路，由激励线圈 L_C、储能电容组 C 和脉冲开关 PSS 串联组成 (图 7-49)。下面给出了实际的电路结构，其中，激励线圈由 16 支 2π 螺旋线形导线按轴对称方式并联排布而成。为了保证各支螺旋线导线之间的电流平衡，8 支电容器同样按照轴对称方式排布，每支电容器分别与 2 支螺旋线导线连接，电容器与激励线圈接线端的电缆长度相等。为了保证各支电容器放电的同步性，8 支电容器的另一端并联于同一脉冲开关 (即 PSS) 一端。激励电路的线圈导线、电容、开关在电路拓扑上呈现分–分–总结构。此外，电容组及脉冲开关中的电流，在空间分布上类似于同轴电缆，也能有效减少寄生电感。

在器件选型方面，经广泛调研与器件对比测试，脉冲开关采用单支赝火花开关、电容组采用干式薄膜电容器。

(3) 组件性能测试

为了检验所组建的放电回路及激励线圈性能，在空载放电状态下进行了测试

(图 7-50)。采用 Rogowsky 线圈测量回路放电电流，采用高压探头测量电容电压，采用 B-dot 磁场探针测量激励线圈的径向磁通密度 B_r。结果表明，在充电电压 15kV(脉冲能量 900J) 下，放电回路产生的脉冲电流峰值达 57kA，最大电流陡度达到 30kA/μs，放电周期约 12.5μs。按照理想 RLC 电路估算，放电回路的总电感为 500nH(其中线圈自感 380nH，寄生电感 120nH)，寄生电阻为 15mΩ。放电电流在激励线圈表面产生了与电流波形相似的感应磁场，在激励线圈内外径中线上方距离线圈表面 1.5cm 处，B_r 峰值强度达到 0.16T。

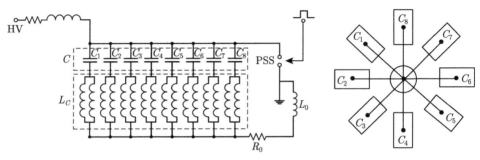

图 7-49　放电回路电路结构设计及空间布局方式

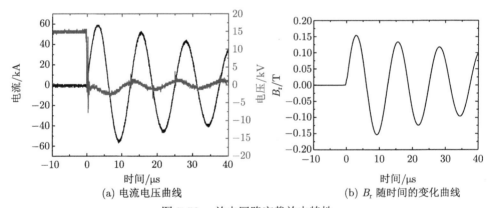

(a) 电流电压曲线　　　　　　　　(b) B_r 随时间的变化曲线

图 7-50　放电回路空载放电特性

为了进一步检验激励线圈设计是否满足要求，这里采用 B-dot 磁场探针阵列对 B_r 的空间分布情况进行了测量，测量结果表明，激励线圈磁场具有良好的周向均匀性与较好的径向均匀性 (图 7-51 和图 7-52)。

7.6.2.2　快速脉冲供气阀研制

脉冲感应推力器的气体工质需要通过脉冲气体喷注器喷注至激励线圈面板表面，要求其控制阀门具备极高的开闭响应速度。本研究团队研制了一种快速脉冲

供气阀 (Fast Pulsed Gas Vale, FPGV)。该 FPGV 阀是一种基于感应涡流斥力原理的电磁阀, 由螺旋型驱动线圈、线圈骨架、截锥型簧片、密封垫、限位块和主阀体构成。螺旋驱动线圈通过感应涡流斥力原理驱动簧片发生弹性形变, 实现阀门的快速开闭, 其结构设计及实物照片如图 7-53 所示。

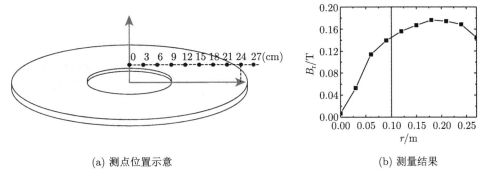

(a) 测点位置示意   (b) 测量结果

图 7-51 $t = 3\mu s$ 时刻, 激励线圈表面上方 $z = 1.5 cm$ 处 B_r 沿径向的分布情况

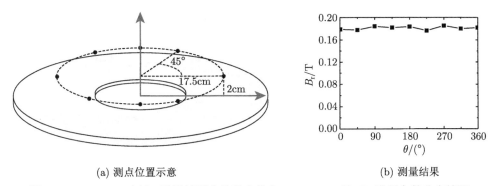

(a) 测点位置示意   (b) 测量结果

图 7-52 $t = 3\mu s$ 时刻, 激励线圈内外径中线上 $z = 1.5 cm$ 处 B_r 沿周向的分布情况

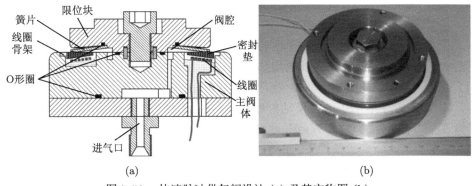

(a)   (b)

图 7-53   快速脉冲供气阀设计 (a) 及其实物图 (b)

　　根据脉冲感应推力器的工作特性，FPGV 阀的响应特征和单脉冲供气质量是其最重要的两个性能指标。

　　采用光透过法进行阀的响应特性测试。其基本原理为将激光束从簧片与限位块间的缝隙通过，并使激光束直径大于缝隙宽度，再由光电探测器探测透过缝隙的光功率，间接地获得阀口开度随时间的变化关系。在单脉冲供气质量的测定方面，采用 PVTt 气体流量测量法。其基本测量原理是使阀向已知容积为 V 的目标真空容器充气，待阀完成一个脉冲工作循环后，测量目标容器的气体 T 和绝对压强 P，进而计算出喷注的气体质量。图 7-54 给出了阀门响应特性及单脉冲供气质量测量系统的示意图及实物图。该测量系统同时记录了阀门驱动电路的电压及电流波形，用以分析阀门开闭与阀门驱动电路放电之间的延迟时间。

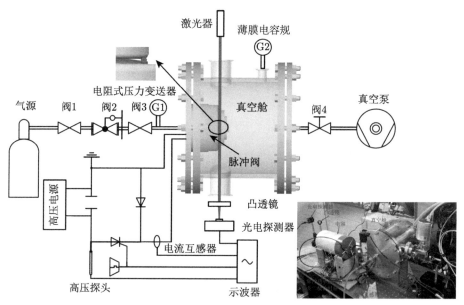

图 7-54　　阀门响应特性及单脉冲供气质量测量系统示意图及其实物图

　　图 7-55 图 7-56 分别给出了实验测量所得不同驱动电压、不同阀腔气体压强下的阀口开度随时间变化曲线典型结果。实验结果表明阀口开度受驱动电压的影响变化明显，受阀腔气体压强影响几乎可以忽略。

　　图 7-57 分别给出了阀的作动延迟时间、开启时间、最大开度、闭合时间以及脉冲开度 (以半峰全宽 (Full Width at Half Maximum, FWHM) 表征) 随驱动电压的变化规律。在地面实验条件下，阀的作动延迟时间均不大于 $40\mu s$，并且随着驱动电压的增大而减小；阀的开启和闭合时间满足设计之初要求开闭时间相等的要求；当驱动电压大于阈值电压时，FWHM 随着电压的增加而减小，这主要是由于在较高

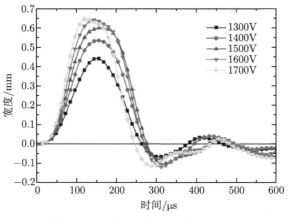

图 7-55　不同驱动电压下阀口开度

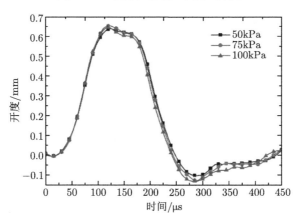

图 7-56　不同阀腔气体压强下阀口开度

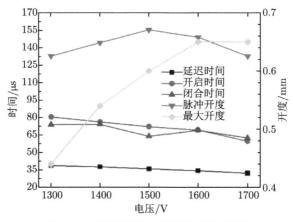

图 7-57　不同驱动电压下阀门动态特性

的驱动电压下，簧片开启后与限位块反弹。图 7-58 则给出了单脉冲气体质量在不同阀腔压力下随阀门驱动电压变化的关系。在驱动电压一定的前提下，阀的单脉冲供气质量随阀腔气体压强的增大而增大。不同阀腔气体压强下，单脉冲气体质量随驱动电压变化的趋势相同，即随着驱动电压的增大而增大，并近似地呈线性关系。当驱动电压大于 1600V 时，供气质量开始减少。在本节所述的测试条件下，最大单脉冲供气质量约为 2.7mg。以上对阀门响应特性及单脉冲供气质量的测量结果表明，所设计的快速脉冲供气阀响应速度 (FWHM≯150μs) 及供气质量达到设计指标，可满足推力器的脉冲供气需求。

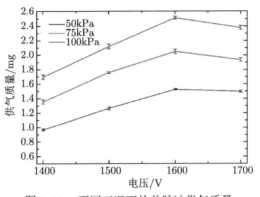

图 7-58 不同工况下的单脉冲供气质量

7.6.2.3 气体喷注器研制

提高推进剂在激励线圈表面分布的均匀性，同时尽可能地向激励线圈表面压缩推进剂，能有效提升推进性能。本研究团队设计了如图 7-59 所示的喷注

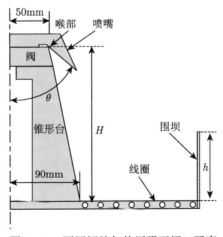

图 7-59 不同阀腔气体压强下阀口开度

器方案，将供气阀安装于激励线圈面板中心的锥形塔顶端，通过环形喷嘴喷注至激励线圈表面，以实现工质的轴向压缩。

如图 7-60 所示，采用自研四极自稳式快速电离规测量，结果表明，由其产生的脉冲气团前后沿的最大气体压强变化率 ($\mathrm{d}p/\mathrm{d}t$) 约为 770kPa/s，核心区最高压强约为 75Pa，并且能够在推力器线圈表面形成轴向压缩且径向较均匀的气体薄层，可满足脉冲感应推力器的应用要求。

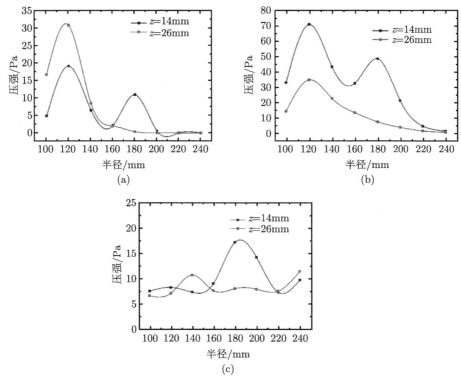

图 7-60 不同时刻下，快速电离规测得的推进剂压强沿线圈径向的分布情况 (轴向位置 z 分别为 14mm、26mm)。(a) $t = 400\mu s$；(b) $t = 550\mu s$；(c) $t = 700\mu s$

7.6.2.4 脉冲感应推力器验证实验

(1) 实验系统建立

为形成推力器原理实验装置，采用适当结构，将前述 FPGV 阀、气体喷注器与放电回路等集成起来，如图 7-61 所示。其中，气体喷注器安装于激励线圈面板中心的锥形塔顶端，通过环形喷嘴向激励线圈表面喷注推进剂，供气阀安装高度大于激励线圈的电磁耦合距离，以避免激励线圈的磁场干扰阀门工作。

图 7-61　集成后的实验装置实物图

实验系统设计及实物照片如图 7-62 和图 7-63 所示。其中，为了降低对开关及电容器的绝缘防护要求，获得纯净的等离子体电流片，抑制等离子体对各个探头的干扰，设计了专门的真空模拟腔，将气体放电区与开关及电容器等高压组件隔离。真空模拟腔通过波纹管连接至实验室真空模拟系统，由真空舱下游泵组抽

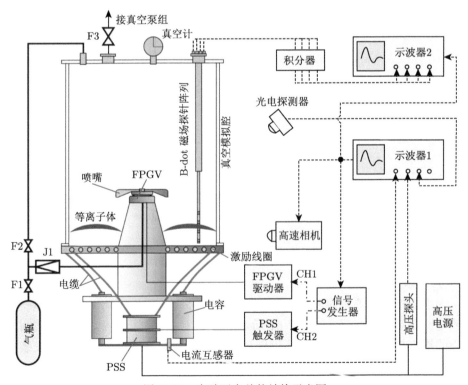

图 7-62　实验平台总体结构示意图

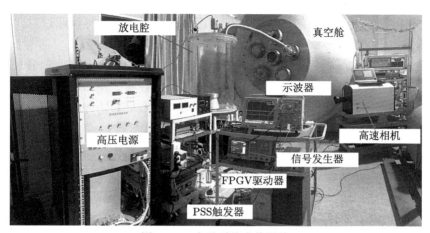

图 7-63 实验系统实物照片

真空。腔体内的工质气体通过反复置换到达较高纯度。腔内绝对压强采用莱宝 CERAVAC CTR101N 薄膜电容规进行测量，量程为 $0.01\sim133$Pa。

实验测量系统包含对等离子体内部磁场分布情况进行测量的 B-dot 磁场探针、对等离子体结构演化过程进行观测的高速相机、对等离子体辐射强度进行监测的光电探测器，以及对激励电路电学参数进行监测的电流互感器和电压探头。

(2) 电磁阀与放电回路的时序匹配

图 7-64 描述了脉冲气体喷注条件下，推力器各组部件工作状态及触发控制信号的时序关系：① 电容开始充电之后，其电压通过高压探头实时监测；② 当电容电压达到设定值时，产生一个触发控制信号；③ 信号发生器工作，依次由其 CH1、CH2 通道产生两个时间间隔为 Δt 的信号，分别控制 FPGV 阀和 PSS 开关工作；④ FPGV 阀在 CH1 信号的控制下开启阀口、喷出气团，经过 Δt^* 时间后在激励线圈表面达到较为理想的分布，此时 PSS 开关在 CH2 通道的控制下接通激励电路并开始放电。

采用快速电离规对气体喷注器喷注气体分布情况进行测量，结果表明，在供气阀开启后经过 $\Delta t^*=500\sim625\mu s$ 时间，推进剂在激励线圈表面能获得较好的均匀性及较强的径向压缩效果。考虑到阀门控制的固有延迟时间 Δt_{FPGV} 与脉冲开关控制的固有延迟时间 Δt_{PSS} 及其抖动的影响，实际采用的 CH1、CH2 两路控制信号的延迟时间设定值 Δt 会与理论估算结果 Δt^* 存在一定误差。本节以等离子体辐射强度 U_r 的峰值 $(U_r)_m$ 作为评价指标，对脉冲气体喷注条件下的最优延迟时间进行了测定。

对于脉冲气体喷注条件，较为理想的气体分布典型特征之一是气团在激励线圈表面得到了有效压缩。稳态供气条件下的实验结果已经表明，等离子体辐射强

度 U_r 与激励线圈表面的气体压强具有正相关关系。据此，可以通过对比不同延迟时间设定值 Δt 对应的 U_r 峰值来找到最优的 Δt 大小。

实验研究对比了两组不同工作参数组合下，CH1、CH2 两路控制信号的延迟时间设定值 Δt 等于 $0 \sim 1400\mu s$ 的实验结果。由于等离子体加速远离线圈的过程会影响其与回路的耦合状态，为排除干扰，选取的两组实验参数具备相同的比能量水平（$m_{bit}=2\mathrm{mg}/V_0=8.5\mathrm{kV}$ 和 $m_{bit}=2.7\mathrm{mg}/V_0=10\mathrm{kV}$）。

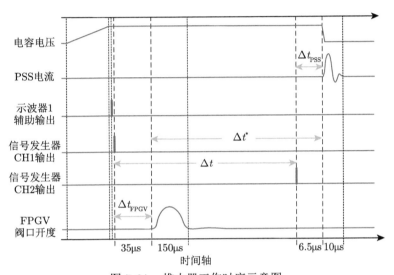

图 7-64　推力器工作时序示意图

图 7-65~ 图 7-66 分别给出了脉冲气体喷注条件下，两组实验对应的 U_r 随 Δt 变化的情况。测量结果表明，U_r 的峰值大小随 Δt 的增加先增大后减小，且两组

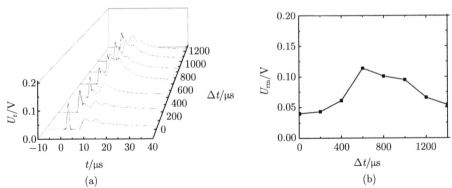

图 7-65　脉冲气体喷注条件下，不同触发控制延迟时间 Δt 对应的等离子体辐射强度 $U_r(m_{bit}=2\mathrm{mg}, V_0=8.5\mathrm{kV})$。(a) 等离子体辐射强度-时间曲线；(b) 等离子体辐射强度峰值

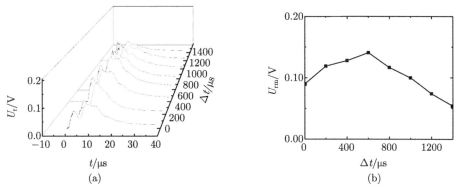

(a)   (b)

图 7-66 脉冲气体喷注条件下, 不同触发控制延迟时间 Δt 对应的等离子体辐射强度
$U_r(m_{bit}=2.7mg, V_0=10kV)$。(a) 等离子体辐射强度-时间曲线; (b) 等离子体辐射强度峰值

实验均在 Δt 等于 600μs 附近达到最大值, 考虑到 $\Delta t_{FPGV} \approx 35μs$, $\Delta t_{PSS} \approx 6.5μs$, 阀门开启与开关接通之间的实际延迟时间 $\Delta t^* \approx 572μs$, 该结论与通过测量气团分布随时间演化情况推测的范围一致。

(3) 脉冲感应推力器工作特性测试

利用上述实验系统进行了开展了实验研究, 使用超高速相机对等离子体的运动过程进行了观察 (图 7-67)。观测结果表明, 实验中生成了明显的环形等离子体片, 并对其进行了有效加速。等离子体片在气体喷注器喷嘴位置附近与激励线圈解耦, 停止加速, 解耦时的运动速度达 10000m/s 以上。

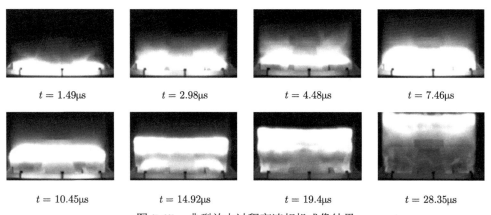

$t = 1.49μs$ $t = 2.98μs$ $t = 4.48μs$ $t = 7.46μs$

$t = 10.45μs$ $t = 14.92μs$ $t = 19.4μs$ $t = 28.35μs$

图 7-67 典型放电过程高速相机成像结果

借助自研磁场探针阵列, 测量了激励线圈表面不同轴向位置处的径向磁感应强度 B_r, 其随时间变化情况见图 7-68, 从中可以观察到电流片对磁场的显著屏蔽效果。

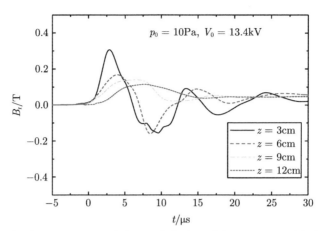

图 7-68　磁场探针所测不同轴向位置处的径向磁感应强度 B_r 随时间的变化情况

7.6.3　脉冲感应推力器性能测量技术

7.6.3.1　磁场探针阵列研制

针对脉冲感应推力器中的等离子体磁场结构演化过程，开发了专门的 B-dot 探针阵列瞬态磁场测量系统，能够同时测量 8 个不同轴向位置的径向或轴向瞬态磁场强度，测量系统工作频率范围不窄于 5~500kHz，量程 0~1T。磁场探针工作原理示意图及探针阵列实物照片见图 7-69。图 7-70 表明探针阵列各探针的标定系数在较宽频率范围内均为常值，因此各探针之间具有良好的一致性。借助磁场探针，可捕捉等离子体电流片对磁场的屏蔽作用，并进而分析工作参数对推力器工作状态的影响。

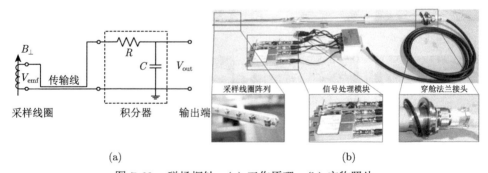

图 7-69　磁场探针。(a) 工作原理；(b) 实物照片

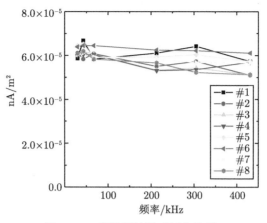

图 7-70 磁场探针阵列标定结果

7.6.3.2 四极自稳式快速电离规研制

为了确定最佳放电延迟时间、优化推进剂喷注器构型，需要确定推进剂在激励线圈表面的分布位形。为此，本研究团队研制了如图 7-71 所示的四极自稳式快速电离规系统。标定结果表明，该电离规对氙气的线性测量范围为 1~80Pa，响应时间小于 2μs。图 7-60 给出了电离规测量所得的阀门开启后激励线圈表面不同轴向位置处的压强沿径向分布情况。该结果表明：所设计的喷注器能使脉冲气团按照预期在线圈表面实现轴向压缩；在供气阀开启后约 550μs，大部分推进剂被成功约束在激励线圈的加速作用范围之内。

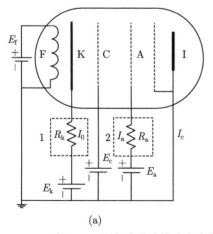

(a)

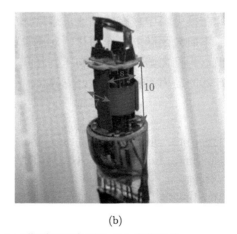

(b)

图 7-71 四极自稳式快速电离规 (a) 工作原理示意图及 (b) 实物照片

7.7 本章小结

为实现近地小天体的防御与利用，必须为飞行器配备合适的动力系统。现有技术条件下，电推进技术以其高比冲的优势成为该类任务的优选方案。围绕深空任务需求，本研究团队在长寿命霍尔推力器方向和新兴的脉冲感应推力器方向开展了大量研究工作。

在霍尔推力器方向，为提高推力器工作寿命，本研究团队基于磁屏蔽原理设计研制了 600W 磁屏蔽霍尔推力器 MSHT-600，并采用非接触式光学探针方法，对磁屏蔽效应和推进性能进行了验证，围绕其远场羽流特性和加速通道壁面溅射腐蚀特性开展了研究。所设计的霍尔推力器在保证离子轴向速度的同时，展示了磁屏蔽效应的典型特征；加速通道中的离子速度矢量分析证明，通道出口附近内、外壁面的离子运动速度与壁面基本平行，并且入射能量远低于溅射阈值，因此溅射侵蚀在 MSHT-600 推力器中将大为减弱。

在脉冲感应推力器 (PIT) 方向，本研究团队通过采用磁流体动力学模型描述了推力器中的等离子体运动，引入其与激励电路的双向耦合作用，获得了与实验结果较为吻合的结果。数值仿真研究的结果表明，PIT 推力器中等离子体的流动过程与激励电路的放电过程通过激励线圈相互影响、高度耦合。实验研究方面，本研究团队设计了激励线圈和快速脉冲供气阀等关键组部件，研制了脉冲感应推力器原理样机，发展了专用的磁场探针和快速电离规技术，综合高速相机等手段研究了推力器工作过程中磁场演变和等离子体的运动特征。实验结果表明，所研制的原理样机能够按指定时序工作，其间产生了明显的环形等离子体片，该等离子体片在推力器中被有效加速，运动速度达到 10000m/s 以上。

本研究团队的工作深化了对磁屏蔽霍尔推力器和脉冲感应推力器工作特性的认识，为推力器进一步推向工程化提供了良好基础，可为近地小天体防御与利用飞行器的动力系统提供良好支撑。

参 考 文 献

[1] Hall S J. Characterization of a 100-kW class nested-channel Hall thruster[R]. NASA Technical Reports, 2018: GRC-E-DAA-TN49399.

[2] Semenkin A V, Zakharenkov L E, Solodukhin A E, et al. Feasibility of high power multimode EPS development based on the thruster with anode layer[C].The 32nd International Electric Propulsion Conference, Wiesbaden, Germany, IEPC-2011-064.

[3] 乔增熙. 100mN HET 的优化设计和原理实验 [D]. 哈尔滨工业大学, 2012.

[4] Mikellides I, Katz I, Hofer R, et al. Magnetic shielding of the acceleration channel walls in a long-life Hall thruster [C]. 46th AIAA/ASME/SAE/ASEE Joint Propulsion Conference & Exhibit, Reston, Virigina, 2010, AIAA 2010-6942.

[5] Mikellides I G, Katz I, Hofer R R, et al. Design of a laboratory Hall thruster with magnetically shielded channel walls, Phase III: comparison of theory with experiment [C]. 48th AIAA/ASME/SAE/ASEE Joint Propulsion Conference & Exhibit, Atlanta, Georgia, 2012, AIAA-2012-3789.

[6] Grimaud L, Mazouffre S. Performance comparison between standard and magnetically shielded 200 W Hall thrusters with BN-SiO2 and graphite channel walls[J]. Vacuum, 2018, 155: 514-523.

[7] Conversano R W. Low-Power Magnetically Shielded Hall Thrusters [M]. Los Angles: Unirersity of California, 2015, 87-115.

[8] Conversano R W, Goebel D M, Mikellides I G et al. Magnetically Shielded Miniature Hall Thruster: Performance Assessment and Status Update [C]. 50th AIAA/ASME/ SAE/ASEE Joint Propulsion Conference, Cleveland, OH, U. S. A., 2014, AIAA-2014-3896.

[9] 熊森. 同心嵌套通道式霍尔推力器设计研究 [D]. 国防科技大学, 2015.

[10] Ding Y J, LI H, Wei L Q, et al. Overview of Hall electric propulsion in China[J]. IEEE Transactions on Plasma Science, 2018, 46(2): 263-282.

[11] Polzin K A. Comprehensive review of planar pulsed inductive plasma thruster research and technology [J]. Journal of Propulsion and Power, 2011. 27 (3): 513-531.

[12] Dailey C L, Lovberg R H. The PIT MkV pulsed inductive thruster[R]. Redondo Beach, CA: TRW Systems Group, July 1993.

[13] Dailey C L, Lovberg R H. Pulsed Inductive Thruster Component Technology[J]. California, TRW Space and Technology Group, 1987: AFAL TR-07-012.

[14] Polzin K A, Choueiri E Y. Performance optimization criteria for pulsed inductive plasma acceleration[J]. IEEE Transactions on Plasma Science, 2006, 34(3): 945-953.

[15] Mikellides P, Kirtley D. MACH2 simulations of the pulsed inductive thruster (PIT)[C]. Proceedings of the 38th AIAA/ASME/SAE/ASEE Joint Propulsion Conference & Exhibit. Indianapolis, Indiana. Reston, Virigina: AIAA, 2002: AIAA2002-3807.

[16] Allison D L, Mikellides P G. Pulsed inductive thruster, Part 2: two-temperature thermochemical model for ammonia[C]. 40th AIAA/ ASME/SAE/ASEE Joint Propulsion Conference & Exhibit, Fort Lauderdale, Florida, 2004: AIAA 2004-4092.

[17] Goodman M, Kazeminezhad F, Owens T. Pulsed Plasma Accelerator Modeling[R]. The Institute for Scientific Research, Inc., Fairmont, 2009: WV 26555/ NASA/CR-2009-215635.

[18] Mikellides P G, Neilly C. Modeling and performance analysis of the pulsed inductive thruster[J]. Journal of propulsion and power, 2007, 23(1): 51-58.

[19] Dailey C L, Lovberg R H. Current sheet structure in an inductive-impulsive plasma accelerator[J]. AIAA Journal, 1972, 10(2): 125-129.

[20] Dailey C L, Lovberg R H, TRW SPACE AND TECHNOLOGY GROUP REDONDO BEACH CA APPLIED TECHNOLOGY DIV. Pulsed Inductive Thruster (PIT) Clamped Discharge Evaluation[J]. TRW Applied Technology Div., Redondo Beach, CA,

Rep. APOSR-TR-89-0130, 1988.

[21] Polzin K A. Faraday accelerator with radio-frequency assisted discharge (FARAD)[M]. Princeton University, 2006.

[22] Dailey C, Lovberg R. Large diameter inductive plasma thrusters[C]. 14th International Electric Propulsion Conference. 1979: 2093.

[23] 程谋森, 李小康, 车碧轩等. 感应式脉冲等离子体推力器技术综述 [J]. 空间控制技术与应用, 2017, 43(5): 1-6, 21.

[24] 郭大伟. 重复脉冲式推力器的微量气体喷注器设计与测试研究 [D]. 国防科技大学, 2018.

[25] 车碧轩. 感应式脉冲等离子体推力器感应线圈设计研究 [D]. 国防科学技术大学, 2015.

[26] 丁陈阳. 小冲质比脉冲推力器冲量测量台架技术研究 [D]. 国防科学技术大学, 2017.

[27] 成玉国. 感应式等离子体推力器中螺旋波放电与电磁加速数值研究 [D]. 国防科学技术大学, 2015.

[28] Sun X F, Jia Y H, Zhang T P, et al. Effects of Three Typical Resistivity Models on Pulsed Inductive Plasma Acceleration Modeling[J]. Chinese Physics Letters, 2017, 34(12): 125202.

[29] Duan X Y, Yang X, Cheng M S, et al. The far-field plasma characterization in a 600 W Hall thruster plume by laser-induced fluorescence[J]. Plasma Science and Technology, 2020, 22(5): 055501.

[30] Duan X Y, Cheng M S, Yang X, et al. Investigation on ion behavior in magnetically shielded and unshielded Hall thrusters by laser-induced fluorescence[J]. Journal of Applied Physics, 2020, 127(9).

[31] Duan X Y, Cheng M S, Yang X, et al. Measurements of channel erosion of Hall thrusters by laser-induced fluorescence[J]. Journal of Applied Physics, 2020, 128(18), 183301.

[32] Che B X, Cheng M S, Li X K, et al. Physical mechanisms and factors influencing inductive pulsed plasma thruster performance: A numerical study using an extended magnetohydrodynamic model[J]. Journal of Physics D: Applied Physics, 2018, 51(36): 365202.

[33] Che B X, Li X K, Cheng M S, et al. A magnetohydrodynamic numerical model with external circuit coupled for pulsed inductive thrusters[J]. Acta Physica Sinica, 2018, 67(1):015201.

[34] Li X K, Che B X, Cheng M S, et al. Investigation on plasma structure evolution and discharge characteristics of a single-stage planar-pulsed-inductive accelerator under ambient fill condition[J]. Chinese Physics B, 2020, 29(11): 115201.

[35] Lovberg R H, Dailey C L. Large inductive thruster performance measurement[J]. AIAA Journal, 1982, 20(7): 971-977.

[36] Dailey C L, Lovberg R H. Pulsed inductive thruster component technology[J]. Final Report to Air Force Astronautics Laboratory, published Apr, 1987.

第 8 章 行星际飞行自主导航技术

8.1 引 言

传统地基导航，即差分单向测距 (Delta Differential One-way Ranging，简称 ΔDOR)，多普勒测速，甚长基线干涉测量 (Very Long Baseline Interferometry，VLBI) 测角，虽然在多年的任务实践中取得了成功，但它存在诸多固有局限性，主要表现为：①无线电往返时间长，对于星际飞行任务，可能需要数十分钟到数小时的时间，这取决于探测器在太阳系中的具体位置；②地面数据周转时间长，分析人员处理数据需要较长时间，包括轨道确定和机动计算，对于数据分析结果，需要召集会议进行决策，并将决策转换为指令，传输到探测器上；③无法满足实时性要求高的任务操作，从前次导航更新到实施机动之间的延迟时间可能达到 8 个小时或更长，甚至超过一周，这将导致因没有及时将探测器精确地指向目标而丢失一些重要的科学数据或者因无法实时实施机动而过多消耗燃料、降低任务精度、危及着陆器安全等；④地基测控资源有限，即使扩容，也无法满足深空探测的许多特殊需求。

发展自主导航技术与系统，对于深空任务，包括近地小天体防御与利用，势在必行。它将通过增强导航更新速度，提高系统反应实时性，使得探测器能够更快地对瞬息万变的形势作出反应，有利于收集关键的科学数据并改善燃料消耗、任务精度、任务安全性等指标，同时大大缓解地面测控的压力。目前，自主导航已经在一些小天体探测任务中获得了一定程度的应用，但是面向近地小天体防御与利用的自主导航还需要进行更加广泛和深入的研究。

目前国内外关于探测器行星际飞行自主导航的研究内容主要包括自主导航方案设计、导航传感器技术、导航信息处理技术、实时滤波方法等，许多研究成果已经应用到实际深空飞行任务中。本章 8.2~8.8 节对目前国内外自主导航的主要方案、传感器技术、导航技术等进行了简要的归纳和梳理；8.9 节介绍了本研究团队的初步研究方案。

8.2 不同飞行阶段自主导航任务

近地小天体防御与利用任务中探测器按照飞行特征一般可分为巡航、接近、环绕 (或停泊)、着陆等阶段。探测器从地球高轨或者拉格朗日点等初始停泊轨道出发进入星际巡航阶段, 此阶段主要是沿着按照优化目标 (时间、燃料等) 提前规划设计的标称轨道飞行, 其间根据情况修正轨道偏差。在与目标小天体距离到达窄视场相机的探测范围内时 (由预估目标小天体尺寸和相机参数决定), 相机捕获目标小天体, 进入目标小天体接近段, 一般采用逐渐降低的接近轨道。在此过程通过基于目标小天体成像的光学自主导航修正误差较大的目标小天体星历, 同时进行目标小天体引力场、外形参数估计。着陆前根据目标小天体引力场测量结果, 设计特定的环绕或者停泊轨道, 在满足轨道稳定性、能源约束等条件下, 完成对目标小天体的详细观测并选定着陆区, 最终进入着陆初始轨道条件; 着陆段根据环绕 (或停泊) 段对目标小天体的多手段测量结果, 采用自主轨道控制完成着陆。自主导航的主要过程如图 8-1 所示。

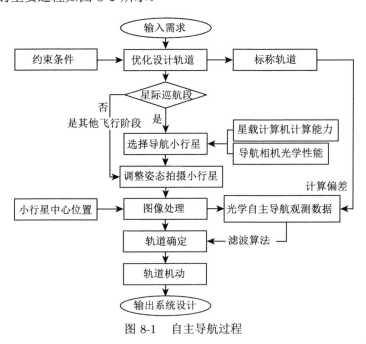

图 8-1　自主导航过程

　　具体到自主导航, 划分飞行阶段取决于导航传感器的工作方式、性能参数。当探测器从远处 (如 1000km) 接近某一小天体时, 它会定期对小天体成像, 并利用这些图像对探测器相对于小天体的位置和姿态, 以及小天体的形状、大小和自旋进行估计。当小天体的成像大小为 1000 像素左右时, 可以使用图像提取天体表面上足够的细节特征, 已经有许多成熟的相关算法和技术, 如立体光测法 [1]。但是, 当从非常远的距离拍摄图像, 目标小天体成像面积很小时, 便无法提取任何表面特征。一般可以按照特征比例, 即距离与目标小天体最大尺寸之比, 进行飞行阶段划分。虽然相对距离以及目标小天体最大尺寸不能精确获知, 但目标小天体成像大小与特征比例之间存在确定的数量关系 (图 8-2),因此可将目标小天体成像的像素个数用于特征比例的估计。

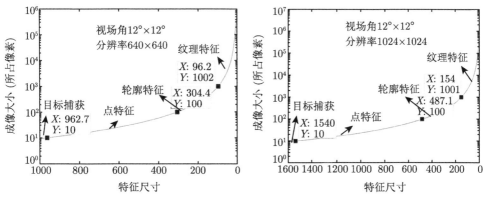

图 8-2 目标天体成像大小与特征比例之间存在确定的数量关系

按照目标小天体在相机像平面的成像大小 (所占像素个数) 和据此采用的不同导航方法,将目标小天体接近过程分为三个阶段 [2],如图 8-3 所示:第一阶段,1~10 像素,目标小天体的成像面积不足数十个像素,根据像素强度 (光变曲线) 的变化来估计目标小天体的周期性;第二阶段,10~100 像素,几乎没有视觉细节特征,基于已估计的周期性和目标轮廓来解析其初始形状和旋转轴;第三阶段,100~1000 像素,随着探测器继续接近小天体,表面特征变得更加清晰,并且小天体在相机图像中的投影以像素为单位增长,使用立体光测法 [1](通过第二阶段的初始形状和旋转估计进行初始化),通过匹配后续帧中的表面特征来优化目标小天体几何形状和旋转特征的估计。

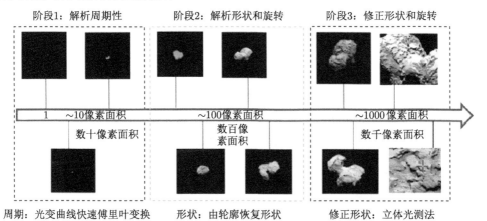

图 8-3 目标小天体接近过程的三个阶段

　　两种不同的飞行阶段划分方法各有优势，并不矛盾。前者是根据飞行轨道进行划分的，在理解总体任务上更为简明直观；后者按照传感器信息和对应的导航信息的利用方式定量地对飞行阶段进行划分，对于导航算法细节的描述更为有利，方便对采用的不同导航方法进行分析。图 8-4 描述了在两种不同的飞行阶段描述方法下的大致导航任务和相应的一般导航传感器配置。

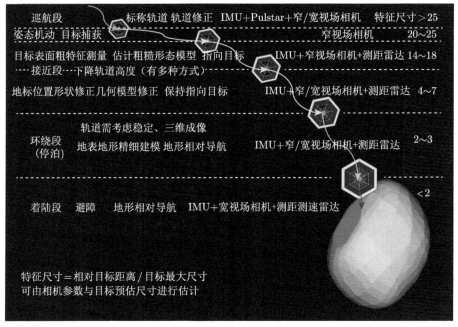

图 8-4　不同阶段自主导航相关任务与传感器配置

8.3　导航传感器技术

　　导航传感器技术在提高地面测控效率、增强探测器生存能力、完成定位任务需求等方面具有重要地位。本节综述了国内外小天体深空探测任务光学导航传感器配置情况 [3]，分别概述了探测器在星际巡航段、接近交会段、绕飞巡视段和下降着陆段的光学传感器功能，并进一步对现有光学导航传感器系统的研究成果进行了概括，最后总结了小天体探测光学导航传感器技术的发展趋势。

8.3.1　国内外小天体深空探测任务传感器配置

1) NEAR 探测器

NASA 发射的 NEAR 探测器能够自主计算探测器与太阳、地球、目标小天体和探测器的相对位姿，从而保证探测器能够根据科学任务和下传数据的操作要求自动调整姿态,并对故障情况作出反应,保护探测器的安全。NEAR 探测器结构如图 8-5 所示,探测器实现三轴稳定,姿态确定系统采用数字式太阳敏感器、星敏感器和惯性导航单元,其中主要利用速率陀螺和星敏感器联合确定姿态。此外,探测器还配有红外脉冲激光测距仪,用来测量自身与目标小行星 433 Eros(爱神星) 的相对距离,配合其他测量数据对爱神星地形进行建模,确定详细的地貌特征,规划着陆方案。NEAR 还携带了科学载荷以获得小行星表面及内部特性,包括多光谱成像仪、近红外光谱仪、X 射线谱仪、γ 射线谱仪和磁力计等。

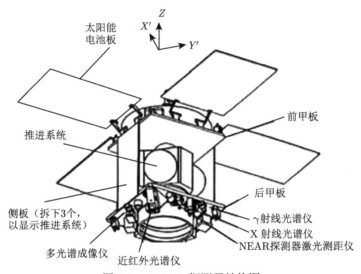

图 8-5　NEAR 探测器结构图

2)"深空 1 号"探测器

"深空 1 号"探测器实现了光学自主导航在太空的首次应用,具体应用于巡航段。其采用太阳敏感器、星敏感器和速率陀螺确定姿态,当星敏感器发生故障时,采用光学相机 (Miniature Integrated Camera Spectrometer, MICAS) 作为替代。其外观如图 8-6 所示。

3)"星尘号"探测器

"星尘号"首次实现了交会段的光学自主导航,其光学系统由光学相机、反光镜和潜望镜三部分组成,可以在姿态不变的情况下对彗星进行观测,其结构如图 8-7 所示。

4)"隼鸟号"探测器

"隼鸟号"在与目标交会附着段,验证了探测器的光学自主导航技术。探测器利用了星载导航相机和激光测距仪等导航传感器,并创新采用了人工信标方案实现探相对导航。探测器还使用小天体多谱段成像相机 (The Asteroid Multi-band Imaging Camera, AMICA) 获得小天体表面的遥感图像。为研究小天体表面的物理特性及矿物质组成、获得小天体地表高精度的地形轮廓，探测器搭载了近红外光谱仪 (Near-Infrared Spectrometer, NIRS) 以及激光雷达 (Light Detection and Ranging, LiDAR)，结构如图 8-8 所示。

图 8-6　　"深空 1 号"探测器外观图

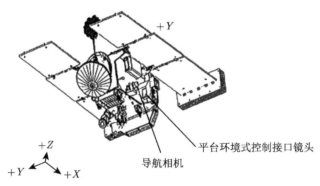

图 8-7　　"星尘号"探测器结构图

5) "罗塞塔号"探测器

"罗塞塔号"由 NASA 深空网、光学光谱红外遥控成像系统辅助其通信导航，并在小行星绕飞着陆阶段提供支持。探测器姿态确定系统由星敏感器、太阳敏感器和惯性单元组成，结构如图 8-9 所示。

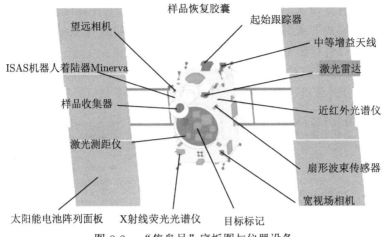

图 8-8 "隼鸟号"底板图与仪器设备

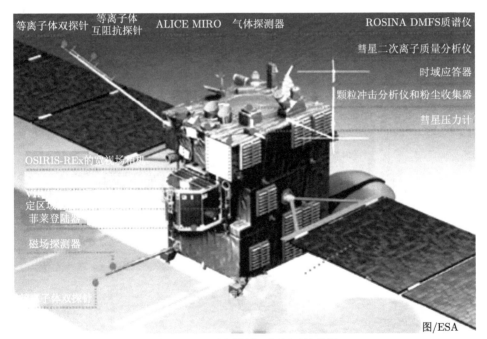

图 8-9 "罗塞塔号"探测器结构图

6) "深度撞击号"探测器

"深度撞击号"由飞掠器和撞击器组成 (图 8-10),其目标是与彗星相撞,观测撞击事件,并使用飞掠器上的成像传感器获得喷射物的红外图像和撞击坑完整的高分辨率图像。撞击器的自主导航系统利用星载高分辨率传感器对彗星所成的图像以及姿态传感器获得的姿态信息实时计算撞击点相对位置。姿态确定系统分为无星模式与有星模式，在无星模式下采用星敏感器与陀螺联合定姿的方式确定姿态，在有星模式下利用撞击瞄准器 (Impact Targeting System，ITS) 拍摄彗星视场中的恒星以进行姿态确定。

飞掠器的自主导航系统包含中分辨率相机和高分辨率相机，高分辨率相机又分为可见光相机和红外相机，撞击器的光学相机与中分辨率相机的参数则完全相同。

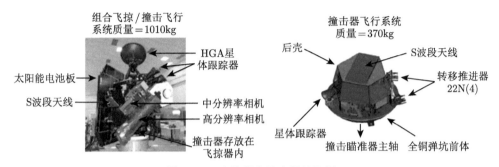

图 8-10　飞掠器和撞击器结构图

7)　"黎明号"探测器

"黎明号"探测器三轴稳定，姿控系统包括 2 台星跟踪器、3 个双轴惯性参考单元、16 台太阳敏感器和 4 个反作用轮装置，使用 2 个反作用轮结合推力器来控制姿态，其结构如图 8-11 所示。

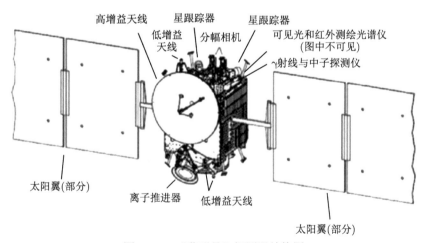

图 8-11　"黎明号"探测器结构图

8)　"嫦娥"系列

"嫦娥二号"搭载了 CCD 立体相机、X 射线谱仪、γ 射线谱仪、激光高度计、监视相机、干涉式成像光谱仪、微波探测仪、高能粒子探测器、太阳风粒子探测

器 (图 8-12),并利用自身携带的 CMOS 相机得到超过 100 张小行星图塔蒂斯的
高分辨率可见光图像。

图 8-12 "嫦娥二号" 外观图

9) OSIRIS-REx

OSIRIS-REx 使用激光高度仪、可见光与红外光谱仪、热辐射光谱仪、成像探
测包、风化层 X 射线成像光谱仪等对小行星表面进行两年的观测建模。OSIRIS-
REx 探测器采用三轴稳定系统,姿态控制系统由 1 个太阳敏感器、2 个星敏感器
和 4 个反作用轮以及惯性导航器件组成,其结构如图 8-13 所示。该探测器搭载的
光学类科学载荷包括:一套成像探测组件 (OSIRIS-REx Camera Suite, OCAMS)、
可见光与红外光谱仪和热辐射光谱仪。

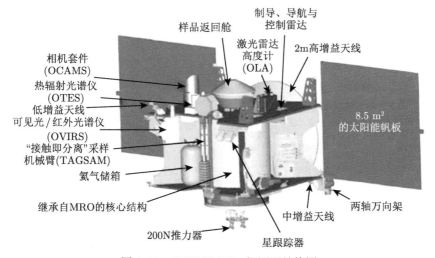

图 8-13 OSIRIS-REx 探测器结构图

8.3.2　典型光学导航传感器系统

在光学导航系统中，光学导航传感器属于核心组成部分。但是与其他导航测量传感器相比，光学导航敏感器观测的目标小、距离远，受到探测极限灵敏度、测量精度及动态范围的限制。为了进一步提高光学自主导航的能力及其适用范围，光学导航传感器的发展是关键。梳理得到的光学导航传感器系统 (表 8-1) 有以下几类。

表 8-1　典型光学导航敏感器系统

光学导航敏感器系统	参与任务(年份)	光学敏感器	平面分辨率/像素	视场/(°)	用途
MSI 多光谱成像仪	NEAR (1996)	CCD相机	—	2.93 × 2.25	在可见光和接近红外波段测量小行星 433 Eros 的体积和测绘其表面形态
MICAS 微型图像相机和分光仪	DS (1998)	可见光频谱探测器 CCD相机 APS	CCD: 1024×1024 APS:256×256	CCD: 0.8 APS: 0.26	CCD: 巡航段探测 APS: 接近和飞掠小行星段 获取高质量小行星图像和跟踪背景恒星
ONC 光学导航相机	MUSES-C (2003)	窄视场相机 ONC-T 宽视场相机 ONC-W	均为1000×1024	ONC-T: 5.7 ONC-W: 60	ONC-T: 构建小天体三维模型，选择着陆点；ONC-W: 进行特征点的检测、跟踪、实时导航
"星尘号"	Stardust (1999)	光学相机、反光镜和潜望镜	CCD: 1024×1024	3.5	完成了飞掠彗星Wild-2 交会段的光学自主实时导航
LIDAR/LRF 雷达测距仪/激光测距仪	MUSES-C (2003)	脉冲激光雷达	—	—	测量目标小行星的引力场、形状和表面粗糙度
OSIRIS 光学光谱和红外遥感成像系统	Rosetta (2004)	窄视场相机 NAC 宽视场相机 WAC	均为 2048×2048	NAC: 2.4 WAC: 12	NAC 能提供彗星细胞核结构和形态的高分辨率图像，WAC 可抑制高杂散光，并具有高动态范围，用于调查彗星表面物质散发过程[63]
AutoNav System	Deep Impact (2005)	中分辨率相机 高分辨率相机	均为 1024×1024	MRI: 0.57 HRI: 0.12	MRI: 提供导航图像和冲击中的高分辨率图像 HRI: 跟踪及备份，对陨石坑做高清晰度拍摄[65]
OCAMS 成像探测组件	OSIRIS-REx (2016)	多光谱相机 PolyCam 测绘相机 MapCam 采样相机 SamCam	均为 1024×1024	PC: 0.8 MC: 4 SC: 20.8	PC: 多功能相机，远距离全球成像，近距离高分辨率成像 MC: 全球测绘，并对采样点地形成像 SC: 采样点地形成像以及全程记录采样[65]

(1) 微型图像相机和分光仪 (MICAS) 是"深空 1 号"任务采用的导航光学敏感器，实际上只有两个可视频道。一个是相当于标准的电荷耦合设备，用于巡航过程中的探测，其平面分辨率为 1024×1024 像素，焦距为 677mm，能获得的

视场为 0.8°, 即大约 14mrad; 另一个是相当小的主动像元敏感器, 其平面分辨率是 256×256 像素, 视场 (FOV) 为 0.26°, 焦距为 677mm, 主要用在接近和飞掠小行星阶段。MICAS 能够获取小天体高质量图像, 并跟踪背景恒星。

(2) 光学导航相机为日本 MUSES-C 任务采用, 包括一个窄视场相机 ONC-T 和两个宽视场相机 ONC-W1、ONC-W2。ONC-T 包括 8 个滤色镜, 视场为 5.7°×5.7°, 分辨率为 20", 工作距离大于 5km。ONC-W 的视场为 60° × 60°, 分辨率为 200", 工作距离小于 5km。窄视场相机主要用于科学观测和构建精确的小天体三维形状模型, 选择合适的着陆点; 宽视场相机用来进行自主光学导航 (特征点的检测、跟踪)。

(3) 多光谱成像仪在 NEAR 探测器上应用, 多光谱成像仪 (Multispectral Imager, MSI) 由一个可见光和近红外波段 CCD 相机和一个数据处理单元组成。CCD 相机的光焦距为 168mm, 视场为 2.93°×2.25°。MSI 的主要科学用途是测量爱神星的体积和测绘其表面形态, 同时它也是探测器被小天体引力场捕获前的导航测量装置。

(4) 激光雷达应用在 MUSES-C 任务中, 主要用来测量目标小行星的引力场、形状和表面粗糙度; 当探测器距离小天体表面 50km 时, 开始测量探测器与小行星表面的距离。

以 NASA 兰利研究中心为 ALHAT 项目研制的闪光式三维成像激光雷达为代表, 此传感器的功能特性为: 工作范围在 0.1~20km, 工作在 5~15km 距离时, 可参照地形进行相对导航, 以及工作在 100~1000m 距离时可进行障碍检测、障碍规避与相对导航。

(5) 光学、光谱和红外遥感成像系统是"罗塞塔"任务中的导航传感器, 根据任务需要, 传感器应在宽波长范围内具有高空间分辨率。它由一个窄视场相机、一个宽视场相机系统和共用的电子盒组成。窄视场相机的视角是 2.4°, 宽视场相机的视角是 12°, 两者的 CCD 平面分辨率都是 2048×2048 像素。其中, 窄视场相机的主要导航功能为确定彗核的旋转状态及其转动惯量、彗核的体积和体密度、质量损失率和非引力的大小、着陆地点的特征。宽视场相机的主要导航功能为确定彗星所有喷射物的质量及其随时间的变化、彗星的光学和物理性质, 并估计尘埃分布等。

(6) OSIRIS-REx 成像探测组件的多光谱相机的视场为 0.8°, 在无穷远距离时使用焦距 629mm、精度达到 13.5μrad/pixel; 在 200m 范围时它的焦距为 610mm, 精度为 13.9μrad/pixel。测绘相机焦距为 125mm, 视场为 4°, 精度达 68μrad/pixel, 最佳的拍摄范围从 125m 到无穷远。采样相机焦距为 24mm, 视场为 20.8°, 精度达 354μrad/pixel, 最佳拍摄范围是 3~30m。

8.3.3 自主导航技术国内外进展简介

现今深空探测活动，特别是小天体探测，已经从早年间的近距离飞掠、绕飞与低空探测，成功升级到小天体表面软着陆并实施采样返回等一系列勘探动作。众多的深空任务将空间探测全面推进到了一个新的时代，自主导航技术在其中发挥了不可或缺的作用，实时导航系统采用诸多传感器协同探测。依据现有成果，可以预测，今后导航技术将会向多维导航信息融合推进。随着深空技术的发展，单一导航技术将不再适用于复杂的任务需求，而协同导航技术将通过优势互补来提高导航系统的精度和效率。

实时的导航算法依赖于相应的导航传感器获取测量信息，复杂、精细、实时性强的空间操作任务对多导航传感器的配置、导航传感器精度以及更新速度提出了更高要求。Dahir 等 [4] 对导航测量源和相应采用的传感器进行了整理。由表 8-2 可以看出，对于小天体探测，传统的应用于地球低轨卫星的导航设备，如地平导航传感器、星折射导航传感器、GPS 导航接收机等由于环境变化和空间设施局限等不再适用；地标跟踪传感器、太阳多普勒测量仪、X 射线脉冲星接收机处于发展阶段，虽然成熟度还有待提高，却是非常具有潜力的导航敏感器；相比之下，太阳敏感器、星敏感器、光学导航相机则是应用非常广泛的导航敏感器。

表 8-2 小天体探测敏感器选择 [4]

自主程度	敏感器	测量量	可用性
自主	地平敏感器	到地球角度	不可用
自主	星光折射敏感器	到地球角度	不可用
自主	磁力计	磁场角度	不可用
半自主	前向多普勒仪	到地面站距离	不可用
半自主	二极管导航灯	到地面网络距离	不可用
半自主	GPS 接收机	航天器位置	不可用
自主	地标跟踪器	到地标的角度	可行
自主	空间六分仪	日地月角度	可行
自主	太阳多普勒仪	到太阳角度	可行
自主	X 射线脉冲星接收机	脉冲星距离	可行
自主	太阳敏感器	到太阳角度	可用
自主	星敏感器	到恒星的角度	可用
自主	光学导航相机	到目标的角度	可用

Steffes 等 [5] 介绍了 Draper 实验室与 NASA 开发的深空自主导航解决方案。包括地月空间飞行、日心行星际飞行、火星接近段、着陆段等不同飞行阶段和不同探测任务场景的导航方案和硬件配置，硬件方案采用模块化思想，根据不同的任务场景选择硬件包和软件功能包 (图 8-14)，可选的硬件有 GPS 接收机、IMU、

宽视场相机、窄视场相机、脉冲星接收机、星敏感器、太阳敏感器等。这样的模块化思想非常具有借鉴意义，能够大大提高硬件设备的复用性，加快导航方案和硬件配置的设计加工流程，降低导航系统研发和装备成本。

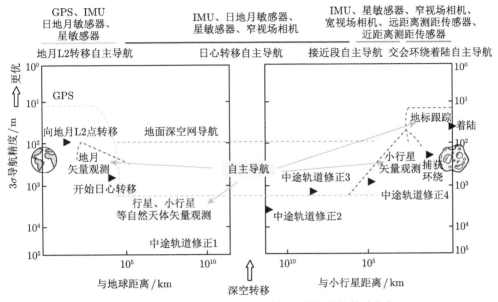

图 8-14　根据不同的任务场景选择硬件包和软件功能包

Guinn 等 [6] 针对整个太阳系范围内的航天器通用星载导航，提出了一个类似于 GPS 的 DPS-Navigator 的概念 (图 8-15)，DPS-Navigator 是一个独立的自主导航硬件和软件系统，它将地基遥测与天文光学测量均视为对某种导航信标的测量。对于小天体导航，DPS-Navigator 将观察小天体地标，以确定位置信息并计算轨道机动。纯光学导航设计的体积较小 (25cm × 12cm × 12cm) 且质量轻，不到 5kg。自主处理，功率要求小于 12W。数据链路要求 (不经常进行设置，监视和维护) 每天少于 50MB。这为我们的导航传感器设计提供了一种思路：实现一种导航传感器一体机，从软件层进行结构优化，将不同的测量虚拟化为一个虚拟综合测量，不同的测量传感器器件虚拟化为一个虚拟的接收机；同时对硬件进行集成化，以降低导航传感器一体机的功耗、体积、质量。

上述的模块化和集成化是导航敏感器发展的重要方向。一方面，模块化能够提供最大的灵活性和可复用性，加速研发过程，降低研发成本；另一方面，集成化有助于设备的小型化、轻量化、低能耗。

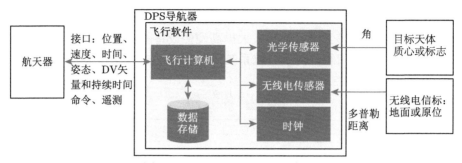

图 8-15　DPS-Navigator 的概念

　　国内外都积极开展对自主导航所需的关键敏感器设备的研发。Gonzalez 等 [7] 提出的导航算法基于一种处于样机研制中 LiDAR 传感器单元，该单元可以根据任务高度信息配置为以三种模式运行：单光束测高仪、多光束测距仪和成像 LiDAR。郝云彩等 [8] 在国内首次开展了用于深空巡航段的自主光学导航敏感器的设计研制和验证工作，其原型样机的设计技术指标为：焦距 953.8mm，视场角 $0.8° \times 0.8°$，探测极限灵敏度 12 星等，测量精度 0.5"(1σ)，动态范围 100∶1。郑玉权等 [9] 对几台国内外典型的星载高光谱成像仪所采用的光学系统结构进行了分析，阐述了棱镜色散、光栅色散、傅里叶变换三种主流高光谱成像仪分光方式的结构原理和优缺点，并根据宽波段、小型化的研究目标，设计了一个全反射式高光谱成像仪光学系统。戴立群等 [10] 概述了此类仪器的国内外研究发展现状，对国外 Landsat 系列载荷、MODIS，国内的"资源"系列载荷、"高分五号"全谱段光谱成像仪等代表性仪器的技术指标和特点进行了总结，分析认为，更加全面和精细的光谱覆盖、成像方式的改进与技术指标的提高、定标手段和定量化水平的提高、数据的持续性及稳定性是未来发展的趋势。赵艳华等 [11,12] 对全谱段光谱成像仪开展了研究，这是"高分五号"卫星上一个重要的对地观测有效载荷，具有谱段多、空间分辨率高、辐射定标精度高的特点。何家维等 [13] 对深空探测的导航相机开展研究，提出通过提高导航相机的灵敏度来提高导航相机的综合性能，特别是提高时间分辨率，以解决高动态条件下的目标探测问题。

　　上述这些研究进展及技术成就都为深空任务提供了重要基础，也为深空自主导航系统的设计提供了思路与启发。

8.4　导航信息获取与处理技术

8.4.1　导航信息

　　光学自主导航的基本原理是探测器利用自身的光学成像敏感器获取导航天体(含天体表面) 的图像，经过图像处理后，提取出导航天体的信息，再结合导航天体星历信息和其他传感器的测量信息 (若需要), 利用滤波算法自主确定探测器的轨道和姿态。

深空转移飞行段一般利用多个导航天体和背景恒星图像信息进行光学自主导航。深空 1 号探测器在深空转移飞行段, 拍摄遥远天体 (如行星、小行星, 以恒星作为参考背景) 的图像, 通过中心提取算法计算对应天体的视线方向, 利用滤波方法处理这些以时间序列收集起来的测量信息, 就可以估计出探测器的位置、速度以及其他相关参数, 实现了光学自主导航。

对于小天体接近段, 光学自主导航的导航天体一般为目标小天体自身。首先对导航相机拍到的图像进行处理, 得到图像中目标小天体的中心, 然后结合探测器的姿态信息, 利用导航滤波算法估计探测器相对于目标小天体的位置和速度。

对于小天体环绕或飞掠段, 一般利用目标小天体边缘特征信息进行光学自主导航。一种方法是利用提取的目标小天体中心点信息和视半径作为观测量来确定探测器的轨道; 另一种方法是利用获取的目标小天体图像和预处理的目标小天体模型进行匹配来确定探测器的轨道。

在软着陆下降段或撞击任务的撞击段, 小天体表面大量形状各异的陨石坑、岩石和纹理可以作为天然的导航路标, 通过对这些路标成像, 进行图像处理和特征匹配, 再结合路标的位置信息可估计出完整的探测器/撞击器位置、速度和姿态信息。

综上, 光学自主导航的重要特征是利用光学传感器获取天体图像数据。根据不同探测任务段的特点, 会得到以下三类导航信息。

1) 中心点信息

利用图像处理方法, 可从光学传感器获取的近天体和远天体 (恒星) 图像中提取出近天体中心和远天体 (恒星) 中心。这些是光学自主导航最常用的测量信息, 可用于转移段、接近段、环绕/飞越段和撞击段等。例如 "深空 1 号" 利用光学传感器对小行星和背景恒星进行光学测量, 获得了小行星和背景恒星的图像信息。

利用传感器物理参数, 可以把近天体和远天体的中心点像素信息转化为视线方向信息, 能够避免复杂不确切的像素计算过程, 也便于利用天文导航原理的位置面概念进行导航定位分析。

根据天体的视线方向, 可以确定近天体视线方向与远、近天体视线方向之间的夹角, 即角距 (两矢量方向的夹角), 如测量恒星与小行星中心的角距、火星卫星与火星中心的角距。采用角距信息最大的优势是, 角距信息与探测器的姿态无关, 且在不同坐标系下保持不变。

2) 边缘点信息

利用图像处理方法, 可从光学传感器获取的近天体图像中提取出天体的边缘点信息。利用球形天体的边缘点信息 (即使当探测器距天体太近而只能获得天体的部分边缘图像时),除了可以确定天体的中心方向之外,还可以确定天体的视半径,进而可以估计探测器距离天体中心的距离。边缘点信息主要用于接近、环绕/飞越球形大天体和环绕小天体的光学成像自主导航,例如:"克莱门汀"(Clementine) 航天器利用了月球图像边缘信息来确定月球的视半径;在小天体环绕飞行段,根据不规则形状小天体的三维模型,利用不规则天体的边缘点图像和图像模型进行匹配,可以确定边缘点的参考位置信息,进而确定探测器的轨道。

3) 特征点信息

利用图像处理方法,可从光学传感器获取的小天体表面图像中提取出表面特征点 (含人工信标) 信息,与预置模型进行匹配,主要用于附着/着陆、撞击和环绕/飞掠段。例如,Muses-C 任务利用光学传感器获取了小行星表面的可视着陆目标和表面特征点图像信息。

8.4.2 导航天体筛选

由于需要同时考虑恒星、行星、小天体作为备选导航天体,其相比于多数研究只考虑恒星背景下小行星作导航星的方案更加全面,但也对导航天体筛选的系统性提出了更高要求。随之而来的是筛选标准的更新、筛选算法的设计。整个导航星筛选规划框架如图 8-16 所示。通过筛选算法得到的面向任务的导航天体与相应星历数据结合,构成面向任务的导航星数据库 (星载),然后根据近地小天体探测任务的分析,确定量测顺序,规划优化指标,通过求解得到最终的面向近地小天体探测任务的导航星量测方案。

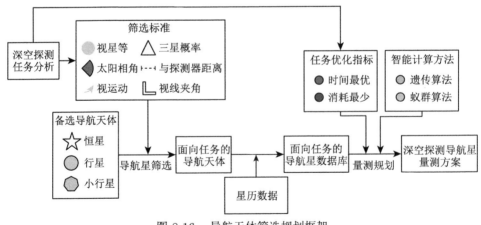

图 8-16 导航天体筛选规划框架

光学自主导航非常关键的一步就是导航天体的筛选。由于深空探测巡航过程中拍摄导航天体的光学数据是确定探测器位置的唯一数据源,所以导航天体序列的优劣直接影响自主导航的精度。在实际情况中，由于在巡航段中采用窄视场光学相机，在同一时刻只能拍摄到一颗导航天体；而且由于图像处理误差及导航天体星历误差的存在，需要在一段时间内拍摄多颗导航天体，通过滤波才能得到满足一定精度要求的位置速度状态估计。另外，由于探测巡航段的时间较长，而探测器和导航天体也在不断运动，所以在不同的时间历元，需要选择不同的导航天体序列。总的来说，需要根据标称轨道和星载导航相机的光学性能，以及星载计算机的计算能力，筛选出用于巡航过程的导航天体序列。

8.4.2.1 导航天体选取标准

以小天体作为导航天体为例，导航小行星选取标准可以分为三类。与导航传感器成像条件相关的标准有太阳相角、视星等，与图像处理相关的标准有视运动、三星概率，与导航精度相关的标准有探测器与小天体距离、视线夹角。

1) 太阳相角

与星敏感器一样，导航传感器也需要考虑杂光抑制问题，除了设计专门的遮光罩以尽最大可能地抑制杂光之外，实际成像还必须限定导航传感器光轴与强干扰光源之间的夹角，避免强光源光线进入导航传感器通光孔。在一般深空探测任务中，最主要的干扰光源就是太阳。定义太阳相角 α 为太阳到导航天体的连线与探测器到导航天体的连线的夹角。

太阳相角 α 的计算公式为

$$\alpha = \arccos\left[\frac{(r_{\mathrm{a}} - r) \cdot r_{\mathrm{a}}}{\|r_{\mathrm{a}} - r\| \cdot \|r_{\mathrm{a}}\|}\right] \tag{8-1}$$

式中，r_{a} 为导航天体在日心黄道坐标系中的位置；r 为探测器在日心黄道坐标系中的位置。

显然，太阳相角越大，进入通光孔的杂光越多，特别是太阳相角等于 180° 时，太阳光会直摄入通光孔。因此，根据遮光罩的太阳光抑制能力，导航传感器光轴对准导航天体成像有最大太阳相角 $\alpha_{\max}$ 约束。太阳相角 (探测器–小天体–太阳夹角) 不能太大，以防过量的太阳光进入导航传感器，干扰成像。也就是说，以探测器为顶点，探测器到导航天体连线为轴线，以最大太阳相角 $\alpha_{\max}$ 为半锥角，存在一个空间圆锥，太阳必须位于此空间圆锥之内。此空间圆锥的半锥角一般在 120° $\sim$ 140°，具体阈值根据导航传感器结构确定。

2) 视星等

视星等最早是由古希腊天文学家喜帕恰斯定义的，他为考察天体的目视亮度，把肉眼能看见的最亮的星作为 1 等星，最暗的星作为 6 等星。1850 年英国天文学家普森发现 1 等星要比 6 等星亮 100 倍，根据这个关系，星等被量化。重新定义后的星等，每级之间亮度相差 2.512 倍，1 勒克斯 (亮度单位) 的视星等为 -13.98。

但是星等 1~6 并不能描述当时发现的所有天体的亮度，天文学家延展本来的等级定义——引入负星等概念，这样整个视星等体系一直沿用至今。例如，牛郎星为 0.77 星等，织女星为 0.03 星等，最亮的恒星为 −1.45 星等，太阳为 −26.7 星等，满月为 −12.8 星等，金星最亮时为 −4.6 星等。现在地面上最大的望远镜可以看到 24 星等，而哈勃望远镜则可以看到 30 星等。

只有从已知距离观察一个恒星得到的亮度，才能确定它自身的发光强度，并用来与其他星体进行比较。把从距离星体 10 个秒差距的地方看到的目视亮度 (也就是视星等)，叫作该星体的绝对星等。按照这个度量方法，牛郎星为 2.19 星等，织女星为 0.5 星等，天狼星为 1.43 星等，太阳为 4.8 星等。

因为行星、小行星和彗星等天体只能依靠反射太阳光和星光才能看到，即使从固定的距离观察，它们的亮度也会不同，所以行星、小天体的绝对星等需要另外定义。

天体的绝对星等可以通过查询星历得到，再结合具体观测条件就能计算出天体的视星等。下面给出一个天体视星等通用计算公式：

$$V = H + 2.5 \log_{10} \left[\frac{d_{\mathrm{BS}}^2 d_{\mathrm{BO}}^2}{p(\alpha) d_0^2} \right] \tag{8-2}$$

式中，H 是绝对星等；d_{BS} 是太阳到天体的距离；d_{BO} 是观测点到天体的距离；α 是太阳相角；$p(\alpha)$ 是相积分；d_0 是 1AU。其中相积分是对反射光的积分，值域为 $0 \sim 1$，其定义为

$$P = 2 \int_0^\pi \frac{I(\alpha)}{I(0)} \sin \alpha \mathrm{d}\alpha \tag{8-3}$$

式中，$I(\alpha)$ 是定向散射通量。

除了通用公式之外，计算天体视星等还有一些精度更高的经验公式。根据 Bowell 模型 (1985 年被 IAU 采用)[27]，小天体的视星等可以通过下式计算：

$$V = H + 5 \cdot \log_{10}(d \cdot r) - 2.5 \cdot \log_{10}[(1 - G) \cdot \phi_1(\alpha) + G \cdot \phi_2(\alpha)] \tag{8-4}$$

其中，r 和 d 的单位是 AU。相位 ϕ_1 和 ϕ_2 是经验公式，具体如下：

$$\phi_1(\alpha) = \exp\left(-3.33 \cdot \tan^{0.63}\left(\frac{\alpha}{2}\right)\right)$$
$$\phi_2(\alpha) = \exp\left(-1.87 \cdot \tan^{1.22}\left(\frac{\alpha}{2}\right)\right) \tag{8-5}$$

小天体的视星等必须小于导航传感器能成像的最小值才是可见的。视星等取决于绝对星等 (H)、反照率 (G)、太阳与小天体的距离 (r)、探测器与小天体的距离 (d)、相角 (太阳–小天体–探测器夹角)(α)。

3) 视运动

视运动即天体相对探测器运动的角速度。一般来说，恒星到太阳系的距离要远大于太阳系的半径，因此可认为在探测任务期内，恒星在天球上的位置保持不变。其中，天球是为研究天体的位置和运动，而引进的一个假想圆球，一般以观测点为中心，在天球上，只有角距离而没有线距离，因为天球的大小是任意的。但是太阳系内天体相对探测器的角位置不能假设不变。在成像曝光期间，如果导航天体相对探测器的角速度很小，则其像点与背景恒星的像点形状一致，易于图像处理算法提取角距。反之，如果导航天体相对探测器的角速度很大，则有可能恒星的像点轨迹是点状，而导航天体的像点轨迹是线状，这种情况给图像处理带来了很大困难。小行星相对恒星背景的视运动应该足够缓慢，以保证多互相关算法能够在图像中识别出目标。成像时，若认为恒星分布在以探测器为球心的天球上，则小行星视运动快慢就取决于小行星相对探测器的角速度。导航天体的视运动计算公式如下：

$$\omega_{\mathrm{LOS}} = \frac{\|(\boldsymbol{v}_{\mathrm{a}} - \boldsymbol{v}) \times (\boldsymbol{r}_{\mathrm{a}} - \boldsymbol{r})\|}{\|\boldsymbol{r}_{\mathrm{a}} - \boldsymbol{r}\|^2} \tag{8-6}$$

式中，$\boldsymbol{v}_{\mathrm{a}}$ 为天体在日心黄道坐标系中的速度；$\boldsymbol{r}_{\mathrm{a}}$ 为天体在日心黄道坐标系中的位置；$\boldsymbol{v}$ 为探测器在日心黄道坐标系中的速度；$\boldsymbol{r}$ 为探测器在日心黄道坐标系中的位置。

4) 三星概率

在深空转移轨道段和接近轨道段，导航图像中一般含有背景恒星，由此根据星历可以给出成像时刻导航传感器光轴的惯性指向信息。考虑到一般星图识别算法识别出图像所属的星空区域，要求背景至少要包含 3 颗恒星。背景恒星星等的上下限受导航传感器曝光时间和动态范围约束。曝光时间主要根据导航天体的亮度确定，动态范围是指一幅图像中非饱和最亮像点和最暗像点之间亮度相差的倍数，由导航传感器的自身性能决定。若恒星亮度超出星等上限，成像就会饱和。反之，若低于下限，也无法成像。

在确定背景恒星星等的上下限之后，仍然无法准确预测导航传感器视场内的恒星数量，因为这和导航敏感器姿态紧密相关，姿态的微小变化就可能引起视场边缘处恒星的越出或者进入视场。Chausson 等用概率方法分析了此问题。设观测空域的平均星密度是 $\rho_{\mathrm{stars}}/(°)^2$。在给定的 $\omega(°)^2$ 视场内，含 k 颗恒星的概率服从泊松分布：

$$P(k) = \frac{1}{k!}(\rho\omega)^k \mathrm{e}^{-\rho\omega} \tag{8-7}$$

则三星概率为

$$P_{3\text{-stars}} = 1 - \sum_{k=0}^{2} P(k) \tag{8-8}$$

以 $1° \times 1°$ 的敏感器视场为例，三星概率与平均星密度的关系如图 8-17 所示。

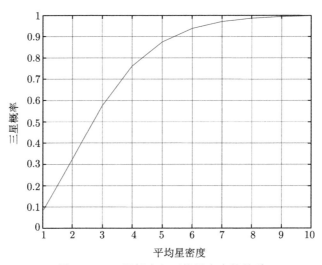

图 8-17　三星概率与平均星密度的关系

平均星密度 ρ 的一种计算方法是：首先统计以天体为中心、半径足够大的圆形空域内的恒星数量，然后再除以圆形空域的面积。

分析三星概率时需要用到恒星星表，如 SAO 星表 (The Smithsonian Astrophysical Observatory Star Catalog)。在星表中恒星星历一般是以赤经 α、赤纬 δ 的形式给出。换算成地心赤道坐标系中单位矢量的公式如下：

$$\boldsymbol{r}_{\text{star}} = \begin{bmatrix} \cos\alpha\cos\delta \\ \sin\alpha\cos\delta \\ \sin\delta \end{bmatrix} \tag{8-9}$$

若已知深空探测器到天体的单位视线矢量在日心黄道坐标系中的投影 $\boldsymbol{r}_{\text{s}}$，可以将其转化为地心赤道坐标系中的投影 $\boldsymbol{r}_{\text{e}}$，则视线矢量与恒星矢量的夹角为

$$\beta = \arccos\left(\frac{\boldsymbol{r}_{\text{e}} \cdot \boldsymbol{r}_{\text{star}}}{\|\boldsymbol{r}_{\text{e}}\| \|\boldsymbol{r}_{\text{star}}\|}\right) \tag{8-10}$$

如果夹角小于指定半锥角，则该恒星位于天体的圆形背景空域内。天球上不同经纬度的三星概率如图 8-18 所示。

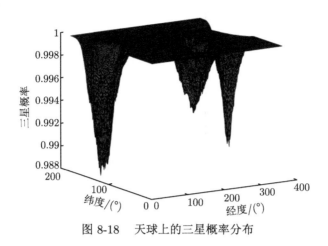

图 8-18　天球上的三星概率分布

5) 探测器与小天体距离

导航传感器噪声会产生视线方向上的误差。距离越远，视线方向误差引起的定位误差越大。为减小噪声的影响，则探测器与小天体距离越近越好。

6) 视线夹角

每次自主导航需要观测一组小天体。由探测器指向小天体的视线方向的夹角不同，则最终的导航精度也不同。每次自主导航所用的一组小天体在空间的分布越均匀越好。对于 2 颗小天体的情况，其视线夹角越接近于 90°，定位精度越高；越接近于 0°，定位精度越低。

8.4.2.2　阈值选取

根据典型的光学导航传感器性能指标进行阈值选取，如表 8-3 所示。

表 8-3　小行星选取阈值

标准	阈值
可见星等	$\leqslant 12$
距离	$\leqslant 3 \times 10^8 \mathrm{km}$
太阳相角	$\geqslant 135°$
视运动	$\leqslant 0.1 \mu\mathrm{rad/s}$
三星概率 (星等 $\leqslant 11$)	$\geqslant 99.9\%$
视线夹角	$>5°$

典型的导航传感器性能为：分辨率为 $13\mu\mathrm{rad}$，视场为 $1(°)^2$，动态范围为 1:100。Chausson 等针对此性能列出上述部分选取标准的阈值。满足此阈值限制的小行星可用于自主光学导航，作为进一步评估选取的备选星。

8.4.2.3 最优导航天体组合选取方法

自主光学导航进行一次轨道确定，需要观测多颗导航天体。选择不同的导航天体组合，导航定位精度也不同。下面基于误差协方差分析，给出空间分布评价值概念，用于从备选导航天体中找出最优组合。这里需要提出一种新的综合评估值——NEV(New Evaluation Value)。

选取最优导航天体的组合方法为：设一次自主导航需要观测 $m > 12$ 颗导航天体，而符合选取标准的备选星有 $n(n > m)$ 颗，则共有 C_n^m 种组合方式；计算所有组合的 NEV 值；NEV 值最小的，就是最优导航天体组合。

导航综合评估值可以建立为候选导航天体各项参数 (可见星等、相角、距离、视运动) 的值与相应筛选准则偏差的加权和：

$$\text{NEE} = \sum_{i=1}^{4} w_i \text{Er}_i \tag{8-11}$$

式中，w_i 为各项的权值，与各项对导航精度的影响有关；Er_i 为候选导航天体参数与对应筛选准则偏差的绝对值。

由综合评估值定义可知，候选导航天体的导航综合评估值越大，表明其越适合用于此次导航。每次进行自主光学导航时，对符合准则的所有候选导航天体导航综合评估值从大到小进行排序，依次选择导航评估值最高的候选导航天体为导航天体，具体步骤如下：

(1) 对符合准则的所有候选导航天体按导航综合评估值从大到小进行排序；

(2) 选择序列中导航综合评估值最大的候选导航天体，并将其从序列中删除；

(3) 把 (2) 中选中的小行星作为第一颗导航天体；

(4) 选择当前序列中导航综合评估值最大的候选导航天体，并将其从序列中删除；

(5) 如果 (4) 选中的候选导航天体与已有的导航天体间的视线夹角均大于 5°，则将其选为下一颗导航天体，否则再次执行 (4)；

(6) 如果已得到需要数目的导航天体，则完成筛选；否则继续执行 (4)。

还可以同时考虑小天体、行星、恒星的导航星筛选方法，但筛选标准要有针对性地增加，综合评估值也需要重新设计。

8.4.3 导航天体成像

8.4.3.1 选择导航天体的基本原则与主要步骤

(1) 利用设计的标称轨道和导航天体星历，根据探测器相对于导航天体的距离和速度约束筛选出对应时间区间的导航天体列表。

(2) 根据绝对星等约束 (需要注意: 绝对星等是在一个天文单位的距离定义的, 所以, 星等较高的导航天体如果距离探测器非常近, 仍能用作导航小行星), 筛选出满足导航目标亮度要求的导航天体列表。

(3) 由于给定的观测窗口获得导航天体图像受到相机指向、在两个小行星之间的机动时间和光照条件等限制, 所以导航天体相对于探测器的视线方向和相机光轴指向夹角只有在一定范围内时, 导航相机才能得到导航天体的图像。根据探测器相对于导航天体的视线方向和探测器当前的期望姿态 (假定探测器对日定向, 且体坐标系与轨道坐标系重合), 考虑到相机的安装位置和可能成像到相机的恒星数, 可以给出对应时间区间的可用导航天体列表。

(4) 优化导航天体列表, 以保证每个观测窗口对导航天体拍照所需的机动时间最小。

8.4.3.2 成像序列规划

在实际任务的巡航过程中, 当探测器进入自主导航模式后, 需要按照地面事先设计的成像顺序逐一拍摄对应的导航天体。在每次拍摄下一颗导航天体前, 需要预先计算姿态调整所需要的时间、姿态调整的角度等参数。拍摄每颗导航天体所需要的姿态调整时间是有限制的, 如果计算得到的调整时间不足, 那么将放弃这一颗导航天体的成像, 转为拍摄下一颗导航天体。成像效果的好坏及拍摄图像的数量将直接影响图像处理的结果和观测数据量, 因此, 规划导航天体的成像序列是地面上非常重要的一步工作。

在筛选出导航天体组合后, 需要对此次导航的成像序列进行规划。成像序列规划中采用差额策略, 则此问题可描述为: 在 $n(n > 12)$ 颗候选导航天体中, 筛选出 12 颗, 使整个导航姿态机动过程 (从初始姿态开始, 依次机动完成对 12 颗导航天体的成像, 然后回到初始姿态的整个过程) 的性价比 R_{vs} 最高:

$$R_{vs} = \sum_{i=1}^{12} V_i \sum_{j=1}^{13} S_j{}^2 \tag{8-12}$$

式中, V_i 为第 i 颗导航天体的综合评估值; S_j 为导航过程从第 $j-1$ 颗导航天体成像姿态机动到第 j 颗导航天体成像姿态所耗的资源量, 可以用姿态机动时间来表示。其中假设初始位置 (即导航前探测器相机矢量的指向点) 为第 0 和 13 颗导航天体的成像姿态, 令整个姿态动机路径构成一个回路。

此问题可归结为一个类似 TSP 旅行商问题, 属于 NP 难问题, 其解的搜索空间与 n 呈指数增长。在这个问题中, 其解空间 N 为

$$N = C_n^{12} \times 12! = n(n-1)(n-2)\cdots(n-11) \tag{8-13}$$

对于这类问题很难通过全局搜索法精确地找出最优解，需要引入找到最优解或近似最优解的快速算法，改进遗传算法、改进蚁群算法等智能计算方法都是有待尝试的方案。

8.4.4　导航图像的目标检测方法

由于小天体尺寸较小，对其进行检测需要提高探测能力。最直接的方法就是增大相机的口径，但是为了保证相机的角分辨率以及受探测器的载荷限制，小天体探测器的传感器尺寸不可能太大。第二种方法就是延长曝光时间，这种方法在恒星、星系等"静目标"的探测上效果良好，但是并不适合视运动速度过大的近天体的探测，并且曝光时间受背景光的限制不可能无限制地增加。第三种方法是图像叠加方法，即使每幅图像上来自同一目标源的光子经过叠加后落在叠加图像上的同一位置，从而达到延长目标天体"有效曝光时间"的目的。对于"静目标"来说，其位置几乎随时间变化，所以叠加容易实现，但是由于动目标在每幅时序图像上的位置都不同，给图像叠加带来困难。中国科学院光电技术研究所提出了一种深空运动目标的检测方法，可用于转移段黯淡运动天体目标的提取 [14]。王斌等 [15] 将位移叠加方法应用在连续曝光的多张图像，通过试位法预估动目标的视运动速度，确定动目标的存在性，进一步根据目标星象特征判据 (信噪比和星象伸长率) 迭代确定动目标的精确位置；将位移叠加方法应用在连续曝光的多张图像，提高了暗弱小天体的识别效率。

光流法是另一种目标检测方法。其基本原理/方法是通过比较连续图像以找到运动矢量，常用于运动目标检测，这在地基天文观测的新天体发现以及在轨目标小天体检测阶段十分重要。Fujita 等 [16] 基于光流法提出了一种对图像序列中的空间碎片进行运动检测和目标跟踪的技术。日本提出了"堆叠方法" [17] 和"线识别技术" [18] 来解决相同的问题。Sun 等 [19] 将这类方法应用于天体的跟踪。基于天体两幅相邻图像之间的灰度梯度，计算基于点的光流，判断天体点区域并获得准确的天体点位置，随后在高动态条件下保持连续天体跟踪，然后将获得的天体矢量与扩展卡尔曼滤波器结合以进行角速度估计，保证对天体区域的区域预测。对于相邻帧恒星背景图像，运用光流法减去背景可找到运动目标以及亮的恒星，如果小天体太小、太暗 (只占 5 个像素)，就采用亮星遮盖检测，即通过对比前后帧发现恒星被小天体遮挡的时刻 [20]。在小天体任务巡航段末期以及接近段，能够利用这类方法进行目标小天体的检测与跟踪。

8.4.5 导航观测数据提取技术

8.4.5.1 中心提取算法

除了腐蚀、膨胀、二值化、灰度化、轮廓提取等图像增强方法[21]外，中心提取技术应该是光学自主导航最基础，也是最先广泛应用的图像处理技术，相关任务包括"旅行者号"与木星交会任务[22]，"旅行者号"天王星、海王星交会任务[23,24]，"伽利略号"与小行星格拉斯普拉交会任务[25,26]，"深空 1 号"[27]，"深度撞击"任务[28,29]，NEAR 探测小行星 Eros 任务[30]，"隼鸟 1 号"[31-34]，"隼鸟 2 号"[35,36]，"罗塞塔号"彗星飞越任务[37-43]，"赫拉"任务[44]，OSIRIS-REx 任务[45]，AIM-DART[46,47] 等。

事实上，根据不同图像类型开发的不同中心提取技术，其本质就是新的量测方法，从针对点目标图像开发的像散模型[48]，针对拖影问题开发的星迹中心提取方法[23,24]，到针对椭球天体的明地平图像开发的边缘提取与椭圆拟合求中心的方法[49]，再到针对不规则面目标求亮度中心的 blobber 方法[29,50] 等，都是如此。

令人印象深刻的是"伽利略号"与小行星格拉斯普拉交会任务[25,26]中，由于高增益天线故障，只能下传 4 张图片，通过设计超长曝光时间内相机晃动成像方案和新的晃动图像中心提取方法，达到了每张图片内进行多次成像测量的效果。图 8-19 为实际光照条件下带阴影的目标小天体图像。

图 8-19 实际光照条件下带阴影的目标小天体图像

自主导航系统的图像处理可以提供探测器与小天体间相对轨道随时间变化的观测数据。自主导航系统获取的所有图像信息都将用于目标亮度中心的计算。一些筛选出来的图像还可用于最佳撞击位置的确定,自主导航系统确定图像中心的方法包括两种:①质心盒算法,所有像素的亮度均大于某一亮度阈值,并位于预先确定的像素子区域内;②斑点算法,找到图像中的每个离散"点",即像素亮度大于某一极限值的一个或多个毗邻区域,计算每个斑点的中心并确定最大斑点的中心。

场景分析时的图像处理可采用质心盒算法或斑点算法,以确定亮度中心的参考位置。第一步,从边界向中心扫描图像,通过每个像素亮度与亮度阈值的比较,确定小天体的外部轮廓。第二步,以每个小天体像素为中心,作半径等于 3δ 误差或控制误差的圆,其中,控制误差可由蒙特卡罗仿真确定。对于每个像素,我们均需计算以下参数:小天体所占像素总数、图像像素总数,以及探测器与彗核的相对距离。可撞击位置的像素点必须以 95% 的概率包含控制误差内的彗核像素。将符合条件的像素进行对比,然后按以下的三个优先级标准进行降序排列。第一个标准是使所包含的小天体所占像素数量最大。当超过两个位置满足第一个标准时,第二个标准即所包含小天体外的像素数量最小。第三个标准是探测器与理论最近点的接近程度,我们称之为"偏置"。偏置促使撞击位置移向小天体表面最容易被位于近心点附近的探测器观测到的位置,对应视角为 45°,进而增强了探测器在最高分辨率成像期间顺利拍摄撞击坑形成过程的能力。亮度中心参考位置与所选位置间的差别可以计算出来,并转化为惯性修正矢量,该矢量可以保存下来,并提供给自主导航机动计算软件。

8.4.5.2 形心视直径提取

除了中心提取算法,椭圆处理算法也是常用的目标小天体图像处理算法,如散点椭圆拟合[51]、基于多图像的椭圆重构[52]、基于椭圆图像的球体重构[53]。进行椭圆处理的目的一般是提取目标图像的中心以及目标的视直径,这是非常重要的导航信息,能够用于估计与目标天体的距离[49]。国内也对相应的天体光学图像处理方法进行了研究。在天体测量信息的提取方面,北京控制工程研究所针对转移段深空拖尾图像,提出了一种交互相关的图像处理方法[54]。中国科学院自动化研究所提出了一种针对不规则天体图像的视线矢量提取方法[55]。南京航空航天大学针对宽视场面目标天体图像提出了一种边缘拟合图像处理方法[56]。

形心视直径导航测量的思想为:如果一颗天体的实际大小和形状是已知的,那么它在图像中的投影大小与相机和目标小天体之间的距离有关。此外,如果可以在图像中找到目标小天体的中心,那么从相机到目标小天体中心的视线方向也就已知了。将这两部分信息结合起来，就可以估计出探测器的位置。假设目标小天体为三轴椭球体，则其在像面上的透视投影为椭圆。

Christian 等 [57] 提出了一种较完善的中心视直径 (Centroid Apparent Diameter，CAD) 提取算法，其核心在于光照轮廓线的提取和嵌入探测器与目标天体相对距离的参数化椭圆拟合。Borissov 等 [58] 也提出了一种 CAD 算法，拍摄恒星背景月球照片，根据背景恒星确定月球方位，根据月球成像确定与月球的距离。Christian[49] 提出的改进 CAD 方法是一种直接的、非迭代的方法，用来求解探测器相对于以三轴椭球为模型的天体的相对位置，该方法假设目标天体是一个标准规则的三轴椭球体或者近似三轴椭球体。Christian[59] 之后又提出了一种迭代的改进方法。Mortari 等 [60] 介绍了用于导航的天体图像处理算法，该算法是针对三轴椭球体的一般情况而得出的，利用椭球体与平面相交为椭圆，那么成像平面上的天体轮廓点应该满足椭球和椭圆两个方程的约束。文中使用从地球拍摄的真实月球照片，阐明图像处理步骤并验证了所提出的理论。LUMIO[61] 是运行在地月 L2 点的 12U 微纳卫星，该卫星运用了 Christian 等 [57] 的 CAD 方法，利用月球的图像来估计航天器的位姿以及定轨。

国内，吴双卿等 [62] 对深空探测光学自主导航中光学自主图像信息测量方法进行了研究。根据不同任务阶段中目标导航星成像特点，对远距离星图采用质心中心定位方法，对近距离所成的面目标首先用 Otsu 最大类间方差法进行自动分割，提取边缘闭区域轮廓，并用有效轮廓数据进行椭圆拟合，然后计算出目标中心像素位置，以获得视线角信息。

8.5　实时导航滤波技术

目前大部分深空任务的导航参数估计都采用最小二乘滤波批处理滤波算法 [63,64]，解算出使得损失函数残差二次型最小的状态量作为导航参数的最优估计。这种方法实现简单，并且不需要知道状态量的任何先验统计信息。但其局限性在于没有利用轨道动力学等先验信息，每次滤波估计需要更多历史观测数据，且实时性较低。

实时的导航信息是探测器实时控制的基础。实时导航需要可以实时处理导航信息的卡尔曼滤波 (Kalman Filter，KF)、扩展卡尔曼滤波 (Extended Kalman Filter，EKF)、无迹卡尔曼滤波 (Unscented Kalman Filter，UKF) 等序贯滤波算法。这些算法由于计算过程不需要反复迭代，与最小二乘法相比存储容量小、处理速度快，所以更适用于深空探测器的实时导航，其在"使信号"、"深空 1 号"等探测器的天文导航系统中得到了应用 [65,66]。

由于深空探测器对实时精确导航信息的迫切需求，探测器导航系统通常使用这两种滤波算法的组合。一种算法负责前向处理数据，另一种算法负责对每个时间间隔内的多组量测数据进行后向处理。可以利用序贯滤波方法进行双向数据处理，也可以利用序贯滤波和批处理滤波的组合分别进行前向数据估计和后向数据平滑 [67]。

8.5.1 传统的卡尔曼滤波算法

考虑一般的非线性系统：

$$
\begin{aligned}
&\boldsymbol{x}_{k+1} = f\left(\boldsymbol{x}_k, \boldsymbol{u}_k, t_k\right) + \boldsymbol{w}_k \\
&\boldsymbol{y}_k = h\left(\boldsymbol{x}_k, t_k\right) + \boldsymbol{v}_k \\
&\boldsymbol{w}_k \sim \left(0, \boldsymbol{Q}_k\right) \\
&\boldsymbol{v}_k \sim \left(0, \boldsymbol{R}_k\right)
\end{aligned}
\tag{8-14}
$$

非线性滤波的流程一般为：

(1) 初始化 (反映了对于状态的先验信息)。

$$
\hat{\boldsymbol{x}}_0^+ = E\left(\boldsymbol{x}_0\right)
\tag{8-15}
$$

$$
\boldsymbol{P}_0^+ = E\left[\left(\boldsymbol{x}_0 - \hat{\boldsymbol{x}}_0^+\right)\left(\boldsymbol{x}_0 - \hat{\boldsymbol{x}}_0^+\right)^{\mathrm{T}}\right]
\tag{8-16}
$$

(2) 时间更新 (依据状态方程对状态估计和协方差进行更新，反映的是所建立的系统模型的动力学特性)。

$$
\hat{\boldsymbol{x}}_k^- \leftarrow \hat{\boldsymbol{x}}_{k-1}^+
\tag{8-17}
$$

$$
\boldsymbol{P}_k^- \leftarrow \boldsymbol{P}_{k-1}^+
\tag{8-18}
$$

(3) 量测更新 (根据最新获取的导航观测值对状态估计和协方差进行更新，反映的是基于实际观测数据的潜在模型)。

$$
\hat{\boldsymbol{x}}_k^+ \leftarrow \hat{\boldsymbol{x}}_k^-
\tag{8-19}
$$

$$
\boldsymbol{P}_k^+ \leftarrow \boldsymbol{P}_k^-
\tag{8-20}
$$

(4) 重复 (2)、(3) 步，直到滤波过程结束，流程图如图 8-20 所示。

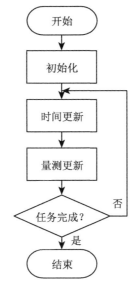

图 8-20 非线性滤波的一般流程

8.5.2 无迹卡尔曼滤波

无迹卡尔曼滤波 (Unscented Kalman Filter，UKF) 的优点是不需要对非线性方程进行线性化，而是选取一些特殊的样本点，使其均值和方差等于采样时刻的状态方差和均值，这些采样点通过该非线性系统，产生相应的变换采样点，对这些变换采样点进行计算，便可得到预测的均值和协方差。对于非线性比较严重的系统，由于 UKF 不需要计算雅可比矩阵，不需要对状态方程和量测方程线性化，所以也就没有对高阶项的截断误差，与 EKF 相比可以获得更高的精度。

标准的 UKF 算法在 $\hat{\boldsymbol{X}}(k|k)$ 附近选取一系列样本点，这些样本点的均值和协方差分别为 $\hat{\boldsymbol{X}}(k|k)$ 和 $\boldsymbol{P}(k|k)$。设状态变量为 $n \times 1$ 维，那么，$2n + 1$ 个样本点及其权重分别为

$$\chi_{0,k} = \hat{x}_k, \quad \boldsymbol{W}_0 = \tau/(n+\tau) \tag{8-21}$$

$$\chi_{i,k} = \hat{x}_k + \sqrt{n+\tau}(\sqrt{\boldsymbol{P}(k|k)})_i, \quad \boldsymbol{W}_i = 1/\left[2(n+\tau)\right] \tag{8-22}$$

$$\chi_{i+n,k} = \hat{x}_k - \sqrt{n+\tau}(\sqrt{\boldsymbol{P}(k|k)})_i, \quad \boldsymbol{W}_{i+n} = 1/\left[2(n+\tau)\right] \tag{8-23}$$

式中，$\tau \in \boldsymbol{R}$；当 $\boldsymbol{P}(k|k) = \boldsymbol{A}^{\mathrm{T}}\boldsymbol{A}$ 时，$\left(\sqrt{\boldsymbol{P}(k|k)}\right)_i$ 取 $\boldsymbol{A}$ 的第 i 行，当 $\boldsymbol{P}(k|k) = \boldsymbol{A}\boldsymbol{A}^{\mathrm{T}}$ 时，$(\sqrt{\boldsymbol{P}(k|k)})_i$ 取 $\boldsymbol{A}$ 的第 i 列。标准的 UKF 算法如下所述。

(1) 初始化

$$\hat{\boldsymbol{x}}_0 = E[\boldsymbol{x}_0], \quad \boldsymbol{P}_0 = E[(\boldsymbol{x}_0 - \hat{\boldsymbol{x}}_0)(\boldsymbol{x}_0 - \hat{\boldsymbol{x}}_0)^{\mathrm{T}}] \tag{8-24}$$

(2) 计算采样点

$$\chi_{k-1} = [\,\hat{\boldsymbol{x}}_{k-1} \quad \hat{\boldsymbol{x}}_{k-1} + \sqrt{n+\tau}(\sqrt{\boldsymbol{P}_{k-1}})_i \quad \hat{\boldsymbol{x}}_{k-1} - \sqrt{n+\tau}(\sqrt{\boldsymbol{P}_{k-1}})_i\,], \quad i = 1, 2, \cdots, n \tag{8-25}$$

(3) 时间更新

$$\chi_{k|k-1} = f(\chi_{k-1}, k-1) \tag{8-26}$$

$$\hat{x}_k^- = \sum_{i=0}^{2n} W_i \chi_{i,k|k-1} \tag{8-27}$$

$$\boldsymbol{P}_k^- = \sum_{i=0}^{2n} \boldsymbol{W}_i [\chi_{i,k|k-1} - \hat{\boldsymbol{x}}_k][\chi_{i,k|k-1} - \hat{\boldsymbol{x}}_k]^{\mathrm{T}} + \boldsymbol{Q}_k \tag{8-28}$$

$$Z_{k|k-1} = h(\chi_{k|k-1}, k) \tag{8-29}$$

$$\hat{z}_k^- = \sum_{i=0}^{2n} W_i Z_{i,k|k-1} \tag{8-30}$$

(4) 量测更新

$$\boldsymbol{P}_{\hat{z}_k \hat{z}_k} = \sum_{i=0}^{2n} \boldsymbol{W}_i [Z_{i,k|k-1} - \hat{z}_k^-][Z_{i,k|k-1} - \hat{z}_k^-]^{\mathrm{T}} + \boldsymbol{R}_k \tag{8-31}$$

$$\boldsymbol{P}_{\hat{x}_k \hat{z}_k} = \sum_{i=0}^{2n} \boldsymbol{W}_i [\chi_{i,k|k-1} - \hat{x}_k^-][Z_{i,k|k-1} - \hat{z}_k^-]^{\mathrm{T}} \tag{8-32}$$

$$K_k = \boldsymbol{P}_{\hat{x}_k \hat{z}_k} \boldsymbol{P}_{\hat{z}_k \hat{z}_k}^{-1} \tag{8-33}$$

$$\hat{x}_k = \hat{x}_k^- + K_k(Z_k - \hat{Z}_k^-) \tag{8-34}$$

$$P_k = P_k^- - K_k \boldsymbol{P}_{\hat{z}_k \hat{z}_k} K_k^{\mathrm{T}} \tag{8-35}$$

式中，$\boldsymbol{Q}_k$ 和 $\boldsymbol{R}_k$ 分别为系统和量测噪声协方差。当 $x(k)$ 假定为高斯分布时，通常取 $n + \tau = 3$。

　　UKF 虽然可以有效地解决系统的非线性问题，但其不足之处是不适于噪声非高斯分布的系统。对于噪声非高斯分布的系统，可以采用粒子滤波的方法。

8.5.3 无迹粒子滤波

Eric Wan 等于 2000 年提出了无迹粒子滤波 (Unscented Particle Filter, UPF) 方法，该方法利用 UKF 来得到粒子滤波的重要性采样密度，也就是利用 UKF 来生成下一个预测粒子，每个粒子的采样密度可由下式得到：

$$q(x_k|x_{0:k-1}^i, z_{1:k}) = N(\bar{x}_k^i, P_k^i), \quad i = 1, 2, \cdots, N \tag{8-36}$$

式中，$\bar{x}_k^i$ 和 P_k^i 是 UKF 计算得到的均值和协方差。尽管后验概率密度可能不是高斯分布，但是用高斯分布来近似每一个粒子的分布是可行的。将 UKF 的步骤和公式代入标准的粒子滤波算法，就得到了完整的无迹粒子滤波算法。

1) 初始化

$T = 0$ 时，对 $p(x_0)$ 进行采样，生成 N 个服从 $p(x_0)$ 分布的粒子 $x_0^i, i = 1, 2, \cdots, N$，其均值和方差满足

$$\begin{cases} \bar{x}_0^i = E[x_0^i] \\ P_0^i = E[(x_0^i - \bar{x}_0^i)(x_0^i - \bar{x}_0^i)^{\mathrm{T}}] \end{cases} \tag{8-37}$$

2) $T = k$ 时

第一步：进行无迹变换采样。

用 UKF 更新粒子 $\{x_{k-1}^i, P_{k-1}^i\}$ 得到 $\{\bar{x}_k^i, P_k^{(i)}\}$，采样 $\widehat{x}_k^i \sim q(x_k^i|x_{k-1}^i, z_k) = N\left(\bar{x}_k^i, P_k^{(i)}\right)$。

第二步：计算并归一化权重，即

$$\tilde{w}_k^i = w_{k-1}^i \frac{p(z_k|\widehat{x}_k^i)p(\widehat{x}_k^i|x_{k-1}^i)}{q(\widehat{x}_k^i|x_{k-1}^i, z_{k-1})} \tag{8-38}$$

$$w_k^i = \tilde{w}_k^i \bigg/ \sum_{j=1}^{N} \tilde{w}_k^j \tag{8-39}$$

第三步：重采样。

从离散分布的 $\left\{\widehat{x}_k^i, w_k^i\right\}, i = 1, 2, \cdots, N$ 中进行 N 次重采样，得到一组新的粒子 $\{x_k^i, 1/N\}$，仍为 $p(x_k|z_{0:k})$ 的近似表示。

8.6 姿态确定方法

在利用小天体图像信息进行自主轨道确定的过程中，探测器至小天体的视线

矢量在惯性空间 (一般由惯性坐标系定义) 内的指向由图像中的背景恒星给出。

利用背景星确定视线矢量在惯性参考系内指向的问题，可以归结为基于矢量观测的姿态确定问题。目前，TRIAD 法和 QUEST 法是应用较为广泛的双矢量姿态估计算法。其中，TRIAD 法在实际中的实施较为简单，且运算效率较高，但由于其在建立正交基的过程中，以第一个矢量作为基准，而第二个矢量中的部分信息被丢失，所以是一种次优姿态估计算法；QUEST 法是基于 Wahba 问题给出的最小二乘意义下的最优四元数估计，但由于在求解过程中涉及二次型函数、矩阵分解等复杂的数值运算，所以其计算效率与 TRIAD 法相比大为降低。为了保证由背景星确定的小天体视线矢量在惯性系内的指向精度,同时节省计算资源,给出了一种基于视线矢量的快速的最优姿态四元数估计算法。

1) 问题描述

假设三维空间中有 $m(m > 2)$ 个不共面的矢量 $\boldsymbol{V}_i(i = 1, 2, \cdots, m)$，在直角坐标系 b 系和 r 系中同时对这些矢量进行测量，结果分别记为 $\tilde{\boldsymbol{V}}_i^r$ 和 $\tilde{\boldsymbol{V}}_i^b$，由于存在测量误差，它们只能近似满足如下变换关系：

$$\tilde{\boldsymbol{V}}_i^r \approx \boldsymbol{C}_b^r \tilde{\boldsymbol{V}}_i^b \tag{8-40}$$

多矢量定姿问题就是求解满足上式的最优姿态矩阵 $\boldsymbol{C}_b^r$(右手单位正交阵)。

为了定量描述"最优"性能，这里构造指标函数为

$$J^*\left(\boldsymbol{C}_b^r\right) = \frac{1}{2} \sum_{i=1}^m w_i \left| \tilde{\boldsymbol{V}}_i^r - \boldsymbol{C}_b^r \tilde{\boldsymbol{V}}_i^b \right|^2 = \min \tag{8-41}$$

其中，w_i 为已知的非负加权因子，一般有 $\sum_{i=1}^m w_i = 1$，对于等加权平均可取 $w_i = 1/m$ 或者直接取 $w_i = 1$，并不影响极值条件；$\tilde{\boldsymbol{V}}_r^r - \boldsymbol{C}_b^r \tilde{\boldsymbol{V}}_i^b$ 反映的是在两个坐标系中测量同一矢量的不一致性误差。这里所谓的"最优"的含义是使得测量误差的加权平方和达到最小。

2) 奇异值分解 (SVD) 最优姿态估计算法

对于指标函数中的误差平方进行如下等价变形：

$$\left| \tilde{\boldsymbol{V}}_i^r - \boldsymbol{C}_b^r \tilde{\boldsymbol{V}}_i^b \right|^2 = \left(\tilde{\boldsymbol{V}}_i^r - \boldsymbol{C}_b^r \tilde{\boldsymbol{V}}_i^b \right)^{\mathrm{T}} \left(\tilde{\boldsymbol{V}}_i^r - \boldsymbol{C}_b^r \tilde{\boldsymbol{V}}_i^b \right)$$

$$= \left[\left(\tilde{\boldsymbol{V}}_i^r \right)^{\mathrm{T}} - \left(\tilde{\boldsymbol{V}}_i^b \right)^{\mathrm{T}} (\boldsymbol{C}_b^r)^{\mathrm{T}} \right] \left(\tilde{\boldsymbol{V}}_i^r - \boldsymbol{C}_b^r \tilde{\boldsymbol{V}}_i^b \right)$$

$$= \left| \tilde{\boldsymbol{V}}_i^r \right|^2 - \left(\tilde{\boldsymbol{V}}_i^r \right)^{\mathrm{T}} \boldsymbol{C}_b^r \tilde{\boldsymbol{V}}_i^b - \left(\tilde{\boldsymbol{V}}_i^b \right)^{\mathrm{T}} (\boldsymbol{C}_b^r)^{\mathrm{T}} \tilde{\boldsymbol{V}}_i^r + \left(\tilde{\boldsymbol{V}}_i^b \right)^{\mathrm{T}} (\boldsymbol{C}_b^r)^{\mathrm{T}} \boldsymbol{C}_b^r \tilde{\boldsymbol{V}}_i^b$$

$$= \left| \widetilde{\boldsymbol{V}}_i^r \right|^2 + \left| \widetilde{\boldsymbol{V}}_i^b \right|^2 - 2 \left(\widetilde{\boldsymbol{V}}_i^r \right)^{\mathrm{T}} \boldsymbol{C}_b^r \widetilde{\boldsymbol{V}}_i^b \qquad (8\text{-}42)$$

代入指标函数中，得

$$J^* \left(\boldsymbol{C}_b^r \right) = \frac{1}{2} \sum_{i=1}^m w_i \left| \widetilde{\boldsymbol{V}}_i^r - \boldsymbol{C}_b^r \widetilde{\boldsymbol{V}}_i^b \right|^2$$

$$= \frac{1}{2} \sum_{i=1}^m w_i \left(\left| \widetilde{\boldsymbol{V}}_i^r \right|^2 + \left| \widetilde{\boldsymbol{V}}_i^b \right|^2 \right) - \sum_{i=1}^m w_i \left(\widetilde{\boldsymbol{V}}_i^r \right)^{\mathrm{T}} \boldsymbol{C}_b^r \widetilde{\boldsymbol{V}}_i^b \qquad (8\text{-}43)$$

在所有测量值给定后，$\widetilde{\boldsymbol{V}}_i^r$ 和 $\widetilde{\boldsymbol{V}}_i^b$ 均是已知的，即上式右边第一项 $\sum_{i=1}^m w_i \left(\left| \tilde{\boldsymbol{V}}_i^r \right|^2 + \left| \tilde{\boldsymbol{V}}_i^b \right|^2 \right)$ 为已知量，因而欲使 $J^*(\boldsymbol{C}_b^r)$ 达到最小，则等价于使如下重新构造的指标函数达到最大：

$$J \left(\boldsymbol{C}_b^r \right) = \sum_{i=1}^m w_i \left(\widetilde{\boldsymbol{V}}_i^r \right)^{\mathrm{T}} \boldsymbol{C}_b^r \widetilde{\boldsymbol{V}}_i^b = \max \qquad (8\text{-}44)$$

进一步变换，可得

$$J \left(\boldsymbol{C}_b^r \right) = \sum_{i=1}^m w_i \left(\widetilde{\boldsymbol{V}}_i^r \right)^{\mathrm{T}} \boldsymbol{C}_b^r \widetilde{\boldsymbol{V}}_i^b$$

$$= \mathrm{tr} \left(\begin{bmatrix} w_1 \left(\widetilde{\boldsymbol{V}}_1^r \right)^{\mathrm{T}} \\ w_2 \left(\widetilde{\boldsymbol{V}}_2^r \right)^{\mathrm{T}} \\ \vdots \\ w_m \left(\widetilde{\boldsymbol{V}}_m^r \right)^{\mathrm{T}} \end{bmatrix} \boldsymbol{C}_b^r \left(\begin{array}{cccc} \widetilde{\boldsymbol{V}}_1^b & \widetilde{\boldsymbol{V}}_2^b & \cdots & \widetilde{\boldsymbol{V}}_m^b \end{array} \right) \right)$$

$$= \mathrm{tr} \left(\boldsymbol{C}_b^r \left(\begin{array}{cccc} \widetilde{\boldsymbol{V}}_1^b & \widetilde{\boldsymbol{V}}_2^b & \cdots & \widetilde{\boldsymbol{V}}_m^b \end{array} \right) \begin{bmatrix} w_1 \left(\widetilde{\boldsymbol{V}}_1^r \right)^{\mathrm{T}} \\ w_2 \left(\widetilde{\boldsymbol{V}}_2^r \right)^{\mathrm{T}} \\ \vdots \\ w_m \left(\widetilde{\boldsymbol{V}}_m^r \right)^{\mathrm{T}} \end{bmatrix} \right)$$

$$= \mathrm{tr} \left(\boldsymbol{C}_b^r \sum_{i=1}^m w_i \widetilde{\boldsymbol{V}}_i^b \left(\widetilde{\boldsymbol{V}}_i^r \right)^{\mathrm{T}} \right) = \mathrm{tr} \left(\boldsymbol{C}_b^r \boldsymbol{A}^{\mathrm{T}} \right) = \max \qquad (8\text{-}45)$$

其中，记

$$A = \left[\sum_{i=1}^{m} w_i \widetilde{\boldsymbol{V}}_i^b \left(\widetilde{\boldsymbol{V}}_i^r\right)^{\mathrm{T}}\right]^{\mathrm{T}} = \sum_{i=1}^{m} w_i \widetilde{\boldsymbol{V}}_i^r \left(\widetilde{\boldsymbol{V}}_i^b\right)^{\mathrm{T}} \tag{8-46}$$

假设矩阵 $\boldsymbol{A}$ 可逆，其奇异值分解为 $\boldsymbol{A} = \boldsymbol{U}\boldsymbol{D}\boldsymbol{V}^{\mathrm{T}}, D = \mathrm{diag}\,(\sigma_1, \sigma_2, \sigma_3)$，则式 (8-45) 可写为

$$\begin{aligned} J\left(\boldsymbol{C}_b^r\right) &= \mathrm{tr}\,\left(\boldsymbol{C}_b^r A^{\mathrm{T}}\right) = \mathrm{tr}\,\left(\boldsymbol{C}_b^r \left(\boldsymbol{U}\boldsymbol{D}\boldsymbol{V}^{\mathrm{T}}\right)^{\mathrm{T}}\right) \\ &= \mathrm{tr}\,\left(\boldsymbol{C}_b^r \boldsymbol{V}\boldsymbol{D}\boldsymbol{U}^{\mathrm{T}}\right) = \mathrm{tr}\,\left(\boldsymbol{U}^{\mathrm{T}}\boldsymbol{C}_b^r \boldsymbol{V}\boldsymbol{D}\right) = \mathrm{tr}\,\left(\boldsymbol{C}^* \boldsymbol{D}\right) = \max \end{aligned} \tag{8-47}$$

其中，$\boldsymbol{C}^* = \boldsymbol{U}^{\mathrm{T}}\boldsymbol{C}_b^r \boldsymbol{V}$，显然 $\boldsymbol{C}^*$ 是单位正交阵。再记 $\boldsymbol{C}^* = \left(C_{ij}^*\right)(i, j = 1, 2, 3)$，将上式按元素展开，注意到 $\left|C_{ij}^*\right| \leqslant 1$，可得

$$\begin{aligned} J\left(\boldsymbol{C}_b^r\right) &= \mathrm{tr}\,\left(\boldsymbol{C}^* \boldsymbol{D}\right) \\ &= \mathrm{tr}\,\left(\begin{bmatrix} C_{11}^* & C_{12}^* & C_{13}^* \\ C_{21}^* & C_{22}^* & C_{23}^* \\ C_{31}^* & C_{32}^* & C_{33}^* \end{bmatrix} \begin{bmatrix} \sigma_1 & 0 & 0 \\ 0 & \sigma_2 & 0 \\ 0 & 0 & \sigma_3 \end{bmatrix} \right) \\ &= C_{11}^* \sigma_1 + C_{22}^* \sigma_2 + C_{33}^* \sigma_3 \\ &\leqslant \sigma_1 + \sigma_2 + \sigma_3 \end{aligned} \tag{8-48}$$

由于奇异值 $\sigma_1 \geqslant \sigma_2 \geqslant \sigma_3 > 0$，所以等号当且仅当 $C_{11}^* = C_{22}^* = C_{33}^* = 1$ 时成立，这正好对应于 $\boldsymbol{C}^* = \boldsymbol{I}$。根据 $\boldsymbol{C}^* = \boldsymbol{U}^{\mathrm{T}}\boldsymbol{C}_b^r \boldsymbol{V}$，可求得最优姿态矩阵。

8.7　轨道确定方法

8.7.1　天文测角导航

天文测角导航是指利用太阳、行星、行星卫星、小天体、彗星等近天体和恒星等远天体之间的夹角进行自主导航。

欧洲航天局"盖亚"探测器 [68] 将在日地 L2 点高精度测量恒星及其他天体的位置和运动。该任务旨在构建迄今为止最大和最精确的空间天体目录，总计约 10 亿个天体，主要是恒星，但也包括行星、小天体和类星体。受益于"盖亚"任务所建立的高精度天体星表，探测器能够配备更小孔径、更小视场、分辨率更高的光学成像设备，这将有利于提高自主导航量测精度和最终的定轨精度。

Delavault 等 [69] 提出的导航信标小天体筛选准则为：小天体与探测器的距离、相对速度，以及探测器–太阳–小天体相角、小天体的视星等和小天体所在天域的背景恒星数。徐文明等 [70] 在前人基础上提出了两颗导航小天体间的视线夹角约束，根据深空探测任务的需求和典型深空导航成像传感器的性能等，给出了导航天体的一般选取标准。天文自主导航要完成轨道确定与定位，需要观测多颗小天体。选择观测不同的小天体组合，其导航定位精度也不同。北京控制工程研究所张晓文等 [71] 提出了基于滤波协方差的小天体组合分析方法，给出了一种可量化的选取最优小天体组合分析方法，并提出了针对小天体观测的批处理最小二乘滤波方法 [72]。

8.7.1.1 基于目标行星和行星卫星视线方向的测角导航原理

由于行星和行星卫星在任意时刻的位置可根据星历表获得，而从探测器上观测到的行星之间的夹角、行星和恒星之间的夹角与行星视线方向等信息是探测器位置与行星和卫星位置的函数，通过这些观测量利用几何解析的方法或结合轨道动力学滤波，即可获得探测器的位置、速度等导航参数。

由自主导航传感器可得惯性坐标下的第一个导航天体的方向单位矢量和第二个导航天体 (如目标行星卫星) 的方向单位矢量，如图 8-21 所示，即 $l_0 = [m_0 \quad n_0 \quad p_0]^T$ 和 $l_1 = [m_1 \quad n_1 \quad p_1]^T$，第一个导航天体在惯性坐标系中的位置坐标为 (x_0, y_0, z_0)，第二个导航天体在惯性坐标系中的位置坐标为 (x_1, y_1, z_1)，探测器在惯性坐标系中的位置坐标为 (x, y, z)，探测器所在的位置在过第一个导航天体位置坐标点 T 且方向矢量为 l_0 的直线上，同时也在过第二个导航天体的位置坐标点 T_1 且方向矢量为 l_1 的直线上，即

$$\begin{cases} \dfrac{x - x_0}{m_0} = \dfrac{y - y_0}{n_0} = \dfrac{z - z_0}{p_0} = t_0 \\ \dfrac{x - x_1}{m_1} = \dfrac{y - y_1}{n_1} = \dfrac{z - z_1}{p_1} = t_1 \end{cases} \tag{8-49}$$

式中，由于第一个导航天体方向、第二个导航天体方向和第一个导航天体至第二个导航天体的方向共面，三个矢量的混合积满足如下约束条件：

$$\begin{vmatrix} x_1 - x_0 & y_1 - y_0 & z_1 - z_0 \\ m_0 & n_0 & p_0 \\ m_1 & n_1 & p_1 \end{vmatrix} = 0 \tag{8-50}$$

由此可得探测器位置的解析表达式为

$$\begin{cases} x = x_0 + m_0 t_0 \\[2mm] y = y_0 + n_0 t_0 \\[2mm] z = z_0 + p_0 t_0 \\[3mm] t_0 = \dfrac{z_1 - z_0}{p_0} + \dfrac{p_1}{p_0} \cdot t_1 = \dfrac{y_1 - y_0}{n_0} + \dfrac{n_1}{n_0} \cdot t_1 = \dfrac{x_1 - x_0}{m_0} + \dfrac{m_1}{m_0} \cdot t_1 \\[4mm] t_1 = \dfrac{p_0 \left(y_1 - y_0\right) - n_0 \left(z_1 - z_0\right)}{n_0 p_1 - n_1 p_0} = \dfrac{m_0 \left(z_1 - z_0\right) - p_0 \left(x_1 - x_0\right)}{p_0 m_1 - p_1 m_0} \\[4mm] \quad = \dfrac{n_0 \left(x_1 - x_0\right) - m_0 \left(y_1 - y_0\right)}{m_0 n_1 - m_1 n_0} \end{cases} \tag{8-51}$$

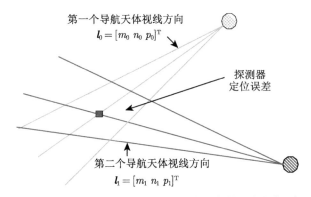

图 8-21　基于目标行星和行星卫星视线方向的测角导航原理图

8.7.1.2　基于目标行星的测角导航原理

天文测角信息还可以利用可观测的目标行星的视角进行自主导航。首先利用一颗行星和三颗或以上恒星之间的星光角距，得到探测器相对于该行星的方位信息，然后通过该行星的视角计算得到探测器到该行星的距离，这两个信息就完全确定了探测器的位置。

通过测量一个近天体和三个远天体 (恒星) 间的夹角，即星光角距，如图 8-22 所示，可确定探测器相对于该行星的方位角 α 和 β，即

$$\begin{cases} \cos\alpha \cdot \cos\beta = \cos A_1 \\ \sin\alpha \cdot \cos\beta = \cos A_2 \\ \sin\beta = \cos A_3 \end{cases} \tag{8-52}$$

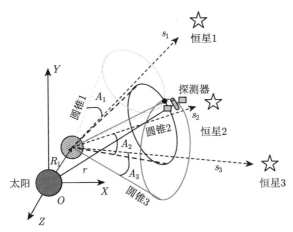

图 8-22　基于目标行星的测角导航原理

利用行星视角可计算得到探测器到该行星的距离 r，已知行星的直径为 D，则

$$r = \frac{\dfrac{D}{2}}{\sin \dfrac{A}{2}} \tag{8-53}$$

探测器相对于该行星的位置矢量为 $\boldsymbol{r} = \begin{bmatrix} r\cos\alpha\cos\beta & r\sin\alpha\cos\beta & r\sin\beta \end{bmatrix}^{\mathrm{T}}$。

8.7.1.3　深空探测器天文测角自主导航系统量测模型

1) 天体图像质心像元、像线的量测模型

在天体敏感器像元像线坐标系 $O_{pl}X_{pl}Y_{pl}$ 中的天体坐标系如图 8-23 所示，可以表示为

$$\begin{bmatrix} p \\ l \end{bmatrix} = \boldsymbol{K} \begin{bmatrix} x_{2\mathrm{d}} \\ y_{2\mathrm{d}} \end{bmatrix} + \begin{bmatrix} p_0 \\ l_0 \end{bmatrix} \tag{8-54}$$

式中，p 和 l 分别为天体在天体敏感器二维成像平面的像元和像线；$\boldsymbol{K}$ 为由毫米转为像素的相机尺度转换矩阵；$(x_{2\mathrm{d}}, y_{2\mathrm{d}})$ 为天体在天体敏感器二维成像平面坐标系 $O_{2\mathrm{d}}X_{2\mathrm{d}}Y_{2\mathrm{d}}$ 中的坐标；p_0 和 l_0 分别为天体敏感器中心的像元和像线。

其中，天体在天体敏感器二维成像平面坐标系中的坐标 $(x_{2\mathrm{d}}, y_{2\mathrm{d}})$ 为

$$\begin{bmatrix} x_{2\mathrm{d}} \\ y_{2\mathrm{d}} \end{bmatrix} = \frac{f}{z_{\mathrm{c}}} \begin{bmatrix} -x_{\mathrm{c}} \\ -y_{\mathrm{c}} \end{bmatrix} \tag{8-55}$$

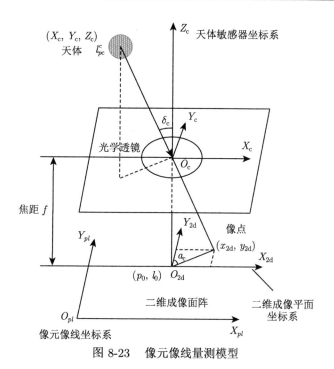

图 8-23　像元像线量测模型

式中，(x_c, y_c, z_c) 为天体在敏感器测量坐标系 $O_c X_c Y_c Z_c$ 中的坐标；f 为天体敏感器的焦距。其中，天体在敏感器测量坐标系中的坐标 (x_c, y_c, z_c) 为

$$\begin{bmatrix} x_c \\ y_c \\ z_c \end{bmatrix} = \boldsymbol{A}_{cb} \begin{bmatrix} x_b \\ y_b \\ z_b \end{bmatrix} = \boldsymbol{A}_{cb} \boldsymbol{A}_{bi} \begin{bmatrix} x_i \\ y_i \\ z_i \end{bmatrix} \tag{8-56}$$

式中，(x_i, y_i, z_i) 为天体在惯性坐标系中的坐标，可由星历表获取；(x_b, y_b, z_b) 为天体在探测器本体坐标系中的坐标；$\boldsymbol{A}_{cb}$ 为探测器本体系到探测器测量坐标系的坐标转换阵，由天体敏感器在探测器上的安装方位确定；$\boldsymbol{A}_{bi}$ 为惯性坐标系到探测器本体系的坐标转换阵，即姿态矩阵。式 (8-56) 给出了天体坐标从日心惯性坐标系到探测器本体系，再由探测器本体系到天体敏感器测量坐标系的转换关系。

设 $\boldsymbol{Z}_{pl}$ 为系统观测量，$\boldsymbol{X}$ 为系统状态量，则可建立像元、像线的量测方程的表达式为

$$\boldsymbol{Z}_{pl} = \begin{bmatrix} p \\ l \end{bmatrix} + \begin{bmatrix} v_p \\ v_l \end{bmatrix} = \boldsymbol{K} \frac{f}{z_c} \begin{bmatrix} -x_c \\ -y_c \end{bmatrix} + \begin{bmatrix} v_p \\ v_l \end{bmatrix} = H_{pl}(\boldsymbol{X}) + \boldsymbol{v}_{pl} \tag{8-57}$$

式中，$H_{pl}(\cdot)$ 为观测量 $\boldsymbol{Z}_{pl}$ 的量测方程；$\boldsymbol{v}_{pl} = \begin{bmatrix} v_p & v_l \end{bmatrix}^{\mathrm{T}}$ 表示像元像线方向的观测误差。

例如，利用天体敏感器观测两个导航星 (行星或小天体等)，通过天体敏感器获取其图像，利用成像所得的量测方程为

$$
\begin{bmatrix} p_1 \\ l_1 \end{bmatrix} = \boldsymbol{K}_1 \begin{bmatrix} x_1^{2\mathrm{d}} \\ y_1^{2\mathrm{d}} \end{bmatrix} + \begin{bmatrix} p_{01} \\ l_{01} \end{bmatrix} = \boldsymbol{K}_1 \frac{f_1}{z_1^{\mathrm{c}}} \begin{bmatrix} x_1^{\mathrm{c}} \\ y_1^{\mathrm{c}} \end{bmatrix} + \begin{bmatrix} p_{01} \\ l_{01} \end{bmatrix} \tag{8-58}
$$

$$
\begin{bmatrix} p_2 \\ l_2 \end{bmatrix} = \boldsymbol{K}_2 \begin{bmatrix} x_2^{2\mathrm{d}} \\ y_2^{2\mathrm{d}} \end{bmatrix} + \begin{bmatrix} p_{02} \\ l_{02} \end{bmatrix} = \boldsymbol{K}_1 \frac{f_2}{z_2^{\mathrm{c}}} \begin{bmatrix} x_2^{\mathrm{c}} \\ y_2^{\mathrm{c}} \end{bmatrix} + \begin{bmatrix} p_{02} \\ l_{02} \end{bmatrix} \tag{8-59}
$$

其中，(p_1, l_1)、(p_2, l_2) 分别为两个导航星的像元像线；$\boldsymbol{K}_1, \boldsymbol{K}_2$ 分别为导航星一敏感器、导航星二敏感器由毫米转像素的相机尺寸转换矩阵；$(x_1^{2\mathrm{d}}, y_1^{2\mathrm{d}})$、$(x_2^{2\mathrm{d}}, y_2^{2\mathrm{d}})$ 为两导航星在敏感器二维成像平面的坐标；f_1、f_2 分别为两敏感器的焦距；(p_{01}, l_{01})、(p_{02}, l_{02}) 分别为两敏感器的像元和像线；$(x_1^{\mathrm{c}}, y_1^{\mathrm{c}}, z_1^{\mathrm{c}})$、$(x_2^{\mathrm{c}}, y_2^{\mathrm{c}}, z_2^{\mathrm{c}})$ 分别为两导航星在敏感器坐标系 $O_{\mathrm{c}} X_{\mathrm{c}} Y_{\mathrm{c}} Z_{\mathrm{c}}$ 中的坐标，可以统一表示为

$$
\boldsymbol{X}^{\mathrm{c}} = \boldsymbol{A}_{\mathrm{cb}} \boldsymbol{X}^{\mathrm{b}} = \boldsymbol{A}_{\mathrm{cb}} \boldsymbol{A}_{\mathrm{bi}} \boldsymbol{X}^i \tag{8-60}
$$

其中，$\boldsymbol{X}^{\mathrm{c}}$、$\boldsymbol{X}^{\mathrm{b}}$ 和 $\boldsymbol{X}^i$ 分别表示导航天体在天体敏感器坐标系 $O_{\mathrm{c}} X_{\mathrm{c}} Y_{\mathrm{c}} Z_{\mathrm{c}}$、探测器本体坐标系 $O_{\mathrm{b}} X_{\mathrm{b}} Y_{\mathrm{b}} Z_{\mathrm{b}}$ 和惯性坐标系 $O_{\mathrm{i}} X_{\mathrm{i}} Y_{\mathrm{i}} Z_{\mathrm{i}}$ 中的三维坐标；$\boldsymbol{A}_{\mathrm{cb}}$ 为导航天体敏感器到探测器本体系的安装矩阵；$\boldsymbol{A}_{\mathrm{bi}}$ 为探测器本体系相对于日心惯性坐标系的坐标转换矩阵。

设 $\boldsymbol{Z}_1(t) = [p_1, l_1, p_2, l_2]^{\mathrm{T}}$、量测噪声 $\boldsymbol{V}_1(t) = [v_{p_1}, v_{l_1}, v_{p_2}, v_{l_2}]^{\mathrm{T}}$ 分别为导航星一和导航星二观测误差，则以两导航星图像信息作为观测量的量测模型可以表示为

$$
\boldsymbol{Z}_1(t) = H_1\left[\boldsymbol{X}(t), t\right] + \boldsymbol{V}_1(t) \tag{8-61}
$$

2) 矢量方向的量测模型

天体方向是天体相对于探测器的单位方向矢量，在探测器传感器测量坐标系中，天体敏感器测得的天体方向与探测器位置矢量关系 (图 8-24) 可表示为

$$
\boldsymbol{l}_{\mathrm{pc}}^{\mathrm{c}} = \boldsymbol{A}_{\mathrm{sb}} \boldsymbol{A}_{\mathrm{bi}} \cdot \boldsymbol{l}_{\mathrm{pc}}^{\mathrm{I}}, \quad \boldsymbol{l}_{\mathrm{pc}}^{\mathrm{I}} = \frac{\boldsymbol{r}_{\mathrm{ps}}^{\mathrm{I}} - \boldsymbol{r}_{\mathrm{sc}}^{\mathrm{I}}}{\left|\boldsymbol{r}_{\mathrm{ps}}^{\mathrm{I}} - \boldsymbol{r}_{\mathrm{sc}}^{\mathrm{I}}\right|} \tag{8-62}
$$

式中，$\boldsymbol{l}_{\mathrm{pc}}^{\mathrm{c}}$ 为日心惯性坐标系中天体方向；$\boldsymbol{r}_{\mathrm{ps}}^{\mathrm{I}}$ 为探测器的位置矢量；$\boldsymbol{r}_{\mathrm{sc}}^{\mathrm{I}}$ 为天体到日心的位置矢量；$\boldsymbol{A}_{\mathrm{sb}}$ 为从本体坐标系到探测器传感器测量坐标系的转移矩阵；$\boldsymbol{A}_{\mathrm{bi}}$ 为惯性坐标系到探测器本体系的姿态转移矩阵。

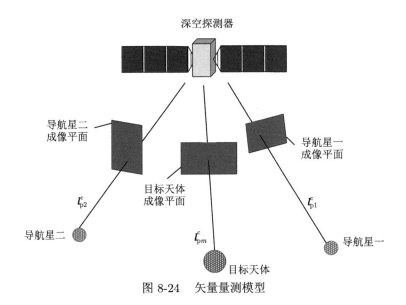

图 8-24　矢量量测模型

天体方向测量量的获取可以由天体敏感器获得的天体像元像线坐标经过计算得到。设天体敏感器固连在探测器本体上，由天体敏感器测得的在探测器本体坐标系中的天体方向可表示为

$$\boldsymbol{l}_{\mathrm{pc}}^{\mathrm{B}} = \boldsymbol{l}_{\mathrm{pc}}^{\mathrm{C}} = \frac{1}{\sqrt{x_{2\mathrm{d}}^2 + y_{2\mathrm{d}}^2 + f^2}} \begin{bmatrix} x_{2\mathrm{d}} \\ y_{2\mathrm{d}} \\ -f \end{bmatrix} \tag{8-63}$$

式中，$\boldsymbol{l}$ 的下标 p 表示探测器；下标 c 表示天体；上标 B 表示本体坐标系；上标 C 表示天体敏感器测量坐标系；$(x_{2\mathrm{d}}, y_{2\mathrm{d}})$ 可以由像元像线转换得出，具体表达式为

$$\begin{bmatrix} x_{2\mathrm{d}} \\ y_{2\mathrm{d}} \end{bmatrix} = \boldsymbol{K}^{-1} \left(\begin{bmatrix} p \\ l \end{bmatrix} - \begin{bmatrix} p_0 \\ l_0 \end{bmatrix} \right) \tag{8-64}$$

令 $\boldsymbol{Z}_2 = [\boldsymbol{l}_1, \boldsymbol{l}_2]^{\mathrm{T}}$，量测噪声 $\boldsymbol{V}_2 = [\boldsymbol{v}_{l_1}, \boldsymbol{v}_{l_2}]^{\mathrm{T}}$，$\boldsymbol{v}_{l_1}, \boldsymbol{v}_{l_2}$ 分别为 $\boldsymbol{l}_1, \boldsymbol{l}_2$ 的观测误差，则分别以两颗小天体矢量作为观测量的量测模型可表示为

$$\boldsymbol{Z}_2\left(t\right) = H_2\left[\boldsymbol{X}\left(t\right), t\right] + \boldsymbol{V}_2\left(t\right) \tag{8-65}$$

3) 星光角距的量测模型

利用天体敏感器观测目标小天体、导航星及背景恒星，可以获得目标小天体、导航星及背景恒星的像元像线，由像元像线信息可以得出目标小天体、导航星与

恒星之间的星光角距信息，如图 8-25 所示，导航星一、导航星二、目标小天体的星光角距量测信息表达式为

$$\begin{cases} \theta_1 = \arccos\left(-\boldsymbol{l}_{\mathrm{p1}} \cdot \boldsymbol{s}_1\right) \\ \theta_2 = \arccos\left(-\boldsymbol{l}_{\mathrm{p2}} \cdot \boldsymbol{s}_2\right) \\ \theta_3 = \arccos\left(-\boldsymbol{l}_{\mathrm{p3}} \cdot \boldsymbol{s}_3\right) \end{cases} \tag{8-66}$$

式中，$\boldsymbol{s}_1$、$\boldsymbol{s}_2$ 和 $\boldsymbol{s}_3$ 分别为三颗背景恒星星光方向矢量；$\boldsymbol{l}_{\mathrm{p1}}$、$\boldsymbol{l}_{\mathrm{p2}}$ 和 $\boldsymbol{l}_{\mathrm{p3}}$ 分别为导航星一、导航星二和目标小天体的方向矢量，可由星历数据获得。令 $\boldsymbol{Z}_3 = [\theta_1, \theta_2, \theta_3]^{\mathrm{T}}$，量测噪声 $\boldsymbol{V}_3 = [v_{\theta_1}, v_{\theta_2}, v_{\theta_3}]^{\mathrm{T}}$，$v_{\theta_1}, v_{\theta_2}, v_{\theta_3}$ 分别为 $\theta_1, \theta_2, \theta_3$ 的观测误差，则以星光角距作为观测量的量测模型可表示为

$$\boldsymbol{Z}_3\left(t\right) = H_3\left[\boldsymbol{X}\left(t\right), t\right] + \boldsymbol{V}_3\left(t\right) \tag{8-67}$$

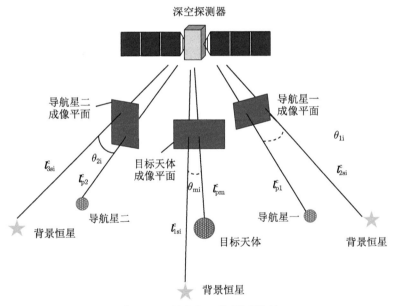

图 8-25 星光角距的量测模型

8.7.2 脉冲星测距导航

天文测距导航是指测量 X 射线脉冲星相对于探测器的脉冲到达时间，与脉冲星相对于太阳系质心的标准脉冲到达时间相比较，可获得探测器到太阳系质心的距离在 X 射线脉冲星方向上的投影长度，采用适当的滤波算法，可得到探测器的位置、速度、姿态和时间等导航信息。该方法的优点在于能够在提供导航信息的

同时还提供时间基准，其不足在于目前 X 射线脉冲星的数目较少，且测量精度无法保证。

早在 20 世纪 80 年代，美国的 Chester 和 Butman 就提出了利用 X 射线脉冲星进行深空探测器自主导航的构想[73]。2005 年，美国马里兰 (Maryland) 大学的 Sheikh 博士构建了 X 射线脉冲星自主导航的基本框架[74,75]，提出了基于品质因子的 X 射线脉冲星选星标准，并建立了脉冲到达时间测量模型。Emadzadeh 提出了基于 X 射线脉冲星的编队飞行相对导航方法[76,77]。2017 年 11 月，NASA "空间站 X 射线授时和导航技术" 探测器 (SEXTANT)[78] 完成了世界首次 X 射线脉冲星导航 (X-ray Pulsar Navigation，XPNAV) 空间验证，证实了毫秒脉冲星可用于精准确定空间中高速移动天体的位置，证明了 X 射线脉冲星导航技术作为新型自主导航方法的可行性。在开展的实验中，选取 4 颗毫秒脉冲星作为信标，对每个脉冲星信标观测 5~15min，然后自主旋转至下一个脉冲星信标，实现了精度为 16km 以内的预定目标，最高精度约 4.8km，最终将实现小于 1.6km 的高精度。可以看出 X 射线脉冲星能够适用于小天体探测的巡航段，其与天文导航结合进行组合导航，能够提供更多有效的导航测量弧段，提高导航精度，保证成功捕获目标小天体进入接近段。Chen 等[79](JPL) 对 X 射线脉冲星导航当前的发展和应用情况进行了介绍。

我国 X 射线脉冲星导航技术的研究虽然起步相对较晚，但发展迅速。中国科学院[80]、西安电子科技大学[81]、国防科技大学[82] 等单位对脉冲星信号处理技术进行了研究。2016 年 11 月，我国成功发射了首颗脉冲星导航试验卫星 (XPNAV-1)[83]。近期，中国空间技术研究院、西安电子科技大学、中国科学院利用 XPNAV-1 和 "天宫二号" 提供的实测数据开展了 X 射线脉冲星导航的验证工作[84]。

8.7.3 多普勒测速导航

光学多普勒效应是指导航天体在远离 (或接近) 深空探测器的过程中，光的频率减小 (或增加) 的现象。因此光频率的变化反映了探测器与导航天体之间的相对运动，通过测量光频率的偏移，就可以得到探测器与导航天体之间的径向速度。太阳和恒星可作为天文测速的导航天体。

1960 年，Franklin 等[85] 首先研究了通过观测天体电磁辐射进行导航的方法，着重研究了多普勒速度量测量。若用探测器观测太阳发出的光谱频移获得的速度信息代替观测地面站发出的射线频移获得的信息，则可与传统测角导航组合而获得完全自主的导航方法。2000 年，Yim[86] 阐明了此方法的可行性，并在仅考虑光谱仪及星敏感器测量误差的情况下获得了 3~5km 的位置精度。2002 年，Henderson[87] 研制了基于太阳多普勒频移测速的探测器轨道确定半物理仿真系统。Kosovichev[88] 对太阳振荡运动进行了分析研究。Ureetham Uregory M[89] 研制了超高时间分辨率的原子鉴频仪。Christian[90] 提出一种 StarNAV 方法,从数学上推导出,探测器仅使用自然发生的星光的被动观测,就可以在太阳系中 (或以外) 任何地方进行自主导航。观测星体的波长和方向的相对论摄动可以用来估计探测器的速度,而探测器的速度又可以用于导航。在实践中,由相对论多普勒效应而导致的恒星光谱偏移无法测量,测量由恒星像差引起的星际角变化是一个替代选项。

国内也开展了天文多普勒测速导航的相关研究。上海卫星工程研究所围绕我国的火星探测任务,提出了基于恒星光谱测速的天文自主导航方法 [91-93],并推导了视向速度测量误差与定速误差统计特性之间的映射关系 [94]。北京航空航天大学研究了基于小波分析和密度估计相结合的光谱频移测量方法 [95],以及基于恒星光谱测速和脉冲星测距组合的导航方法 [96]。中国科学院自动化研究所针对光谱频移值的测量开展了理论和技术探索 [97]。南京大学与中国科学院紫金山天文台对天文测速导航目标源的观测进行了研究 [98]。中国科学院武汉物理与数学研究所对原子鉴频测速技术开展了研究 [99]。Liu 等 [100] 提出太阳光多普勒导航量测,在这种导航方法中,通过比较直接太阳光谱和来自目标天体的反射太阳光谱,以获得多普勒差速度,并将其用作导航测量。显然,太阳光多普勒测量消除了由太阳光谱的不稳定性引起的常见误差。Chen 等 [101] 提出通过恒星光谱偏移进行速度测量的方法,介绍了多普勒导航仪的设计和硬件在回路的仿真系统,该方法可与其他自主导航方法组合。

8.8 近地小天体撞击任务自主导航方案构想

近地小天体撞击是实现近地小天体偏转防御的重要手段之一。但近地小天体撞击偏转机理的研究大部分停留在理论建模和数值仿真阶段,只有近期 DART 任务开展了在轨试验验证。由于近地小天体防御的重大安全意义,用于近地小天体偏转防御实际任务的撞击偏转模型和算法必须是可靠的。因此,在实施真正的近地小天体偏转防御任务之前,有必要通过试验性近地小天体撞击任务来验证近地小天体撞击偏转机理并对撞击偏转模型和算法进行修正。

本节简要介绍本研究团队关于试验性近地小天体撞击任务及其自主导航方案的构思 [102],主要突出自主导航与近地小天体撞击任务的各个飞行阶段的紧密联系,其中不涉及具体模型和算法细节。本节首先介绍近地小天体撞击系统组成,然后介绍撞击任务各任务飞行阶段,最后介绍自主导航关键任务。

8.8.1 近地小天体撞击系统组成

近地小天体撞击系统是一个由探测器与 (多) 撞击器构成的子母组合系统 (图 8-26)。其中,探测器扮演基地或母舰的角色,为 (多) 撞击器提供停靠点。由于作为母舰的探测器可以长期运行在地月平动点、日地平动点等停泊点轨道上候命，相比临时地球发射，能够具有更快的响应速度。

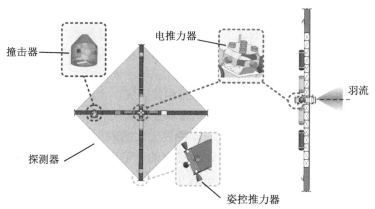

图 8-26　小天体撞击系统组成

1) 基于桁架式全挠性飞行器结构平台的探测器

探测器使用桁架式全挠性飞行器结构平台，采用可展开式桁架结构作为飞行器的主承力结构。桁架结构为搭载的设备载荷和 (多) 撞击器提供方便的安装条件。探测器系统包括 1 个太阳电池阵、1 套星载计算系统、用于接近段自主导航与科学观测成像的 1 个高分辨率成像相机 (High Resolution Instrument，HRI)、用于撞击前后自主导航与科学观测成像的 1 个中分辨率成像相机 (Medium Resolution Instrument，MRI)、1 套高增益对地通信系统、1 套 S 波段星间通信系统、1 套组合推进系统 (包括太阳电推进、转向推力器、反作用控制推力器)、1 套姿态确定与控制系统等。该探测器由本研究团队设计，其构型、系统组成、总体方案等，均已获授权专利保护 [103]。

2) 撞击器

撞击器的前侧为铜制撞击部，后侧安置飞行系统相关设备，包括 1 套可自持 24h 的电池电源系统、1 个计算处理器、1 个撞击瞄准导航相机 ITS(用于撞击瞄准自主导航与撞击过程的记录)、1 套 S 波段星间通信系统、1 套推进系统 (包括反作用控制推力器、转向推力器)、1 套姿态确定与控制系统等。

8.8.2　各任务飞行阶段简介

近地小天体撞击系统的响应过程 (图 8-27) 大致为：探测器携带撞击器从停泊点轨道出发，经过巡航段的飞行，在预期撞击时间前数小时将撞击器分离。探测器将进行减速机动，机动到安全飞越轨道对近地小天体进行观测，观察撞击事件；撞击器将进行自主导航与末端制导对近地小天体进行撞击；探测器回到原来或者新的停泊点轨道。

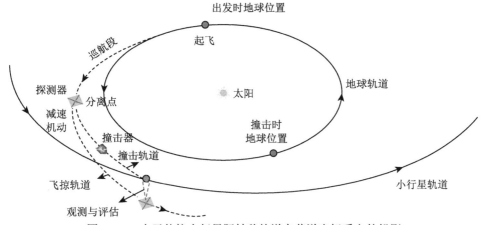

图 8-27　小天体撞击行星际转移轨道在黄道坐标系上的投影

　　撞击日期的选择需要在最佳发射能量与最佳接近相位角之间进行权衡。在运载火箭能力容许的情况，发射能量越低，发射质量越大；接近相位角最小，接近瞄准条件越好 (图 8-28)。

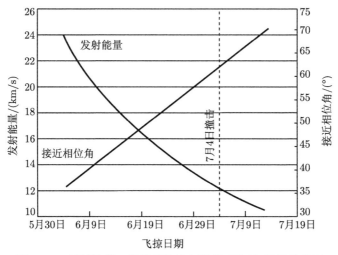

图 8-28　发射能量、接近相位角与飞掠 (撞击) 日期的关系

　　整个撞击任务飞行过程可大致分为发射、试运行、地球逃逸、星际转移、接近交会、撞击、数据回传等阶段。

1) 发射阶段

发射阶段于发射倒计时开始，结束于飞行器系统在三轴稳定控制下以指向太阳的状态稳定飞行。该阶段中的重要事件是深空网对探测器信号的初始捕获。

2) 试运行阶段

试运行阶段从探测器系统在三轴姿态稳定系统控制下达到稳定状态开始到发射后某天结束。这段时间内探测器和有效载荷进行初始运行、检验和校准，同时对运载火箭带来的轨道偏差进行初始轨道修正 (TCM1)。

试运行阶段初期的主要任务是利用对月球的初始观测来进行有效载荷的校验以及自主导航系统的测试。利用月球进行的初始校验对于有效载荷特性的测定是非常重要的，高分辨率相机和中分辨率相机早在发射后 3 天就开始把月球作为长期统一的目标进行校验。类似地，对撞击瞄准传感器 (Impact Target Sensor, ITS) 的校验在发射后 10 天撞击器打开电源和进行测试之后开始。探测器上对自主导航算法的测试也利用月球作为目标，后续对自主导航算法的撞击序列测试将以某大行星为目标。

3) 逃逸段与星际转移段

主要进行一些重要的科学测试和校准，通过观测恒星和星云来进一步了解仪器性能和时间漂移情况。为了了解有效载荷和姿态控制系统在接近目标小天体时的光学成像性能，还需要收集一些特定的观测资料。进行第二次轨道修正 (TCM2)。地面测控导航：利用深空网提供的探测器相对于地球的位置矢量的距离信息和径向速度信息。

4) 接近交会段

在接近交会段用高分辨率相机仔细观测以发现目标小天体，然后精确修正探测器和目标小天体的星历参数。该阶段还包括对目标小天体的常规观测、有效载荷测试和两次机动 TCM3A, TCM3B，以确定精确的撞击时间。撞击前几天的接近交会段将对目标小天体进行连续的观测，这将为撞击段提供大量的光学导航图像来支持最后的瞄准 TCM4 和 TCM5。接近交会过程如图 8-29 中 ①~④ 所示。

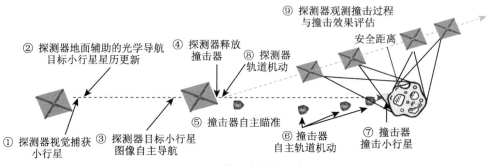

图 8-29　接近交会段示意图

5) 撞击段

撞击段从撞击前 5 天持续到撞击后 1 天。本阶段的任务包括撞击器释放前的最后瞄准修正、撞击器释放后对目标小天体持续 24h 的瞄准及撞击、探测器的偏离机动和成像观测以及把观测数据传回地面。探测器执行 TCM4 和 TCM5 都是为了降低瞄准误差，从而降低撞击器释放后机动所需燃料，降低撞击器的推力要求，并且提高撞击器在无法进行任何机动的情况下也能实现撞击的可能性。撞击器以 36cm/s 的相对速度释放，该速度是为了满足最后的瞄准而设计得到的。释放后 5min 撞击器开始自主飞行，建立惯性导航基准并将 ITS 对准目标小天体，同时与探测器进行 S 波段遥测通信。

6) 数据回传阶段

数据回传阶段从撞击后 1 天开始到撞击后 30 天结束，该阶段将传送撞击期间储存的数据，测定探测器在撞击后的健康状况。释放撞击器以后，探测器重新进行姿态控制并调整到偏离机动的姿态，偏离到安全飞越观测轨道上，并减慢速度以保证在撞击器撞击和探测器最接近目标小天体之间有 10 多分钟的时间延迟可用于长时间观测。调整到对目标小天体进行观测成像的姿态后，目标小天体的图像、光谱以及撞击器回传的数据用 X 波段无线电信号传送回地面。

8.8.3 自主导航关键任务

1) 目标小天体的视觉捕获与跟踪

首先携带撞击器 (子星) 的探测器 (母星) 利用当前导航状态估计和目标小天体星历，计算调整高性能相机载荷的指向 (姿控或者指向平台控制)，视觉捕获目标小天体 (图 8-30)。

图 8-30　　探测对目标小天体视觉捕获与跟踪示意图

2) 地面辅助的光学导航与目标小天体星历更新

这时探测器距离目标小天体较远，采用结合地面导航和光学导航的组合导航方式，如图 8-31 所示。该阶段的数据处理主要是由地面测控站来完成，地面测控站测得距离信息和径向速度信息；探测器拍摄到的目标小天体图像通过遥测系统传回地面，对其进行图像处理提取出目标小天体的光心；将距离信息、径向速度信息和目标小天体光心坐标作为观测量，地面站利用滤波器对之前的初步估计参数进行更新，以得到探测器、目标小天体轨道参数更高精度的估计值。

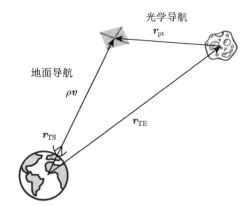

图 8-31　　组合导航估计探测器和目标小天体轨道参数

3) 目标小天体纯图像自主导航

这时探测器距离目标小天体较近，通过前期的地面估计，探测器、目标小天体轨道参数都已较为精确；同时由于最终的操作时间较短，探测器的自主性和实时性十分迫切，所以采用依靠导航相机进行单纯的光学自主导航。利用星上相机提供的探测器相对于目标小天体的位置矢量的方向信息，在已知探测器相对于目标小天体速度大小的情况下，通过三次目标小天体的光心的观测，能够确定探测器相对目标小天体的位置，如图 8-32 所示。当探测器相对于目标小天体速度的方向、大小完全已知时，则仅需要通过观测就能求取探测器的位置。在实际飞行任务中，探测器相对目标小天体的初始速度估计较为精确，在组合导航阶段末期，对相对速度的估计精度就已经能达到 0.1m/s 量级。

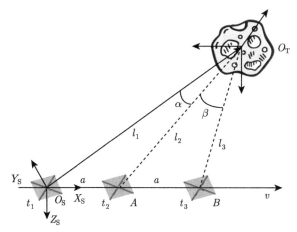

图 8-32　目标小天体纯图像自主导航示意图

4) 撞击器释放前的轨道修正

如图 8-33 所示，探测器最后 2 ~ 3 次轨道机动后，使撞击器释放后可以进入准确撞击目标小天体的理想轨道，但是如果撞击器在接近目标小天体的过程中不进行轨道调整，则不能保证撞击目标小天体的合适位置。

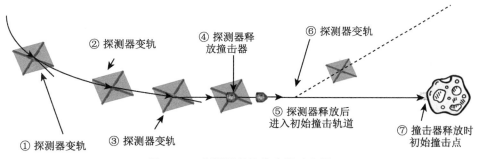

图 8-33　探测器释放撞击器示意图

5) 撞击器自主瞄准

撞击器通过携带的瞄准相机对目标小天体进行瞄准跟踪，提取撞击点方向信息 (图 8-34)。

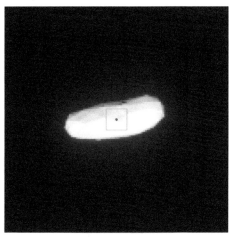

图 8-34　撞击器自主瞄准撞击点示意图

6) 撞击器自主轨道机动

撞击器在从探测器中释放后，自主瞄准目标小天体，通过 3 次较小的轨道机动，修正初始瞄准误差，实现对预定瞄准点的撞击，如图 8-35 所示。

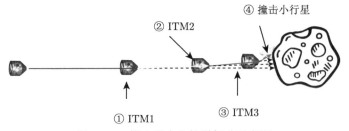

图 8-35　撞击器自主轨道机动示意图

7) 撞击器撞击目标小天体

撞击器撞击目标小天体上的撞击点，造成目标小天体毁伤和 (或) 轨道偏转 (图 8-36)。

8) 探测器轨道机动

探测器释放撞击器后进行轨道机动，偏离其原来轨道以便安全飞越目标小天体，并有时间观测撞击过程，此安全距离保证了探测器不会与目标小天体及其轨道面上的碎片碰撞, 同时满足探测器相机对撞击后目标小天体观测的成像分辨率要求。偏离机动减慢了探测器的速度, 把最靠近目标小天体的时刻推迟到了撞击发生后的 10 多分钟后, 以便有足够的时间对撞击后的目标小天体进行观测 (图 8-37)。

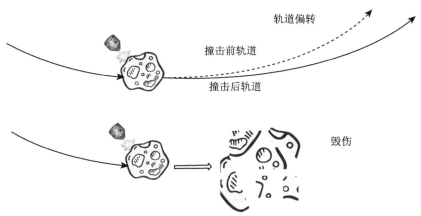

图 8-36 撞击器撞击造成目标小天体毁伤和 (或) 轨道偏转示意图

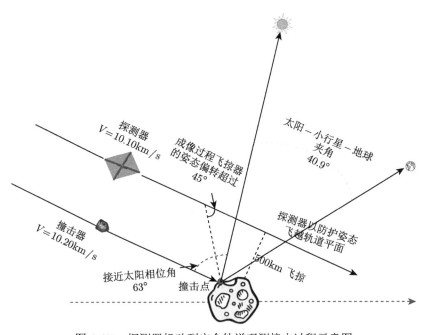

图 8-37 探测器机动到安全轨道观测撞击过程示意图

9) 探测器观测撞击过程与撞击效果评估

探测器调整姿态通过相机对目标小天体进行连续成像，观测目标小天体撞击后的毁伤情况，同时对撞击后的目标小天体轨道参数进行估计更新，评估撞击毁伤效果和轨道偏转效果 (图 8-38)。

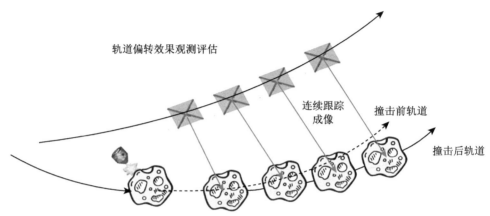

图 8-38   探测器观测撞击过程与撞击效果评估示意图

8.9   本章小结与发展建议

针对近地小天体防御与利用面临的星际导航技术难题，本章对国内外相关研究情况进行了综述，包括导航传感器技术、导航信息获取与处理技术、导航滤波技术、轨道确定技术和自主导航系统设计与分析方法等。并以小天体撞击任务为例，介绍了本研究团队的自主导航初步方案。

1) 新型导航测量方案

基于太阳振荡时间延迟的天文测距导航、太阳多普勒测速导航等新型导航测量机制为行星际自主导航提供了更大潜力。需要对新型导航测量方案的原理和应用开展更加深入的研究，也许它们不一定能够单独用于自主导航，但却能够补充原自主导航系统的某些不足，提高自主导航系统的性能。

2) 导航传感器技术

导航传感器的测量精度是影响导航精度的重要因素。无论是传统的导航测量方案，还是新型的导航测量方案，都离不开对应的导航传感器。研究高精度、高可靠、微型化、可复用和新概念的导航传感器是未来的重要发展方向。

3) 导航信息处理技术

可以预见星载计算能力的提升将极大地促进导航信息处理技术的进步。在地面车辆自主驾驶领域，以深度学习为代表的机器学习方法已经成为主流的导航信息处理方法。随着星载计算能力的提高，机器学习等计算密集型方法将应用于行星际导航信息处理。未来的导航信息处理将实现软硬件的结合，同时也将促使导航传感器朝着智能化方向发展。

参 考 文 献

[1] Gaskell R, Barnouin-Jha O, Scheeres D J, et al. Characterizing and navigating small bodies with imaging data [J]. Meteoritics & Planetary Science, 2008, 43(6): 1049-1061.

[2] Bandyonadhyay S, Nesnas I, Bhaskaran S, et al. Silhouette-based 3D shape reconstruction of a small body from a spacecraft [C]. Proceedings of the 2019 IEEE Aerospace Conference, IEEE, 2019.

[3] 吴奋陟, 武延鹏. 小行星光学导航敏感器技术发展趋势 [C]. 2017 年空间机电与空间光学学术研讨会论文集. 成都, 2017:4-20.

[4] Dahir A, Palo S, Kubitschek D. Recovering time and state for small satellites in deep Space [C]. Small Satellite Conference, Utah State University, Logan, UT, 2019.

[5] Steffes S R, Barton G. Deep space autonomous navigation options for future missions [C]. AIAA SPACE and Astronautics Forum and Exposition. 12 - 14 Sep 2017, Orlando, FL. Reston, Virginia: AIAA, 2017: 5369.

[6] Guinn J R, Bhaskaran S, Ely T A, et al. The deep space positioning system (DPS) navigator concept for the lunar gateway [C]. Proceedings of the 42nd Annual AAS Guidance and Control Conference, 2019.

[7] Peytavi G G, Andert T P, Probst A, et al. 3D imaging for autonomous navigation about small-bodies [C]. Proceedings of the AIAA/AAS Astrodynamics Specialist Conference, 2016.

[8] 郝云彩, 王大轶. 深空自主导航光学敏感器及其验证 [J]. 空间控制技术与应用, 2012, 38(3): 5-10.

[9] 郑玉权, 王慧, 王一凡. 星载高光谱成像仪光学系统的选择与设计 [J]. 光学精密工程, 2009, 17(11): 2629-2637.

[10] 戴立群, 唐绍凡, 徐丽娜, 等. 从可见光到热红外全谱段探测的星载多光谱成像仪器技术发展概述 [J]. 红外技术, 2019, 41(2): 107-117.

[11] 赵艳华, 戴立群, 白绍竣, 等. 全谱段光谱成像仪系统设计及实现 [J]. 航天返回与遥感, 2018, 39(3): 38-50.

[12] 赵艳华, 戴立群, 白绍竣, 等. 全谱段光谱成像仪集成设计技术先进性分析 [C]. 第四届高分辨率对地观测学术年会. 武汉, 2017: 612-621.

[13] 何家维, 何昕, 魏仲慧, 等. 高灵敏度 EMCCD 导航相机的设计 [J]. 光学精密工程, 2018,26(12): 3019-3027.

[14] 漆长松, 刘恩海, 钟建勇. 天基平台深空运动小目标检测 [J]. 光电工程, 2008, (5): 28-32.

[15] 王斌, 赵海斌, 李彬. 基于图像位移叠加方法探测暗弱小行星 [J]. 天文学报, 2017, 58(5): 95-107.

[16] Fujita K, Hanada T, Kitazawa Y, et al. A debris image tracking using optical flow algorithm [J]. Advances in Space Research, 2012, 49(5): 1007-1018.

[17] Yanagisawa T, Kurosaki H, Nakajima A. "The stacking method": the technique to detect small Size of GEO debris and asteroids [R]. Japan Aerospace Exploration Agency (JAXA), 2008.

[18] Yanagisawa T, Kurosaki H, Nakajima A. Activities of JAXA's innovative technology center on space debris observation [C]. Proceedings of the Advanced Maui Optical and Space Surveillance Technologies Conference, Poster Presentations, 2009.

[19] Sun T, Xing F, Wang X, et al. Effective star tracking method based on optical flow analysis for star trackers [J]. Applied Optics, 2016, 55(36): 10335-10340.

[20] Schwartz S, Ichikawa S, Gankidi P, et al. Optical navigation for interplanetary cubeSats [J]. Advances in the Astronautical Sciences, 2017.

[21] Pitas I. Digital Image Processing Algorithms and Applications [M]. New York: John Wiley & Sons, 2000.

[22] Campbell J, Synnott S, Bierman G. Voyager orbit determination at Jupiter [J]. IEEE Transactions on Automatic Control, 1983, 28(3): 256-268.

[23] Riedel J, Owen J W, Stuve J, et al. Optical navigation during the voyager Neptune encounter [C]. Proceedings of the Astrodynamics Conference. 1990.

[24] Synnott S, Donegan A, Riedel J, et al. Interplanetary optical navigation-voyager Uranus encounter [C]. AIAA/AAS Astrodynamics Conference. Williamsburg, VA, 1986: 361-369.

[25] Vaughan R, Riedel J, Davis R, et al. Optical navigation for the Galileo Gaspra encounter [C]. Proceedings of the Astrodynamics Conference, 1992.

[26] Yeomans D, Chodas P, Keesey M, et al. Targeting an asteroid—The Galileo spacecraft's encounter with 951 Gaspra [J]. The Astronomical Journal, 1993, 105: 1547.

[27] Team A, Riedel J, Bhaskaran S, et al. Autonomous optical navigation (AutoNav) DS1 technology validation report [R]. Jet Propulsion Laboratory, California Institute of Technology, 2000.

[28] Kubitschek D G, Mastrodemos N, Werner R A, et al. Deep impact autonomous navigation: the trials of targeting the unknown [C]. 29th Annual AAS Guidance and Control Conference, Breckenridge, CO, 2006.

[29] Mastrodemos N, Kubitschek D G, Synnott S P. Autonomous navigation for the deep impact mission encounter with comet tempel 1 [J]. Space Science Reviews, 2005, 117(1-2):95-121.

[30] Owen W M Jr, Wang T, Harch A, et al. Near optical navigation at Eros [R]. NASA, 2002.

[31] Kawaguchi J I, Fujiwara A, Uesugi T. Hayabusa (MUSES-C)-rendezvous and proximity Operation [C]. Proceedings of the 56th International Astronautical Congress, IAC-05-A3, 2003.

[32] Kominato T, Matsuoka M, Uo M, et al. Optical hybrid navigation and station keeping around Itokawa [C]. Proceedings of the AIAA/AAS Astrodynamics Specialist Conference and Exhibit, 2006.

[33] Kubota T, Hashimoto T, Kawaguchi J I, et al. Guidance and navigation of Hayabusa spacecraft for asteroid exploration and sample return mission [C]. Proceedings of the 2006 SICE-ICASE International Joint Conference, IEEE, 2006: 2793-2796.

[34] Hashimoto T, Kubota T, Kawaguchi J I, et al. Vision-based guidance, navigation, and control of Hayabusa spacecraft-Lessons learned from real operation [C]. IFAC Proceedings Volumes, 2010, 43(15): 259-264.

[35] Tsuda Y, Yoshikawa M, Abe M, et al. System design of the Hayabusa 2—Asteroid sample return mission to 1999 JU3 [J]. Acta Astronautica, 2013, 91: 356-362.

[36] Kameda S, Suzuki H, Takamatsu T, et al. Preflight calibration test results for optical navigation camera telescope (ONC-T) onboard the Hayabusa 2 spacecraft [J]. Space Science Reviews, 2017, 208(1-4): 17-31.

[37] Accomazzo A, Ferri P, Lodiot S, et al. The first Rosetta asteroid flyby [J]. Acta Astronautica, 2010, 66(3-4): 382-390.

[38] Broschart S, Bhaskaran S, Bellerose J, et al. Shadow navigation support at JPL for the rosetta landing on comet 67P/churyumov-gerasimenko [C]. Proceedings of the 26th International Symposium on Space Flight Dynamics ISSFD, number ISSFD-2017-096, 2017.

[39] De Santayana R P, Lauer M, Mu 骁 z P, et al. Surface characterization and optical navigation at the Rosetta flyby of asteroid Lutetia [J]. Proceedings of the International Symposium on Space Flight Dynamics, 2014.

[40] Dietrich A, Bhaskaran S. Rosetta shadow navigation analysis tools [C]. Postdoc Research Day Award Ceremony, Pasadena, CA ,2016.

[41] Lauer M, Kielbassa S, Pardo R. Optical measurements for attitude control and shape reconstruction at the Rosetta flyby of asteroid Lutetia [C]. Proceedings of the ISSFD2012 Paper, International Symposium of Space Flight Dynamics, Pasadena, California, USA, 2012.

[42] Preusker F, Scholten F, Matz K D, et al. Shape model, reference system definition, and cartographic mapping standards for comet 67P/churyumov-gerasimenko-stereophotogrammetric analysis of Rosetta/OSIRIS image data [J]. Astronomy & Astrophysics, 2015, 583: A33.

[43] Wokes D, Essert J. Development of Rosetta's initial stage comet rendezvous guidance systems [C]. Proceedings of the AIAA/AAS Astrodynamics Specialist Conference, 2012.

[44] Pellacani A, Graziano M, Fittock M, et al. HERA vision based GNC and autonomy [C]. Proceedings of the 8th European Conference for Aeronautics and Space Sciences. Madrid, Spain, 1-4 July 2019.

[45] Lorenz D A, Olds R, May A, et al. Lessons learned from OSIRIS-REx autonomous navigation using natural feature tracking [C]. Proceedings of the 2017 IEEE Aerospace Conference, IEEE. 2017: 1-12.

[46] Atchison J A, Abrahamson M, Ozimek M, et al. Double asteroid redirection test (DART) mission design and navigation for low energy escape [C]. Proceedings of the

69th International Astronautical Congress, 2018.

[47] Gil-Fernandez J, Ortega-Hernando G. Autonomous vision-based navigation for proximity operations around binary asteroids [J]. CEAS Space Journal, 2018, 10(2): 287-294.

[48] Bhaskaran S. Autonomous navigation for deep space missions [C]. SpaceOps 2012 Conference. Stockholm, Sweden. Reston, Virginia: AIAA, 1267135.

[49] Christian J A. Optical navigation using planet's centroid and apparent diameter in image [J]. Journal of Guidance Control and Dynamics, 2015, 38(2): 192-204.

[50] Bhaskaran S, Riedel J E, Synnott S P. Autonomous target tracking of small bodies during flybys [R]. NASA, 2004.

[51] Bookstein F. Fitting conic sections to scattered data [J]. Computer Graphics and Image Processing, 1979, 9(1): 56-71.

[52] Ma S D, Li L. Ellipsoid reconstruction from three perspective views [C]. Proceedings of 13th International Conference on Pattern Recognition, 1996: 344-348.

[53] Wokes D, Palmer P L. Perspective reconstruction of a spheroid from an image plane ellipse [J]. International Journal of Computer Vision, 2010, 90(3): 369-379.

[54] 毛晓艳, 王大轶, 辛优美, 等. 深空光学敏感器 "拖尾图像" 的处理方法研究 [J]. 空间控制技术与应用, 2010, 36(2): 1-5, 19.

[55] Wu Q, Zou W, Xu D, et al. Model-based line-of-sight detection of an irregular celestial body for autonomous optical navigation [C]. Proceedings of the 34th Chinese Control Conference (CCC), 2015: 5327-5532.

[56] Li S, Lu R, Zhang L, et al. Image processing algorithms for deep-space autonomous optical navigation [J]. Journal of Navigation, 2013, 66(4): 605-623.

[57] Christian J A, Lightsey G E. Onboard image-processing algorithm for a spacecraft optical navigation sensor system [J]. Journal of Spacecraft and Rockets, 2012, 49(2): 337-352.

[58] Borissov S, Mortari D. Optimal single-point and filtered pose estimation for lunar orbiters using visible camera [C]. 24th AAS/AIAA Space Flight Mechanics Meetings. San Diego, American Astronautical Society, 2014.

[59] Christian J A. Optical navigation using iterative horizon reprojection [J]. Journal of Guidance, Control and Dynamics, 2016, 39(5): 1092-1103.

[60] Mortari D, D'Souza C N, Zanetti R. Image processing of illuminated ellipsoid [J]. Journal of Spacecraft and Rockets, 2016, 53(3): 448-456.

[61] Franzese V, Di Lizia P, Topputo F. Autonomous optical navigation for lumio mission [C]. Proceedings of the 2018 Space Flight Mechanics Meeting, 2018.

[62] 吴双卿, 龙华保, 张卫华. 光学自主导航图像信息测量方法研究 [J]. 上海航天, 2013, 30(5): 30-33, 52.

[63] Hughes M P, Schira C N. Deep impact attitude estimator design and flight performance [C]. American Astronautical Society, 2006 G&C Conference, Breckenridge, CO, 2006.

[64] Kechichian J, Kenyon P, Moultrie B. Orbit determination accuracy assessment for an asteroid flyby-a Galileo case study [C]. Proceedings of the 25th AIAA Aerospace Sciences

Meeting, 1987.

[65] Antreasian P, Ardalan S, Griddle K, et al. Orbit determination processes for the navigation of the cassini-Huygens mission [C]. SpaceOps 2008 Conference. 12 May 2008 – 16 May 2008, Heidelberg, Germany. Reston, Virginia: AIAA, 2008: 3433.

[66] Marini A E, Racca G D, Foing B. Smart-1 technology preparation for future planetary missions [J]. Advances in Space Research, 2002, 30(8): 1895-1900.

[67] Ma X, Fang J, Ning X. An overview of the autonomous navigation for a gravity-assist interplanetary spacecraft [J]. Progress in Aerospace Sciences, 2013, 63: 56-66.

[68] Martin-Mur T J, Lazio J, Bhaskaran S, et al. Leveraging Gaia data for deep space navigation [C]. Journées2019, Paris France, 7-9 October 2019.

[69] Delavault S, Berthier J, Foliard J. Optical navigation to a near earth object [C]. Proceedings of the 18th International Symposium on Space Flight Dynamics, 2004.

[70] 徐文明, 崔祜涛, 崔平远, 等. 深空自主光学导航小行星筛选与规划方法研究 [J]. 航空学报, 2007, 28 (4): 891-896.

[71] 张晓文, 王大轶, 黄翔宇. 深空自主光学导航观测小行星选取方法研究 [J]. 宇航学报, 2009, 30(3): 947-952.

[72] 张晓文, 王大轶, 黄翔宇. 利用小行星测量信息的深空探测器自主导航算法研究 [J]. 航天控制, 2009, 27(3): 17-22.

[73] Chester T, Butman S. Navigation using X-ray pulsars [R]. Jet Propulsion Laboratory, Pasadena, CA, NASA Tech Rep 81N27129, 1981.

[74] Sheikh S I, Pines D J, Ray P S, et al. Spacecraft navigation using X-ray pulsars [J]. Journal of Guidance, Control, and Dynamics, 2006, 29(1): 49-63.

[75] Sheikh S I. The use of variable celestial X-ray sources for spacecraft navigation [D]. University of Maryland, 2005.

[76] Emadzadeh A A, Speyer J L. Navigation in Space by X-ray Pulsars [M]. New York: Springer, 2011.

[77] Emadzadeh A A, Speyer J L. Relative navigation between two spacecraft using Xray pulsars [J]. IEEE Transactions on Control Systems Technology, 2011, 19(5): 1021-1035.

[78] Winternitz L B, Hassouneh M A, Mitchell J W, et al. SEXTANT X-ray pulsar navigation demonstration: additional on-orbit results [C]. Proceedings of the 2018 SpaceOps Conference, 2018.

[79] Chen P T, Zhou B, Speyer J L, et al. Aspects of pulsar navigation for deep space mission applications [J]. The Journal of the Astronautical Sciences, 2020, 67(2): 704-739.

[80] 杨廷高, 童明雷, 赵成仕, 等. Crab 脉冲星 X 射线计时观测数据处理与分析 [J]. 天文学报, 2018, 59(2): 8-14.

[81] Sun H F, Sun X, Fang H Y, et al. Building X-ray pulsar timing model without the use of radio parameters [J]. Acta Astronautica, 2018, 143: 155-162.

[82] Zhang D, Zheng W, Wang Y, et al. Detector random time delay compensation method for X-ray pulsar observation [J]. Optik - International Journal for Light and Electron Optics, 2017, 149: 430-438.

[83]　Zhang X, Shuai P, Huang L W H, et al.　Mission overview and initial observation results of the X-ray pulsar navigation-I satellite [J]. International Journal of Aerospace Engineering, 2017: 1-7.

[84]　郑世界, 葛明玉, 韩大炜, 等. 基于天宫二号 POLAR 的脉冲星导航实验 [J]. 中国科学: 物理学力学天文学, 47(9): 116-124.

[85]　Franklin R G, Birx D L. A study of natural electromagnetic phenomena for space navigation [C]. Proceedings of the IRE, 1960, 48(4): 532-541.

[86]　Yim J, Crassidis J, Junkins J. Autonomous orbit navigation of interplanetary spacecraft [C]. Astrodynamics Specialist Conference. 14 August 2000 - 17 August 2000, Denver, CO. Reston, Virginia: AIAA, 2000: 3936.

[87]　Henderson T A, Pollock T C, Sinclair A J, et al.　Hardware development and measurements of solar doppler shift for spacecraft orbit determination [J]. Advances in the Astronautical Sciences, 2004, 116: 1-14.

[88]　Kosovichev A G. Solar Oscillations [J]. Physics, 2010, 1170(1): 547-559.

[89]　Greetham G M, Burgos P, Cao Q, et al. ULTRA: a unique instrument for time-resolved spectroscopy [J]. Applied Spectroscopy, 2010, 64(12): 1311.

[90]　Christian J A. StarNAV: autonomous optical navigation of a spacecraft by the relativistic perturbation of starlight [J]. Sensors, 2019, 19(19): 4064.

[91]　崔文, 张少愚, 张树瑜, 等. 火星探测接近段的光学自主导航研究 [J]. 空间科学学报, 2013, 33(3): 313-319.

[92]　张伟, 张恒. 天文导航在航天工程应用中的若干问题及进展 [J]. 深空探测学报, 2016, 3(3): 204-213.

[93]　尤伟, 马广富, 张伟.　一种基于天文测速的火星捕获段天地联合导航方法 [J]. 宇航学报, 2016, 37(6): 695-703.

[94]　尤伟, 张伟, 马广富. 深空天文测速自主导航速度矢量合成误差传递分析 [J]. 中国惯性技术学报, 2017, 25(3): 338-342.

[95]　王永, 赵剡, 杨奎. 基于小波分析和密度估计的红移测速导航研究 [J]. 航空兵器, 2014, 21(6): 3-7.

[96]　Liu, Fang J C, Yang Z H, et al. Star selection strategy using measurement coupling matrix in starlight doppler-based integrated navigation system [C]. Proceedings of the Institution of Mechanical Engineers Part G Journal of Aerospace Engineering, 2016,230(6): 1114-1125.

[97]　刘蓉, 乔学军, 段福庆. 基于相似性度量的星系光谱红移估计 [J]. 光谱学与光谱分析, 2008, 28(1): 235-238.

[98]　宁宗军, 李东, 戴煜, 等. 深空组合导航中天文测速观测研究 [J]. 深空探测学报, 2016, 3(3): 225-227, 245.

[99]　龚顺生, 程学武, 李发泉, 等. 原子滤光及鉴频技术在光电探测中的应用 [J]. 激光与光电子学进展, 2010, 47(4): 7-13.

[100]　Liu J, Ning X L, Ma X, et al.　Geometry error analysis in solar Doppler difference navigation for the capture phase [J]. IEEE Transactions on Aerospace and Electronic

Systems, 2019, 55(5): 2556-2567.

[101] Chen X, Sun Z, Zhang W, et al. A novel autonomous celestial integrated navigation for Deep Space exploration based on angle and stellar spectra shift velocity measurement [J]. Sensors, 2019, 19(11): 2555.

[102] 袁浩. 近地小行星探测器自主导航与鲁棒制导方法研究 [D]. 长沙：国防科技大学,2022.

[103] 李东旭, 刘望, 王杰, 等. 一种桁架式全挠性航天器结构平台 [P]: CN109573101B.2020-09-04.

第 9 章　行星际测控通信技术

9.1　引　　言

在深空探测活动中，对深空探测器进行跟踪测量导航、健康状态监视、任务飞行控制、探测任务操作和数据传输通信的系统，称为深空测控通信系统。近地小天体防御与利用任务要求航天器多次往返小天体，这将使得地球与小天体之间的转移、小天体对接着陆等飞行任务常态化，从而使得地面测控网压力倍增，甚或不能满足未来任务需要，因而行星际测控通信技术是一项亟待解决的难题。

航天器测控通信通常采用无线电信号进行天地之间的信息传输，而无线电波以光速向外辐射，并按传播距离的平方衰减。与近地空间航天器的测控通信相比，深空测控通信面临着距离遥远带来的一系列问题主要有：

1) 信号空间衰减大

无线电信号按传播距离的平方衰减，遥远的距离带来巨大的信号路径损耗。这意味着同样强度的发射信号，接收方得到的信号更加微弱，可传输的有效信息将急剧下降，或者为保证一定的信息量时传输将花费更大的代价。为了弥补深空测控通信巨大的信号空间衰减，通常采取如下措施：增大天线口径，增大射频发射功率，降低接收系统噪声，提高载波频率，利用高效信道编译码技术，降低传输码速率和通过数据压缩降低信息传输数据量等。

2) 信号传输时延长

对于深空探测器，无线电信号无法像近地航天器那样对其进行实时操作控制和状态监视，并且由于地球自转的影响，单个地面深空站甚至无法对其进行不间断的闭环跟踪。为了克服巨大的时间延迟，深空探测器主要采用地面提前注入的控制模式和多站接力的测量模式。

3) 信号传播环境复杂

深空测控通信无线电信号除了必须穿过近地空间的对流层和电离层之外，还要穿越变化复杂的太阳等离子区，经受随时出现的太阳风暴的冲击；同时，对具有大气层的地外天体的探测，信号还要穿过该星体的大气层，这些都会给测控通信性能带来影响。无线电信号频率越高，电波波长越短，则受电离层和太阳等离子区中带电粒子的影响就越小，从而可以提高无线电测量的精度。

深空探测的远距离和信息传输的高速率始终是矛盾的，为了解决这个矛盾问题，测控通信除了正在从 S、X 扩展到 Ka 频段，并逐步向光通信技术发展外，天线组阵、高灵敏度信号接收、高效信道编译码等新技术也得到突破并快速应用。NASA 已将中小口径天线组阵技术、深空光通信技术和行星际通信网络技术并列为实现未来深空探测测控通信的三种主要技术途径[1]。

9.2 国内外深空网建设基本情况

深空网特指专门用于深空探测器测控和数据传输的专用测控网，其特点是配有大口径抛物面天线、大功率发射机、极高灵敏度接收系统、信号处理中心以及高精度高稳定度的时间与频率系统，用于完成深空探测器的测控通信任务[2]。

为了克服地球自转的影响，实现对深空探测器的连续跟踪，深空网的布局通常是在全球范围内经度间隔 120° 布站，这样可以确保对距离地球表面 30000km 以上的探测器进行连续跟踪。综合考虑跟踪弧段和天线性能，深空站站址纬度通常选择在南北纬 30° ~ 40°[3]。目前，NASA、欧洲航天局、俄罗斯联邦航天局 (RFSA)、日本宇宙航空研究开发机构 (JAXA) 和印度航天研究组织 (ISRO) 等已经建立了深空网或深空站。中国也在探月工程的带动下，逐步开展深空测控通信网的研制建设，已基本建成了兼具 S/X/Ka 多频段测控能力，集测控、数传和长基线干涉测量等多功能于一体的深空测控网。

9.2.1 美国深空网

NASA 深空网 (Deep Space Network, DSN) 由全球按经度间隔 120° 分布的三个深空通信测量综合设施组成，分别位于美国加利福尼亚州的戈尔德斯通、澳大利亚的堪培拉和西班牙的马德里，建有 70m 和 34m 波束波导 (BWG) 深空天线，如图 9-1 所示。深空网的主要功能包括遥测、遥控、无线电跟踪测量、甚长基线干

(a) 70m 天线　　　　　　　　　　(b) 34m 天线

图 9-1 NASA 深空网

涉测量、电波科学研究、监视与控制、射电和雷达天文研究等。其中，无线电跟踪测量系统通过地面和航天器之间的双向通信链路来测量和确定探测器的状态矢量 (位置和速度)，甚长基线干涉测量则可以直接测量探测器或射电源所在的角位置。

9.2.2 欧洲航天局深空网

欧洲航天局深空网的建设始于 1998 年，包括三个 35m 深空站，分别位于澳大利亚西部珀斯附近的新诺舍、西班牙马德里附近的塞夫雷罗斯和阿根廷西部的门多萨省马拉圭市附近，如图 9-2 所示。三个深空站可以由位于德国达姆施塔特的欧洲空间操作中心 (European Space Operations Centre, ESOC) 进行远程操作控制，并可以做到完全无人值守 [4]。

(a) 新诺舍深空站   (b) 塞夫雷罗斯深空站

(c) 马拉圭深空站

图 9-2 欧洲航天局深空站

新诺舍深空站主用设备是一个具备 S 频段 (2GHz)、X 频段 (8GHz) 发射和接收能力的 35m 深空天线，并具备 Ka 频段 (32GHz) 下行链路升级的能力。塞夫雷罗斯深空站主用设备是一个具备 X 频段 (8GHz) 发射和接收能力及 Ka 频段 (32GHz) 接收能力的 35m 深空天线。马拉圭深空站和塞夫雷罗斯深空站相同。

9.2.3 俄罗斯深空网

俄罗斯的深空网主要由乌苏里斯克站、耶夫帕托里亚站和熊湖站组成，乌苏里斯克站和耶夫帕托里亚站均有 32m 和 70m 两个天线，如图 9-3 所示，熊湖站有 32m 和 64m 天线。工作频段主要是 UHF 频段、C 频段和 X 频段[5]。

(a) 乌苏里斯克 70m 天线   (b) 耶夫帕托里亚 70m 天线

图 9-3 俄罗斯航天局深空站

9.2.4 日本、印度深空测控通信设施

日本 JAXA 在臼田建有 1 个 64m 的 S/X 双频段波束波导天线。主要用于深空任务的遥测、跟踪、命令及探测数据的接收，其建设初期为 S 频段，后来增加了 X 频段。由于天线口径太大，JAXA 不准备将其改造成 Ka 频段，并计划在未来 10 年内，再建一个 Ka 频段天线。此外，日本在鹿儿岛还建有 34m 和 20m 波束波导天线，具备 S 频段接收和发射、X 频段接收功能，如图 9-4 所示[6]。

(a) 臼田 64m 天线   (b) 鹿儿岛 34m 天线

图 9-4 日本深空站

9.2.5　印度深空网

为了支持"月球飞船 1 号"任务，2008 年印度 ISRO 在比亚拉鲁建造了印度深空网 (Indian Deep Space Network, IDSN)。IDSN 包括 18m 和 32m 大口径天线设备，如图 9-5 所示，负责实时接收"月球飞船 1 号"的状态数据和载荷数据，并将跟踪数据 (包括测距、多普勒测速和角度数据) 传送到控制中心。18m 天线具备 S 频段上行链路 (2kW) 和 S/X 双频段下行链路，基带系统采用国际空间数据系统咨询委员会 (Consultative Committee for Space Data Systems, CCSDS)。32m 天线具备 S 频段 (20kW 和 2kW) 和 X 频段 (2.5kW) 上行链路，S/X 双频段下行链路，可同时接收两路 S 频段信号和一路 X 频段信号。

(a) 18m 天线　　　　　　　　　　　　　　(b) 32m 天线

图 9-5　印度深空站

9.2.6　中国深空网

在中国月球探测工程中设计的全球布局深空测控通信网，包括中国西部喀什地区 35m 深空站、中国东部佳木斯地区 66m 深空站和位于阿根廷西部地区内乌肯的南美 35m 深空站，可以实现对深空探测器 90% 的测控通信空域覆盖。如图 9-6 所示，35m 深空站具备 S/X 双频段上下行链路和 Ka 频段下行链路，66m 深空站具备 S/X 双频段上下行链路。同时各站均具备干涉测量能力。

(a) 喀什 35m 天线　　　　　　　　　　　　(b) 佳木斯 66m 天线

图 9-6　中国深空站

9.3 深空通信中的接收与发射技术

9.3.1 深空通信频段选择条件

频段选择是行星际测控通信的关键问题。允许用于深空的通信频段由国际电信联盟 (International Telecommunications Union, ITU) 分配, 如表 9-1 所示 [7]。上下行链路频率有设置的比率, 并且有多个分配有频率时隙的"信道"。

表 9-1 深空通信频段分配

波段	上行链路	下行链路	优点	缺点
S 波段	$2110 \sim 2120$MHz	$2290 \sim 2300$MHz	适合上、下行链路; 适用于多种天线和设备	天线的低增益使得链路预算成为挑战
X 波段	$2110 \sim 2120$MHz	$2290 \sim 2300$MHz	适合下行链路; 适用于多种天线和设备; 比 S 波段具有更高的天线增益	X 波段上行链路在深空环境不常用
Ka 波段	$2110 \sim 2120$MHz	$2110 \sim 2120$MHz	比 S 波段和 X 波段具有更高的天线增益	高频段对环境敏感, 受天气影响严重, 在低轨应用中技术尚不成熟

使用 S 波段进行测控是低轨卫星的标准选择, 在地面站和设备方面有更多的可用资源。S 波段组件、工具和测试成本低, 但它们比 X 波段和 Ka 波段的同类产品要大。S 波段可能是对月球和近地任务要求较低的最佳选择。更高的频率提供了从机载高增益天线获得更高增益的可能性, 从而显著增加了整体链路预算。

X 波段一直是许多深空任务测控的选择。低轨卫星通常使用 X 波段和 S 波段测控相结合的方式, X 波段被用作高比特率下行链路, 其调制和设备类型与深空测控不同。上下行链路可以使用不同的波段, 例如 S 波段上行链路和 X 波段下行链路, 但这需要两个高增益天线。

9.3.2 航天器的收发器与天线

航天器端的收发器与天线是保证航天器与地面进行通信的关键, 也是航天器间实现通信的关键。"罗塞塔号"飞船于 2014 年抵达彗星 67P/丘留莫夫–格拉西缅科彗星 (Churyumov-Gerasimenko) 附近, 并释放了"菲莱"着陆器, 通过十个科学仪器进行现场分析 [8]。在"罗塞塔号"和"菲莱"着陆器之间设计有一条 S 波段的卫星间链路。射频子系统由两个收发器组成, 通过 1W 射频输出功率和 1dBi 增益 (@60°) 贴片天线, 在 S 波段以全双工模式实现传输。在链路预算方面, 考虑到轨道器和着陆器天线在其 0~60° 波束中发射, 链路在理论上距离可达 150km。接收器和发射器都由微控制器控制, 可以与差分串行链路连接。数据传输速率仅为 16kbit/s，为便于科学数据的检索，限制了遥测可用参数的数量，只发送以下参数：接收器和发射器电流、接收器和发射器激活状态、天线温度 [9]。

2014 年 12 月 3 日，JAXA 发射了"隼鸟 2 号"宇宙飞船，前往近地小行星 1999 JU3 龙宫星 (Ryugu)。飞船上安装有一个移动小行星表面侦察机，侦察机与"隼鸟 2 号"飞船之间利用两条 954MHz/958.5MHz 超高频波段工作的测控射频链路进行通信，使用半双工通信和时分多址 (Time Division Multiple Access, TDMA) 协议，与来自 JAXA 的三台 MINERVA-2 漫游者共享通信。侦察机配有两个冗余的 CCOM 收发器，通过两个贴片天线与"隼鸟 2 号"上的 PCOM 收发器通信 [10,11]。天线与相关射频线束如图 9-7 所示。

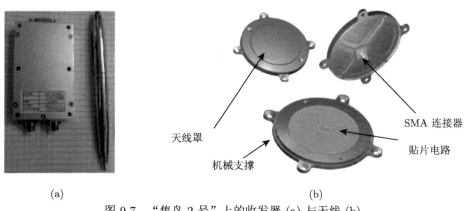

(a)　　　　　　　　　　　　　　　　　(b)

图 9-7　"隼鸟 2 号"上的收发器 (a) 与天线 (b)

2017 年，Beyond Altas 任务开始建造一艘约 25kg 的小型航天器，前往近地小行星 2016 HO3[12]。这颗小行星所处轨道与地球轨道同步，使得该小行星与地球保持在 50～90 个地月距离内。该任务的通信系统采用 X 波段上行下行通信链路，地面网络由 13m 天线 (用于遥测遥控) 和大型天线 (用于经过月球及抵达小行星时的通信) 共同组成 [7]。

此外，ESA 提出了"小行星远程地球观察" (Miniaturised Asteroid Remote Geophysical Observers, M-ARGO) 项目，利用立方星执行拉格朗日 L2 点的天文学任务。该任务的通信系统计划使用 X 波段和深空通信转发器，贴片天线用作低增益天线，可展开式反射面阵列天线用作高增益天线，地面部分采用欧洲航天局地面站网络 (ESTRACK)，它有 15m 和 35m 的天线，并配有直径 64m 的射电望远镜。利用 35m 的 ESTRACK 电台和 15W 射频车载发射机，在 1AU 时实现了 7kbit/s 的下行速率，使用 15m 的 ESTRACK 天线，可以获得略高于 1kbit/s 的比特率 [13]。

"近地小行星交会"任务 (NEAR) 是 NASA 发现系列的第一个任务，旨在收集有关近地小行星 433Eros(爱神星) 的科学数据，于 1996 年 2 月发射，宇宙飞船与小行星交会并最终环绕小行星运行。NEAR 通信系统必须同时满足轻质量、低功耗、低成本和极短的交付时间 (从资金投入开始到启动的 26 个月) 等相互矛盾的目标。电信系统的主要任务是传输小行星表面的探测数据，每天至少有 85Mbit 数据返回，并需要尽可能最大化返回。

　　NEAR 任务中，电信系统的中心是两个冗余的 X 波段转发器系统，提供指挥、遥测和跟踪功能。在电信系统设计中包括应答器硬件、X 波段固态功率放大器和多个微带贴片天线。主通信链路由基于复合材料的高增益天线 (High-Gain Antenna, HGA) 提供。对于太阳安全模式，通信是通过一个中等增益的扇束天线和一个低增益天线 (Low-Gain Antenna, LGA) 完成的，这两个天线都结合了贴片天线技术。选择 X 波段频率区域 (7.2GHz/8.4GHz) 的目的是最大化数据速率和跟踪能力，并最小化 HGA 馈源的大小。下行链路利用固态功率器件将信号放大到 5W 级，这是深空任务中首次使用固态功率器件进行 X 波段放大。上行链路的数据由命令检测单元 (Command Detection Unit, CDU) 解调。

　　为了在太阳–探测器–地球夹角太大而无法使用高增益天线时提供通信覆盖，开发了另外两种天线设计。当航天器相对靠近地球时，低增益天线在飞行任务的前后方向提供半球形覆盖。该天线是一个非常轻的双频微带贴片，质量仅 90g，可提供约 6dBi 的峰值增益。扇束天线是一个双频微带阵列，在巡航阶段、地球摇摆阶段和太阳安全模式恢复期间提供覆盖。用于扇束的串联馈电单元技术提供了一种高效的设计方案，峰值下行链路增益为 18.8dBi。该天线以 8° 的窄面 3dB 波束宽度从航天器 Z 轴提供 40° 的宽面覆盖，其质量为 465g。图 9-8 描述了 NEAR 航天器所有天线的覆盖模式。

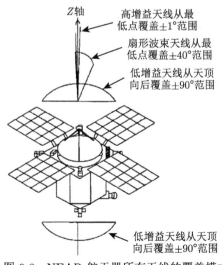

图 9-8　NEAR 航天器所有天线的覆盖模式

为了使系统设计简单，上下行数据传输速率的选择受到限制。使用两种上行数据传输速率：正常操作采用 125bit/s，紧急操作采用 7.8bit/s。使用 8 种下行链路数据传输速率，其中 6 种速率在 1.1~26.5kbit/s，用于非本地下行链路操作，其余两种速率分别为 39.4bit/s 和 9.9bit/s，用于太阳安全模式恢复和一些巡航操作。一旦航天器抵达小行星，下行数据速率将调整至 4.4~8.8kbit/s 范围内，这取决于所需的链路裕度和任务时间。偶尔使用的 70m 口径天线可以实现 17.6~26.5kbit/s 速率传输数据。图 9-9 显示了 NEAR 任务期间下行数据传输速率的变化。

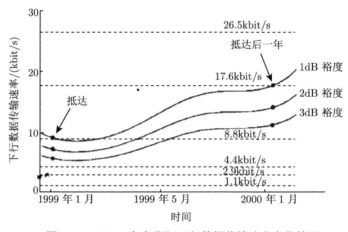

图 9-9　NEAR 任务期间下行数据传输速率变化情况

NEAR 通信系统的发展揭示了能够显著提高深空飞行任务性能的几个待研究领域。首先，技术研发体系需要进行实质性整合，未来的转发器设计应将遥测调节装置和指令检测单元功能整合到转发器中，并通过使用单片微波集成电路和专用集成电路 (Application Specific Integrated Circuit, ASIC) 提供进一步的小型化。同时，将非相干转发器与超稳定振荡器结合使用，有可能大幅减轻质量。其次，固态功率放大器效率显然还有改进的余地，目前使用镓砷场效应管技术的 X 波段固态功率放大器的效率通常为 15%~25%，这可以通过开发诸如异质结双极晶体管 (Heterojunction Bipolar Transistor, HBT) 等技术得到实质性改善。另一个待研究技术领域是 Ka 波段发射机设备，将下行链路通信频率从 X 波段调整到 Ka 波段 (32GHz)，数据传输的天线增益可以提高 3~5 倍。最后，NEAR 任务已经表明，微带天线技术为传统天线提供了一种轻量化、低成本的替代方案。目前，近扇束天线已经研制成功，可以以极低的成本在短时间内生产研制，并且该设计还可以很容易地扩展到其他频率，如 S 和 Ka 波段。这一技术可以通过双频原件和孔径馈送等技术进一步改进。

9.3.3 地基的大功率发射机

由于距离遥远，深空通信系统通常是一个功率受限的链路。大功率发射是深空测控天线的基础能力之一，负责完成地基导航、上行指令注入和探测器应急救援，是决定深空测控作用距离的关键性因素。

美国、欧洲、俄罗斯和日本在部署其深空测控天线时均研发了大功率发射机，其主要发射能力如表 9-2 所示 [14]。2012 年，我国自行研制完成了 S 频段和 X 频段 10kW 速调管发射机，并正式配属深空站，其关键器件速调管均实现了国产化，S 频段发射机最大输出功率可达 18kW，X 频段发射机最大输出功率可达 15kW [15]。

表 9-2 国外深空发射机功率对比

频段	美国			欧洲		俄罗斯		日本	
	S	X	Ka	S	X	S	X	S	X
最大发射功率/kW	400	80	0.8	20	20	8	20	20	20

9.4 光通信技术

随着小行星探测对传输速率和通信容量的要求越来越高，传统的微波通信越来越难以满足深空探测通信的要求，于是光通信技术应运而生。同射频通信链路相比，激光通信链路的工作载频 (200～300THz) 要比 Ka 波段 (32GHz) 射频链路的载频更高。这意味着衍射损失更小，传递信号能量的效率更高，使得光学链路在更低发射功率和更小孔径尺寸下，仍能达到很高的传输速率 [24]。在过去三十年里，许多研究团队致力于深空激光通信的研究和开发，取得了若干重要成果。

1992 年，美国 JPL 一个名为 GOPEX 的项目成功演示了激光束从地面两个位置指向 600 万 km 的"伽利略号"航天器 [25]。2003 年，来自麻省理工学院林肯实验室、JPL 和哥达空间飞行中心团队的科学家开始开发火星通信航天器 (Mars Telecom Orbiter, MTO) 环绕火星和地球静止轨道上的激光通信链路。这一名为"火星激光通信演示" (Mars Laser Communications Demonstration, MLCD) 的项目，完成了从最近的火星–地球距离 (约 0.7AU) 下行链路 30Mbit/s 的初步系统设计 [26]。2015 年，欧洲航天局提出小行星撞击任务，其主要任务目标是确定双星小行星 Didymos 在撞击前后的轨道和旋转动力学，以及小行星质量特性和地表地下结构，以验证激光通信用于行星际微小卫星通信的可行性。Zoran 等介绍了小行星撞击任务项目中激光通信系统的设计，该系统安装在目标航天器和欧洲航天局的光学地面站 (Optical Ground Station, OGS) 上，激光通信系统运行参数如表 9-3 所示 [27]。美国 JPL 为了 2022 年小行星普赛克 (Psyche) 探测任务，研发了一套深空光学通信系统，如图 9-10 所示。该通信终端满足最新开发的用于脉冲位置调制的 CCSDS 高光子效率标准，可以达到 125Mbit/s 的传输速度。同时，该通信终端可以在地面演示验证千瓦级上行链路、星载光子计数探测器阵列和惯性稳定波束等新技术 [28]。此外，NASA 正在研究一种射频/光学混合测控方案，其有效收集孔径相当于一个直径 8m 的单反射镜，可以支持来自火星的 125Mbit/s 下行传输要求，并通过试验证明了天线精确盲指向能力和稳定性 [29,30]。

表 9-3   小行星撞击任务激光通信系统设计参数

通信距离	波长		调制		数据传输速率		
	下行链路	上行链路	下行链路	上行链路	下行链路	上行链路 (可选)
15~75km	(1550.12±0.1)nm	10.6(TBC)μm	16-PPM	1/2 相机拍摄速率	0.1~2.5Mbit/s	N.A.kbit/s

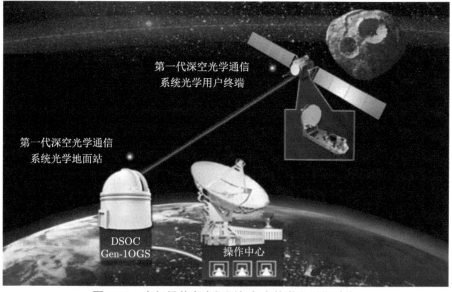

图 9-10   小行星普赛克探测任务中的激光通信系统

9.5   天线组阵技术

随着小行星探测能力的不断增强，数据传输速率的需求越来越高；随着探测距离的持续增大，接收信号强度越来越微弱，则单纯依靠地面大口径天线解决上述问题越来越困难。因此，下行天线组阵技术时利用多个天线组成天线阵列，将各个天线接收的信号进行合成，以达到增大天线口径的效果，实现遥远距离微弱信号的有效接收。

下行天线组阵包括本地组阵和异地组阵，该技术是利用多个天线接收来自同一个探测器的下行信号，通过信号合成以提高信号的信噪比，实现高速数据的下行传输[16]。NASA 深空网从 20 世纪 70 年代初就开始研究和使用天线组阵技术，该技术已成为解决深空探测器测控和高码率信息传输的重要途径，也是国际深空测控技术的发展趋势之一[17]。相比单个天线，天线组阵具有以下明显优势。① 提升系统性能：减小了大口径天线对指向的高精度要求，有效提高了下行数据量和远距离测控能力。② 增强可操作性：可实现更高的资源利用率，提高系统的可用性和维护的灵活性，降低备件数量。③ 降低系统研制成本：批量生产和系统复杂度低可有效节省系统研制难度和成本。④ 提高系统运行灵活性：根据任务需求灵活调整系统规模，新增单元不影响原系统运行。

2000 年，NASA 提出了高效的全频谱合成方案，实现了 4 根天线 16MHz 带宽信号合成，并且在多项深空测控任务中发挥了重要作用，验证了多天线技术在深空探测领域应用的可行性[18]。为了实现更大带宽的组阵接收，NASA 的 JPL 在宽带阵列试验系统 (Bread Board Array, BBA) 的基础上开发了下行组阵接收与信号合成系统 (DownLink Data Array, DDA)。该系统采用频谱波束成形技术，1280MHz 采样频率，实现了最大 500MHz 带宽信号的合成[19]。美国在建设下行天线组阵系统的同时，还同步完成了上行组阵的在轨试验验证。上行组阵的基本原理是：通过对布设在一定空间区域的天线系统的组阵设计，可以以较低的代价获得大功率的空间波束覆盖。理论分析表明，如果阵列中 N 个天线的口径相同，并且各天线上行信号相位在空间目标处同相，那么阵列可以实现的功率覆盖与阵列中天线数目 N 的平方成正比[20]。2008 年 6 月，NASA 第一次采用由 3 个天线组成的 X 频段上行组阵，与工作在行星际距离的美国探测太空船深击号 (EPOXI 航天器) 成功进行了演示试验[21]。该试验在戈尔德斯顿的真实操作环境下进行，使用了 DSS-24、DSS-25 和 DSS-26 三个 34m BWG 天线，以最大允许速率向 EPOXI 发送了 50 条指令，所有指令都被航天器接收和确认。卢满红等提出了采用合成效率高、运算量小、更有利于微弱信号合成的改进 Sumple 算法进行全频谱合成的方案，突破了本地多天线实时信号全频谱合成、精确相位和延迟的估计与补偿、组阵信号事后重放合成方法等核心技术[22]。2010 年 10 月，利用 4 个 12m 天线构成的试验系统，成功开展了本地天线组阵技术验证试验。在"嫦娥二号" (CE-2) 卫星距离地球 14 万 km 和 40 万 km 时，试验系统接收 S 频段测控信号和数传信号，实现了 4 路信号的合成，合成效率优于 90%，其综合效能约等效于 24m 的 S 频段天线。2020 年，我国首次火星探测任务完全在我国深空测控系统支持下开展，喀什深空站的 4 个 35m 口径天线将通过天线组阵技术，达到等效 66m 口径天线的能力[15]。吴伟仁等[23] 还提出了未来广域天线组阵的设想，形成等效 150m 口径天线的接收能力，突破了宽带频谱合成算法、时延和相位精确的估计与补偿、通用平台软件合成器等多项关键技术。

9.6　深空中继通信技术

深空中继通信技术可以在因距离过远、物理阻隔或其他因素而不能在可直接通信的两个节点间建立起通信链路。在深空探测任务中，对于对地不可见区域的探测将是未来深空探测的重点，通过多条链路来配合完成深空探测器与地球之间的数据传输任务，是未来深空通信技术的发展趋势。例如，NASA 和 JPL 在 21 世纪初提出了星际互联网 (The Inter Planetary Network, IPN) 概念，通信节点之间通过选定若干个中继节点组成中继链路，以完成点对点传输难以完成的数据传输任务 [31]。

9.6.1　针对特定探测任务的深空中继通信

目前，深空中继通信主要围绕月球探测展开研究，月球中继通信主要利用环月轨道和地月平动点轨道两种方式。

第一种地月中继通信方式，是在地月直连通信体系基础上，加入环月卫星进行通信中继，架构如图 9-11 所示。环月轨道可以实现全月面覆盖，且任意时刻至少有一颗环月卫星能与月球登陆器，以及地球表面子网的一个地球站建立通信链路 [32]。通信链路多采用 X 波段或 Ka 波段，提供 Mbit/s 级的链路速率和高可靠传输。通信链路为：月球登陆器 ⟷ 环月卫星 ⟷ 地球站。该体系架构能够保证在地球自转和月球自转的前提下，任意时刻都可以进行地月之间的通信任务。

第二种地月中继通信方式是在地月平动点部署中继节点。地月平动点是地月旋转系统的引力动平衡点，运行在地月平动点轨道上的航天器，能够以较低的推进剂消耗保持与地球和月球的相对几何关系。

1961 年，美国提出在地月平动点放置中继通信卫星的设想，1966 年又提出了平动点导航概念，其中包括地月 L2 点月球中继卫星导航，可以提供月球背面和大范围月面导航和通信能力，利用地月 L1 点进行探月任务交会对接，利用地月 L4 点和 L5 点提供深空中继通信和导航 [33]。

地月拉格朗日 L2 点位于地月连线的延长线上，在地月拉格朗日点 L2 部署中继节点，其优势在于地月相对位置恒定，校准和维护相对简单，且不需要绕月球轨道运转。然而，L2 点始终在月球背后，在地球上始终是看不到的。为了保证部署在 L2 点的中继节点始终与地球具有视距通信条件，通常采用晕 (Halo) 轨道的方式。

晕轨道在地月连线垂直并通过 L2 点的平面附近，中继节点距离 L2 点超过 3500km，围绕 L2 点的运动周期约为半个月。通信链路如图 9-12 所示，为月球登

陆器 ⟷L2 中继节点 ⟷ 地球站。该体系架构能够确保 L2 中继节点运行的卫星可以连续观测月球背面，以解决月球背面与地球之间的通信问题。

我国"嫦娥四号"任务首先将在地月平动点轨道上实现中继通信的想法变成现实[34]。为解决"嫦娥四号"着陆器和巡视器在月球背面的中继通信问题，我国专门研制了一颗中继通信小卫星"鹊桥"，运行在绕地月 L2 平动点的晕轨道上[35]。2018 年 5 月 21 日，"鹊桥"中继星发射成功，6 月 14 日，经过 5 次精准的轨道控制后，进入绕地月 L2 点的晕轨道，为"嫦娥四号"任务的圆满完成提供了稳定可靠的中继通信保障。

在火星探测过程中，也普遍采用环火星轨道器来实现中继转发通信，以提高着陆器、轨道器与地面站之间的通信速率。"凤凰号"(PHX) 通信系统由 X 频段测控子系统和 UHF 频段子系统组成，其中 X 频段测控子系统安装在巡航机上，当巡航机与着陆器分离后，"凤凰号"通过 UHF 频段子系统完成与轨道器间的中继通信，满足火星探测的进入下降着陆 (Entry, Descent, and Landing, EDL) 过程的通信需求[36]。"火星科学实验室"(Mars Science Laboratory, MSL) 通过 UHF 频

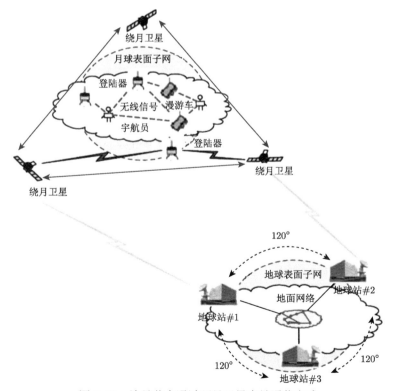

图 9-11 地月节点通过环月卫星中继通信方式

段通信子系统实现与火星轨道器间通信 [37]。火星探测任务中继通信大致可分为三个发展阶段。第一个阶段以"海盗号"任务为代表,轨道器仅接受特定着陆器发送的反向信号,并转发地面。第二阶段以"火星极地着陆器"(Mars Polar Lander, MPL) 任务为代表,其采用火星气球转发协议 (Mars Balloon Relay Protocol),该协议没有数据链路层,用于支持与表面探测器完成反向数据传输。第三个阶段以"凤凰号"和"火星科学实验室"任务为代表,其采用 CCSDS 组织的邻近空间链路协议,该协议由数据链路层和物理层组成,可以实现表面探测器上行遥控、数据注入,以及下行遥测、载荷数据的转发,同时由于数据链路层协议的存在,可以保证器间通信数据的按序、正确接收。

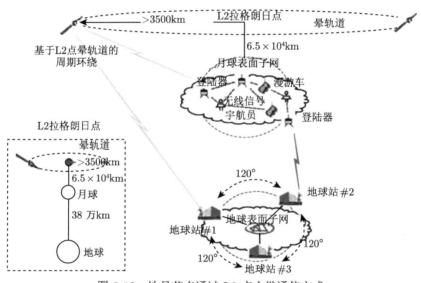

图 9-12 地月节点通过 L2 点中继通信方式

9.6.2 支持太阳系探索的深空中继通信

太阳系行星际通信和深空探测研究目前受到了广泛关注,它需要在太阳系各行星之间建立不间断的通信联系,以支持各类太空任务,如月球探测、小行星开采,以及太阳系内外部探索。文献 [38] 提出了一种设想,在整个太阳系开发一个基于集群的数据中继卫星网络体系架构。为了开发这种体系结构,需要将现有的直接对地通信系统分离,并将其转换为通过多颗中继卫星进行通信。该系统基于地月拉格朗日轨道上的卫星星座,以及地日拉格朗日轨道,它与其他行星拉格朗日轨道上的卫星建立了直接连接。在不久的将来它将扩展网络以支持不间断的行星际数据链路和连续通信。通过多颗数据中继卫星的支持,不需要任何深空航天器直接向地球发送信号,这使得宇宙飞船或探测器的体积小得多,从而使立方任务能够在整个太阳系运行。这种体系架构可以显著提高数据传输速率，减少通信中断或系统故障的机会。

文献 [38] 提出的基于拉格朗日轨道卫星的行星际通信网络体系结构，是地球卫星网络集群和行星卫星网络集群的组合 (图 9-13)。地球卫星网络集群是指有三个不同卫星子群组成的地球卫星星座，分别为地球同步卫星星座、地月拉格朗日卫星星座和地日拉格朗日卫星星座。地球同步卫星星座将作为对地主要通信通道，地月拉格朗日卫星将作为行星际通信的主要通信枢纽，地日拉格朗日卫星将作为第二或替代的通信通道。当地月拉格朗日卫星链路被阻塞、占用时，通信将通过地日拉格朗日卫星进行。它将产生额外的信号延迟，但可确保通信链路的连续运行。

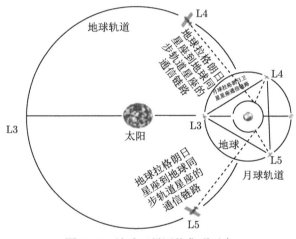

图 9-13 地球卫星网络集群示意

另一方面，行星卫星网络集群是针对每颗行星构建的 (图 9-14)，它由行星拉

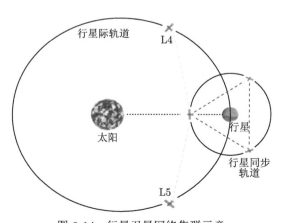

图 9-14 行星卫星网络集群示意

格朗日卫星星座和行星同步卫星星座共同组成。行星拉格朗日卫星将作为各自行星的通信网关，所有行星数据都将通过这些网关进行数据传输。行星同步卫星将负责所有的行星内部通信，它将与行星探测器、轨道卫星、着陆器、漫游器，以及未来人类在不同行星上建立的行星站点进行通信。可以证明，如果在行星同步轨道上发射三颗距离相等的卫星，就能与整个行星 (极地地区除外) 通信，这样就可以得到连续的行星际通信。

对于地月拉格朗日卫星星座和地日拉格朗日卫星星座的部署，文献 [38] 提出了一种方案：在地月拉格朗日轨道 L3、L4、L5 点部署三颗卫星作为核心行星际数据通信枢纽，在地日拉格朗日轨道 L4、L5 点部署两颗卫星作为备用或次要的数据中继星座。由于地日系 L4、L5 点到地表的距离明显大于地月系 L4、L5 点的距离，所以地日 L4、L5 拉格朗日卫星的行星际链路将显示出较大的通信延迟和较大的功耗。此外，如果希望覆盖来自月球远端的通信，正如许多月球探测任务所提出的月背通信要求，则可以在地月 L2 晕轨道上放置一颗中继卫星，以实现与月球的连续通信。

对于分布更为广泛的近地小行星，则在地月平动点部署中继节点的方式更具有发展价值。当前主要面临以下技术挑战：适合远距离条件下工作的新型有效载荷技术、地月平动点轨道设计和轨道转移技术、远距离高速率数据传输技术、超稳定姿态控制技术、航天器自主定轨与自主运行管理技术、高效推进技术等。平动点应用的特点是空间大尺度，大尺度带来了良好的对地、对深空覆盖特性，但也带来了工程实现上的挑战，特别是远距离带来的探测能量衰减和信号衰减问题。随着技术进步，这些问题正逐步得到解决，例如，"鹊桥"上的 4.2m 大口径伞状抛物面天线其质量不到 50kg，为远距离通信提供了可行的工程实现途径。激光通信技术的发展和应用也为远距离、高码速率的数据传输提供了有效的手段。另外，航天器有效载荷能力不断增强，一些新型载荷也具备了远距离下的探测能力。

9.7　深空中继通信星座设计

本研究团队以探测近地小行星 2001 CC21 为目标，开展了深空中继通信星座轨道设计研究。

近地小行星 2001 CC21 为 Apollo 型，轨道半长轴为 1.03232AU，与地球轨道半长轴相近。地心轨道坐标系下，近地小行星 2001 CC21 与地球的相对运动规律如图 9-15 所示，呈现出相对于地球有漂移的绕飞。

通过仿真分析 10 年内小行星 2001 CC21 与地球的相对距离，在 2025 年 9 月 8 日，该小行星与地球距离最近，为 0.0165AU。以到达最近距离的时间为参考，选择航天器的出发时间、位置、飞行控制策略等。从燃料消耗的角度考虑，选择 360 天作为转移时间，类似于霍曼转移。通过优化计算得到出发时间为 2024 年 9 月 13 日，到达时间为 2025 年 9 月 8 日的小推力转移轨道，如图 9-16 所示。

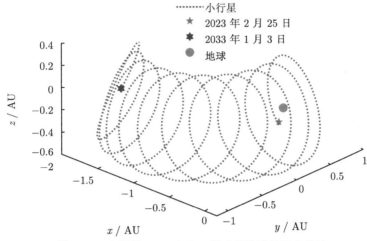

图 9-15　小行星 2001 CC21 相对于地球的运动轨迹

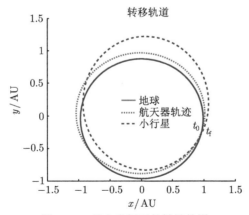

图 9-16　日心坐标下的转移轨道

小推力转移过程中航天器的开关序列为开–关–开–关–开，第一次开机是离开地球，第二次开机是调整轨道，第三次开机是减速与小行星交会。分析得到，在 176 天和 212 天附近即第二次开机的弧度内，先后释放立方星 1 和立方星 2，两颗立方星组成中继通信局域网络星座，从而形成绕飞地球的相对轨迹。由图 9-17 可见，该立方星星座可提供小行星探测的通信中继。

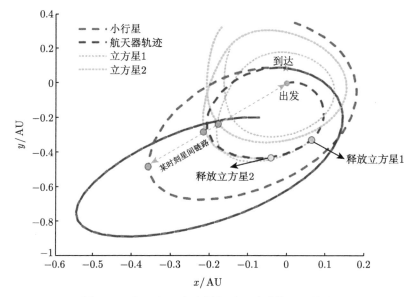

图 9-17　航天器及立方星相对于地球的运动轨迹

9.8　本章小结

由于深空目标相距地球遥远，深空通信所面临的挑战主要包括以下三点。

(1) 距离远。地球与火星的最远距离约为 4 亿 km，约是地月距离的 1 万倍，而信号传输功率的衰减与传输距离的平方成正比，这样算来，信号的传输功率将衰减为原来的一亿分之一，信号的发送和接收都是巨大的问题。

(2) 导航难度大。探测器不同形式的飞行过程对导航精度提出了很高的要求，包括与行星的交会、绕飞、着陆等过程。

(3) 噪声高。噪声在太空中显得尤为突出。它分为信道噪声和器件噪声两部分，主要由电子的热运动造成。目前的解决办法是降低工作温度，以获得低噪声。

随着航天科技水平的不断发展，深空探测活动的广度和深度都在不断地扩大。为满足更高精度和更快速度的深空探测测控通信要求，未来的深空探测测控通信技术方面将朝着以下几个方面发展。

(1) 建设大规模的测控天线组阵，下行链路传输速率提升一个数量级以上，上行链路数据传输速率增加 10 倍以上，以满足深空探测多任务的需求。目前上行链路组阵、软件合成器和大规模天线组阵技术是天线组阵技术的难点，特别是上行链路组阵技术难度最大。NASA 在 2006 年利用其深空网在戈尔德斯通站的两个 34m 波束波导天线，首次成功地实现了对在轨的"火星全球勘测者"探测器的上行组阵验证试验，取得了突破性进展，但距实用还有差距，目前研究和开发工作正在进行中。此外，由于探测器无法将来自不同发射天线的接收信号对齐，所以需要在地面完成上行链路信号的相位调整，这就需要考虑上行链路电子设备引起的不稳定性以及对流层变化引起的不稳定性。

(2) 提高激光通信技术的研究和应用水平，具备组阵、深空中继，以及天地一体化测控、激光测控通信等新型测控的能力，逐步完成深空探测测控通信网络的更新换代。深空激光通信链路设计中需要解决的关键问题有以下几方面：深空捕获、跟踪与瞄准技术；激光通信链路中的关键组件设计；激光在大气中的传输特性和大气链路可用性。从长远来看，光通信技术是未来深空探测任务实现高码速率信息传输所必需的关键技术，因此，未来深空探测任务中，光通信将会成为信息传输的主角。由激光应答测距与激光通信一体化继承构成的激光测控通信系统，在实现下行高码速率信息传输的同时，还可完成探测器的高精度位置测量和上行大数量注入任务，这必将在未来深空测控通信技术领域发挥重要作用。

(3) 将基于平动点的中继通信技术推广到宽广的深空探测任务中，可以显著提高数据传输速率，减少通信中断或系统故障的概率。利用地月共线和三角平动点和地基测控网，可以组成地月空间甚长基线，以满足近地小天体防御与采矿任务的行星际中继通信要求。通过在特定近地小行星上布站的方式进一步增强通信能力，构建不间断的行星际数据链路和连续通信网络，为地月空间以及更远的深空探测活动提供高效灵活的通信支持。

目前，美国的太空网络发展得最为成熟。NASA 深空通信网就是专门用于航空器通信的全球覆盖网络。它一共有 3 个观测站，分布在其本土的戈尔德斯通、西班牙的马德里及澳大利亚的堪培拉。可以看出，这三个点从剖面来看是均匀分布的，点与点之间地心角距在 120° 左右。在 3 万 km 以上的深空，这个网络可以做到无死角覆盖通信。当一艘探测器位于距地球 30000km 以上的高空时，它总是位于至少一个观测站的视角以内。因此在通信范围上，深空通信网已满足条件。美国的深空探测项目 (包括 "好奇号" "勇气号" "旅行者号" 等) 都使用了这套深空通信网络。

"天问一号" 是我国第一个行星探测任务，为了保障这次火星探测任务的通信，我国也做了大量的前期工作。我国也已经建成由 3 个深空站组成的深空测控网络，基本上也能将深空探测的覆盖率提高到 90% 以上。

关于深空探测，我国仍然处于起步阶段。为提高深空测控通信能力，我们提出以下几个建议。

(1) 构建天线组阵系统。随着探测距离的逐步增大，以及我们对数据传输速率要求的提高，地面接收到的信号强度越来越弱，单纯倚靠地面大口径天线难以解决这一问题。因此需要利用地面多根天线组成阵列，将各天线所收到的信号进行合成，从而实现远距离信号的有效接收。

　　(2) 中继卫星设计。火星与地球的通信受到两者的轨道相位影响。如果中间还有太阳，则会加大通信难度。因此最好的解决办法是通过卫星进行信号的中继。可以利用太阳的极轨道设置中继卫星，只需 3 颗就能满足太阳系的中继需求。在通信受到太阳遮挡时，就可以通过中继卫星进行通信。我们在本章 9.7 节所提出的深空中继星座的概念和开展的探索性研究，也是值得进一步发展的。

　　(3) 研究光通信技术。深空光通信技术利用激光或空间自由光为载体，通过望远镜进行深空通信，其极高的频率使得它具有更好的方向性、更丰富的带宽资源。在相同的数据传输速率下，体积更小、质量更轻、成本更低。目前，这项技术仍然处于在轨试验阶段。

参 考 文 献

[1] Weber B. Next Generation Deep Space Network: Finding Common Solutions for an Uncommon Challenge[J]. weber-0749337129/weber. pdf, 2005.

[2] 吴伟仁, 董光亮, 李海涛. 深空测控通信系统工程与技术 [J]. 北京: 科学出版社, 2013.

[3] 李海涛, 王宏, 董光亮. 深空站站址纬度选择问题的分析 [J]. 飞行器测控学报, 2009, 28(1): 1-6.

[4] 于志坚, 于益农, 董光亮, 等. 欧空局深空网的现状和发展趋势 [J]. 飞行器测控学报, 2004, 23(4): 1-6.

[5] 李平, 李海涛, 张记生, 等. 俄罗斯深空测控通信技术的发展及现状 [J]. 飞行器测控学报, 2005, 24(1): 19-30.

[6] 陈东萍. 日本深空探测器与运载器发展历程及启示 [J]. 哈尔滨: 哈尔滨工业大学, 2017.

[7] Hyvönen, P, Liljeblad M, Vidmark A. Deep space cubesat communications[C]. 2018 SpaceOps Conference. 2018.

[8] Biele J, Ulamec S, Maibaum M, et al. The landing(s) of Philae and inferences about comet surface mechanical properties[J]. Science, 2015, 349(6247): eaaa9816.

[9] Loisel C, Issler J L, Bompis O, et al. InterSatellite Links for Rosetta/Philae, Hayabusa-2/Mascot, and next-gen miniaturized ISL in S and Ka band[C]. European Test and Telemetry Conference, 2017.

[10] Tsuda Y, Yoshikawa M, Abe M, et al. System design of the Hayabusa 2—asteroid sample return mission to 1999 JU3[J]. Acta Astronautica, 2013, 91: 356-362.

[11] Takei Y, Toda T, Fujii A, et al. Utilization of ka-band communication for Hayabusa 2 asteroid proximity operation[J]. International Symposium on Space Technology & Science 2020, 18(3): 116-122.

[12] Venigalla C, Baresi N, Aziz J D, et al. Near-earth asteroid characterization and observation (NEACO) mission to asteroid (469219) 2016 HO3[J]. Journal of Spacecraft and Rockets, 2019, 56(4): 1121-1136.

[13] Walker R, Koschny D, Bramanti C, et al. Miniaturised Asteroid Remote Geophysical Observer (M-ARGO): a stand-alone deep space CubeSat system for low-cost science

and exploration missions[C]. 6th Interplanetary CubeSat Workshop, Cambridge, UK. Vol.30. No. 05. 2017.

[14] Slade M A, Benner L A M, Silva A. Goldstone solar system radar observatory: earth-based planetary mission support and unique science results[J]. Proceedings of the IEEE, 2011, 99(5): 757-769.

[15] 董光亮, 李海涛, 郝万宏, 等. 中国深空测控系统建设与技术发展 [J]. 深空探测学报, 2018, 5(2): 99-114.

[16] Rogstad D H, Mileant A, Pham T T. Antenna arraying techniques in the deep space network[M]. John Wiley & Sons, 2005.

[17] Geldzahler B J. Coherent uplink arraying techniques for next generation orbital debris, near earth object, and space situational awareness radar systems[C]//Active and Passive Signatures III. SPIE, 2012, 8382: 195-206.

[18] Pham T T, Jongeling A P, Rogstad D H. Enhancing telemetry and navigation performance with full spectrum arraying[C]. IEEE Aerospace Conference. Proceedings (Cat.No. 00TH8484). 2000, 3: 491-498.

[19] Navarro R. Frequency domain beamforming for a deep space network downlink array[C]. IEEE Aerospace Conference, 2012: 1-8.

[20] Davarian F. Uplink arraying next steps[J]. The Interplanetary Network Progress Report, 2008, 42: 175.

[21] Vilnrotter V A, Tsao P, Lee D K, et al. EPOXI uplink array experiment of June 27, 2008[J]. The interplanetary network progress report, 2008, 42: 174.

[22] 卢满宏, 李小梅, 周三文, 等. 一种改进 Sumple 算法的研究与分析. 计算机测量与控制 [J], 2013, 21(6): 1565-1567, 1570.

[23] 吴伟仁, 李海涛, 李赞, 等. 中国深空测控网现状与展望 [J]. 中国科学: 信息科学, 2020, 50(1): 87-108.

[24] Hemmati H, Biswas A, Djordjevic I B. Deep-space optical communications: future perspectives and applications[J]. Proceedings of the IEEE, 2011, 99(11): 2020-2039.

[25] Wilson K E, Lesh J R. An overview of the Galileo optical experiment[J]. Telecommunications & Data Acquisition Progress Report (GOPEX). 1993.

[26] Boroson D M, Biswas A, Edwards B L. MLCD: overview of NASA's Mars laser communications demonstration system[J]. Free-Space Laser Communication Technologies XVI, 2004, 5338: 16-28.

[27] Sodnik Z, Heese C, Carnelli I, et al. Multi-purpose laser communication system for the asteroid impact mission (AIM)[C]. International Conference on Space Optical Systems and Applications (ICSOS). IEEE, 2015: 1-7.

[28] Biswas A, Srinivasan M, Rogalin R, et al. Status of NASA's deep space optical communication technology demonstration[C]. International Conference on Space Optical Systems and Applications (ICSOS). IEEE, 2017: 23-27.

[29] Charles J R, Hoppe D J, Sehic A. Hybrid RF/optical communication terminal with spherical primary optics for optical reception[C]. International Conference on Space Op

tical Systems and Applications (ICSOS). IEEE, 2011: 171-179.

[30] Hoppe D, Chung S, Kovalik J, et al. RF/optical demonstration: focal plane assembly[J]. Interplanetary Network Progress Report, 2016, 207: 1-18.

[31] 欧阳自远. 月球探测的进展与前景 [J]. 学会, 2003, 11: 49-54.

[32] 孙晨华, 何辞, 张亚生, 等. 地月空间信息网络体系架构对比研究 [J]. 载人航天, 2018, 24(5): 624-629.

[33] Farquhar R W. Lunar communications with libration-point satellites[J]. Journal of Spacecraft and Rockets, 1967, 4(10): 1383-1384.

[34] 吴伟仁, 王琼, 唐玉华, 等. "嫦娥 4 号" 月球背面软着陆任务设计 [J]. 深空探测学报, 2017, 4(2): 111-117.

[35] 张立华, 熊亮, 孙骥, 等. 嫦娥四号任务中继星 "鹊桥" 技术特点 [J]. 中国科学: 技术科学, 2019, 49(2): 3.

[36] Kornfeld R P, Garcia M D, Craig L E, et al. Entry, descent, and landing communications for the 2007 phoenix Mars lander[J]. Journal of Spacecraft and Rockets, 2008, 45(3): 534-547.

[37] Schratz B C, Soriano M, Ilott P, et al. Telecommunications performance during entry, descent, and landing of the Mars science laboratory[J]. Journal of Spacecraft and Rockets, 2014, 51(4): 1237-1250.

[38] Bappy M, Rahman M, Huq R. Deep Space Communication and Exploration of Solar System through Inter-Lagrangian Data Relay Satellite Constellation[C]. 8th Interplanetary CubeSat Workshop (iCubeSat-2019), Milan, Italy, 2019.

第 10 章　多功能薄膜航天器结构技术

10.1　引　　言

行星际探测任务具有航时长、速度增量需求大的特点。如果按照传统的推进技术，航天器需携带大量工质，这将极大地限制行星际探测任务的充分性和多样性。太阳帆航天器利用光压推进原理，将克服化学推进等要求航天器携带大量工质的局限性，并极大提升航天器的载荷比。本研究团队提出了多功能薄膜航天器的新理念，在目前太阳帆航天器的基础上，将柔性电池片、天线等设备集成在大面积薄膜上，使光压推进、太阳能发电、测控通信等多种功能与帆面结构融为一体。多功能薄膜航天器进一步提高了设备的集成度，在行星际探测领域具有广阔的应用前景。

本章首先概述了国内外太阳帆航天器总体发展情况，然后重点论述了太阳帆结构技术和太阳帆展开技术的研究现状，最后介绍了本研究团队在多功能薄膜航天器研究方面取得的阶段性研究成果。

10.2　国内外太阳帆航天器发展情况

进入 20 世纪以来，美国、苏联、德国和日本都展开了太阳帆航天器的研究，并在光帆材料和空间展开等技术上进行了大量试验。人类最早进入太空的太阳帆航天器是 2001 年和 2004 年美国联合俄罗斯试验的"宇宙一号"，但两次试验都失败了。2004 年 8 月，日本也首次试验了自己的原始太阳帆，但仅仅是测试部署机制，并没有试验推进技术。

10.2.1　IKAROS 太阳帆航天器

伊卡洛斯 [1-3] (Interplanetary Kite-craft Accelerated by Radiation of the Sun，IKAROS) 是由日本 JAXA 开发的试验性太空探测器。

IKAROS 于 2010 年 5 月 21 日，在日本的种子岛太空中心搭乘 H-2A 火箭、与"破晓号"金星气象卫星以及其他四颗小卫星一起成功发射。IKAROS 是世界上第一个成功在行星际空间运作的太阳帆航天器。该太阳帆的名字是由日本工程师森治取自希腊神话中的人物伊卡洛斯。2010 年 12 月 8 日，IKAROS 航天器在距离金星 80800km 处飞掠，并进入延伸任务阶段。

　　IKAROS 的太阳帆是一个正方形的帆，如图 10-1 所示，以四个角落的 0.5kg 末端载重控制旋转，帆的对角线长 20m，使用厚 7.5μm 的聚酰亚胺薄膜。薄膜式的太阳能电池阵列则嵌在帆内。80 个液晶装置 (Liquid Crystal Device, LCD) 板被嵌在帆内，通过改变其反射率进行姿态控制。IKAROS 的科学载荷也包含了在帆的另一面装设的 8 个尘埃计数器。

　　IKAROS 每分钟旋转 20~25 次，直到 2010 年 6 月 11 日太阳帆完全展开。IKAROS 包含两台小型的弹出式摄影机 DCAM1 和 DCAM2。DCAM2 在太阳帆部署完成后于 2010 年 7 月 14 日开始拍摄太阳帆。在之后前往金星的六个月航行中，成功进行了加速和姿态控制的测试。2010 年 7 月 9 日，JAXA 确认 IKAROS 是使用太阳帆进行加速的，并于 7 月 23 日宣布姿态控制成功。IKAROS 在航行中持续以 2r/min 的速度旋转，以提供 LCD 板控制姿态时所需的循环时间。

图 10-1　IKAROS 太阳帆航天器

　　IKAROS 主要任务目标包括：验证太阳帆在空间的展开技术；利用植入帆膜的薄膜太阳电池进行发电；验证太阳光压对太阳帆的推力作用；验证太阳帆航天器的导航和巡航技术。目前，所有任务目标均已实现。

10.2.2　Nanosail-D 太阳帆航天器

　　NASA 在 2010 年 11 月发射的 FASTSAT 卫星上搭载了 Nanosail-D[4-6]，于 2011 年 1 月在距离地球 650km 的轨道上展开了太阳帆，Nanosail-D 是 NASA 成功发射的第一个太阳帆航天器。

　　小卫星重约 4kg，整个帆展开后是一个面积超过 9m² 的正方形，如图 10-2 所示，帆面所用材料为超薄聚合物 CP1，厚度为 2μm，正面镀有 100nm 厚的铝膜，该太阳帆的主要任务目标包括：成功折叠、装填以及展开太阳帆；验证并测试大面积、低质量太阳帆的脱轨能力。该太阳帆经过 240 天的绕地航行，最终在大气层内燃烧，成功实现了基本任务目标。

图 10-2　Nanosail-D 太阳帆航天器

10.2.3　LightSail 2 太阳帆航天器

2019 年 6 月 25 日，SpaceX 猎鹰重型火箭携带 LightSail 2 太阳帆航天器 [7] 发射升空，该航天器一直处于地球上空的低轨道。该航天器成功地部署了它的"帆"——一个薄的、方形的聚酯薄膜，大约 32m²，帆面厚 4.5μm，如图 10-3 所示。该航天器一直在调整在轨道上的位置，以优化航天器利用太阳光线的能力。在一周内，LightSail 2 通过太阳帆，将其远地点提升了大约 1.7km，并宣布太阳帆推进验证任务成功。

图 10-3　LightSail 2 太阳帆航天器

10.2.4 "天帆一号"太阳帆航天器

"天帆一号"由中国科学院沈阳自动化研究所研制，搭载"潇湘一号 07"卫星，于 2019 年 8 月 31 日搭载快舟一号甲型火箭成功发射 [8,9]。"天帆一号"将柔性膜存储为一个约 5cm×10cm×10cm 的立方体，在卫星入轨后，通过两级组合展开的方式打开。第一级展开利用热切割的被动展开方式实现，然后整个航天器翻转 90° 以更好地接收太阳光压。第二级展开采用的是主动展开，伸出四根双稳态帆桁，将面积约为 0.6m² 的聚酰亚胺帆膜逐渐展开，接受太阳光压的驱动，如图 10-4 所示。

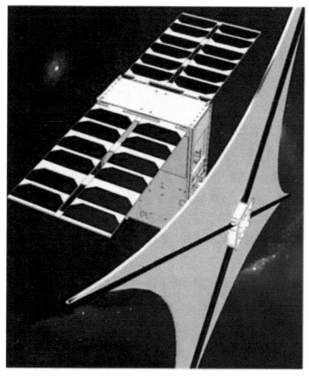

图 10-4 "天帆一号"太阳帆航天器

10.2.5 太阳帆航天器结构技术的难点

首先，太阳帆的制作需要极轻质的特殊材料，而且要能高效地将光压转化为动能，而不是热能；其次，需要攻克太阳帆的空间展开技术，要将折叠收缩于几千克小盒子内的太阳帆，充分展开为几十平米甚至几百平米的完整状态。因此太阳帆航天器结构技术主要包括太阳帆薄膜设计技术和太阳帆展开技术。

10.3 太阳帆结构技术发展现状

10.3.1 总体构型设计

太阳帆构型与尺寸的选择主要取决于任务的需要。例如太阳帆航天器所需特征加速度的大小等，同时也要考虑工程任务的成本和风险。迄今为止，太阳帆主要的构型有方形、圆盘形和螺旋桨形等 (图 10-5)。

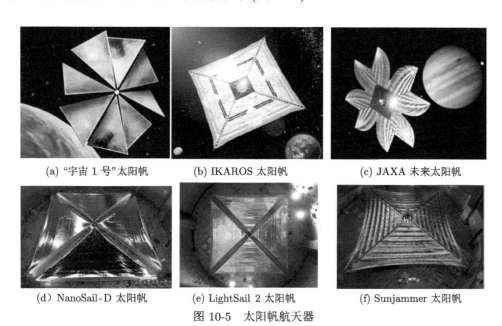

(a) "宇宙 1 号"太阳帆　　　(b) IKAROS 太阳帆　　　(c) JAXA 未来太阳帆

(d) NanoSail-D 太阳帆　　　(e) LightSail 2 太阳帆　　　(f) Sunjammer 太阳帆

图 10-5　太阳帆航天器

大多数太阳帆集中于方形构型，诸多空间任务应用都以此种构型太阳帆为优选，主要是因为该种构型的太阳帆易操控，能为行星际逃逸提供较大的转弯速度。方形太阳帆主要由四根支撑结构、四块帆面、展开机构以及其他载荷机构等组成，其中支撑结构为太阳帆提供支撑刚度，使帆面保持平整。

为最大程度地提升太阳帆航天器的推进性能，太阳帆结构质量要求尽可能轻，这就给薄膜帆面和支撑结构的设计带来了严峻的挑战。

10.3.2 薄膜帆面设计

薄膜帆面是提供推力的主要结构。为提升面积质量比，一些新型高性能材料以及多功能集成技术已应用于太阳帆设计中 [1-3,10-12]。

目前，制备薄膜的材料主要是镀铝的聚酰亚胺或聚酯薄膜。这种超轻、制作工艺相对简单、折叠包装体积小的聚酰亚胺材料在超轻空间结构应用中备受青睐。

太阳帆一般采用厚度 8μm 以下的聚酰亚胺超薄膜，其典型代表为 IKAROS 航天器所采用的热塑性聚酰亚胺薄膜，其厚度仅为 7.5μm。该薄膜已经过 IKAROS 的空间飞行验证，表现出良好的空间环境稳定性。JAXA 正在开展厚度为 2~3μm 膜的研制，以满足未来研制更大尺寸的太阳帆的需求。Nanosail-D 帆面所用材料为超薄透明聚酰亚胺 CP1，厚度为 2μm。NASA 的兰利研究中心 (LaRC) 的 20m 方形可升级太阳帆系统中，太阳帆帆面材料的面密度为 $4 \sim 5g/m^2$。随着材料技术的发展，NASA 已可生产厚度小于 1μm，面密度小于 $2g/m^2$ 的薄膜材料，可使太阳帆系统面密度小于 $5.3g/m^2$。此外，NASA、德国宇航中心等也在尝试使用 Kevlar 纤维加强材料制作太阳帆帆面，以显著提升帆面的抗拉伸能力。该结构虽然厚度较大，但为多孔性碳纤维薄膜，不仅能耐高温，而且面密度仅为 $1 \sim 10g/m^2$。

自 IKAROS 太阳帆航天器发射成功之后，国内学者开始关注太阳帆材料研究，并基于国外公开的信息对太阳帆材料的选用进行了详细的分类。中国科学院化学研究所与企业合作，研制出厚度为 7.5~10μm 的标准型聚酰亚胺超薄膜，掌握了薄膜厚度控制技术。在此基础上，已开展了上述材料的抗原子氧、耐质子辐照和电子辐照等性能研究，但尚未实现批量化生产。与此同时，北京卫星环境工程研究所等单位选用来自国外的 25μm 的均苯型聚酰亚胺薄膜，研究了其在空间辐照环境下的性能演变。

太阳帆面巨大，一般不能直接生产如此大面积的薄膜。为了实现不同结构大面积帆面的制造，所用帆面材料需要具有良好的拼接性能，即能够实现快速拼接且具有高的断裂强度。JAXA 和 NASA 在该方面取得了较大的进展，所制备的聚酰亚胺薄膜和 CP1 薄膜不但具有好的空间环境稳定性，而且还具有好的加工性能。

为了使太阳帆能高效反射阳光进而获得推力，一般需要对太阳帆进行镀层，镀铝是目前普遍采用的选择，如日本的 IKAROS。此外，还应对薄膜进行工艺加强，防止折叠褶皱引起的破损等。

在保证太阳帆功能不受影响的前提下，为了减小太阳帆的质量，除研制超轻、高强度帆面材料及支撑结构材料之外，也需要重点考虑如何提高太阳帆的集成度，从而大幅度减小太阳帆质量。例如，在太阳帆帆面上集成薄膜太阳能电池，使其为航天器提供能源，可极大减小航天器上能源系统的质量。在太阳帆帆面上集成变反射率器件，如 IKAROS，通过调节反射率产生扭矩，实现太阳帆的姿态调控，不但极大简化了太阳帆的姿态控制拘束，而且减小了太阳帆的质量，提高了可靠性。

10.3.3 太阳帆支撑结构设计

支撑结构用于支撑太阳帆航天器的帆面，对航天器的功能有重要影响。支撑结构主要有桁架式结构、薄壁式结构等，桁架式结构如图 10-6 所示。

为使太阳帆有较大的支撑刚度和强度，同时质量满足要求，一般来说，太阳帆支撑结构会采用先进的复合材料和纤维材料，比如碳纤维材料。德国宇航中心设计了一种由 4 根长 14m 且厚度小于 $10\mu m$ 的碳纤维增强复合材料管组成的太阳帆支撑结构[12]。该结构采用充气方式展开，在充气展开过程中对支撑结构材料进行刚化处理，充气完毕后支撑结构完成全部刚化。这种用碳纤维增强复合材料制作的支撑结构有质量轻、强度高、弹性好等优点，且可方便地收卷和展开。

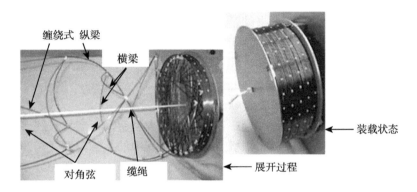

图 10-6 桁架式结构

10.3.4 结构仿真分析技术

随着太阳帆航天器尺寸的增大，太阳帆航天器的地面实验验证变得很困难，特别是巨大的太阳帆结构，因此，为太阳帆航天器特别是太阳帆结构开发有效的有限元分析模型，进行仿真分析显得尤为重要。国外在太阳帆航天器的设计仿真方面开展了大量的研究工作。JAXA 的学者采用多点模型对 IKAROS 进行了全面的动力学分析。2002 年 NASA 资助了一个项目名为"太阳帆仿真软件"(或称为S5)，其由 JPL 领导，目的是建立一个高精度工具，以方便太阳帆任务的设计和分析。S5 由多个模块组成，能够进行与太阳帆任务相关的研究，由多家组织机构共同参与研发，于 2006 年完成。国内的一些高校也开展了太阳帆结构设计方面的有限元分析，其中代表性的有中国科学技术大学、哈尔滨工业大学等。

当对太阳帆进行功能集成之后，太阳帆的结构将更加复杂，需要考虑到各种功能性薄膜和其他载荷机构对太阳帆帆面的影响[13-15]。

10.4　太阳帆展开技术

随着航天科技的迅猛发展，深空探测成为当下的热点，但由于航天器燃料等问题而一直止步不前。太阳帆航天器凭借其利用太阳光压为动力的特点而备受关注，太阳光子照射到太阳帆帆面上，又反射回去，则太阳帆就会获得微小的动力，通过设计大面积的太阳帆面和长时间的加速，理论上太阳帆航天器可以到达宇宙内任何一点。随着新材料的不断研制成功，为解决运载工具有效载荷容积限制与空间结构大型化需求之间的矛盾，一类新的航天结构——空间可展开结构应运而生。

空间可展开结构于 20 世纪 60 年代出现，但由于早期空间可展开结构的研究多采用几何设计和模型制作，未能及时建立有效的理论分析方法和计算模型，所以空间可展开结构在此后的一段时间内发展较慢。直到 20 世纪 80 年代末，该新型结构体系引起了工程界更多学者和工程师的关注，空间可展开结构的研究水平得到了快速的提升，其中，Hoberman、Calladine、Pellegrino、Motro、Guest 等对可展开结构的发展作出了重要贡献 [16]。

空间可展开结构的研究主要集中在太阳帆和大型空间可支撑天线等领域，在太阳帆航天器的设计研究中，太阳帆支撑结构是其中的关键问题之一。在太阳帆航天器发射前，支撑结构处于收纳状态，保证其体积最小，以便安装在有效载荷舱内；待发射进入预定轨道后，按照原有设计要求，以一定的速度平稳展开、锁定以及保持工作状态，形成符合要求的支撑结构；当航天器要被收回时，支撑结构再次卷曲到最小体积，收纳进舱内，最后返回地面。

目前，美国、俄罗斯、欧洲航天局、日本等多个研究机构均对太阳帆支撑结构进行了多方面比较深入的研究。2010 年 5 月 21 日，JAXA 利用 H-2A 运载火箭成功将 IKAROS 太阳帆航天器发射到地球–金星轨道，该太阳帆为边长是 14m 的正方形太阳帆，厚度为 7.5μm，成功验证了太阳帆在外太空的展开技术等诸多技术要求，成为世界上第一例利用太阳光压力作为主要动力来源的航天器 [1-3]。2011 年 1 月，NASA 在距离地球 650km 的太空轨道上展开了 NanoSail-D 太阳帆 [5]，此次发射的重要任务之一就是折叠、装填和展开太阳帆。此后的 NanoSail-D2 太阳帆进一步验证了该技术 [17,18]。表 10-1 列举了太阳帆的展开方式。

太阳帆薄膜的展开与折叠息息相关，折叠方式对太阳帆是否能够成功展开具有重要影响，对于方形太阳帆，有些学者提出了 Miura-Ori 折叠方式、叶外折叠方式、叶内折叠方式等 [11](图 10-7)。

表 10-1　太阳帆展开方式

序号	航天任务	展开过程	帆面的支撑结构	展开方式
1	JAXA 的 IKAROS 航天器 (2010, 14.1m×14.1m, 跨度 20 m, 面积约 200m²)	尖端质量释放　一阶段展开完成　导向帆　二阶段展开	太阳帆由四个梯形帆瓣组成, 四片帆瓣通过支架"桥"相连, 形成矩形的帆; 帆轮毂体由 8 条系绳连接; 在帆的每个尖角均附着有 0.5kg 的尖端质量, 用于通过离心力的展开和延伸	通过航天器中心本体旋转产生离心力来使帆面结构展开并产生保持型面的张力; IKAROS 太阳帆的在轨展开与美国的设计概念不同, 它利用离心力引导薄膜结构的展开; 在从发射器产生的离心力分离后, 其最初自旋速度为 5r/min, 之后将速度降低到 2r/min, 然后抛出顶端物, 准备第一阶段降低着的准静态展开; 使其自旋态展开, 抛出顶端物后, 通过四角的装置, 使静止薄膜展开到 25r/min, 将控制薄膜压紧的装置一, 激活制动器一, 之后随着自旋速度的降低, 利用离心力实现薄膜四角的进一步完全展开; 之后进一步激活制动器二, 解除薄膜限制, 开始薄膜的动态展开, 随着自旋速度的进一步降低, 展开薄膜的振动减小, 直到完全展开为止
2	NASA 的 NanoSail-D 航天器 (2008, 面积约 9.3m²)			金属材料制成的 Trac 杆 (Trac Boom) 通过四根 Trac 杆从星体内弹出, 带动四个三角形块展开, 逐步形成一个矩形帆面; 当完全展开时, Trac 杆的长度约 2.2m, 起支撑帆结构的作用

续表

序号	航天任务	展开过程	帆面的支撑结构	展开方式
3	德国宇航中心 (DLR) 的 Gossamer-1 项目 (2016; 5m×5m, 面积 25m²)	 (a) 发射构型 (b) 展开中构型 (c) 展开后构型 (d) 展开后且组机构撤却后构型		由碳纤维增强塑料 CFRP 制作而成的可折叠管型杆，即豆夹杆；帆面由四个三角形帆块组成，四个杆帆展开单元分别位于单个帆块的外端，展开时，杆帆展开单元每根豆夹杆先解锁，在内部电机的驱动下，回收与豆夹杆一同盘绕在卷筒上的金属薄带，从而带动豆夹杆的不断展开，四个杆帆展开单元不断向外移动；随着豆夹杆的不断展开，帆面完全展开到位后，三角形帆块的固定连接到固定环上，此时四个杆帆展开单元与航天器末端的固定端点分离

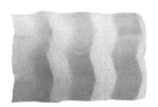

| (a) Miura-Ori折叠 | (b) 叶内折叠 | (c) 叶外折叠 |

图 10-7　方形太阳帆折叠方式

10.4.1　太阳帆帆面的展开方式

在太阳帆航天器的结构设计中，关键性的问题之一就是在太空中如何展开太阳帆的帆面。多年来，已经设计出多种不同形状、结构和用途的太阳帆，按照帆面的展开方式主要分为两大类：① 由桅杆结构牵引帆面展开；② 自旋展开结构。

10.4.1.1　由桅杆结构牵引帆面展开

由不同的驱动方式，桅杆结构展开可分为以下几种。

1) 充气展开结构 (图 10-8)。

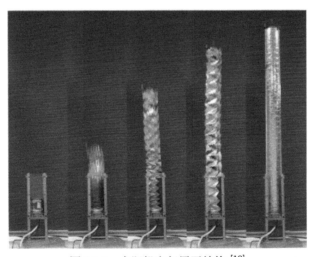

图 10-8　太阳帆充气展开结构[19]

充气展开结构是被广泛应用的大型可展开结构之一，当结构展开以后，该结构会进行刚化处理，来增强其承载能力。自 20 世纪中期开始，国外就已经开展了充气展开结构静态力学性能分析的工作。Wang 和 Johnson[13] 首先提出以支撑结构充气的方式展开太阳帆，航天器发射前，将空瘪的软管和折叠好的太阳帆共同安放在容器中；进入太空展开时，通过对软管充气使其膨胀，在其膨胀展开的同时带动薄膜展开；完成展开后对软管材料进行刚化处理，使其在漏气条件下仍能维持太阳帆构型。与机械展开结构相比，充气展开结构更加轻量化，体积也更小，发射成本也更低，所以备受航天界的关注。

Comer 和 Levy[20] 对充气展开结构按照悬臂梁分析，研究了充气管在弯矩作用下的屈曲特性。Main 等 [21] 分析了悬臂梁状态下充气展开结构在弯矩下的挠曲特性，并得出展开结构在悬臂梁状态下仅可达到最大 0.99π 的褶皱角度，却不会沿半径方向产生褶皱。美国 JPL 的 Lou 和 Fang 等 [22] 结合工程应用对充气展开结构开展了理论分析和实验方面的研究，他们在充气展开结构内壁上粘贴了一种强度更大的材料，成功地解决了铝合金材质的充气展开结构屈服强度较低的问题，增强了充气管的抗弯能力，解决了实际工程问题。Smalley 和 Tinker 等 [23] 使用 Nastran 有限元软件，通过控制模型自由度，研究了充气展开结构的非线性静态特性和动态特性。

1996 年 5 月，NASA 成功进行了充气展开结构展开实验，2005 年 6 月美俄合作研究的"宇宙一号"太阳帆也采用了充气展开结构，但由于火箭故障而发射失败。德国宇航中心设计了一种由碳纤维增强复合材料制成的太阳帆展开机构，该结构长约 14m，通过充气的方式进行展开，且在展开过程中结构会进行刚化，增强其承载能力，具有质量轻、强度高、刚度高、收纳与展开方便等优点。

哈尔滨工业大学设计了一种利用充气展开的太阳帆，并研制了 8m×8m 的原理样机，该太阳帆由 4 根可充气桅杆、4 片三角形柔性薄膜以及中心体组成 [19]。充气桅杆初始时卷曲折叠，固定端与中心体连接。薄膜帆面经 Z 形折叠后与未充气的桅杆收纳在一起，在充气流量恒定的条件下，借助内压剥离层间的粘扣阻力，实现了 4 根卷曲桅杆的缓慢平稳展开，充气展开结构完全展开后，由 4 根纤维复合材料薄壳增强条提供结构刚度，产生结构支撑作用。

2) 机械展开结构

机械展开结构常用于展开大口径的环形天线，是较早出现的空间可展结构之一。该展开结构由多根桅杆组成，在电机的驱动下，展开结构能够进行收纳与展开，带动太阳帆薄膜折叠与展开。由于机械展开结构复杂，其在太阳帆航天器中应用较少 [24]。

3) 弹性展开结构

弹性展开结构利用结构折叠后的应变能驱动结构展开。常见的结构有 TRAC 杆、豆荚杆 (图 10-9) 等。

Banik 等 [25] 首先提出利用支撑结构折叠之后所存储的应变能将支撑结构以及太阳帆展开。航天器发射前，将弹性展开结构收纳在固定狭小的空间中，待航天器进入太空预定轨道时，先释放弹性展开结构，使其利用自身存储的弹性势能缓慢平稳地从容器中展出，待其完全展开后，启动电机驱动帆索，帆索绕过支撑结构外端的滑轮，将太阳帆薄膜从压缩状态缓慢平稳地拉出，直至太阳帆面张紧到工作状态为止。这种展开结构不需要传统机械展开结构中的复杂机械关节和设备，更加轻量化，也更加可靠，不需要额外的驱动力，使模型更加简洁，但缺点也是无法调整太阳帆的最终位形。豆荚杆是一种质量轻、刚度较大、收拢效率高、展开过程可靠的可展开管状杆结构，目前已成为一种广泛使用的支撑结构形式。

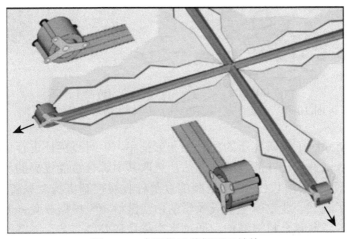

图 10-9 太阳帆豆荚杆展开结构

豆荚杆通常采用碳纤维增强复合材料制作而成，是一种可以压平卷曲收拢的薄壁管状杆结构。收拢时，豆荚杆可以压扁平绕在滚筒上或自身卷成圆筒而形成收拢状态；而展开时，豆荚杆可以依靠自身弹性从平卷状态恢复为两侧对称的双"Ω"形长管状。因此，豆荚杆有效解决了普通支撑结构收纳效率较低、收拢体积较大、结构复杂、展开稳定性和可靠性低诸多问题，为大尺寸航天器可展开支撑结构的研制提供了新的技术手段，是一类具有广泛应用价值的基本空间展开折叠结构。

豆荚杆最先由德国宇航中心开发，后来 NASA、俄罗斯、日本 JAXA 等也都研制过此类结构。豆荚杆在发射前盘卷收拢，入轨后展开成型，因而需要设计一套合适的收纳与展开装置，实现其高效收纳及顺利展开的功能。德国宇航中心研发了一种豆荚杆收纳与展开装置 (Boom and Sail Deployment Unit，又称杆帆展开单元，图 10-10)。该装置的工作原理是：预先将一根 0.03mm 厚的不锈钢金属带与压扁后的豆荚杆一同卷曲收藏在装置内，通过驱动电机回收该金属带对豆荚杆形成摩擦牵引力，从而实现豆荚杆的展出。该装置结构较为复杂，在收纳豆荚杆时需要全程进行手动辅助，且要实现金属带与豆荚杆之间的良好配合卷曲较为困难，此外由于豆荚杆收藏卷筒与驱动电机不在同一位置，在高度方向上还存在不匹配的缺点。

(a) 整体构型   (b) 单个构型

图 10-10   德国宇航中心研制的豆荚杆收纳与展开结构 [26]

  上海宇航系统工程研究所的房光强和彭福军 [27] 对豆荚杆进行优化设计，并对多种豆荚杆试件进行性能测试与评估，选取其中综合性能优异的材料体系研制了 2m 长的豆荚杆样机，并利用研制的豆荚杆收展控制机构对豆荚杆的收纳–展开性能进行了测试。北京航空航天大学的白江波等 [28] 根据豆荚杆的使用条件和环境，确定了超薄复合材料结构，通过真空袋法和胶结工艺，制备了豆荚杆；采用有限元法进行了轴向压缩承载能力分析计算，对其在室温下的压扁、卷曲和自动恢复形状的功能进行了实验验证，验证了制件可以满足设计指标要求，通过扫描电镜 (SEM) 照片和红外 (IR) 图谱，分析和讨论了其功能机理。康雄建等 [29] 分析了悬臂状态下的豆荚杆动力学特性和结构动态响应，对 10m 长的超长薄壳豆荚杆在悬臂条件下进行模态实验，得到了其模态和频率。丁峻宏等 [30] 利用显式动态算法和高性能计算资源，对豆荚杆卷曲收纳和展开过程进行了非线性准静态仿真，用于豆荚杆的设计指导。

10.4.1.2   自旋展开结构

  自旋展开结构的原理为，利用太阳帆航天器自旋产生的离心力将折叠状态的薄膜展开至张紧状态。这种结构的优点为自旋离心力可维持太阳帆薄膜的张紧状态，无需其他的支撑结构，使航天器更加轻量化；展开过程容易控制，可操作性强；可以极大地缩小航天器的收缩面积和收缩体积。但其对于展开过程的技术要求非常高。

  20 世纪 60 年代 Schuerch 等 [31] 美国学者对自旋展开结构的探索基本属于机构学的研究范畴。例如，Macneal 和 Hedgepeth 仿照直升机旋翼系统提出了螺旋陀螺太阳帆概念，采用柔性可伸展的转子叶片构成太阳帆。此后美国航天界对大口径抛物面反射望远镜的可行性研究促进了对结构自旋展开过程的研究。NASA 曾对这种展开结构进行过研究，采用碳纤维增强复合材料 (CFRP) 制作展开结构，线密度大约为 100g/m，该材料强度高、刚度高、密度低、易于轻量化，方便收纳与展开。

1993 年，俄罗斯研制的 Znamya 2 号采用自旋展开技术在太空中展开，该太阳帆由 8 片扇面组成反射面，每个扇面的折叠方式：8 片扇面初始状态下顺序地缠绕在中心鼓轮外侧，随后在离心力的作用下，薄膜逐步展开。

2010 年 5 月 21 日，日本 JAXA 成功发射了 IKAROS 太阳帆航天器，随后太阳帆在太空中成功展开。IKAROS 拥有一面对角线长为 20m 的方形帆，由聚酰亚胺树脂材料制成，柔韧性非常好，厚度仅为 7.5μm，相当于人类发丝的几分之一。太阳帆在太空中的展开过程为：首先在离心力的作用下，4 根辐条绕着中心鼓轮展开，然后在辐条完全伸展开后，薄膜的帆面开始旋转打开，见图 10-11。

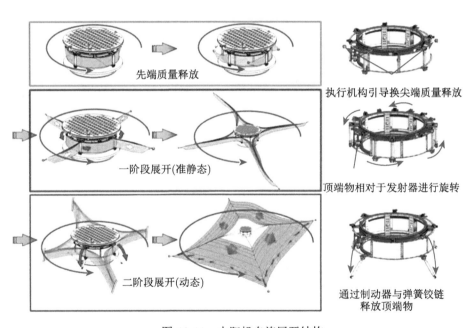

图 10-11　太阳帆自旋展开结构

通过已有的研究可以看出自旋展开方式具有以下优点 (见表 10-2)：① 自旋离心力可以提供结构的面内刚度，使结构可采用轻质柔性材料制成；② 采用相对简单的控制方法即可以获得稳定的展开;③ 自旋展开控制可快可慢,从而适用于多种任务。

表 10-2 太阳帆帆面展开方式对比

类型	自旋展开方式	支撑结构展开方式
质量–面积比	较小	较大
姿态动力学	较复杂	较简单
姿态控制	消耗能源较多，较安全	消耗燃料较少，控制难度大
扰动扭矩	可由自旋来平衡	较大

10.4.2 薄膜的折叠与收拢方法

在太阳帆中，选择折叠方式主要从以下几方面考虑：① 折叠方式对展开过程的影响，应使帆面的展开过程对飞船产生较小的冲击作用；② 薄膜折叠时的形状和体积，应占用较小的存储空间，减小飞船的体积，降低发射成本；③ 大面积超轻薄膜折叠方式的可实现性[32,33]。

目前，国外在若干太阳帆研制工程中，发展了几种薄膜的折叠方法，主要有 Miura-Ori 折叠法、倾斜旋转折叠法和 IKAROS 折叠法等，如图 10-12 所示。

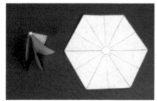 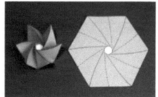 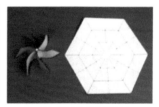

(a) Miura-Ori 折叠法   (b) 倾斜旋转折叠法   (c) IKAROS折叠法
图 10-12 常见的几种薄膜折叠方法

Miura-Ori 法折叠方式比较适合由桅杆拉伸展开的太阳帆，倾斜旋转折叠方式与 IKAROS 折叠方式两者比较类似，但是倾斜折叠方式的折叠过程要更复杂一些，而且经过用纸张折叠实验发现，倾斜旋转折叠方式的展开过程速度较快，不易控制帆面的展开。由以上分析可以得出，对于自旋展开结构 IKAROS 的折叠方式优于前两种折叠方式。

此外，德国宇航中心在研制 Gossamer-1 太阳帆航天器时，提出了一种三角形薄膜的折叠方案 (图 10-13)：先将三角形薄膜的外边沿到中心的方向进行 "Z" 形折叠，形成一个窄的长条，然后再将长条从两端向内卷起来，形成两个小圆柱体。薄膜的展开过程与折叠过程正好相反。

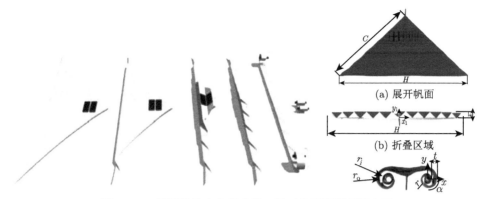

图 10-13 德国宇航中心提出的一种三角形薄膜折叠方法

10.5 多功能薄膜结构技术

本研究团队提出了多功能薄膜航天器的概念，并开展了航天器结构系统设计、薄膜结构动力学建模与分析、支撑结构动力学建模与分析等研究，取得了阶段性研究成果。

10.5.1 多功能薄膜航天器结构系统设计

图 10-14 为本团队提出的多功能薄膜航天器结构概念图，航天器在发射时处于收拢状态，在发射入轨后通过伸展臂展开薄膜，该航天器结构概念已获授权专利保护 [34]。

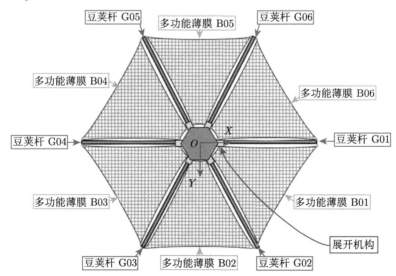

图 10-14 薄膜航天器概念图

多功能薄膜航天器采用复合材料豆荚杆作为支撑结构，具体收藏与展开方案是：在收拢状态下预先将豆荚杆卷曲在收藏机构之中，而将薄膜以有序的方式折叠在航天器的体侧并采用锁定装置进行锁定，待航天器发射入轨后，首先解除薄膜的锁定，然后通过驱动电机的方式，将豆荚杆从收藏机构中不断向外延伸卷出，由于豆荚杆末端固定连接着薄膜的端点，所以在豆荚杆的牵引作用下薄膜不断向外展开，最终形成一个薄膜平面。

10.5.1.1　多功能薄膜方案

多功能薄膜用聚酰亚胺膜主要需满足以下要求：

(1) 超大、超轻、超薄，在满足多功能薄膜航天器的机械物理性能及空间环境需要的前提下，单位面积重量应尽可能小；

(2) 柔性，可操作性、可折叠、包装和可展开；

(3) 耐撕扯性，避免发生撕裂而破坏；

(4) 使用温度范围广，耐高低温，能够适应太空中太阳辐照及温度变化的影响，具有较好的热稳定性；

(5) 低吸收率或者高反射率；

(6) 具有良好的黏接性能；

(7) 抗皱性。

本团队采用 CBDF 型热塑性 PI 膜作为薄膜基底 (图 10-15)，通过引入柔性线性二胺和含氟二酐，增加分子链段移动性，降低聚合物玻璃化转变温度。

图 10-15　热塑性 PI 膜

所设计的薄膜基底的特性和主要参数为：

(1) 薄膜达到一定温度可熔融，具有热黏合性；

(2) 玻璃化温度：217℃；

(3) 热封条件：320~350℃@1MPa。

多功能薄膜的反射率和辐射率会对平衡温度产生重要的影响。薄膜正面为反光层，选取高反射率铝膜以获取最大光压。背面为散热层，选取高辐射率铬膜以用于被动热控。设计采用铝作为正面反光层，背面镀铬作为辐射层。

为了加强多功能薄膜的边界和顶点上的强度，同时也为了展开后薄膜整体的力流均匀传递，在薄膜的边缘增加增强条，同时在顶点处增加连接抓手，提高局部强度。抓手与边缘增强条相互连接形成了多功能薄膜的高强度边界，便于展开控制和提升最终的形面精度。

边缘增强条的添加方式有如下几种，将按照实际要求进行选择：

(1) 多层薄膜增强，直接在边缘复合多层聚酰亚胺薄膜。

(2) 包覆增强索，将 Kevlar 索使用聚酰亚胺膜包覆并固定在多功能薄膜边缘。这一方案可能会减小薄膜的有效面积。

顶点的连接抓手能有效提高局部的强度，还能提高与支撑结构之间的连接效率。

抓手与多功能薄膜的连接形式主要有粘接、热复合、系绳连接、铆接等形式，抓手附近应添加薄膜加厚层以实现结构刚度的平缓变化，防止抓手与薄膜的刚度差异过大，在展开过程中产生局部撕裂。

初步实验中采用的连接方式为双侧粘贴纤维增强胶带的系绳连接 (图 10-16)，双侧粘贴的胶带用于提升局部的刚度，而且将胶带中的纤维方向排列成与受力方向垂直，提高局部的抗撕裂能力。

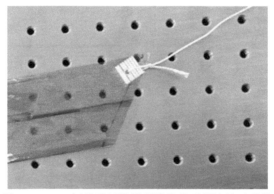

图 10-16　双侧粘贴纤维增强胶带的系绳连接试验件

同时也可将顶点局部及边缘同时加强，形成增强结构，并使用纤维增强胶带将多功能薄膜与绳索进行连接，具体结构见图 10-17。

图 10-17　顶点局部及边缘同时加强试验件

10.5.1.2　支撑结构方案

本研究团队采用豆荚杆作为支撑结构。豆荚杆的典型形态包括展开态和压扁态，两种形态下豆荚杆的横截面尺寸分别如图 10-18(a) 和 (b) 所示。

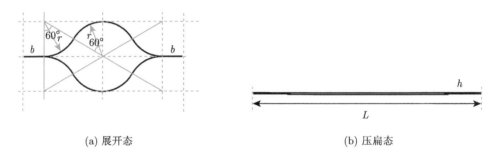

　　　　　　(a) 展开态　　　　　　　　　　　　　　　　　　　(b) 压扁态

图 10-18　豆荚杆横截面形状

根据图 10-18 所示的豆荚杆截面构型，其单片截面由两段宽度为 b 的直线、两段 60° 的圆弧和一段 120° 的圆弧拼接而成，其中圆弧的半径均为 r。整体结构分为上下两半，对称拼合而成。

豆荚杆采用碳纤维 T300/LD180 预浸料材料制作而成，其材料力学性能如表 10-3 所示。碳纤维的铺层方式设计为 $[+45°/0°/-45°]_s$，共计 6 层，每层厚度约为 0.04mm，考虑胶层的厚度，压扁后豆荚杆的厚度为 0.5mm。

针对豆荚杆这种支撑机构，设计了一种收纳与展开机构，如图 10-19 所示。该收纳与展开机构的功能主要是用于豆荚杆的收藏以及实现豆荚杆的展开。

表 10-3 碳纤维 T300 复合材料力学性能参数

序号	性能参数	典型值
1	纵向拉伸强度	1399MPa
2	纵向拉伸弹性模量	118GPa
3	泊松比	0.335
4	纵向压缩强度	855MPa
5	纵向压缩弹性模量	109GPa
6	纵向剪切强度	123MPa
7	纵向剪切弹性模量	3.32GPa
8	层间剪切强度	84MPa
9	纵向弯曲强度	1500MPa
10	纵向弯曲弹性模量	102GPa
11	密度	$1.76g/cm^3$

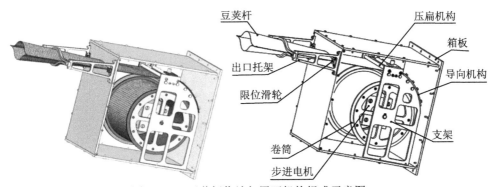

图 10-19 豆荚杆收纳与展开机构组成示意图

如图 10-19 所示，豆荚杆收纳与展开机构主要由步进电机、卷筒、支架、导向机构、压扁机构、限位滑轮、出口托架、箱板等组成。在收纳机构中心用于盘卷豆荚杆的滚筒中央，设置有一台步进电机。电机的扭矩输出轴直接作用在卷筒的转动轴上，在电压作用下，可以带动卷筒转动，从而驱动豆荚杆的展开，该机构已获授权专利保护[35]。

10.5.2 薄膜结构动力学建模与分析

10.5.2.1 薄膜结构的找形方法

薄膜结构为典型的含张力索膜结构，该类结构依靠张力形成特定形态，并且张力可以使结构产生并维持一定的刚度，以便于承受载荷。对于该类结构，在进行静力学和动力学分析之前，需要进行找形分析，以确定含张力情况下薄膜结构平衡状态的"力"与"形"。本节在传统力密度方法的基础上，基于上节建立的非线性力学模型，发展了薄膜结构的改进非线性力密度找形方法用于薄膜结构的找形分析[36]。

1) 线性力密度找形方法

假设等效索网结构含有 n 个自由节点，n_f 个固定节点，并被 n_e 个单元连接。总的节点数为 $n_s = n + n_f$。以第 i 个节点为参考，如图 10-20 所示，x，y，z 方向的平衡方程可以表示为

$$\begin{cases} T_{ij}\dfrac{x_j - x_i}{L_{ij}} + T_{ik}\dfrac{x_k - x_i}{L_{ik}} + T_{il}\dfrac{x_l - x_i}{L_{il}} + T_{im}\dfrac{x_m - x_i}{L_{im}} + F_{xj} = 0 \\[2mm] T_{ij}\dfrac{y_j - y_i}{L_{ij}} + T_{ik}\dfrac{y_k - y_i}{L_{ik}} + T_{il}\dfrac{y_l - y_i}{L_{il}} + T_{im}\dfrac{y_m - y_i}{L_{im}} + F_{yi} = 0 \\[2mm] T_{ij}\dfrac{z_j - z_i}{L_{ij}} + T_{ik}\dfrac{z_k - z_i}{L_{ik}} + T_{il}\dfrac{z_l - z_i}{L_{il}} + T_{im}\dfrac{z_m - z_i}{L_{im}} + F_{zi} = 0 \end{cases} \tag{10-1}$$

式中，T_{ij} 为等效索单元 ij 的轴向张力；L_{ij} 为等效索单元 ij 的长度：

$$L_{ij} = \sqrt{(x_i - x_j)^2 + (y_i - y_j)^2 + (z_i - z_j)^2} \tag{10-2}$$

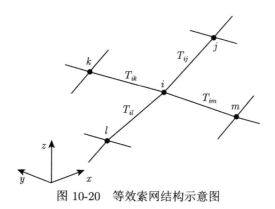

图 10-20 等效索网结构示意图

对于该等效索网结构，其单元节点的拓扑结构可以用一个拓扑矩阵 $\boldsymbol{C}_s$ ($\in \mathbf{R}^{n_e \times n_s}$) 表示。假设第 p 个单元由节点 i 和 j 连接组成，则拓扑矩阵的第 p 行的第 i 列和第 j 列分别设置为 1 和 -1，如下式所示：

$$\boldsymbol{C}_s(p, q) = \begin{cases} +1, & q = i \\ -1, & q = j \\ 0, & \text{其他} \end{cases} \tag{10-3}$$

为了分析方便，将矩阵 $\boldsymbol{C}_s$ 进行分块，将自由节点和固定节点的坐标分别排列，如下所示：

$$\boldsymbol{C}_s = [\boldsymbol{C}_u \quad \boldsymbol{C}_f] \tag{10-4}$$

式中，$C_u \in \mathbf{R}^{n_e \times n}$，$C_f \in \mathbf{R}^{n_e \times n_f}$，其分别描述了单元与自由节点和固定节点之间的连接关系。

以 x 方向为例，索单元在 x 轴的投影为

$$u = C_s x_s = C_u x_u + C_f x_f \tag{10-5}$$

式中 x_s、x_f 和 x 分别为所有节点、自由节点和固定节点的 x 坐标。

引入力密度的概念 $q_{ij} = T_{ij}/L_{ij}$，定义 q 为单元的力密度，$Q = \mathrm{diag}(q)$。此时索网的力平衡方程可以表示为矩阵形式：

$$C_s^{\mathrm{T}} Q C_s x_s = p_{xs} \tag{10-6}$$

式中，p_{xs} 为所有节点载荷向量，可以表示为 $p_{xs} = \begin{bmatrix} p_x & p_{xf} \end{bmatrix}^{\mathrm{T}}$，其中 p_x 和 p_{xf} 分别为自由节点载荷向量和固定节点载荷向量。

将平衡方程中自由节点和固定节点进行分离可得

$$\begin{bmatrix} C^{\mathrm{T}} \\ C_f^{\mathrm{T}} \end{bmatrix} Q \begin{bmatrix} C & C^f \end{bmatrix} \begin{Bmatrix} x \\ x^f \end{Bmatrix} = \begin{Bmatrix} p_x \\ p_{xf} \end{Bmatrix} \tag{10-7}$$

则

$$\begin{cases} C^{\mathrm{T}} Q C x + C^{\mathrm{T}} Q C_f x_f = p_x \\ C_f^{\mathrm{T}} Q C x + C_f^{\mathrm{T}} Q C_f x_f = p_{xf} \end{cases} \tag{10-8}$$

令 $D = C^{\mathrm{T}} Q C$，$D_f = C^{\mathrm{T}} Q C_f$，最终可以得到

$$x = D^{-1} \left(p_x - D_f x_f \right) \tag{10-9}$$

同理，可以求得自由节点的 y 方向和 z 方向的坐标。

2) 改进的非线性力密度法

上述力密度法在找形前后，力密度 q 是恒定不变的。然而，找形后自由节点的坐标会发生变化，此时，单元的长度 L 也会改变，这样就导致单元的张力 $T = q \times L$ 与初始值不符。为了解决该问题，非线性力密度法采用迭代的方式来不断修正力密度取值，以使得找形结果中索单元的张力趋于均匀。迭代过程中，力密度的更新方法有两种，分别如下：

$$q_{i+1} = T/L_i \tag{10-10}$$

$$q_{i+1} = s \cdot W_i/L_i \tag{10-11}$$

式中，i 为迭代次数；T 为索单元张力；s 和 W 分别为薄膜单元的应力和宽度。

以上力密度更新方法均存在一定误差，本节针对四边形单元提出了一种新的精确更新方法。图 10-21 给出了一个四边形单元的示意图，设 $T^e = \begin{bmatrix} T_{ij} & T_{jk} \end{bmatrix}$

T_{kl}　T_{li}]^{T} 为单元力向量，$\boldsymbol{q}^{\mathrm{e}} = [\ q_{ij}$　q_{jk}　q_{kl}　$q_{li}\ ]^{\mathrm{T}}$ 为索单元力密度向量，其中 L_{ij} 为索长度。设 $\boldsymbol{F}^{\mathrm{e}} = [\ F_i$　F_j　F_k　$F_l\ ]^{\mathrm{T}}$ 为等效的节点力向量，$\boldsymbol{F}^{\mathrm{e}}_x = [\ F_{ix}$　F_{jx}　F_{kx}　$F_{lx}\ ]^{\mathrm{T}}$，$\boldsymbol{F}^{\mathrm{e}}_y = [\ F_{iy}$　F_{jy}　F_{ky}　$F_{ly}\ ]^{\mathrm{T}}$。

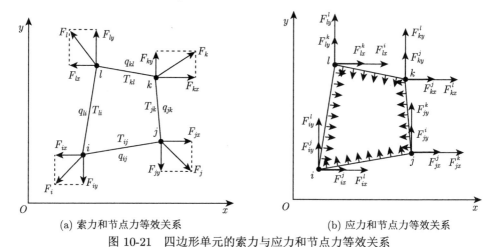

(a) 索力和节点力等效关系　　　　　　　　(b) 应力和节点力等效关系

图 10-21　四边形单元的索力与应力和节点力等效关系

基于直索假设，索单元可以按照张力杆单元处理。因此，单元 ij 的平衡方程为

$$F^j_{ix} = F^i_{jx} = \frac{1}{2}\sigma_{ij}tL_{ij}\sin\theta_{ij} = \frac{1}{2}\sigma_x t\left(y_j - y_i\right) \tag{10-12}$$

$$F^j_{iy} = F^i_{jy} = \frac{1}{2}\sigma_{ij}tL_{ij}\cos\theta_{ij} = \frac{1}{2}\sigma_y t\left(x_j - x_i\right) \tag{10-13}$$

因此，索单元 li 的平衡方程为

$$F^l_{ix} = F^i_{lx} = \frac{1}{2}\sigma_{li}tL_{lj}\sin\theta_{li} = \frac{1}{2}\sigma_x t\left(y_i - y_l\right) \tag{10-14}$$

$$F^l_{iy} = F^i_{ly} = \frac{1}{2}\sigma_{li}tL_{li}\cos\theta_{li} = \frac{1}{2}\sigma_y t\left(x_i - x_l\right) \tag{10-15}$$

因此，节点 i 的节点力为

$$\boldsymbol{F}^{\mathrm{e}}_x = \begin{bmatrix} F_{ix} \\ F_{jx} \\ F_{kx} \\ F_{lx} \end{bmatrix} = \frac{\sigma_x t}{2}\begin{bmatrix} 0 & 1 & 0 & -1 \\ -1 & 0 & 1 & 0 \\ 0 & -1 & 0 & 1 \\ 1 & 0 & -1 & 0 \end{bmatrix}\begin{bmatrix} y_i \\ y_j \\ y_k \\ y_l \end{bmatrix} = \frac{\sigma_x t}{2}\boldsymbol{A}\cdot\boldsymbol{y}^{\mathrm{e}} \tag{10-16}$$

$$\boldsymbol{F}^{\mathrm{e}}_y = \begin{bmatrix} F_{iy} \\ F_{jy} \\ F_{ky} \\ F_{ly} \end{bmatrix} = \frac{\sigma_y t}{2}\begin{bmatrix} 0 & 1 & 0 & -1 \\ -1 & 0 & 1 & 0 \\ 0 & -1 & 0 & 1 \\ 1 & 0 & -1 & 0 \end{bmatrix}\begin{bmatrix} x_i \\ x_j \\ x_k \\ x_l \end{bmatrix} = \frac{\sigma_y t}{2}\boldsymbol{A}\cdot\boldsymbol{x}^{\mathrm{e}} \tag{10-17}$$

根据图 10-21 显示的节点力平衡条件，节点 i 的力平衡方程可以写为

$$F_{ix} = -T_{ij}\frac{x_j - x_i}{L_{ij}} - T_{li}\frac{x_l - x_i}{L_{ii}} = q_{ij}(x_i - x_j) + q_{ii}(x_i - x_l) \tag{10-18}$$

$$F_{iy} = -T_{ij}\frac{y_j - y_i}{L_{ij}} - T_{li}\frac{y_l - y_i}{L_{li}} = q_{ij}(y_i - y_j) + q_{ki}(y_i - y_l) \tag{10-19}$$

四个节点的力平衡方程则可以写成矩阵形式：

$$\boldsymbol{F}_x^{\mathrm{e}} = \begin{bmatrix} x_i - x_j & 0 & 0 & x_i - x_l \\ x_j - x_i & x_j - x_k & 0 & 0 \\ 0 & x_k - x_j & x_k - x_l & 0 \\ 0 & 0 & x_l - x_k & x_l - x_i \end{bmatrix} \begin{bmatrix} q_{ij} \\ q_{jk} \\ q_{kl} \\ q_{li} \end{bmatrix} = \boldsymbol{X} \cdot \boldsymbol{q}^{\mathrm{e}} \tag{10-20}$$

$$\boldsymbol{F}_y^{\mathrm{e}} = \begin{bmatrix} y_i - y_j & 0 & 0 & y_i - y_l \\ y_j - y_i & y_j - y_k & 0 & 0 \\ 0 & y_k - y_j & y_k - y_l & 0 \\ 0 & 0 & y_l - y_k & y_l - y_i \end{bmatrix} \begin{bmatrix} q_{ij} \\ q_{jk} \\ q_{kl} \\ q_{li} \end{bmatrix} = \boldsymbol{Y} \cdot \boldsymbol{q}^{\mathrm{e}} \tag{10-21}$$

令 $\boldsymbol{B} = [\ \boldsymbol{X}\ \ \boldsymbol{Y}\ ]^{\mathrm{T}}$，则

$$\boldsymbol{B} \cdot \boldsymbol{q}^{\mathrm{e}} = \begin{bmatrix} \boldsymbol{F}_x^{\mathrm{e}} \\ \boldsymbol{F}_y^{\mathrm{e}} \end{bmatrix} = \frac{t}{2} \begin{bmatrix} \sigma_x \boldsymbol{A} & 0 \\ 0 & -\sigma_y \boldsymbol{A} \end{bmatrix} \begin{bmatrix} \boldsymbol{y}^{\mathrm{e}} \\ \boldsymbol{x}^{\mathrm{e}} \end{bmatrix} \tag{10-22}$$

因此，

$$\boldsymbol{q}^{\mathrm{e}} = \frac{t}{2}(\boldsymbol{B}^{\mathrm{T}}\boldsymbol{B})^{-1}\boldsymbol{B}^{\mathrm{T}} \begin{bmatrix} \sigma_x \boldsymbol{A} & 0 \\ 0 & -\sigma_y \boldsymbol{A} \end{bmatrix} \begin{bmatrix} \boldsymbol{y}^{\mathrm{e}} \\ \boldsymbol{x}^{\mathrm{e}} \end{bmatrix} \tag{10-23}$$

然后，所有单元的力密度 $\boldsymbol{q}$ 可以通过将单元的力密度 $\boldsymbol{q}^{\mathrm{e}}$ 组装得到

$$\boldsymbol{q} \leftarrow \sum_{\mathrm{e}} \boldsymbol{q}^{\mathrm{e}} \tag{10-24}$$

由式 (10-22) 可以知道，转换关系矩阵与节点的坐标相关。因此，在找形过程中，力密度值必须在每次迭代过程中更新。改进的非线性力密度法算法流程如图 10-22 所示。

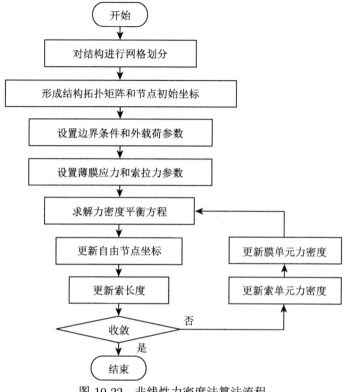

图 10-22   非线性力密度法算法流程

3) 薄膜结构找形的数值分析

对一个 10m×10m 的方形薄膜进行找形分析,薄膜厚度为 0.1mm,初始构型如图 10-23(a) 所示,薄膜的四角固定,四边布置有拉索。拉索预拉力 $T = 8\text{kN}$,薄膜预张力 $\sigma_x = \sigma_y = 1\text{MPa}$。将其划分成 40×40 个单元。采用线性力密度法

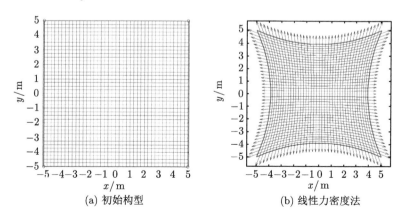

(a) 初始构型   (b) 线性力密度法

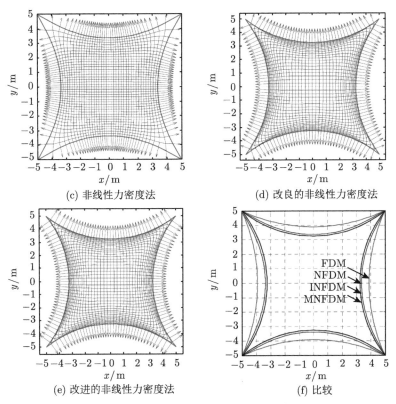

图 10-23 方形薄膜找形结果及对比

(FDM)、非线性力密度法 (NFDM)、改良的非线性力密度法 (INFDM) 和本节方法 (改进的非线性力密度法，MNFDM) 分别进行找形分析，得到的找形结果分别如图 10-23(b)~(e) 所示，并将四种方法的计算结果进行了比较，如图 10-23(f) 所示。由图可以看出，FDM 找形后网格仍然很均匀；NFDM 找形后在四角的网格略有增大；而 INFMD 和 MNFDM 计算的结果则明显呈现出在边索附近网格变密的现象，另外与边索相连的膜线单元也基本与索单元垂直。

图 10-24 给出了不同方法找形后下方拉索对薄膜的法向张力和切向力的比较。由于找形计算寻找的是薄膜预张力为 1MPa 时的构型，所以理想结果是拉索对薄膜的拉力为 1kN/m，然而图中显示线性力密度法计算结果远低于 1kN/m，且在 $x = 0$ 附近拉力最低，原因是线性力密度法没有考虑变形后，膜线单元缩短，力密度会增大的影响，尤其在 $x = 0$ 附近膜线单元缩短最多。而非线性力密度法考虑了膜线单元长度变化的影响，因而计算结果中拉索对膜的拉力在 $x = 0$ 附近有很大提高，然而该方法没有考虑膜单元宽度变化对膜线单元力密度的影响，因而在 $x = \pm 4$ 附近拉索拉力很小。改良的非线性力密度法综合考虑了膜线单元长

度和膜单元宽度的影响，计算结果相比前两种方法有了较大进步，然而其等效方法过于简单，精度还不够。通过转换矩阵将薄膜的应力转换为膜线等效应力，找形后拉索对薄膜的拉力非常接近理想拉力 1kN/m，其最大误差 $\leqslant 2\%$。

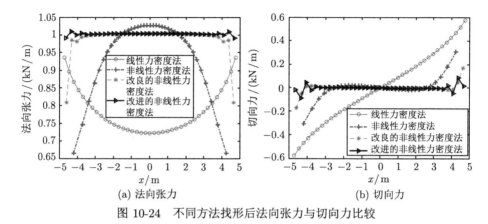

(a) 法向张力   (b) 切向力

图 10-24　不同方法找形后法向张力与切向力比较

表 10-4 给出了四种算法计算得到的应力分布的统计特性，即分布的最大值、最小值、均值、方差、误差平方和等。结果显示，采用 MNFDM 方法找形后，薄膜应力分布最均匀，非常接近理想值。

表 10-4　方形薄膜找形后边缘应力分布统计指标

算法	最大值	最小值	均值	方差	误差平方和
FDM	0.9366	0.7221	0.7822	0.0629	1.9997
NFDM	1.0279	0.6649	0.9487	0.1029	0.5047
INFDM	1.0039	0.8091	0.9902	0.0431	0.0744
MNFDM	1.0103	0.9917	1.0032	0.0032	0.0008

10.5.2.2　薄膜结构的褶皱分析方法

薄膜结构在变形过程中存在三种状态：张紧状态、褶皱状态和松弛状态，如图 10-25 所示。判断薄膜褶皱有多种理论，本文采取稳定性理论进行褶皱分析。稳定性理论认为薄膜的褶皱是薄膜的局部屈曲现象。该方法采用非线性屈曲方法进行分析。对于平面薄膜，其初始分析都是建立在理想平面的基础上，初始模型不含面外变形和载荷，因此也不可能分析出褶皱。为了促使褶皱形成，通常需要引入初始缺陷扰动，当褶皱产生后，需要在分析过程中及时去除，以减小扰动对分析结果的影响。

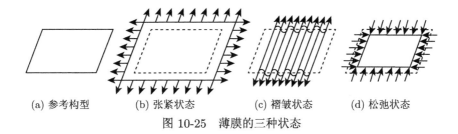

(a) 参考构型   (b) 张紧状态   (c) 褶皱状态   (d) 松弛状态

图 10-25　薄膜的三种状态

1) 基于有限元的薄膜褶皱分析流程

第一步：建立有限元模型。建模时主要定义薄膜的几何构型、网格、材料属性、边界条件和载荷条件。其中，网格划分需要注意，单元的单边尺寸要小于褶皱的半波长。

第二步：几何非线性静力学分析。进行几何非线性静力学分析的目的是建立薄膜结构的初始状态，形成初应力刚度矩阵。薄膜结构的初始应力的引入有三种方法：降温法、一致张力法和强制位移法。降温法是通过给薄膜设定一个热膨胀系数，在分析时降低薄膜温度，从而使结构产生初始应力。而一致张力法和强制位移法则是通过施加载荷使结构产生初始应力。

第三步：引入初始扰动。初始扰动的添加有两种方法：扰动力法和扰动位移法。扰动力法是通过在选定节点上施加垂直于薄膜表面的微小集中力，并保证正负集中力大小相互抵消，以保证力的平衡，且扰动力产生的面外变形最大值与薄膜厚度为同一数量级。扰动位移法则是通过预先对结构进行特征值屈曲分析，得到结构的屈曲模态，将屈曲模态的面外变形所确定的初始缺陷施加到薄膜上：

$$\Delta z = \sum w_i \phi_i \tag{10-25}$$

式中，w_i 是屈曲模态的特征向量；ϕ_i 是比例因子；缺陷的幅值 Δz 一般取与薄膜厚度同一量级。

第四步：非线性求解。由于产生褶皱的临界状态时刚度矩阵产生奇异，求解过程的收敛控制是一个难题。求解时可以采用弧长法、牛顿–拉弗森 (Newton-Raphson) 法、二分法等，结合位移控制、重启动分析和调整载荷子步等方法，以加强其收敛性。

综上所述，进行薄膜褶皱有限元分析的流程如图 10-26 所示。

2) 薄膜结构褶皱数值仿真

本节研究了一类薄膜式太阳帆结构在框架张力作用下的褶皱现象，薄膜式太阳帆模型选取不带拉索的薄膜式太阳帆模型。薄膜式太阳帆其薄膜光帆通常为方形，其在框架对角张力 T_1 和 T_2 的作用下极易产生褶皱现象，其分析模型如

图 10-27(a) 所示。在进行有限元分析时，采用四分之一模型，模型参数如图 10-27(b) 所示。模型的边界条件根据对称性条件得到，两条边为铰支边界条件。为了避免应力集中，在两个角处将薄膜处理为 28mm 宽的平口，并施加均布载荷。薄膜的参数如表 10-5 所示。

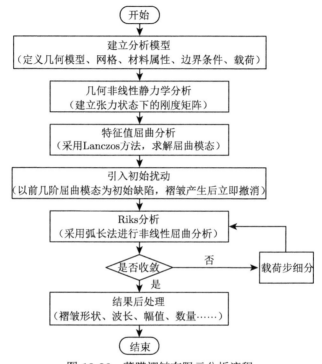

图 10-26   薄膜褶皱有限元分析流程

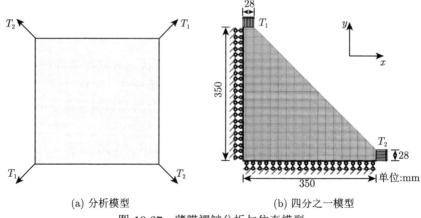

(a) 分析模型   (b) 四分之一模型

图 10-27   薄膜褶皱分析与仿真模型

表 10-5 薄膜材料参数

项目	数值	单位
厚度	0.025	mm
杨氏模量	3500	MPa
泊松比	0.31	——
密度	1.5×10^3	kg/m^3

根据给出的分析流程，对方形薄膜进行分析。分析时引入的初始缺陷如图 10-28(a) 所示。分析过程共分 100 步进行加载，加载过程中先缓慢加载，褶皱逐渐发展后再提高加载速率，分析步数与载荷加载系数的对应关系如图 10-29 所示，各分析步中薄膜褶皱的演化过程如图 10-28(b)~(l) 所示。褶皱的三维视图如图 10-30 所示。根据仿真结果可以发现，褶皱的形成过程中其面外变形的幅度是从小到大缓慢变化的，而褶皱的条数也是逐渐增加的。中间部位的褶皱的幅值较大，越靠近边缘，褶皱的幅值会逐渐减小。

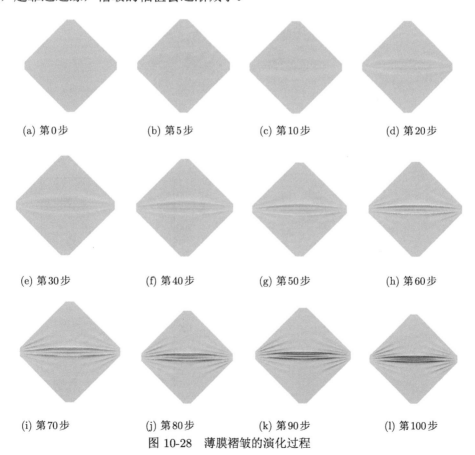

(a) 第 0 步   (b) 第 5 步   (c) 第 10 步   (d) 第 20 步

(e) 第 30 步   (f) 第 40 步   (g) 第 50 步   (h) 第 60 步

(i) 第 70 步   (j) 第 80 步   (k) 第 90 步   (l) 第 100 步

图 10-28 薄膜褶皱的演化过程

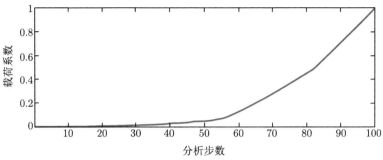

图 10-29　分析步数与载荷系数对应关系

图 10-30　薄膜褶皱三维视图

由于褶皱形状呈放射状，为了便于分析薄膜的褶皱变化规律，定义极坐标系如图 10-31(a) 所示。极坐标的原点 O 为薄膜两条边的交点，r 轴为水平方向。

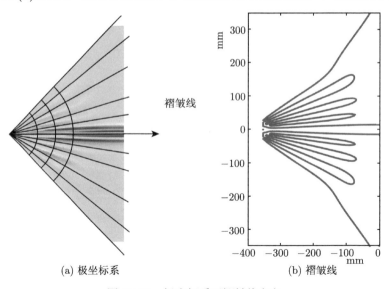

(a) 极坐标系　　　　　　　　　(b) 褶皱线

图 10-31　极坐标系下褶皱线定义

定义褶皱线为薄膜褶皱后形面与初始平面相交的线，如图 10-31(b) 所示；定义褶皱线长边的切线为褶皱线切线；定义三条弧线距薄膜角点分别为 $r_1 = 100$，$r_2 = 150$，$r_3 = 200$。根据上述定义，仿真分析了褶皱在以这三条弧线为切面处的幅值变化关系。

图 10-32(a) 和 (b) 分别给出了褶皱幅度和褶皱线角度随载荷的变化规律。由图 10-32(a) 可以看出，褶皱幅度随载荷的增大而逐渐增大，褶皱幅度与载荷系数的平方根近似成正比。

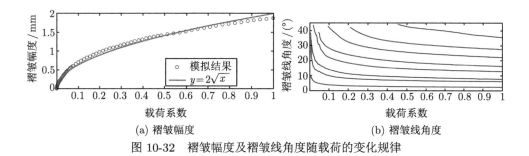

(a) 褶皱幅度   (b) 褶皱线角度

图 10-32 褶皱幅度及褶皱线角度随载荷的变化规律

10.5.3 支撑结构动力学建模与分析

豆荚杆 (图 10-33) 是一种典型的薄壁管状伸展结构，一般由复合材料制成，通过盘卷方式收拢，展开后横截面为透镜形状 (与豆荚界面形状类似)，也称透镜式薄壁复合材料管或可盘卷管状伸展臂。豆荚杆通常采用高比强、韧性好、弹性高、热膨胀系数小的材料，如铜铍合金、钨、钼和碳纤维增强复合材料 (CFRP) 等。所设计的豆荚杆的长度及截面形状参数如图 10-34 所示。

图 10-33 豆荚杆结构示意图

10.5.3.1　豆荚杆构型设计

1) 截面形状 (图 10-34):

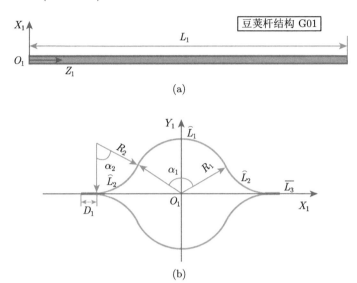

图 10-34　豆荚杆坐标系 (a) 和结构示意图 (b)

(1) 整体关于 O_1X_1 和 O_2X_2 轴对称;

(2) 针对 1/4 截面形状, 可以采用两个圆弧段和一个线段表示;

(3) 圆弧段 $\widehat{L_1}$ 和 $\widehat{L_2}$、圆弧段 $\widehat{L_2}$ 与线段 $\overline{L_3}$ 具有相切关系;

(4) 圆弧段 $\widehat{L_1}$ 的圆心位于原点 O_1, 圆弧段 $\widehat{L_2}$ 的圆心位于过相切点的竖直线上;

(5) 两个弧段对应圆心角 α 相等, R_2、L_2 和 (R_1+R_2) 构成勾股关系 (图 10-35), 并且 R_1、R_2、L_2 和 α 之中只有两个是独立变量, 并满足如下关系:

$$\begin{cases} L_2 = (R_1 + R_2)\cos\alpha \\ \alpha = \arcsin\dfrac{R_2}{R_1 + R_2} \\ R_2 = R_1\dfrac{\sin\alpha}{1 - \sin\alpha} \end{cases} \tag{10-26}$$

2) 结构特征

半豆荚杆往往由复合材料制备而成, 其沿着长度方向为铺层 0° 位置 (图 10-36)。在复合材料选择方面, 往往以比强度和比刚度占优势的碳纤维作为加强材料, 以树脂材料作为层间浸润基体进行复合得到。因此复合材料的铺层数量、铺层角度对豆荚杆力学特性影响较大。

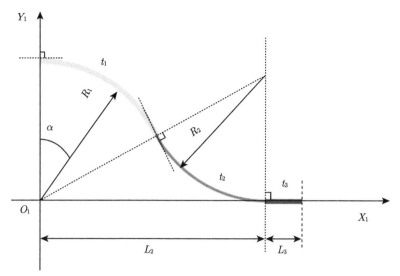

图 10-35 豆荚杆几何构型设计变量

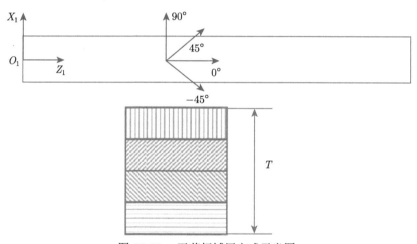

图 10-36 豆荚杆铺层方式示意图

3) 运动状态变化

豆荚杆是利用碳纤维增强复合材料薄壳的弹性变形及弹性恢复以实现自身的折叠与展开的 (图 10-37)。收拢时，豆荚杆在外力作用下可平绕在滚筒上或卷成一个卷筒而形成收拢状态；展开时，依靠自身弹性从平卷状态恢复为长管形状。由于豆荚杆具备展开和收拢等状态，展开装置的结构参数，如卷曲轮直径 R_3、固定端长度 L_1、层间摩擦系数 γ、展开速度 v 等，对其展开过程和展开后边界条件具有重要影响。

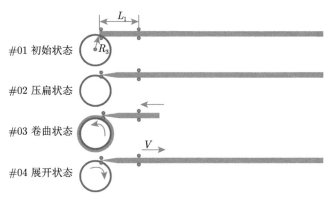

图 10-37   豆荚杆收拢和展开过程示意图

10.5.3.2   静载荷作用下豆荚杆应力应变分析

1) 模型假设

采用层合复合材料模型对单端固支豆荚杆受静载荷的工况进行仿真, 其中建模简化如下:

(1) 仅考虑截面完全鼓起的部分;

(2) 不考虑复合材料层间的胶层厚度;

(3) 忽略拉压模量差别的影响, 统一采用拉伸模量建模;

(4) 忽略豆荚杆侧短边中胶膜的厚度, 同时忽略胶膜对连接刚度的减弱, 即短边的上下两面通过节点等效连接。

豆荚杆长度设计为 6.5m, 其截面尺寸和铺层分别如图 10-38 所示。设定单层板材料性能如表 10-6, 约束豆荚杆根部端面节点的 6 自由度以模拟单端固支, 豆荚杆铺层方式见图 10-39[37]。

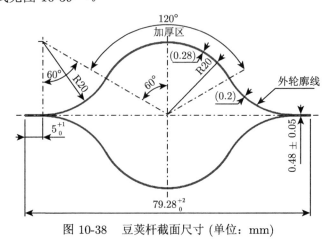

图 10-38   豆荚杆截面尺寸 (单位: mm)

表 10-6 单层板性能参数

参数	方向	算例值
单层厚度/mm		0.06
密度/(kg/m³)		1620
拉伸模量/GPa	纵向	120
	横向	8.8
泊松比	面内	0.31
剪切模量/GPa	面内	8.2
拉伸强度/MPa	纵向	1700
	横向	81.3
压缩强度/MPa	纵向	1200
	横向	212
剪切强度/MPa	纵向	100
	横向	100

铺层示意图

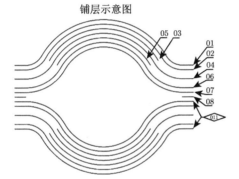

铺层表				
铺层代码	坐标系	位号	角度	备注
01	A	1	45°	
02	A	1	−45°	
03	A	1	0°	
04	A	1	0°	
05	A	1	0°	
06	A	1	−45°	
07	A	1	45°	
08		2		

图 10-39 豆荚杆铺层示意图

2) 受光压载荷分析

太阳光压在一个平面上产生的作用力为

$$F_{\mathrm{SRP}} = P_{\mathrm{s}} A \left(\boldsymbol{n} \cdot \boldsymbol{u}_{\mathrm{solar}} \right) \left\{ \left(\rho_\alpha + \rho_{\mathrm{d}} \right) \boldsymbol{u}_{\mathrm{solar}} + \left[2\rho_{\mathrm{s}} \left(\boldsymbol{n} \cdot \boldsymbol{u}_{\mathrm{solar}} \right) + \frac{2}{3} \rho_{\mathrm{d}} \right] \boldsymbol{n} \right\} \quad (10\text{-}27)$$

其中，$P_{\mathrm{s}} = 4.653 \times 10^{-6} \mathrm{Pa}$ 为地球附近的太阳光压常数；A 为该平面的受照面积；$\boldsymbol{n}$ 为指向平面里面的法向量；$\boldsymbol{u}_{\mathrm{solar}}$ 为太阳光的方向；ρ_α、ρ_{d}、ρ_{s} 依次为平面的吸收率、镜面反射率和漫反射率，且有 $\rho_\alpha + \rho_{\mathrm{d}} + \rho_{\mathrm{s}} = 1$。

对式中各值取最大值进行极端工况估算，计算得

$$\left(\boldsymbol{n} \cdot \boldsymbol{u}_{\mathrm{solar}} \right) \left\{ \left(\rho_\alpha + \rho_{\mathrm{d}} \right) \boldsymbol{u}_{\mathrm{solar}} + \left[2\rho_{\mathrm{s}} \left(\boldsymbol{n} \cdot \boldsymbol{u}_{\mathrm{solar}} \right) + \frac{2}{3} \rho_{\mathrm{d}} \right] \boldsymbol{n} \right\} < 10 \quad (10\text{-}28)$$

进而，对豆荚杆上表面施加压力 $4.653 \times 10^{-5} \mathrm{Pa}$，采用数值仿真的 Static/General 对豆荚杆在光压载荷下的位移、应力和单层板强度失效情况进行分析，具体结果如下 [39]：

(1) 整体位移结果如图 10-40 所示，其中最大位移为 1.81×10^{-6}m，出现在自由端；

图 10-40   光压载荷下豆荚杆位移云纹图 (图示变形放大 10^5 倍)

(2) 复合材料各层的应力结果如图 10-41 所示，最大应力约为 4.11×10^2Pa、出现在固支端，同时第 3、4、5 层即 3 个 0° 层的应力相对较大，符合复合材料静响应基本规律；

(3) 如单层板的四种强度失效萌生准则结果所示，四种萌生准则中的最大值仅为 2.331×10^{-13}，远小于 1，即豆荚杆受光压载荷时远未达到损伤开始的程度。

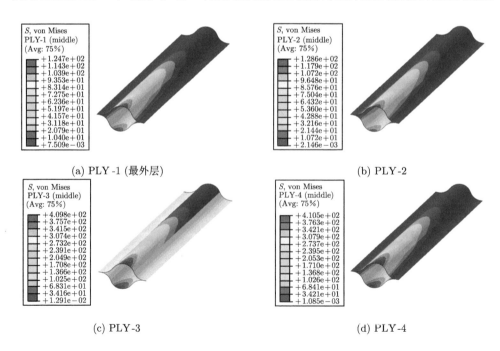

(a) PLY-1 (最外层)   (b) PLY-2

(c) PLY-3   (d) PLY-4

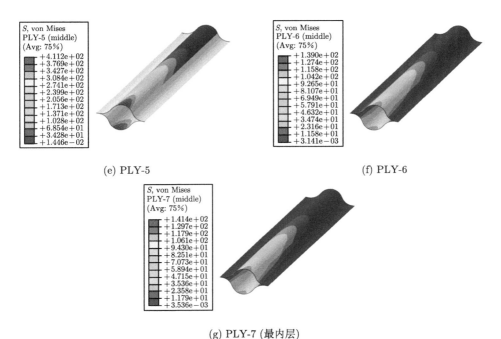

(g) PLY-7 (最内层)

图 10-41　光压载荷下豆荚杆各层的应力云纹图

3) 薄膜拉力载荷分析

在自由端增加薄膜拉力后, 豆荚杆端部发生明显变形, 其中以豆荚杆截面突起部分位移最大, 接近 5mm(突起部分高度为 20mm); 从受力分布云图中不难发现: 应力集中分布在半豆荚杆交接部分和突起部分, 应力幅值可以达到 168.3MPa, 如图 10-42 所示 [35]。

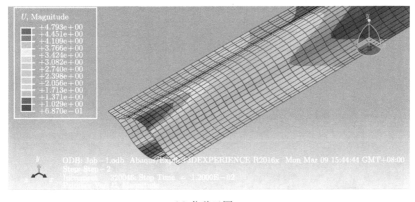

(a) 位移云图

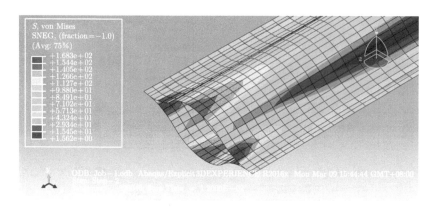

(b) 应力云图

图 10-42　豆荚杆变形与受力情况

4) 整体压紧工况分析

为考虑豆荚杆整体压紧状态下的受力状态，采用刚性平面将豆荚杆进行压紧，仿真分析压紧过程中的受力状态变化。几何模型如图 10-43 所示，压紧过程的应力云图见图 10-44。

压紧过程中的受力主要集中在豆荚杆与压紧面的接触位置以及上下半个豆荚杆的连接位置处，最终应力最大位置分布在连接位置，接触位置逐步达到稳定。

5) 局部压紧工况分析

由于豆荚杆在实际工作中根部为局部压紧状态，因此采用局部压紧方式获取豆荚杆的受力状态和所需要的压紧力，为工程设计提供参考。几何模型如图 10-45 所示。

压紧过程中的豆荚杆受力状态变化如图 10-46 所示，其中应力较大位置为接触面与压紧件的接触位置，压紧后的主要反作用力分量在与竖直压紧方向有一定偏差。

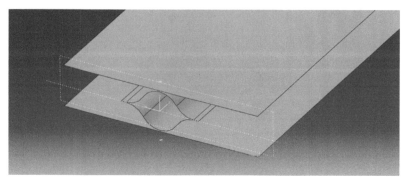

图 10-43　整体压紧工况模型

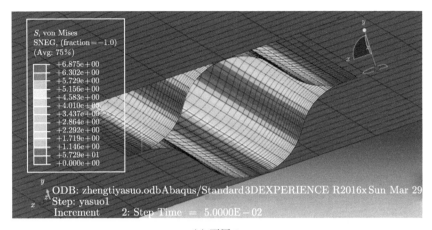

(a) 下压 1mm

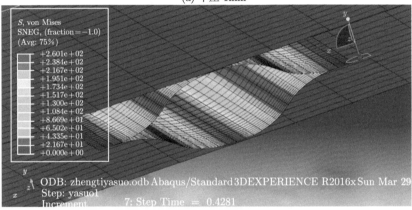

(b) 下压 10mm

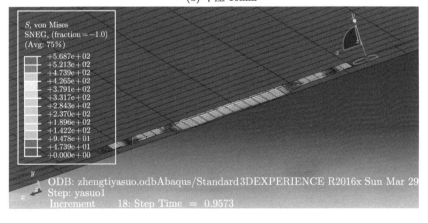

(c) 下压 19mm

图 10-44 整体压紧工况下豆荚杆应力分布云图

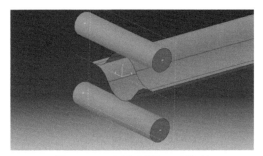

图 10-45　局部压紧工况模型

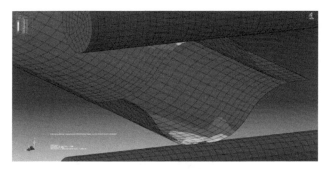

(a) 下压 2mm

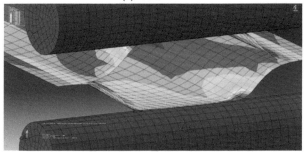

(b) 下压 10mm

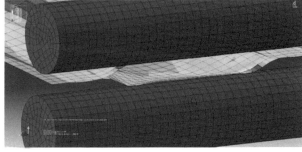

(c) 下压 16mm

图 10-46　局部压紧工况下豆荚杆应力分布云图

10.5.3.3 豆荚杆稳定性分析

豆荚杆属于大细长比结构，在工作条件下容易失稳产生屈曲问题，失去承载能力，影响航天器的正常工作，故对豆荚杆的稳定性问题进行研究具有非常实用的价值。本节首先运用有限元数值仿真软件对豆荚杆进行特征值屈曲分析，获得特征值 (线性) 临界屈曲载荷；然后对豆荚杆进行非线性屈曲分析，考虑几何非线性、材料非线性等因素获取所设计的豆荚杆的非线性临界屈曲载荷，用于指导工程设计。

1) 线性屈曲分析

基于 ABAQUS 有限元分析软件建立豆荚杆的屈曲分析模型，采用 S4R 薄壳单元。将豆荚杆模型一端固支 ($U_1 = U_2 = U_3 = UR_1 = UR_2 = UR_3 = 0$)，并将此端称为 BOTTOM 端，另一自由端称为 TOP 端。在 TOP 端截面几何中心点的 z 轴方向上加 0.01mm 处设置参考点 RP-1，在相互作用模块中，创建运动耦合约束，将 TOP 端截面与参考点绑定，使两者具有相同的自由度，这样可避免应力集中的发生，如图 10-47 所示。

图 10-47 豆荚杆端面多点约束

在参考点 RP-1 上施加轴向的压力，大小为 1N。豆荚杆的前 4 阶模态振型如图 10-48 所示，线性临界屈曲载荷为 82.135×1=82.135(N)。

2) 非线性屈曲分析

在求解非线性有限元问题中，牛顿–拉弗森法和弧长法是两类重要的方法。牛顿–拉弗森法只能跟踪位移载荷曲线的上升段，但无法跟踪极值点以后的位移–载荷路径，而弧长法可以全程跟踪位移–载荷路径。弧长法是结构非线性分析中数值计算最稳定、计算效率最高且最可靠的迭代控制方法之一，能够有效地分析结构非线性前后屈曲，以及进行屈曲路径跟踪。

3) 基于豆荚杆静力学分析模型，创建静态、弧长法分析步，打开几何非线性开关，将初始弧长增量设为 0.01，最小弧长增量设为 1×10^{-5}，最大弧长增量设为 1×10^{36}，最大增量步为 200，其他选项按默认处理。在场输出中选中应力 S、应变 Le、位移 U、作用力 RF 和 RM 等选项。

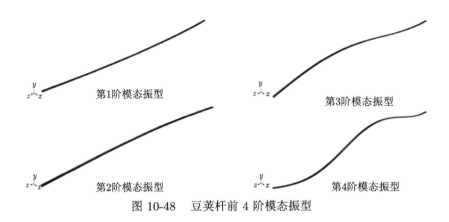

图 10-48　豆荚杆前 4 阶模态振型

删除原模型中的力载荷，并在参考点 RP-1 添加新的力载荷，为了使结构能够发生屈曲，所施加的力载荷应至少为线性临界屈曲载荷的 120%，故在此施加大小为 120N 的轴向压力。

为了防止豆荚杆的承压临界载荷研究中出现耦合，故在 TOP 端添加边界条件，令 $U_1 = U_2 = 0$。

提取 TOP 端一节点的 U3 位移数据。利用上述数据，则可得到豆荚杆 TOP 端的轴向位移与受压载荷之间的曲线，即位移–载荷曲线，如图 10-49 所示。

由图 10-49 可知,豆荚杆的非线性临界屈曲载荷为 19.93N,极限位移为 0.08014mm,理论临界屈曲载荷最大，线性临界屈曲载荷次之，非线性临界屈曲载荷最小。表 10-7 为三种分析方法的结果对比，以理论值为基准。该结果表明此分析方法是可靠的，理论值最大是因为忽略了屈曲时的截面变形；线性值介于理论值和非线

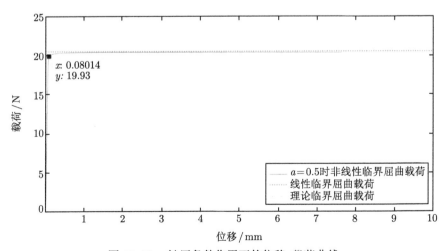

图 10-49　轴压条件作用下的位移–载荷曲线

性值之间是因为其考虑了截面变形，但是忽略了结构的初始几何缺陷；非线性值比较贴近实际情况。

表 10-7　轴压条件下三种分析方法结果对比

	理论值	线性值	非线性值
临界屈曲载荷/N	20.6	20.534	19.93
差异	0	-0.32%	-3.25%

10.6　本 章 小 结

随着航天技术的不断发展，太阳帆航天器作为一种新型的航天器必将发挥重要作用。目前，国外对太阳帆航天器相关技术的研究已进入实质性阶段。NASA、欧洲航天局、德国宇航中心、俄罗斯、日本等都已开展相关试验验证，取得了一定的进展，而国内相关研究还较少。

随着微电子等技术的迅速发展，太阳帆航天器已朝着更先进的方向发展。NASA、欧洲航天局等均在考虑使用轻质电荷耦合器件 (CCD) 摄像机、固体存储器、高性能处理器、微电子机械系统技术等，实现轻质化、智能化和小型化。

未来诸如外太阳系探测、太阳极地观测等任务需要研制性能更优良的太阳帆，这些任务的完成需要太阳帆有巨大的帆面，同时帆面和支撑结构材料的密度尽量小，以实现太阳帆结构的巨型化与轻质化。随着太阳帆材料技术的发展，国内外正在大力研制超轻 (面密度小于 $5g/m^2$)、高强度、高反射率帆面材料，并针对大面积薄膜的裁切、涂层、接合等工艺，发展相应的低成本技术。针对帆面薄膜结构，需发展多种技术手段增强其性能；采用纤维加强薄膜，显著提高材料的抗拉强度和可调节性；对薄膜采用激光减薄技术，去除多余厚度；对薄膜采用自动金属化技术，使金属在聚合物薄膜内扩散，可形成一个有反射性和导电性的层面，以解决常规镀膜易脱落及镀层易折断的问题；对薄膜应用挥发性技术，采用可光解的聚合物作衬底，使帆体的折卷填装和展开变得易于操作，且帆体展开后，在日光下衬底膜会彻底挥发而减小帆体质量。

太阳帆航天器控制系统的设计已成为 NASA 等重点关注的关键技术之一。太阳帆航天器在轨飞行控制将面临结构柔性、帆面材料性能退化等不确定因素的影响。因此，未来的控制系统需增强其自适应性和鲁棒性。

本章通过对国内外太阳帆航天器相关技术与成果的分析，对太阳帆航天器总体设计、薄膜和支撑结构设计与展开研究方面具有借鉴意义 [36-39]。然后，本研究团队提出了多功能薄膜航天器的新理念，在薄膜结构动力学建模与分析、支撑结构动力学建模与分析方面开展了深入研究，并取得了阶段性成果，为多功能薄膜航天器的工程实现提供了技术基础。

参 考 文 献

[1]   Saiki T, Tsuda Y, Funase R, et al. Attitude operation results of solar sail demonstrator IKAROS[J]. Transactions of the Japan Society for Aeronautical and Space Sciences, Aerospace Technology Japan, 2012, 10(ists28): To_4_1-To_4_6.

[2]   Sawada H, Shirasawa Y, Mori O, et al. On-orbit result and analysis of sail deployment of World's first solar power sail IKAROS[J]. The Journal of Space Technology and Science, 2013, 27(1): 54-68.

[3]   Sawada H, Team I D, Team I M S. S1903-1-4 A verification of the spread mechanism of solar power sail for IKAROS[C]. The Proceedings of the JSME Annual Meeting, 2009, 5: 277-278.

[4]   Johnson L, Whorton M, Heaton A, et al. NanoSail-D: a solar sail demonstration mission[J]. Acta Astronautica, 2011, 68(5-6): 571-575.

[5]   Spotts P. In a NASA first, NanoSail-D spacecraft to set sail on the sunlight[EB/OL]. [2011-01-20]. https://www.csmonitor.com/Science/2011/0120/In-a-NASA-first-Nano-Sail-D-spacecraft-to-set-sail-on-the-sunlight.

[6]   Whorton M, Heaton A, Pinson R, et al. Nanosail-D: the first flight demonstration of solar sails for nanosatellites[C]//22nd Annual AIAA/USU Conference on Small Satellites. 2008 (SSC08-X-1).

[7]   Betts B. Update on LightSail 2 a better and smarter project moves forward[J]. Planetary Report, 2016.

[8]   我国首次完成太阳帆在轨关键技术验证 [J]. 自动化博览, 2020, 第 37 卷 (1): 4.

[9]   沈阳自动化所在轨进行太阳帆关键技术试验取得成功 [J]. 军民两用技术与产品, 2020, (1): 68.

[10] 陈罗婧, 王沫, 吕秋杰, 等. 国外太阳帆薄膜材料选择及帆面展开方式研究进展 [J]. 空间电子技术, 2015, 12(3): 18-26.

[11] 左华平, 冯煜东, 王虎, 等. 太阳帆航天器研究进展及其关键技术分析 [J]. 真空科学与技术学报, 2016, 36(1): 117-124.

[12] 胡海岩. 太阳帆航天器的关键技术 [J]. 深空探测学报, 2016, 3(4): 334-344.

[13] Wang J T. Deployment simulation methods for ultra-lightweight inflatable structures[M]. National Aeronautics and Space Administration, Langley Research Center, 2003.

[14] Sleight D, Muheim D. Parametric studies of square solar sails using finite element analysis[C]//45th AIAA/ASME/ASCE/AHS/ASC Structures, Structural Dynamics & Materials Conference. 2004: 1509.

[15] 赵将, 刘铖, 田强, 等. 黏弹性薄膜太阳帆自旋展开动力学分析 [J]. 力学学报, 2013, 45(5): 746-754.

[16] 霍倩, 饶哲, 周春燕. 太阳帆航天器展开结构技术综述 [J]. 航天控制, 2013, 31(2): 94-99.

[17] Katan C. Nasa's next solar sail: lessons learned from nanosail-d2[C]//26th Annual AIAA/USU Conference on Small Satellites: Enhancing Global Awareness through Small Satellites. 2012 (M12-1762).

[18] Vulpetti G, Johnson L, Matloff G L, et al. The NanoSAIL-D2 NASA Mission[J]. Solar Sails: A Novel Approach to Interplanetary Travel, 2015: 173-178.

[19] 卫剑征, 谭惠丰, 马瑞强, 等. 充气式展开太阳帆结构动力学特性分析及展开试验 [C]. 2014 年可展开空间结构学术会议论文集. 西安, 2014: 36.

[20] Comer R L, Levy S. Deflections of an inflated circular-cylindrical cantilever beam. AIAA Journal, 1963, 1(7): 1652-1655.

[21] Campbell J, Smith S W, Main J A, et al. Staged microgravity deployment of a pressurizing scale-model spacecraft[J]. Journal of Spacecraft and Rockets, 2012, 41(4): 534-542.

[22] Fang H, Lou M, Huang J, et al. Inflatable structure for a three-meter reflectarray antenna[J]. Journal of Spacecraft and Rockets, 2004, 41(4): 543-550.

[23] Smalley K B, Tinker M L, Taylor W S. Structural modeling of a five-meter thin film inflatable antenna/concentrator[J]. Journal of Spacecraft and Rockets, 2003, 40(1): 27-29.

[24] 石卫华. 索杆式展开结构的设计与分析及骨架式膜结构研究. 杭州: 浙江大学, 2003.

[25] Banik J A, Murphey T W. Synchronous deployed solar sail subsystem design concept[J]. AIAA Journal, 2007.

[26] Patric Seefeldt, Peter Spietz, et al. Gossamer-1: Mission concept and technology for a controlled deployment of gossamer spacecraft[J]. Advances in Space Research, 2017, 59: 434–456.

[27] 房光强, 彭福军. 航天器可展开支撑杆的研制及其收拢展开特性研究 [J]. 材料工程, 2009, (S2): 157-160.

[28] Bai J, Xiong J. Temperature effect on buckling properties of ultra-thin-walled lenticular collapsible composite tube subjected to axial compression[J]. Chinese Journal of Aeronautics, 2014, (5): 6.

[29] 康雄建, 陈务军, 邱振宇, 等. 空间薄壁 CFRP 豆荚杆模态试验及分析 [J]. 振动与冲击, 2017, 36(15): 215-221.

[30] 丁峻宏, 咸奎成, 韩轩, 等. 空间豆荚杆机构收展过程的并行仿真计算 [J]. 宇航学报, 2011, 32(3): 676-682.

[31] Schuerch H U, MacNeal R. Deployable centrifugally stabilized structures for atmospheric entry from space[M]. National Aeronautics and Space Administration, 1964.

[32] Koryo M. Method of packaging and deployment of large membranes in space[J]. Institute of Space & Astronautical Science Report, 1980.

[33] Furuya H, Masuoka T. Concept of rotationally skew fold membrane for spinning solar sail[C]//55th International Astronautical Congress of the International Astronautical Federation, the International Academy of Astronautics, and the International Institute of Space Law. 2004: I. 1.05.

[34] 李东旭, 刘望, 吴军. 薄膜航天器: CN111547273B[P]. 2021-05-25.

[35] 刘望, 李东旭, 季浩然. 豆荚杆收纳与展开装置: CN201810566789.5[P]. 2019-10-1.

[36] 许睿. 一类薄膜结构的智能控制研究 [D]. 长沙: 国防科技大学, 2016.

[37] 姚志超. 透镜式管状空间伸展臂屈曲特性分析与性能改进研究 [D]. 长沙: 国防科技大学,
2021.

[38] 毛少川. 透镜式管状空间伸展臂双向弯曲收拢非线性力学特性研究 [D]. 长沙: 国防科技大
学, 2021.

[39] 余晔. 太阳帆航天器刚柔耦合非线性动力学建模与特性分析 [D]. 长沙: 国防科技大, 2022.

第 11 章　用于近地小天体防御的小卫星集群技术

11.1　引　　言

以防御小天体对地球碰撞为目标的近地小天体安全防御需要进行小天体轨道干预与偏转，目前主要的技术手段有动能撞击、核爆打击、引力牵引、表面烧蚀、质量投射、航天器助推、离子束偏移、绳系质量块等。除了动能撞击和核爆打击之外，其余的近地小天体轨道干预手段都需要任务航天器在近地小天体附近长期工作，或着陆到近地小天体上才能够发挥作用。

本章重点介绍本研究团队研究成果。本团队围绕近地小天体安全防御，开展了小天体弱引力场下的小卫星集群伴飞技术，小卫星集群多点附着方案研究等。

11.2　弱引力场下的小卫星集群伴飞技术

航天器在伴飞段会受到太阳引力、小天体引力和其他行星的引力作用。以 Eros 小天体为例，针对小天体形状不规则、自旋较快、引力场不规则等问题，分别建立了小天体球谐函数和多面体引力模型如图 11-1 所示。Eros 的物理属性见表 11-1。

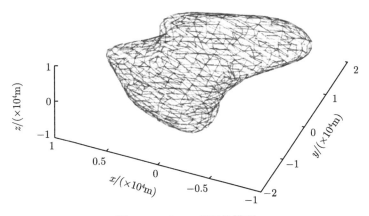

图 11-1　Eros 多面体模型

表 11-1　　Eros 小天体基本物理属性 [1]

a/m	b/m	c/m	密度/(g/m³)	自转周期/h
16000	500	250	2.67	5.2667

我们采用了 856 个顶点和 1708 个面的多面体模型对目标小天体 Eros 的引力场进行了仿真计算 [1]。

我们还采用了球谐函数表达的引力势能：

$$U = \frac{\mu_A}{r} \left\{ 1 + \left(\frac{a}{r}\right)^2 \left[\frac{1}{2} C_{20} \left(3\sin^2\varphi - 1\right) + 3C_{22} \cos^2\varphi \cos 2\theta \right] \right.$$
$$\left. + \left(\frac{a}{r}\right)^4 \left[\begin{array}{l} \frac{1}{8} C_{40} \left(35\sin^4\varphi - 30\sin^2\varphi + 3\right) + \frac{15}{2} \\ C_{42} \cos^2\varphi \left(7\sin^2\varphi - 1\right) \cos 2\theta + 105 \\ C_{44} \cos^2\varphi \cos 4\theta \end{array} \right] \right\} \quad (11\text{-}1)$$

其中，目标小天体 Eros 的 4 阶球谐函数模型见表 11-2。

表 11-2　　Eros 的 4 阶球谐函数的参数

C_{20}	C_{22}	C_{40}	C_{42}	C_{44}
-0.032478	0.0382538	4.1×10^{-3}	6.2×10^{-3}	5.1×10^{-3}

航天器在小天体附近的运动通常在小天体的本体坐标系下表示 [2]，如图 11-2 所示。该坐标系原点位于小天体质心，z 轴沿最大转动惯量方向，x 轴沿最小转动惯量方向，y 轴与 x 轴、z 轴形成右手系。坐标系随小天体一起自旋。

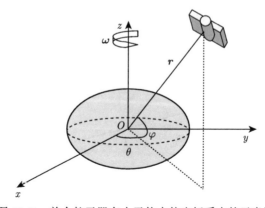

图 11-2　　单个航天器在小天体本体坐标系中的示意图

航天器在小天体本体坐标系下的动力学方程为

$$
\begin{cases}
\ddot{x} = \omega^2 x + 2\omega v_y + U_x + \dfrac{T_x}{m} \\[2mm]
\ddot{y} = \omega^2 y - 2\omega v_x + U_y + \dfrac{T_y}{m} \\[2mm]
\ddot{z} = U_z + \dfrac{T_z}{m} \\[2mm]
\dot{m} = -\dfrac{T}{I_{\mathrm{sp}} g_0}
\end{cases}
\tag{11-2}
$$

式中，x、y、z 为航天器相对于小天体质心的位置；v_x、v_y、v_z 是航天器的速度；ω 是小天体的旋转速度；m 是航天器的质量；I_{sp} 是航天器的比冲；g_0 是地球上海平面的重力加速度；U_x、U_y、U_z 分别是小天体引力势函数对 x、y、z 的偏导数。

方程 (11-2) 存在两个平衡点，对应限制性三体问题中经典的 L1 和 L2 点，平衡点的坐标可以表示为

$$
\left[\pm \left(\frac{\mu_A}{3\omega^2} \right)^{\frac{1}{3}}, 0, 0 \right]
\tag{11-3}
$$

考虑伴飞点为

$$
\boldsymbol{r}_0 = [x_0, 0, z_0]^{\mathrm{T}}
\tag{11-4}
$$

在伴飞点附近将动力学方程线性化，可以得到相对伴飞点的动力学方程 [3]：

$$
\boldsymbol{F}_g = \left. \frac{\partial U}{\partial \boldsymbol{r}} \right|_0 + \left[\left. \frac{\partial^2 U}{\partial \boldsymbol{r}^2} \right|_0 \right] (\boldsymbol{r} - \boldsymbol{r}_0)
\tag{11-5}
$$

写成标量的形式有

$$
\begin{bmatrix} \Delta\ddot{x} \\ \Delta\ddot{y} \\ \Delta\ddot{z} \end{bmatrix}
- \begin{bmatrix} 0 & 2\omega & 0 \\ -2\omega & 0 & 0 \\ 0 & 0 & 0 \end{bmatrix}
\begin{bmatrix} \Delta\dot{x} \\ \Delta\dot{y} \\ \Delta z \end{bmatrix}
- \left(\begin{bmatrix} \omega^2 & 0 & 0 \\ 0 & \omega^2 & 0 \\ 0 & 0 & 0 \end{bmatrix} + \left[\left. \frac{\partial^2 U}{\partial \boldsymbol{r}^2} \right|_0 \right] \right)
\begin{bmatrix} \Delta x \\ \Delta y \\ \Delta z \end{bmatrix}
$$
$$
= \boldsymbol{F}_{\mathrm{c}}
\tag{11-6}
$$

其中，$\boldsymbol{F}_{\mathrm{c}}$ 为控制加速度。

$$
\left[\left. \frac{\partial^2 U}{\partial \boldsymbol{r}^2} \right|_0 \right] = \mu_A
\begin{bmatrix}
-\dfrac{1}{r_0^3} + \dfrac{3x_0^2}{r_0^5} & 0 & \dfrac{3x_0 z_0}{r_0^5} \\[3mm]
0 & -\dfrac{1}{r_0^3} & 0 \\[3mm]
\dfrac{3x_0 z_0}{r_0^5} & 0 & -\dfrac{1}{r_0^3} + \dfrac{3z_0^2}{r_0^5}
\end{bmatrix}
\tag{11-7}
$$

采用滑模控制方法控制航天器稳定伴飞小天体，选取滑动变量[4]

$$\boldsymbol{s} = -c_1 (\boldsymbol{r} - \boldsymbol{r}_0) + k\boldsymbol{v} \tag{11-8}$$

滑模指数趋近律的表达形式为

$$\dot{s} = -\varepsilon \operatorname{sgn}(s) - s \tag{11-9}$$

代入动力学方程得到滑模控制加速度方向

$$\begin{bmatrix} u_x \\ u_y \\ u_z \end{bmatrix} = \begin{bmatrix} s_x \\ s_y \\ s_z \end{bmatrix} + 2\omega \begin{bmatrix} -v_y \\ v_x \\ 0 \end{bmatrix} - \omega^2 \begin{bmatrix} \Delta x \\ \Delta y \\ 0 \end{bmatrix} - \begin{bmatrix} U_{xx} \\ U_{yy} \\ U_{zz} \end{bmatrix} \begin{bmatrix} \Delta x \\ \Delta y \\ \Delta z \end{bmatrix} \tag{11-10}$$

假设航天器推力器的推力大小为常值，故实际的推力为

$$\boldsymbol{T} = \begin{bmatrix} T_x \\ T_y \\ T_z \end{bmatrix} = \frac{T_{\max}}{\|\boldsymbol{u}\|} \begin{bmatrix} u_x \\ u_y \\ u_z \end{bmatrix} \tag{11-11}$$

太阳帆推进与电推进组合推进方式，太阳帆的法向可简单近似成推力方向

$$\boldsymbol{n} = \frac{1}{\|\boldsymbol{u}\|} \boldsymbol{u} \tag{11-12}$$

假设伴飞点为 $\boldsymbol{r}_0 = [90000, 0, 1000]^{\mathrm{T}}$，控制航天器悬停在 Eros 的上方，航天器质量为与 Eros 交会后的末质量 758.86kg，电推进推力大小仍为 0.3N，比冲仍为 4000s，控制间隔为 2min。通过仿真得到，航天器伴飞 Eros 10 天的相对运动如图 11-3 所示，10 天后航天器质量为 752.2468kg。

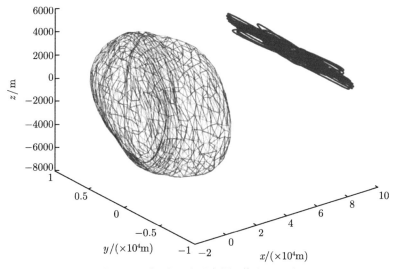

图 11-3　相对运动示意图 (伴飞 10 天)

伴飞 10 天航天器 x、y、z 三个方向的推力大小及方向如图 11-4 所示。

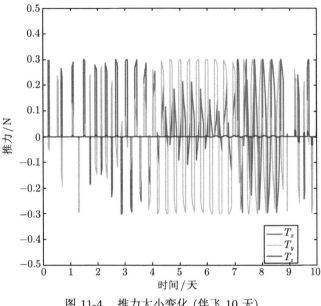

图 11-4　推力大小变化 (伴飞 10 天)

伴飞 10 天推力器的开关状态如图 11-5 所示。

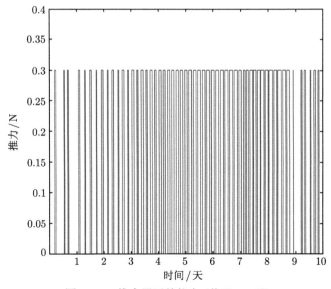

图 11-5　推力器开关状态 (伴飞 10 天)

伴飞 10 天太阳帆时钟角如图 11-6 所示。

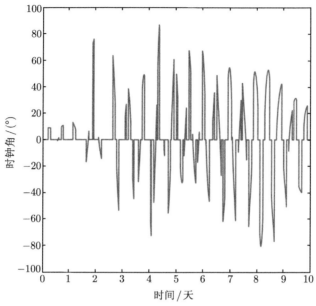

图 11-6　太阳帆时钟角变化 (伴飞 10 天)

10 天内航天器相对小天体质心的距离变化如图 11-7 所示。

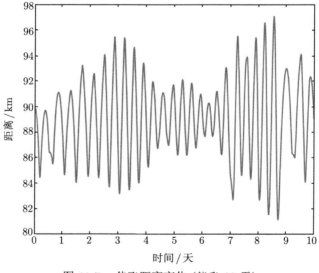

图 11-7　伴飞距离变化 (伴飞 10 天)

在某些情况下，航天器对小天体需开展长时间伴飞探测，以获取更多的信息。本团队开展了针对伴飞 60 天的控制研究。仿真条件与伴飞 10 天一致，伴飞 60 天后航天器质量为 705.4220kg。其相对运动状态如图 11-8 所示。

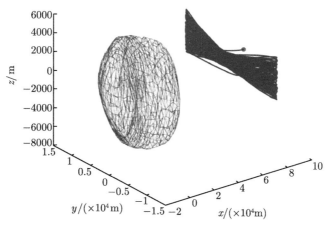

图 11-8　相对运动示意图 (伴飞 60 天)

伴飞 60 天航天器 x、y、z 三个方向的推力大小及方向如图 11-9 所示。

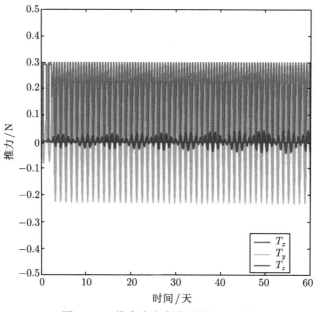

图 11-9　推力大小变化 (伴飞 60 天)

伴飞 60 天推力器的开关状态如图 11-10 所示。

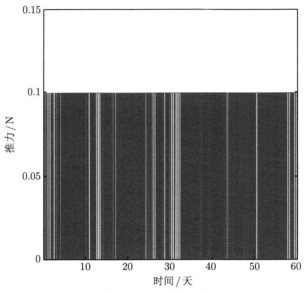

图 11-10　推力器开关状态 (伴飞 60 天)

伴飞 60 天太阳帆时钟角如图 11-11 所示。

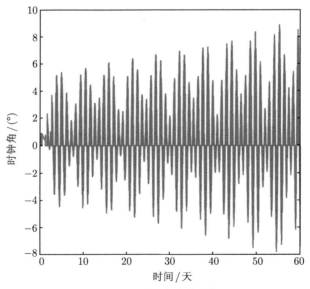

图 11-11　太阳帆时钟角变化 (伴飞 60 天)

60 天内航天器相对小天体质心的距离变化如图 11-12 所示。

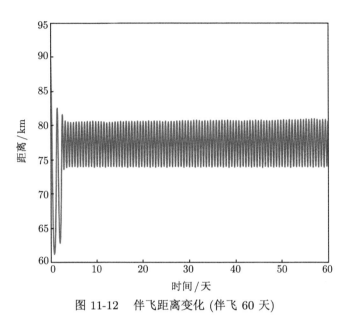

图 11-12 伴飞距离变化 (伴飞 60 天)

11.3 小卫星集群多点附着方案

针对小天体操控难度大、控制效果难以保证等问题,我们提出了小卫星附着小天体的优化控制方法,该方法基于凸优化理论,进行了非线性引力的分步迭代线性化,并通过引入松弛变量对非凸的推力幅值约束进行凸化。凸化后的问题可以快速求解,利于附着过程中在子航天器或母航天器上在线计算附着轨迹,实现了小卫星自主附着。

航天器相对小天体的运动仍在本体坐标系描述。小天体引力采用 4 阶球谐函数建模。

$$
\begin{cases}
\ddot{x} = \omega^2 x + 2\omega v_y + U_x + \dfrac{T_x}{m} + f_x \\[2mm]
\ddot{y} = \omega^2 y - 2\omega v_x + U_y + \dfrac{T_y}{m} + f_y \\[2mm]
\ddot{z} = U_z + \dfrac{T_z}{m} + f_z \\[2mm]
\dot{m} = -\dfrac{T}{I_{\mathrm{sp}} g_0}
\end{cases}
\tag{11-13}
$$

其中, 推力大小受到约束:

$$T_{\min} \leqslant \sqrt{T_x^2 + T_y^2 + T_z^2} \leqslant T_{\max} \tag{11-14}$$

引入松弛变量 $T_m = \|\boldsymbol{T}\|$, 将原问题凸化, 引入新变量 $q = \ln(m)$ 将问题解耦。可得

$$\begin{aligned} a_m &= T_m/m \\ \boldsymbol{a} &= \boldsymbol{T}/m \end{aligned} \tag{11-15}$$

故新变量 q 的导数和约束可写成

$$\begin{gathered} \dot{q} = -\frac{a_m}{I_{\mathrm{sp}} g_0} \\ T_{\min}\mathrm{e}^{-q} \leqslant a_m \leqslant T_{\max}\mathrm{e}^{-q} \end{gathered} \tag{11-16}$$

代入动力学方程中, 得到以燃料最优为优化目标的优化问题:

$$\begin{aligned} \min \quad & J = -q\left(t_{\mathrm{f}}\right) \\ \mathrm{s.t.} \quad & \begin{cases} \dot{\boldsymbol{r}} = \boldsymbol{v} \\ \dot{\boldsymbol{v}} = \boldsymbol{a} - 2\boldsymbol{\omega} \times \boldsymbol{v} - \boldsymbol{\omega} \times (\boldsymbol{\omega} \times \boldsymbol{r}) - \nabla U(\boldsymbol{r}) \\ \dot{q} = -\dfrac{a_{\mathrm{m}}}{I_{\mathrm{sp}} g_0} \\ \|\boldsymbol{a}\| \leqslant a_{\mathrm{m}} \\ T_{\min}\mathrm{e}^{-q_0}\left[1 - (q - q_0) + 0.5\left(q - q_0\right)^2\right] \leqslant a_{\mathrm{m}} \\ a_m \leqslant T_{\max}\mathrm{e}^{-q_0}\left[1 - (q - q_0)\right] \\ q > \ln\left(m_{\mathrm{dry}}\right) \\ \boldsymbol{r}\left(t_0\right) = \boldsymbol{r}_0, \quad \boldsymbol{v}\left(t_0\right) = \boldsymbol{v}_0, \quad q\left(t_0\right) = \ln\left(m_0\right) \\ \boldsymbol{r}\left(t_{\mathrm{f}}\right) = \boldsymbol{r}_{\mathrm{f}}, \quad \boldsymbol{v}\left(t_{\mathrm{f}}\right) = \boldsymbol{v}_{\mathrm{f}} \\ t_{\mathrm{f}} \text{ 给定} \end{cases} \end{aligned} \tag{11-17}$$

采用迭代求解的思路, 基于梯形公式利用前一次求解的结果计算当前时刻的引力加速度。即

$$\begin{aligned} \boldsymbol{x}_j = {}&\left[\boldsymbol{I} - 0.5\mathrm{d}t\left(\boldsymbol{A} + \boldsymbol{\delta}_j\right)\right]^{-1}\left[\boldsymbol{I} + 0.5\mathrm{d}t\left(\boldsymbol{A} + \boldsymbol{\delta}_{j-1}\right)\boldsymbol{x}_j\right. \\ &\left. + 0.5\mathrm{d}t\left(\boldsymbol{B}_j \boldsymbol{u}_j + \boldsymbol{B}_{j-1}\boldsymbol{u}_{j-1} + \boldsymbol{C}_j + \boldsymbol{C}_{j-1}\right)\right] \end{aligned} \tag{11-18}$$

其中，

$$\boldsymbol{x} = \begin{bmatrix} \boldsymbol{r} & \boldsymbol{v} & q \end{bmatrix}^{\mathrm{T}}, \quad \boldsymbol{u} = \begin{bmatrix} \boldsymbol{a} & a_{\mathrm{m}} \end{bmatrix}^{\mathrm{T}}$$

$$\begin{cases} \boldsymbol{A} = \begin{bmatrix} 0 & 0 & 0 & 1 & 0 & 0 & 0 \\ 0 & 0 & 0 & 0 & 1 & 0 & 0 \\ 0 & 0 & 0 & 0 & 0 & 1 & 0 \\ \omega^2 & 0 & 0 & 0 & 2\omega & 0 & 0 \\ 0 & \omega^2 & 0 & -2\omega & 0 & 0 & 0 \\ 0 & 0 & 0 & 0 & 0 & 0 & 0 \\ 0 & 0 & 0 & 0 & 0 & 0 & 0 \end{bmatrix}, \quad \boldsymbol{B} = \begin{bmatrix} 0 & 0 & 0 & 0 \\ 0 & 0 & 0 & 0 \\ 0 & 0 & 0 & 0 \\ 1 & 0 & 0 & 0 \\ 0 & 1 & 0 & 0 \\ 0 & 0 & 1 & 0 \\ 0 & 0 & 0 & -\dfrac{1}{I_{\mathrm{sp}}g_0} \end{bmatrix} \\[2mm] \boldsymbol{\delta} = \begin{bmatrix} 0_{3\times3} & 0_{3\times4} \\ \nabla^2 U(\boldsymbol{r}) & 0_{3\times4} \end{bmatrix}, \quad \boldsymbol{C} = \begin{bmatrix} 0_{1\times3} & g(\boldsymbol{r}) - \nabla^2 g(\boldsymbol{r}) \boldsymbol{r}^{\mathrm{T}} & 0 \end{bmatrix}^{\mathrm{T}} \end{cases}$$

$$(11\text{-}19)$$

综上，原问题转换成了经典的凸优化问题，求解简单快速。

我们对附着目标小天体 Eros 进行了仿真，仿真结果如图 11-13 所示。若 100kg 的子航天器采用 500s 的附着时间从 [5200,1000,10500]m 的位置附着到 Eros 表面上一点 [6038,753.7,5571]m，采用推力幅值为 5～20N，比冲 355s 的推力器，消耗推进剂 1.25kg。

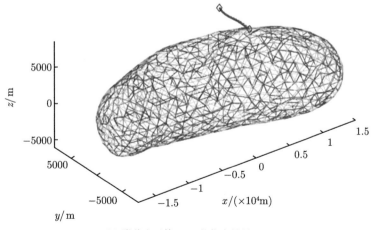

(a) 附着小天体 Eros 的仿真结果

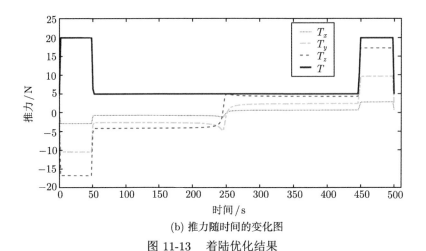

(b) 推力随时间的变化图

图 11-13　着陆优化结果

将单点附着拓展到多点附着方案，需考虑航天器的碰撞规避问题。因此，原凸优化问题需增加约束，即

$$\begin{cases} \boldsymbol{x}_1 = \begin{bmatrix} \boldsymbol{r}_1 & \boldsymbol{v}_1 & \boldsymbol{q}_1 \end{bmatrix}^{\mathrm{T}}, & \boldsymbol{x}_2 = \begin{bmatrix} \boldsymbol{r}_2 & \boldsymbol{v}_2 & \boldsymbol{q}_2 \end{bmatrix}^{\mathrm{T}} \\ \|\boldsymbol{r}_2 - \boldsymbol{r}_1\| \geqslant d_{\min} \end{cases} \tag{11-20}$$

两个航天器同时附着方案示意图如图 11-14 所示。

假设一个 100kg 的子航天器 1 采用 500s 的附着时间从 [5200,1000,10500]m 的位置附着到 Eros 表面上一点 [6038, 753.7, 5571]m (图 11-15)。另一个 100kg 的子航天器 2 采用 500s 的附着时间从伴飞悬停点正下方 $\boldsymbol{r}_0 = [9000, 0, 1000]^{\mathrm{T}}$m 的位置附着到 Eros 表面上一点 $\boldsymbol{r}_{\mathrm{f}} = [8335, -316.7, 5664]^{\mathrm{T}}$m (图 11-16)。两个航天器均采用推力幅值为 5~15N，比冲 355s 的推力器。

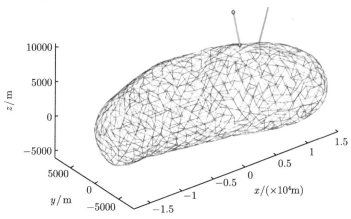

图 11-14　两个航天器同时附着方案示意图

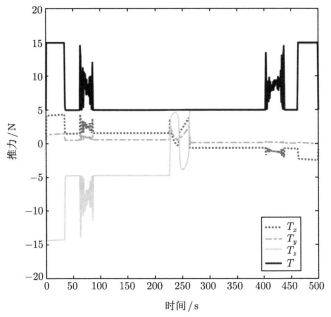

图 11-15　子航天器 1 推力变化

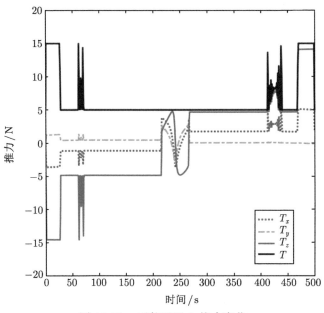

图 11-16　子航天器 2 推力变化

11.4 本 章 小 结

随着科学技术的发展，以美国、欧盟为首的航天大国已经将现代小卫星技术列为航天技术发展的重点领域之一。另一方面，多颗小卫星协同工作完成复杂太空探索任务已成为当今国际航天领域的一个研究热点。航天器集群的应用与开发必将成为未来国际太空发展的战略重点。利用卫星集群实现近地小天体的轨道干预亦是未来工程实现的重点方向之一。

本研究团队围绕航天器集群系统的小天体轨道干预与偏转目标，开展了小天体弱引力场下的小卫星集群伴飞技术，建立了小天体球谐函数和多面体引力模型。提出了基于凸优化的小天体附着优化控制方法。以爱神星 Eros 为例，对航天器附着方案开展了仿真分析，为将来弱引力环境下的小卫星集群伴飞与多点附着的工程实现提供了理论基础。

参 考 文 献

[1] 李俊峰, 曾祥远. 不规则小行星引力场内的飞行动力学 [J]. 力学进展, 2017, 47(1): 429-451.

[2] 杨洪伟. 小行星附近制导与控制研究综述 [J]. 深空探测学报, 2019, 6(2): 179-188.

[3] Scheeres D J. Orbit mechanics about asteroids and comets[J]. Journal of Guidance, Control, and Dynamics, 2012, 35(3): 987-997.

[4] Furfaro R. Hovering in asteroid dynamical environments using higher-order sliding control[J]. Journal of Guidance, Control, and Dynamics, 2015, 38(2): 263-279.

第 12 章 展望未来

12.1 未来可能的各种任务

近地小天体防御是人类发展到当前阶段，保卫地球家园、实现可持续发展所必须面对的挑战；同时近地小天体中蕴藏的水资源、金属和矿产资源具有极大的潜在开发价值，近地小天体资源利用是人类向前进步千载难逢的机遇 (图 12-1)。

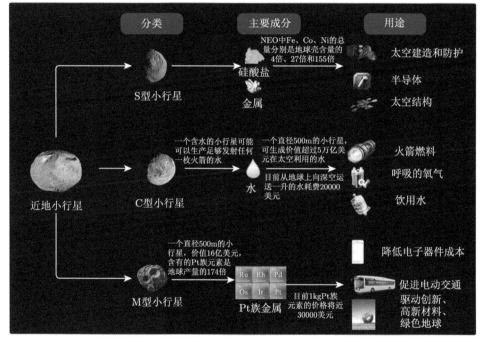

图 12-1 近地小天体蕴含的太空资源

构建近地小天体灾害预警体系、开展近地小天体资源勘探利用，需要多学科知识及高新技术等作为支撑。设计高效可重复新型航天器，建立多手段多尺度协同观测体系，开展包含自主定位/导航/感知/作业等人工智能技术研究是进行小天体防御与利用的关键，也是进一步形成天基深空探测网的重要基础。

小天体防御与利用的相关任务将会逐步增加，新型的探测模式、探测手段和方法将会不断涌现。针对小天体灾害防御，未来可能会大量展开基于异构航天器同步实现小天体撞击与绕飞的协同任务，通过绕飞航天器的观测和感知，实时修正撞击航天器的速度、姿态等碰撞输入，实现小天体干预的精准化并提高效能；与此同时，根据绕飞和接触小天体获取的相关数据，地面的平行系统将被构建，为人类认知小天体的潜在威胁和宇宙科学的发展贡献力量[1]。对于小天体的勘探利用，未来可能会不断涌现生物再生生命保障系统。人与智能机器人协同作业的模式将会是今后长时间内的主要探索方式。未来的研究需注重新型航天器的设计、人工智能技术的应用和多学科的交叉融合，促进小天体防御与利用体系的发展。

12.2　新型航天器发展设想与展望

一般而言，小天体防御与利用任务航时长、速度增量变化大，传统航天器需要携带大量工质，难以适应这样的深空任务。采用太阳光压推进的薄膜太阳帆航天器，或利用太阳能发电的桁架式全电推航天器等，将克服传统航天器的不足，有望成为小天体防御与利用任务的主要探测器。

12.2.1　太阳帆航天器面临的主要难题

目前，太阳帆航天器领域的理论研究和关键技术探索主要集中在以下六个方面：① 主体构型设计与材料选择，② 大面积薄膜制备技术，③ 功能集成设计，④ 地面仿真分析技术，⑤ 空间展开技术，⑥ 组合推进技术。

1) 主体构型设计与材料选择

A. 构型设计

薄膜航天器太阳帆构型与尺寸的选择主要取决于实际工程任务需要，如太阳帆所需的特征加速度大小等，还需要考虑任务本身的成本和风险。迄今为止，太阳帆主要的构型为方形、圆盘形和螺旋桨形等，如图 12-2 所示。目前太阳帆研究的重点集中于方形构型，诸多空间任务都应用此种太阳帆构型。方形构型太阳帆具有更好的可操控性，能够在行星逃逸过程中为航天器提供很大的转弯速度。方形太阳帆主要由四根支撑杆、四块帆面、展开机构以及其他载荷机构等组成，其中支撑杆为结构提供刚度，使帆面保持平整。

B. 材料选择

太阳帆薄膜结构的材料选择主要针对太阳帆支撑杆和太阳帆薄膜两个部分。材料选择的总体目标是使太阳帆结构质量尽可能轻，以最大程度地提升太阳帆的推进性能，这就要求在满足太阳帆的机械物理性能及空间环境要求的前提下，采用更小密度的材料。为使太阳帆在有较大的支撑刚度和强度条件下，同时满足轻质量要求，太阳帆支撑杆常采用以碳纤维材料为代表的先进复合材料和纤维材料。

(a) "宇宙一号"太阳帆　　　　(b) IKAROS号太阳帆　　　　(c) JAXA未来太阳帆

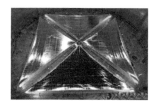

(d) NanoSail-D太阳帆　　　(e) LightSail-D太阳帆　　　(f) Sunjammer太阳帆

图 12-2　各类型太阳帆结构

2) 大面积薄膜制备技术

太阳帆面积巨大，难以直接生产，为实现不同结构大面积帆面制造，所用帆面材料需要有良好的拼接性能和较高的断裂强度。目前，制备太阳帆薄膜的材料主要是镀铝的聚酰亚胺或聚酯薄膜。聚酰亚胺具有刚硬、超轻、制作工艺相对简单、折叠包装体积小等优点，是超轻空间结构应用中备受青睐的良好材料。

目前，JAXA 和 NASA 在大面积薄膜制备技术方面取得了较大进展，所制备的聚酰亚胺薄膜和无色透明聚酰亚胺薄膜不仅具有较好的空间环境稳定性，还具有良好的加工性能。为了进一步提高太阳帆的反光效率，获得更大的光压推进，一般还需要对太阳帆进行镀层，镀铝是目前普遍采用的选择，如日本的 IKAROS。此外，还应对薄膜进行工艺加强，防止折叠褶皱引起的破损等。

3) 功能集成设计

为了进一步减小太阳帆的质量，除研制超轻、高强度帆面材料及支撑杆材料之外，还需要重点考虑如何提高太阳帆的集成度，进行太阳帆功能集成设计，以大幅度减小太阳帆质量。

例如，在太阳帆帆面上集成薄膜太阳能电池，为航天器提供能源，极大地减小航天器上能源系统的质量；在太阳帆帆面上集成变反射率器件，如 IKAROS 航天器，通过调节反射率，从而产生扭矩，实现太阳帆的姿态调控，不但极大地简化了太阳帆的姿态控制约束，而且减小了太阳帆的质量，提高了可靠性。

4) 地面仿真分析技术

薄膜太阳帆航天器尺寸较大，对其进行地面试验验证极其困难，亟须发展地面数值仿真技术，为太阳帆结构开发有效的有限元分析模型。目前，JAXA 和 NASA 在地面数值仿真技术方面已经有了一定研究。JAXA 的学者采用多点模型对 IKAROS 航天器进行了全面的动力学分析。NASA 投资研发了一款"太阳帆仿真软件" S5，主要用于太阳帆任务设计和分析。S5 由多个单元构成，能够辅助并开展太阳帆任务相关的研究，该软件由多家组织机构共同参与研发，并于 2006 年完成。

当对太阳帆航天器进行功能集成设计后，太阳帆的结构将会更加复杂。在应用于工程实际时，还需考虑到各种功能性薄膜和其他结构/机构对太阳帆帆面的影响。

5) 空间展开技术

太阳帆面的展开方式主要分为利用支撑杆牵引帆面展开和利用离心力自旋展开帆面两大类。其中利用支撑杆牵引帆面展开根据驱动方式的不同又可分为充气展开结构、机械展开结构、弹性展开结构。充气展开结构是被广泛应用的大型可展开结构之一，当结构展开以后会自动进行钢化处理，来增强其承载能力。美国、日本、中国均研发了独具特色的充气展开结构。充气展开结构普遍具有质量轻、强度高、刚度高、易于收纳与展开等优点。

机械展开结构主要由电机驱动，带动太阳帆薄膜折叠与展开，由于机械展开结构较为复杂，在太阳帆航天器中应用较少。

"豆荚杆"是一种典型的弹性展开机构，是由两个"Ω"形状的结构在边界连接而成的薄壁管，横截面为中空的透镜状。通常情况下先利用一定的复合材料成型方法制备半豆荚杆，再沿半豆荚杆的两翼边缘通过胶接或固化等方式制成完整的豆荚杆产品。在航天器发射前，需先将弹性展开结构收纳在固定狭小的空间中，待航天器进入太空预定轨道时，释放弹性展开结构，其利用自身存储的弹性势能缓慢平稳地从容器中展出，待弹性展开机构完全展开后，启动电机驱动帆索，帆索绕过支撑结构外端的滑轮，将太阳帆薄膜从压缩状态缓慢平稳地拉出，直至太阳帆面张紧到工作状态。

相对于控制难度较大的支撑杆展开方式，利用离心力旋转展开帆面具有很多优越性，可提供结构面内刚度、可采用轻质柔性材料制成、控制方法相对简单、控制相对稳定、控制速度可自动调节，能够适用于多类任务等。

自旋展开结构的原理为利用太阳帆航天器自旋产生的离心力将折叠状态的薄膜展开至张紧状态。这种结构能够利用自旋离心力维持太阳帆薄膜的张紧状态，无需其他的支撑结构，使航天器更加轻量化；展开过程容易控制，可操作性强；可以极大地缩小航天器的收缩面积和收缩体积。但是对于展开过程的技术要求非常高。表 12-1 为自旋展开方式与支撑杆展开方式的对比。另外，无论任何一种展开方式，都对帆面在发射前的折叠方式提出了不可回避的挑战，这将直接影响到太阳帆能否在轨安全展开并成功应用。这是一个比较复杂的折叠动力学问题，读者可参见其他相关文献和资料。

表 12-1　两类展开方式对比

类型	自旋展开方式	支撑杆展开方式
质量面积比	较小	较大
姿态动力学	较复杂	较简单
姿态控制	消耗能源较多，较安全	消耗燃料较少，控制难度大
展开难度	已实现在轨展开	未实现在轨展开
扰动扭矩	可由自旋来平衡	展开过程控制难度较大

6) 组合推进技术

太阳帆航天器在长期飞行过程中，有时处于阴影区无法利用太阳光压，有时光压驱动力的量级与扰动量级相当，此时就需要辅助的推进方式作为补充。因此，需开展组合推进技术的研究。

低能耗、高比冲的离子推进技术非常契合这一需求。离子推进技术具有以下三大优势：一是能够大幅减少航天器的燃料携带量；二是能够延长推进系统和航天器的寿命；三是能够在小推力条件下长时间航行，推进系统引起的振动小，控制精度高。离子推进系统具有显著大于化学推进的比冲性能，在深空探测方面具有较大优势。开展离子推进技术研究，对组合推进技术的发展，对拓展可执行任务范围、保障航天器各项任务的成功完成，具有重大意义。

研究多模式组合推进技术需要针对脉冲感应、霍尔推进、电喷雾推进等离子推进技术进行理论建模，对各推进技术的有效载荷分数进行求解，得到在不同工质利用率下的最佳有效载荷分数，考虑各推进系统的参数影响，建立适合于航天器的推进理论。

12.2.2　其他新型航天器发展建议及主要关键技术

近地小天体防御与利用体系的构建、运转成本与经济效益主要取决于航天器在地球与近地小天体间往返的成本与效率。实现航天器在地球与近地小天体间的低成本、高效往返，是近地小天体防御与利用需要解决的首要问题。

本研究团队提出了一种新型多功能薄膜航天器，其概念图如图 12-3 所示。在本书第 10 章中，比较详细地介绍了相关研究情况和一些阶段性成果 (概念图及总体方案等已获国家授权专利保护)。发展该新型航天器，亟须突破的关键技术主要包括：大面积轻质飞行器总体设计、大型超柔薄膜结构多功能一体化设计、大型多功能薄膜结构在轨自主展开、轻质大型结构在轨智能组装等。

图 12-3   新型薄膜航天器概念图

本研究团队提出的另一种新概念航天器是：桁架式全电推航天器，其概念图如图 12-4 所示。随着高强度材料、可展开结构等基础领域科学的发展，具有轻质、可展开、在轨可组装、高载荷比等特点的桁架式航天器，也可能成为未来一个发展方向。关于我们所提出的全电推概念和相关技术发展情况，以及一些阶段性研究成果，可参见本书第 7 章。(该新型航天器的概念图及总体方案等已获国家授权专利保护)。

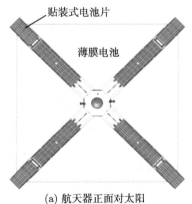

(a) 航天器正面对太阳   (b) 航天器背面多功能桁架结构

图 12-4   新型桁架式全电推航天器概念图

采用新型高性能材料，降低整体结构质量，可显著减小发射质量，降低发射成本。充分利用太阳能源，制定电推进、离子推进等多模式组合推进方案，并考虑结构与功能的一体化设计，将提高航天器的载荷承载能力及推进效率等，对近地小天体防御与利用体系的工程实现具有重要的推动作用。

12.3 近地空间协同观测体系构想

随着近地小天体防御与利用任务的逐渐开展，现有的近地空间探测体系难以支撑，需要建立能满足近地空间内远距离监察观测、航天器实时通信、近距离抵近观测的新型天基监察通信协同观测体系。

协同观测体系主要分为远距离监察观测、航天器实时通信与近距离抵近观测三部分，远距离监察观测主要用于发现、跟踪小天体位置，识别小天体类型、并进一步评估其对地球的威胁，分析其大致构成，根据一定筛选原则判断其是否为近地资源小行星。目前我国的远距离观测以地基观测为主，天基观测为辅，在进行地基观测时，小天体反射光进入大气层后发生抖动，观测精度较低，并且受太阳光照条件限制，不具备全天域观测条件，局限性较大。为提高我国近地空间远距离观测能力，未来亟须加强天基观测方面技术，提升观测精度，实现对全天域小天体的均匀监测预警，并进一步发展多种观测手段，提高小天体轨道预测精度。

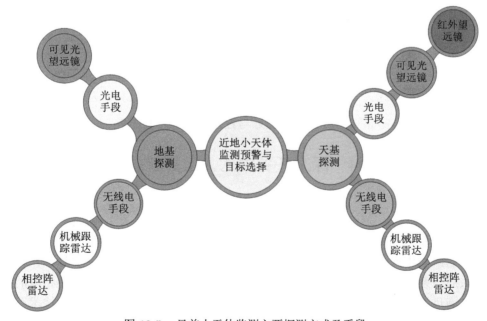

图 12-5 目前小天体监测主要探测方式及手段

航天器实时通信主要用于即时反馈航天器观测结果获取地面支持，加强姿态轨道与结构深度耦合控制，提高各类航天任务的鲁棒性和航天器轨道机动的灵活性，有助于星际转移轨道设计。航天器实时通信技术同时可与自主识别、导航技术相结合，多角度确认目标小天体信息，有助于完成各类航天任务。

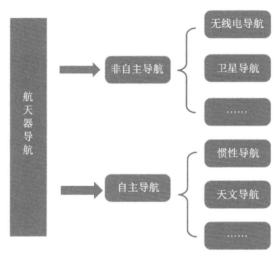

图 12-6   航天器主要导航方式

近距离抵近观测主要用于航天器对目标小天体信息的获取，帮助地面掌握小天体质量、形状、构成等信息。目前小天体探测任务中的抵近观测过程仍需地面的长期支持。为实现未来近地空间小天体即时预警防御与大规模开采利用，需进一步提高航天器对目标小天体的精准绕飞、快速抵近能力。抵近观测系统还需与人工智能技术相结合，提升航天器对小天体表面特征的智能感知能力，发展航天器的自主空间态势感知、自主任务规划与任务轨道设计技术等。

12.4   深空任务中的人工智能技术

未来的深空任务将以科学探测与资源利用开发为主体，这是探测能力提升到一定水平后对探测范围和开发能力的深度拓展，是人类与众多智能装备协同开展的长期、复杂的大规模行星表面探测活动的必然趋势[2]。面对深空探测任务中环境非结构化且不确定、探测距离远且飞行时间长、通信延迟大、信息不完备等带来的一系列难题与挑战，人工智能技术可使深空探测系统具备与人类相似的能力，满足信息不完全、环境不确定、高动态的复杂任务需要。人工智能技术在空天工程中的应用将带来革命性的提升，研究发展智能空天系统是时代发展的必然趋势[3]。

针对深空任务特点和实际需求，应用人工智能技术不仅要考虑在该应用方向上是否需要具备自主能力，还要考虑应用人工智能技术带来的自主能力提升所面临的资源消耗代价和整体评估。人工智能技术在未来空天工程中应用的内涵应是："在任务规模、测控、能源等器上资源受限的条件下，采用人工智能技术使探测器具备一定的学习能力和推理能力，在陌生、未知的不确定环境中实现或提升局部自主功能[3]。"

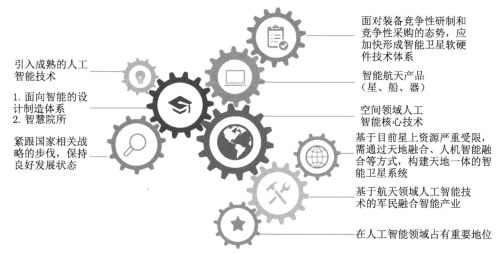

图 12-7　人工智能技术在空天领域的发展

结合近地小行星防御与利用技术路线体系的梳理与分析，潜在应用人工智能技术的应用场景主要集中于以下 4 个方向：

1) 探测器自身状态感知和管理

探测器自身状态感知和管理主要需要利用人工智能技术开展状态管理，能源系统分级控制，器载实时故障诊断、隔离和恢复以及集成的探测器健康管理系统等。

2) 智能感知与信息融合

深空环境复杂，条件多变，具有很强的非结构化特性，且人类对其认知有限，使得探测过程存在极大的不确定性；同时受到天地远距离通信时延影响地面干预及时性差，需要针对作业任务要求研究智能感知与信息融合技术。主要包含非结构化环境下的适应性感知、探测过程的成长性感知以及面向不同任务的认知性感知。

3) 智能规划与决策控制

由于深空环境复杂多变，与地面通信延时大，地面无法全程实时掌握探测器运行状态，许多复杂任务过程 (多目标复杂飞行任务规划、精确着陆任务规划等) 无法按照地面规划执行，需要探测器根据当前状态和目标任务做出实时的规划调整与决策，实现局部过程的自主控制。

4) 智能机器人技术

智能机器人在深空探测中将显示其独特的优势，在星球基地建设和原位资源利用时，必须采用智能机器人进行自动化操作，特别是同时进行多项任务时，通过人机联合可以提高效率。智能机器人技术作为战略性关键技术，对未来月球基地建设和资源开发利用具有非常重要的意义 [4]。

深空任务中的人工智能技术应用领域极广，发展潜力巨大，是构建未来天基智能深空探测网不可或缺的一环。

近地小天体防御与利用问题既是人类必须面对的挑战，也是人类向太空开拓发展的契机。开展新型航天器设计，建立监测通信为一体的协同观测体系，发展空天工程中的人工智能技术并进一步形成天基智能深空探测网络是解决近地小天体深空通信问题的关键。加强多学科高新技术发展，促进大体系科研人才交流，坚持科学目标同工程实际相结合，是攻克深空探测若干技术难题不可或缺的重要方略。

12.5   我们的未来

12.5.1   宇宙中的我们

"我是谁？我从哪里来？我将去哪里？"，这是一个很好的问题。在此书即将结束之际，回到撰写此书的初衷，这是一个应该回应的问题。站在个人的视角 (这里的"个人"仅代表此书第一作者)，在对知之不多的资料进行学习思考归纳整理后，尝试着给出个人的粗浅观点。

1) 来自星星的你

作为一个地球人，无论你是谁，几乎可以肯定的是：如果没有宇宙中的这些星星，就不可能有现在的你。因为组成你身体的各种化学元素都来自宇宙，来自宇宙大爆炸、来自恒星内部的核聚变、来自超新星爆发、来自中子星合并等。

宇宙大爆炸产生了氢、氦、锂，这些轻元素只有在宇宙大爆炸的初期，极高温度下才可能产生。随着宇宙的膨胀，温度逐渐降低，大约 2 分钟后，这种氢氦锂的聚变过程就停止了。要再等 3 亿年，待到第一批恒星出现，宇宙中才会再次发生核聚变。

在万有引力作用下通过吸积而成的古老恒星，当质量达到一定程度，其核心的温度和压力就会达到核聚变条件，恒星的核聚变产生了碳、氮、氧等较重的元素。越重的元素需要更高的温度和压力，这就意味着需要更大质量的恒星，许多恒星都不可能聚变出更重的元素，例如，太阳最高就只能聚变出碳和氧。但无论恒星有多大，都不可能聚变出比铁更重的元素，因为铁的聚变是吸能的，其内核会因失去与自身重力抗衡的能量而坍塌，并最终导致超新星爆发。

超新星爆发威力巨大，产生了铜、银、铅等更重的元素。特别巨大的超新星爆发也将产生黄金、铂金这样的贵金属。由于宇宙中大质量恒星的数量不多，因此这样的贵金属为什么稀有而珍贵就可以理解了。中子星、白矮星等致密天体的合并也会产生黄金、铂金等超重元素。

迄今地球上已经发现了 90 多种天然存在的元素，而这些元素大多可在人体组织中找到。例如，头发中含铝、钒、锌、铁、砷等；脑垂体中含铟、锰、铬、溴等；眼液中含钠、锌、钾等；牙齿中含钙、镁、硅、磷等；骨骼中含碳、氧、钙、磷等。钙、钠、钾、镁、碳、氢、氧、氮、磷、硫、氯等是人体必需的定量元素；铁、铜、锌、锰、钴、钒、铬、钼、硒、碘、锡、硅、氟、镍等是维持生命必不可少的微量元素。碳、氢、氧、氮等是构成蛋白质的基本元素，蛋白质是细胞的主要成分。氮是构成蛋白质的重要元素，也是构成核酸、脑磷脂、卵磷脂、叶绿素、维生素等的重要成分。皮肤中含各种蛋白质、碳水化合物、水，以及包含氯、钠、钾、钙、镁、铜、铁、硫、磷、锌、铝、硒、钴、镍、氮、碳、氟、碘等的电解质。每个人拥有的细胞数大约 100 万亿个，每个细胞包含的原子数大约也是 100 万亿个。因此，构成一个人所需的原子数是 100 万亿 × 100 万亿 = 10^{28} 个 (如果将每个原子都放大到一个成年人那么大的体积，那么这 10^{28} 个人聚在一起将恰好是我们的太阳所占空间)。

宇宙中那些古老的、巨大的天体，以一种无与伦比的绚烂壮丽的结束，将其一生中创造的各种元素抛洒到宇宙中，才有了我们今天所能感知的一切，包括优雅的兰花和巍峨的珠峰，也包括我们自己。组成我们身体的每一个原子都记载着宇宙中那些远古恒星的壮丽史诗和"华丽转身"。可以说，每当你抚摸自己的皮肤，就是在抚摸星辰大海 [5−8,12,14]。

2) 你终将回归星星

当你的生命结束后，你骨头里的钙、基因里的碳、血液里的铁 ……，所有元素都将回归宇宙，重回星星的怀抱。

例如，你身体中的碳，大部分将以二氧化碳的形式飘逸到空气中。也许某个分子飘到某个牧场的某株小草旁成为小草的养分，后来这棵小草成为某只小羊的美味 ……，通过一串食物链的转运，又进入到另一个人的身体，继续另一场生命的旅行。有些二氧化碳也许落入溪流，最终漂向大海，或变成水下美丽的珊瑚，或沉积在某个岩石上然后在某个地质运动中重回地面，或者去往更深的地下成为地球不可分割的部分。

又例如，你身体中的水分子，大部分会蒸发到大气中，随着大气上升逐渐冷却，成为山间的雾或天上的云，也许飘向昆仑山成为终年不化的积雪，也许凝结成悲伤的雨滴融进亲人思念的眼泪，也许化作时节好雨，随风入夜，润物无声。还有一部分水分子将被光解离出氢原子，它们将逐渐脱离地球而投入群星的怀抱。

在你身体中所有的原子本无生命，但却在你的一生中生机勃勃，与你共享生命之旅。虽然它们后来重回宇宙天地，归于高山大海，但其中有的原子将成为你重重重重孙女身体的一部分；有的参与生成病毒，威胁她的生命；也有的参与构成疫苗，拯救她的生命。任何一个人，即使生命结束了，但你生前心脏的每一次跳动，以及曾经维持生命的每一焦耳能量，都依然以其他的形式留在了这个宇宙中 [5-7,13,14]。

3) 宇宙的未来

前言中已经提到，从宇宙的膨胀可知宇宙的起点。但是，宇宙有终点吗？逻辑上，有起点就应该有终点。那么这个终点会是什么样子？于是，哲学的讨论加入了科学的猜想和分析计算。我们所一直关注的恒星、行星、中子星、黑洞、尘埃等等，那些"已知的已知"，加起来似乎只占宇宙质量的 4%。一种也许能被接受的观点是：宇宙的命运可能取决于那些理应存在却尚未探测到的"暗物质"与"暗能量"。

"暗物质"的引力作用是否会导致宇宙膨胀的速度减下来，甚至停止，进而逆转为收缩，然后所有物质奔向大坍塌，我们以及所有，或将迎来一场盛大的火热的重逢。"暗能量"产生向外的推力，被认为是宇宙加速膨胀的主因。而且随着空间的扩张，暗能量随之增加，宇宙不断膨胀，最后走向大撕裂。宇宙一直膨胀，气体密度下降到无法形成恒星，温度一路跌向绝对零度，最终，宇宙只剩下黑暗冰冷的空虚。前者使宇宙收缩，后者使宇宙扩张，宇宙的命运更像是"暗物质"与"暗能量"的一场角逐。

宇宙到底终结于火还是冰？短期看一切皆有可能。虽然暗物质的存在尚未得到验证，但既然有 6 倍的引力踩刹车，那么宇宙的膨胀应该放慢。而事实上，高速自转的银河系中，恒星待在原地并未飞散出去，那么这种强大的引力存在，也许，宇宙还是有可能坍塌的。然而，从遥远的星系在加速远去，可以看出暗能量已经全面压制了引力。对 2 万个星系的探测也表明，它们如今释放的能量已经只有 2 亿年前的一半，恒星诞生过程也在放慢。也许，长期看，冰的胜率更大。

无论怎样，宇宙的终极命运，将在创生与毁灭的脉动中走过极长的时间，我们的今生今世是绝对看不到的 [5-8,14]。当然，科学的预测肯定是有意义的，也许这也是我们活着并一代一代不断追问的价值所在。

12.5.2　科学装置在宇宙学发展中的重要作用

纵观宇宙学发展的历史，总是伴随着各种观测仪器、试验装置等的不断发明、建造与应用。这些科学装置的发展让人类不断看到更远处的光亮，不断观测到更大范围的各种变化和现象，也不断地刷新着人们对宇宙的认识，并有力支撑了宇宙科学的发展乃至革命性飞跃 [5-7]。

最早的也是非常典型的一个例子就是：坚守了两千年霸主地位的"地心说"，最终被天文望远镜的发明以及由此观测到的客观事实直接推翻。

一般认为，"地心说"最初由米利都学派 (古希腊最早哲学流派之一，前苏格拉底哲学) 形成理念；后由古希腊人欧多克斯 (Eudoxus，公元前 408 ∼ 前 355 年) 提出；经亚里士多德完善；后又被托勒密 (Claudius Ptolemaeus，约 90∼168) 发展。严肃认真的苏格拉底 (Socrates，公元前 469(一说公元前 470) ∼ 前 399 年)、诗情画意的柏拉图 (Plato, 公元前 427 ∼ 前 347 年)、逻辑思辨的亚里士多德 (Aristotle，公元前 384 ∼ 前 322 年)，师徒三人被称为"希腊三贤"，并被认为开创了古希腊的哲学时代 (他们的哲学思想对西方古代哲学和现代哲学都产生了深刻影响)。到了亚里士多德时代，由于其"自然现象背后的原理就是物理"对哲学理念的巨大突破，不仅对后世哲学影响显著，而且从此启发了科学思考。最早的"地心说"产生在古希腊，似乎也不是那么不可思议的事情。

哥白尼 (Nicolaus Copernicus，1473∼1543) 是"日心说"的开创者，开普勒 (Johannes Kepler，1572∼1630) 的三大定律对"日心说"提供了有力支撑。但最终是伽利略 (Galileo Galilei，1564∼1642) 在 1609 年发明了折射式天文望远镜，并用其观测到行星及其卫星运行规律，直接支持了"日心说"理论，终结了"地心说"这个跨越两个千禧的久久之争。也从此开启了人类使用各种仪器/设备/装置，观测宇宙并获得许多观测结果和重要发现的新途径。

另一个十分典型且特别重要的例子：1668 年，牛顿 (Isaac Newton，1643∼1727) 发明了世界上第一架反射式天文望远镜，该望远镜至今仍然是几乎所有大型天文望远镜的基础。此后，胡克 100 英寸反射式望远镜在富商约翰胡克的赞助下，于 1917 年在威尔逊山天文台建成。1919 年，迈克尔孙 (Albert Abraham Michelson，1852∼1931) 首次在其上安装了光学干涉装置，该望远镜便可测量恒星的大小和距离。1929 年，哈勃 (Edwin Powell Hubble，1889∼1953) 利用胡克望远镜观测到了一系列重要发现，并完成了他的关键计算，提出了著名的"哈勃定律"，为宇宙大爆炸理论提供了有力支撑；由此，开创了星系天文学，为现代宇宙学的诞生和发展做出了不可磨灭的若干标志性贡献。

在天文望远镜发明之前，就有一些天文学家，自己设计并建造了一系列不同的仪器来测量天体的位置。比较著名的是丹麦天文学家第谷·布拉赫 (Tycho Brahe，1546∼1601)，建造了自己的天文台，并为其装备了精密仪器，其中包括固定在墙壁上的象限仪。开普勒在计算他的行星运动定律时，就使用了第谷测量的行星位置数据。

近代及现代，我们知道世界上已经有许多天文观测手段和大科学装置被发明和建造出来，并为人们带来了更多的观测结果，向人们证实了更多的科学推论。典型的地面观测装置有：帕洛马山天文台的海尔反射镜、叶凯士天文台的叶凯士折射镜、加那利大望远镜、绿堤射电望远镜，以及我国的 FAST 射电望远镜、美国的 LIGO 引力波天文台等。典型的空间观测飞行器或空间天文台有：旅行者探测器、哈勃望远镜、韦伯望远镜，以及中国的"慧眼"卫星等。来自它们的成就，各方报道颇丰 (读者可参见相关资料报道，这里不再赘述)。

而这些成就，无一例外地向我们证明了：科学仪器/装备/设施等，在拓展观测范畴、发现宇宙奥秘、揭示星系演化、证实科学猜想等中，担当着十分关键、不可或缺的重要角色。例如，"探险者 1 号"(美国，1958 年) 发现了范艾伦辐射带，称之为"第一项空间科学发现"[8]，为人类进入太空避免空间辐射的伤害做出了重要贡献；"韦伯太空望远镜"利用所配备的近红外相机，拍摄到了"创生之柱"图像 (NASA，2022 年 1 月 19 号发布)，呈现出大量此前 (哈勃望远镜，1995 年，首次拍下"创生之柱"照片) 无法观测到的恒星以及更为丰富的细节，对更好地理解和研究恒星的形成过程等具有很重要的价值 [9]；中国的"慧眼"卫星，对银河系内第一颗超亮 X 射线脉冲星 Swift J0243.6+6124 的爆发进行了详尽的宽能段观测，发现能量高达 146keV 的回旋吸收线，对应超过 16 亿特斯拉的中子星表面磁场，这不仅是迄今宇宙天体磁场直接测量的最高纪录，而且也是首次在超亮 X 射线源中直接测量了其中子星的表面磁场 [10]；中国的"Fast 天眼"发现了 1 个尺度大约为 200 万光年的巨大原子气体系统，比我们所在的银河系大 2 倍，是迄今在宇宙中探测到的最大的原子气体系统，该项发现对研究星系及其气体在宇宙中的演化提出了挑战，因为现有理论很难解释为什么在如此漫长的时间里，这些稀薄的原子气体仍没有被宇宙空间中的紫外背景辐射电离 [11]。

未来，应该有赖于更多更强的科学仪器/设备/装置等的研发和建造，包括地面的、天上的、天地一体的，等等，去获得对宇宙更多的发现、更多的结果、更多的结论，并据此对人类未来走向给出更多的可能的指导。这些，应该是研究宇宙的必由之路，也是留给我们未来的研究课题。

12.5.3　未来的故事

"好奇"，是人的本能。只要活着，人们一定会仰望星空，无尽地追问各式各样的问题，无尽地探索各种各样的可能，包括提出各种理论模型、进行各式纸面推演、发明各类探测设备、实施各样飞行验证等。已知越来越多，想法越来越多，行动越来越多，或证伪，或证实。人们对于这个广袤深邃的宇宙，越明了，越未了，越好奇，越探究。

"月亮在白莲花般的云朵里穿行 ……"，童年的歌声已渐行渐远。我们早已不再限于听过去的故事、听地球上的故事、听别人的故事。我们想出发，想去那比月亮还遥远的深空，想写我们的故事，想把我们的故事写上另类天体。下面，是这个未来故事的开始。

选一个小天体，比如一个近地小行星，研制一个大型全挠性高载荷比全电推的飞行器，带上一些探测仪器和一些机器人，通过智能自主的 GNC，飞去小天体，或绕飞探测，或原位探测，或传回些什么，或带回些什么，也许再做些什么……

图 12-8 是飞行方案示意图。① 飞行器以收拢状态通过火箭发射或其他可能方式送入 GTO 轨道或其他轨道，并在此轨道上展开以获取太阳能量并形成未来的独立飞行状态；② 在此轨道停泊数月，开展必要的测控和未来飞向深空的相关准备；③ 然后通过不断加速和若干次变轨进入逃逸轨道；④ 数月后，最终通过月球借力，实现从地球逃逸，进入行星际轨道；⑤ 在漫长的行星际飞行中，飞行器仅从太阳获得电能，以全电推方式前往目标小行星 (其中将通过智能自主方式实施多次轨道机动和修正)；⑥ 抵到目标后，将花费数月来完成与目标小行星的交会、伴飞/绕飞等，并选择着陆点。然后机器人着陆该目标小行星；如果一切顺利，将开展后续一系列探测和各种实验。

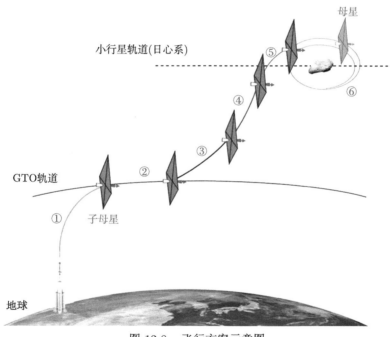

图 12-8　飞行方案示意图

图 12-9 是飞行器结构系统示意图 (总体方案、飞行器构型、布局等，均已获国家授权专利保护)。图 12-9(a) 为飞行器收拢状态，图 12-9(b) 为飞行器展开状态。

该飞行器将携带不同类型的机器人，登陆小天体，开展科学实验和完成某些原位探测使命。图 12-9(c) 所示球形着陆机器人，着陆后主要开展小行星地表成分和物理性质的现场勘探；支持小行星三维重建与局部地图构建和小行星地表引力场测量反演；并利用磁强计测量小行星磁场强度 (其中主要关键技术已申请专利保护)。图 12-9(d) 所示灵巧蛛形着陆机器人，采用六足式移动方案，保证机器人具有稳定可靠运动的基础，以适应小行星弱引力、非结构化以及高不确定的环境。机器人配置全视觉感知系统，在辅助环境光源的支持下，利用智能感知框架，实现对小行星的大范围精细探测和三维立体重构 (其中关键技术已申请专利保护)。

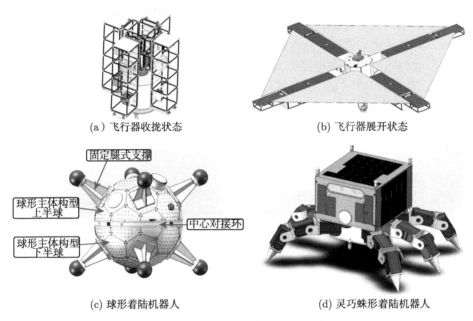

(a) 飞行器收拢状态 　　　　　　　　　　(b) 飞行器展开状态

(c) 球形着陆机器人 　　　　　　　　　(d) 灵巧蛛形着陆机器人

图 12-9　飞行器结构系统示意图

我们希望：能尽快研制并发射这个飞行器，对某个近地小行星实现抵近、交会和着陆探测，以光学、雷达、质谱仪等多种手段对目标进行分析，从多方面获取小行星的特征，为空间物理学发展做出贡献；同时验证高冲量电推进飞行技术、智能自主 GNC 技术、深空通信及多飞行体协同控制技术、弱引力场空间机器人着陆/锚定/运动控制技术等，为人类探索宇宙提供一些有效的技术支持。

写在最后 (李东旭)：

我深知，要实施这项工程，困难一定比所能想到的要多得多。

如果在我的有生之年，能够完成这个故事，那么，此书将有续篇。

如果不能，那么，请相信：我的学生们，学生的学生 ……，学生的学生们，一定能在某个充满希望的黎明，放飞我们的梦想，并奉献给世界一个精彩的故事。

中国青年，你可以坚定地相信他们。

参 考 文 献

[1] 王飞跃. 平行管理：复杂性管理智能的生态科技与智慧管理之 DAO[J]. 自动化学报, 2022,48(11): 2655-2669.

[2] 于登云, 张哲, 泮斌峰, 等. 深空探测人工智能技术研究与展望 [J]. 深空探测学报, 2020, 7(1): 11-23.

[3] 叶培建, 孟林智, 马继楠, 等. 深空探测人工智能技术应用及发展建议 [J]. 深空探测学报, 2019, 6(4): 15.

[4] 张育林, 韩天琪. 地月空间发展与智能自主航天系统 [J]. 中国科学报, 2019, (8).

[5] Martin Rees, 余恒 ….DK 宇宙大百科 [M]. 电子工业出版社,2014.

[6] 张双南. 极简天文课 [M]. 北京: 科学出版社, 2021.

[7] Scott T R. 宇宙的本来面目 [M]. 王艳红译. 北京: 人民邮电出版社，2019.

[8] Sagan C. 暗淡蓝点——人类的太空家园展望 [M]. 叶式辉, 黄一勤, 译. 上海: 上海科技教育出版社, 2000.

[9] NASA 公布詹姆斯韦伯太空望远镜所摄 "创生之柱" 图像 [EB/OL]. 中国新闻网, 2022-10-20[2023-3-16]. http://www.chinanews.com.cn/gj/2022/10-20/9876746.shtml.

[10] 中国 "慧眼" 卫星刷新直接测量宇宙最强磁场纪录 [EB/OL]. 北青网，2022-7-5.

[11] 中国天眼 FAST 发现宇宙中最大原子气体结构 [EB/OL]. 人民网，2022-10-19 [2023-3-16]. http://sc.people.com.cn/n2/2022/1020/c345529-40164824.html.

[12] 人体元素 [EB/OL]. 百度百科, [2023-3-16]. https://baike.baidu.com/item/人体元素/6225128?fr=aladdin.

[13] 果壳. 每个亡者, 都曾自星星而来 [EB/OL]. 2020-4-4. https://www.guokr.com/article/463727/.

[14] Tyson N. 给忙碌者的天体物理学 [M]. 孙正凡, 译. 北京: 北京联合出版公司, 2018.

术 语 表

英文	缩写	中文	章节
Absolute Magnitude	——	绝对星等	1
Achondrites	——	非球粒陨石	1
After Deck	——	后甲板	8
Alan Chamberlin	——	艾伦·钱伯林	1
Albedo	——	反照率	1
All Copper Cratering Forebody	——	全铜弹坑前体	8
Anchoring	——	锚定	1
Aphelion	——	远日点	1
Apophis	——	阿波菲斯	1
Apparent Magnitude	——	视星等	1
Application Specific Integrated Circuit	ASIC	专用集成电路	9
Approximate Frequency of Impacts	——	大概撞击频率	1
Area in Pixels	——	像素数衡量的面积	8
Association of Space Explores	ASE	太空探索者协会	1
Asteroid Belt	——	小行星带	1
Asteroid Impact & Deflection Assessment	AIDA	小天体撞击与偏转评估	1
Asteroid Impact Monitor	AIM	小天体撞击监视器	1
Asteroid Redirect Mission	ARM	小行星重定向任务	3
Asteroid Reorientation Vehicle	ARV	小行星再定向飞行器	5
Asteroid Terrestrial-impact Last Alert System	ATLAS	小行星地面撞击最后警报系统	2
Asynchronous Self-stable Passive Suspension System	ASSPS	异步自平稳被动悬架系统	4
Autonomous	——	自主的	8
Back Plane	——	背板	2
Backshell	——	后壳	8
Baffle	——	遮光罩	2
Beam Wave Guide	BWG	波束波导	9
Body Fixed Solar Array	——	体装式太阳能电池阵	2
Bolide Events	——	火流星事件	1
Bolide Flux	——	硼化物通量	1

英文	缩写	中文	章节
Brightness Corresponds to Size	——	一定尺寸对应的亮度	1
BroadBoard Array	BBA	宽带阵列试验系统	9
C2-TYPE	——	碳类	1
Camera Radiator	——	相机散热器	2
Catalina Sky Survey	CSS	卡特琳娜巡天系统	2
Celestial Object Tracking	——	天体跟踪	8
Ceres	——	谷神星	1
Chondrite	——	球粒陨石	1
Cislunar	——	地月	1
Clock	——	时钟	8
Close-Approach Date	CAD	接近日期	1
Close-Approach Distance Minimum	CADM	接近距离最小值	1
Close-Approach Distance Nominal	CADN	接近距离标称值	1
Coma	——	彗发	1
Comet Pressure Sensor	COPS	彗星压力计	8
Comet Secondary Ion Mass Analyzer	COSIMA	彗星二次离子质量分析仪	8
Comet	——	彗星	1
Command Detection Unit	CDU	命令检测单元	9
Committee on the Peaceful Uses of Outer Space	COPUOS	和平利用外层空间委员会	1
Common Avionics	——	通用航天电子设备	8
Constant Power Law	——	功率守恒定律	1
Consultative Committee for Space Data Systems	CCSDS	国际空间数据系统咨询委员会	
Contact Pad	——	圆形接触板	4
Context Image	——	纹理图像	1
Cratering Mass	——	弹坑质量	3
Curiosity	——	"好奇号"	4
Data Storage	——	数据存储	8
Dawn	——	拂晓面	3
Deep Space Network	DSN	深空网	8
Deep Space Optical Communication System	DSOCS	深空光学通信系统	9
Deep Space Positioning System	DPS	深空定位系统	8
Degree of Autonomy	——	自治程度	8
Deimos	——	火卫二	8
Didymos	——	迪蒂莫斯	1

英文	缩写	中文	章节
Diode	——	二极管	8
Direct Drive	——	直接驱动	7
Direct Transit to the Asteroid	——	向小行星直接转移	1
Diverging Cusped Field Thruster	DCFT	发散尖场推力器	7
Divert Thrusters	——	转移推进器	8
Docking	——	对接	8
Doppler	——	多普勒	8
Double Asteroid Redirection Test	DART	双小行星重定向测试	1
DownLink Data Array	DDA	下行数据阵列	9
Drilling, Sampling and Sample Handling System	DSSHS	钻孔、取样和样品处理系统	4
Dusk	——	黄昏面	3
Dwarf Planets	——	矮行星	1
Earth Ascent	——	地球上升	8
Earth Entry Interface	——	地球再入面	8
Earth Limb	——	地球外缘	8
Earth	——	地球	1
Earth-Moon System	EMS	地月系统	6
Ecliptic Discrete Objects	——	黄道离散天体	1
Ecliptic Plane	——	黄道面	2
Electric Propulsion System	EPS	电推进系统	5
Electrospray Thruster	——	电喷雾推力器	7
Enstatite	——	顽火辉石	1
Entry, Descent, and Landing	EDL	进入下降着陆	9
Eros	——	爱神星	1
ESA's Tracking Station Network	ESTRACK	欧洲航天局地面站网络	9
Estimated Diameter	——	估计直径	1
European Space Agency	ESA	欧洲航天局	1
European Space Operations Centre	ESOC	欧洲空间操作中心	9
Extraction	——	提取	1
Fast Fourier Transform	FFT	快速傅里叶变换	8
Feldspar	——	长石	1
Fixed Suspension	——	固定悬架	4
Flight Computer	——	飞行计算机	8
Flight Software	——	飞行软件	8
Forward Deck	——	前甲板	8
Forward Link Doppler	——	前向链路多普勒	8
Ganymed	——	甘尼美	1

续表

英文	缩写	中文	章节
Global Catastrophe Threshold	——	全球灾难阈值	1
Global Positioning System	GPS	全球定位系统	8
GPS Antenna	——	GPS 天线	2
Grain Impact Analyser and Dust Accumulator	GIADA	颗粒冲击分析仪和粉尘收集器	8
GRAphical Computer Simulator	GRAS	图形计算机模拟器	4
Gravitational Keyhole	——	重力锁眼	3
Grazing Line	——	掠过线	7
Ground Network	——	地面网络	8
Ground Station	——	地面站	8
Ground-Based VIS Survey Telescope	GBVISST	地基可见光探测望远镜	2
Guidance Navigation and Control	GNC	制导导航与控制	4
Hall Thruster	——	霍尔推力器	7
Halley's Comets	——	哈雷族彗星	1
Hayabusa	——	"隼鸟号"	1
Heater	——	加热电源模块	7
Heliopause	——	日球层顶	1
Heliosphere	——	日光层	1
Heterojunction Bipolar Transistor	HBT	异质结双极晶体管	9
Hidalgo	——	希达尔戈	1
High Order Sliding Mode Control Theory	HOSC	高阶滑模控制理论	4
High Resolution Instrument	HRI	高分辨率相机	3
High-Angle Plume Shadow	——	高角度羽影	1
High-Gain Antenna	HGA	高增益天线	9
Highly Efficient Multistage Plasma Thruster	HEMP-T	高效多级等离子体推力器	7
Horizon Sensor	——	地平敏感器	8
Hydrated Silicates	——	水合硅酸盐	1
Hypervelocity Asteroid Intercept Vehicle	HAIV	超高速小行星拦截卫星系统	3
Impact Energy	——	撞击能量	1
Impact Interval Years	——	撞击间隔年	1
Impact Target Sensor	ITS	撞击目标传感器	3
Impact Targeting System	ITS	撞击瞄准器	8
Indian Deep Space Network	IDSN	印度深空网	9
Inductive Pulsed Plasma Thruster	IPPT	感应式脉冲等离子体推力器	7

英文	缩写	中文	章节
Inertial Measurement Unit	IMU	惯性测量单元	4
Inferred Surface	——	断面	1
Infrared Light	——	红外光	1
Infrared Spectroscopy Characterization	IRC	红外物理特性表征	2
Infrasound Bolide Flux	——	次声硼化物通量	1
Inner Planets	——	内行星	1
In-Situ Resource Utilization	ISRU	原位资源利用	5
Institute of Space and Astronautical Science	ISAS	日本空间宇航科学研究所	4
Instrument Electronics	——	设备电子学	2
Interest Ratio	——	特征尺寸	8
International Space Station	ISS	国际空间站	5
International Telecommunications Union	ITU	国际电信联盟	9
Interplanetary Kite-craft Accelerated by Radiation Of the Sun	IKAROS	深空太阳帆宇宙飞船–伊卡洛斯	3
Interstellar Medium Particle	——	星际介质粒子	1
Interstellar Space	——	星际空间	1
Ion Thruster	——	离子推力器	7
Ir Richness Percentile	——	铱丰富度百分数	1
Iron-Free Silicates	——	无铁硅酸盐	1
iStruct Demonstrator	——	德国仿黑猩猩机器人	4
Japan Aerospace Exploration Agency	JAXA	日本宇宙航空研究开发机构	1
Jet Propulsion Laboratory	JPL	喷气推进实验室	1
Jovian Planets	——	类木行星	1
Jupiter Family Comets	JFc	木星族彗星	1
Jupiter	——	木星	1
Keeper	——	触持/点火电源模块	7
Kevlar	——	凯夫拉	10
Kuiper Belt	——	柯伊伯带	1
Lagrange Point	——	拉格朗日点	1
Lander Configuration	——	着陆器配置	8
Landmark Tracker	——	地标跟踪器	8
Laser Altimeter	——	激光高度计	1,2
Laser Rangefinder	LR	激光测距仪	8
Light Curve	——	光变曲线	8

英文	缩写	中文	章节
Li-Ion Batteries	——	锂离子电池	2
Lincoln Near-Earth Asteroid Research	LINEAR	林肯近地小行星研究	2
Local Thermal Equilibrium	LTE	局部热力学平衡	7
Low Earth Orbit	LEO	低轨	1
Lowell Observatory Near-Earth-Object Search	LONEOS	洛厄尔天文台近地天体搜索	2
Low-Gain Antenna	LGA	低增益天线	9
Lunar Distant Retorgrade Orbits	LDRO	月球远距离逆行轨道	5
Lunar Resource Prospector Rover	——	月球资源勘探者	5
Lunar Rover Vehicle	LRV	月球车	4
Magnetic Field	——	磁场	8
Magnetical Shielding	MS	磁屏蔽	7
Magnetohydrodynamic	MHD	磁流体动力学	7
Magnetometer	——	磁强计	1
Magnetorquers	——	磁力矩器	2
Mars Ascent	——	火星上升	8
Mars Balloon Relay Protocol	MBRP	火星气球转发协议	9
Mars Laser Communications Demonstration	MLCD	"火星激光通信演示"项目	9
Mars Orbit Insertion	——	火星轨道捕获	8
Mars Polar Lander	MPL	火星极地着陆器	9
Mars Science Laboratory	MSL	火星科学实验室	9
Mars Telecom Orbiter	MTO	火星通信航天器	9
Mars	——	火星	1
Medium Resolution Instrument	MRI	中分辨率相机	3
Megatons TNT Equivalent Energy	——	百万吨 TNT 当量能量	1
Mercury	——	水星	1
Meta Olivine Pyroxene	——	偏橄榄石辉石	1
Meteor Crater	——	陨石坑	1
Meteoritic Analogs	——	陨石类似物	1
Micro Inertial Measurement Unit	MIMU	微型惯性测量单元	5
Milky Way	——	银河系	1
Miniaturised Asteroid Remote Geophysical Observers	M-ARGO	"小行星远程地球观察"项目	9
Mission Specific Payload	——	任务特定有效载荷	2
Mobile Asteroid Surface Scout	MASCOT	移动式小行星表面侦察机	4

续表

英文	缩写	中文	章节
Monolithic Microwave Integrated Circuit	MMIC	单片微波集成电路	9
M-TYPE	——	金属类	1
Multi Kinematic Impactor Vehicle	MKIV	多撞击器卫星系统	3
Multi Slip Surface Guidance algorithm	MSSG	多滑面制导算法	4
Multispectral Imager	MSI	多光谱成像仪	1
Narrow and Wide FOV Optics	——	窄视场和宽视场光学系统	8
Narrow Angle Camera	NAC	窄视场相机	8
National Aeronautics and Space Administration	NASA	(美国) 国家航空航天局	1
National Reconnaissance Office	NRO	(美国) 国家侦察办公室	8
Nav Accuracy	——	导航精度	8
Navigation Camera	——	导航相机	8
Near Earth Asteroid Rendezvous	NEAR	近地小行星交会	1
Near Earth Observation Surveillance Satellite	NEOSSat	近地观测卫星	2
Near Infrared Spectrograph	NIS	近红外光谱仪	8
Near-Earth Asteroid Tracking	NEAT	近地小行星跟踪	2
Near-Earth Asteroids	NEA	近地小行星	1
Near-Earth Objects Shield	NEOShield	"近地小行星防护盾" 计划	1
Near-Earth Objects	NEO	近地天体	1
Near-Infrared Spectrometer	NIR	近红外光谱仪	1,2
Nebula	——	星云	1
Neptune	——	海王星	1
Olivine	——	橄榄石	1
Olivine-Metal	——	橄榄石金属	1
On Board Processing	——	在轨处理	1
Oort Cloud	——	奥尔特云	1
Opaques	——	蛋白石	1
Optical Ground Station	OGS	光学地面站	9
Optical Navigation Camera	ONC	光学导航相机	4
Optical Navigation	OpNAV	光学导航	8
Optical Sensor	——	光学传感器	8
Organic-Rich Cosmic Dust Grains	——	富含有机物的宇宙尘埃颗粒	1
Orion	——	猎户座	1
Outbound Trajectory Correction	——	出站弹道修正	8
Outer Planets	——	外行星	1

英文	缩写	中文	章节
Palermo Technical Impact Hazard Scale	——	巴勒莫量表	1
Panoramic Survey Telescope and Rapid Response System	Pan-STARRS	全景勘测望远镜和快速响应系统	2
Parallel Tracking And Map Building	PTAM	平行跟踪与地图构建	4
Peciscope	——	平台环境式控制接口镜头	8
Perihelion	——	近日点	1
Phased Plot	——	相位图	1
Philae	——	菲莱着陆器	1
Phobos	——	火卫一	8
Phoenix	PHX	凤凰号	9
Planetary Defense Coordination Office	PDCO	行星防御协调办公室	3
Plutoids	——	类冥矮行星	1
Polyimides	PI	聚酰亚胺	10
Pontryagin's Minimum Principle	PMP	庞特里亚金极小值原理	6
Potential Hazard Asteroids	PHA	具有潜在威胁小行星	1
Potential Hazard Objects	PHO	具有潜在威胁小天体	1
Power Processing Unit	PPU	电源处理单元	7
Primary Mirror	——	主镜	2
Pulsar Package	——	脉冲星组件	8
Pulsed Inductive Thruster	PIT	脉冲感应推力器	7
Pulsed Plasma Thruster	PPT	脉冲等离子体推力器	7
Pyroxene	——	辉石	1
Qualification Life Test	QLT	寿命鉴定试验	7
Radar Polarization Ratio	——	雷达极化比	4
Radio Beacon	——	无线电信标	8
Radio Sensor	——	无线电传感器	8
Reaction Wheels	——	反作用飞轮	2
Receive Antenna	——	接收天线	2
Reconfigurable Integrated Multi-Robot Exploration System	RIMRES	模块化可重构多机器人探测系统	4
Return Trajectory Correction	——	返回轨迹修正	8
Rosetta	——	"罗塞塔"任务	1
Russian Federal Space Agency	RFSA	俄罗斯联邦航天局	9
Sample Return Rover	SRR	采样返回漫游者	4
Sampler Drill and Distribution Sub-system	SD2	取样器钻孔和分配子系统	1

英文	缩写	中文	章节
Saturn	——	土星	1
S-Band Antenna	——	S 波段天线	8
Secondary Mirror	——	次镜	2
Semi-Autonomous	——	半自治	8
Shape from Silhouette	SfS	由轮廓恢复形状	8
Shutter	——	快门	2
Side Panel	——	侧板	8
Silicates	——	硅酸盐	1
Small Solar System Bodies	——	太阳系小天体	1
Solar Panels	——	太阳能电池板	2
Solar System	——	太阳系	1
Space Sextant	——	太空六分仪	8
Space-Based IR Survey Telescope	SBIRST	天基红外探测望远镜	2
Spectral Imaging Module	SIM	光谱成像模块	3
Spectral Type	——	光谱类型	2
Star Catalog Match	——	星表匹配	2
Star Tracker	ST	星体跟踪器	8
Stardust Sample Collection	SCC	"星尘号"样品采集器	4
Stardust	——	"星尘号"	1
Stationary Plasma Thruster	SPT	稳态等离子体推力器	7
Stellar Refraction	——	恒星星光折射	8
Stereo-Photo-Clinometry	SPC	立体摄影测斜法	8
S-TYPE	——	硅类	1
Sun Doppler	——	太阳多普勒	8
Sun Elevation	——	太阳高度角	2
Sun Sensor	——	太阳敏感器	2
Sun	——	太阳	1
Supernova	——	超新星	1
Surface Albedo Treatment System	SATS	表面反照率处理系统	3
Surface Feature	——	表面特征	8
Technology Readiness Level	TRL	技术准备水平	5
Telemetry Control Unit	TCU	遥测调节装置	9
Tempel-1	——	坦普尔-1 彗星	1
Termination Shock	——	边界激波	1
Terrestrial Planets	——	类地行星	1
The Apophis Exploratory and Mitigation Platform	AEMP	阿波菲斯探测和防御平台	3

续表

英文	缩写	中文	章节
The Double Focusing Mass Spectrometer	DFMS	双聚焦质谱仪	8
The Interplanetary Network	IPN	星际互联网	9
The Minor Planet Center	MPC	小行星中心	1
The Near-Earth Object Camera	NEOCam	近地天体相机	2
The Rosetta Orbiter Spectrometer for Ion and Neutral Analysis	ROSINA	"罗塞塔"离子和中子分析光谱仪	
The Spaceguard Foundation	SGF	太空防卫基金会	1
Thruster of Anode Layer	TAL	阳极层推力器	7
Time Division Multiple Access	TDMA	时分多址	9
Torino Scale	——	杜林量表	1
Touch and Go	TAG	接触即走方式	4
Touch-and-Go-Sample-Acquisition-Mechanism	TAGSAM	接触即走采样机构	4
TRAnslational Motion simulator	TRAM	平移运动模拟器	4
Trans-Mars Injection	——	跨火星入轨	8
Transmit Antenna	——	发射天线	2
Trans-Neptunian Objects	TNO	外海王星天体	1
Transport	——	运输	1
Tribo	——	摩擦枪	3
Trojan Asteroid	——	特洛伊小行星	1
Tunguska	——	通古斯卡	1
Two-point Boundary Value Problem	TBPVP	两点边值问题	6
Two-stage Array Thermal Shield	——	双层阵列热防护罩	2
Two-Way Transponder	——	双向应答器	8
Uranus	——	天王星	1
V Inifinity	——	无穷远处速度	1
V Relative	——	相对速度	1
VAriable Specific Impulse Magnetoplasma Rocket	VASIMR	可变比冲磁等离子体推力器	7
Velcro	——	维可牢尼龙搭扣	4
Venus	——	金星	1
Visible and Infrared Thermal Imaging Spectrometer	VIRTIS	可见光和红外热成像光谱仪	8
Visible Light	——	可见光	1
Visible Spectrum Characterization	VISC	可见光物理特性表征	2
Voyager 1	——	"旅行者1号"	1
Wide Angle Camera	WAC	宽视场相机	8

续表

英文	缩写	中文	章节
Wide-field Infrared Survey Explorer	WISE	广域红外探测器任务	2
X-ray Pulsar Navigation	——	X 射线脉冲星导航	8
X-ray Solar Monitor Sensors	XSMS	X 射线太阳监测传感器	1
X-ray Spectrometer	——	X 射线光谱仪	8
X-ray/Gamma-Ray Spectrometer	XGRS	X 射线/γ 射线光谱仪	1
Yarkovsky	——	亚尔科夫斯基	1
α-Centauri	——	α 半人马座	1
γ-Ray Spectrometer	——	γ 射线光谱仪	8